旅する地球の生き物たち

ヒト・動植物の移動史で読み解く遺伝・経済・多様性

ソニア・シャー 著
夏野徹也 訳

THE NEXT GREAT MIGRATION

The Story of Movement on a Changing Planet

築地書館

お茶を入れてくれ身の上話を語ってくれた、
転入した人々、国を追われた人々、
いまだその途中の人々へ。

The Next Great Migration
The Story of Movement on a Changing Planet
by Sonia Shah, 2020

Japanese translation by Tetsuya Natsuno

もくじ

第1章　新天地へ向かう生物たち　7

定住性の蝶の移動　7　移動と気候変動　11　人々の移動　13
移動は大惨事をもたらすか？　18　「私」へ至る移動史　20　故郷から脱け出す　25
南北を隔てるダリエンギャップ　28　歩いて砂漠を越える　33

第2章　あおられた難民パニック　39

冷戦終結後の新たな脅威　39　「難民危機」への反応　43　ホコリタケ化したメディア　49
アメリカに広がった移入者パニック　54　影響の検証――健康と経済　59
民衆に流布する脅威　62　ハイチから来た人々　66

第3章　生殖器官に基づくリンネの分類　71

分類学者の誕生　71　探検家が描いた世界　72　リンネの不快な探検旅行　78

革新的な分類学　79　移動と適応を捉えた博物学者　82　聖書の解釈と生物の移動　89
人類分類法　92　幻のシヌス・プドリス　98

第4章　**異種交雑は命取り**　103
二人の「科学的人間」　103　「人種科学」に挑んだダーウィン　105
「メンデルの法則」の再発見から優生学の誕生へ　110
人種間交雑――懸念を持つ科学者と歓迎する大衆　114　人種間交雑による悪影響の研究　120
移民排除の法制化　125　要塞国家アメリカへ　133

第5章　**自然界の個体数調整**　138
個体数サイクルの謎　138　レミングの集団自殺　142　「ガウゼの法則」　146
イギリス軍が捉えた鳥の移動　150　侵入生物学の誕生　155　集団自殺の真相　157

第6章　**人口増加を抑制せよ**　164
閉鎖環境下の動物　164　生物学者がインドで見たもの　167　人口抑制運動の始まり　171
『人口爆弾』　174　人口抑制の実践　178　ミツバチを真似よ　184　人口抑制運動への反発　188

人口増加のメリット　189
要塞国家の再建　194
リンネ式自然観の復活　197

第7章　移動する人――ホモ・ミグラティオ　201

太平洋の島々へ　201
コンティキ号の冒険　205
人種の起源論争　208
分子時計が発見したこと　212
人種の境界を遺伝学に求める　218
古代人のDNAが明かした真実　224
ミクロネシアの伝統的航海技術　230

第8章　野蛮な外来者？　233

渡り鳥とアシ　233
新たな学説――大陸移動と分断分布　235
ハワイの外来生物　241
動物の移動を追いかける　246
大海を渡る生物たち　250
明らかになった移動の実際　253
新来者と生物多様性――ハワイのその後　260
花粉が示す太古の移動　264

第9章　移動を引き起こすものと移動が引き起こすもの　267

森の中の国境　267
環境変化が引き起こす移動　269
移動と遺伝的多様性――チェッカースポットの再出現　273
なぜ人間は移動するのか？　280
気候変動と移動　284
移動者を阻む政策　285
移動が進化を促す　289

移住者がもたらすもの　295　次なる大移動　297

第10章　壁　302

辿り着いた居住者たち　302　生存を妨げる障壁　306　ギリシャの難民キャンプにて　311
政府の言い分　316　さらに北へ　319　外国人恐怖症　323　暴走する免疫防御手段　327

結び　安全な移動　330
謝辞　338
訳者あとがき　341
参考文献　350
原注　376
索引　380

＊〔　〕は訳注

第1章　新天地へ向かう生物たち

定住性の蝶の移動

南カリフォルニアはサンミゲル山地、乾燥したみすぼらしい丘の茶色い泥の色に隣り合った早春の空は抜けるように青い。遠くに聞こえるブルドーザーの鈍い単調な音を別にすれば、この開けたつつましい場所は静かだ。目立った特徴もなく、見た目にも穏やかだ。一面砂だらけの陽に焼けたゆるい斜面、そして朽ち葉色をしたいろいろな種類の背の低い藪や草むらがあるだけ。丘はどこまでも連なり、わだちのできた未舗装路や細い踏み分け道がその丘を横切っているようだ。

私が会いに来た生き物も同じように控えめだ。ユーヒドリアス・エディタ、すなわちイーディスチェッカースポット〔タテハチョウ科の蝶。和名エディタヒョウモンモドキ。なお、ニシシマヒョウモンモドキ、マルバネヒョウモンモドキなどの別名あり〕はとても華奢で控えめなので、尻ポケットに押し込んであるアイフォンで撮る素人写真では捉えられはしないだろう。彼らが棲みかとし、また餌としている植物、ドゥオーフプランターゴ（オオバコの仲間）も同じようにつつましい。草丈はわずか数センチで、ほっそりした茎に針のような葉と、透き通った白い小さな花をつける。まるでドライフラワーのように見事だ。あなただって──私がしたように──

まったく気づかないでうっかり踏み潰しかねない。

ここへは、私に付き添っている蝶の専門家スプリング・ストラームが、二〇一五年以来一般には閉鎖されている道路を自分の四駆のトラックを唸らせながら連れてきてくれた。ここらの山の中でチェッカースポットを見つけるのは「一角獣を見つけるようなものだ」と言うが、彼女は見つけるのがとてもうまい。

私たちはゆっくりと丘陵地帯へ立ち入る。ストラームは隠れた蝶を求めて背の低い草を調べようとときどき両手両膝をつき、幼虫を探すために草の葉をめくる。概ね一時間、何も収穫のないまま幾筋か汗を流したすえ、彼女はもう十分探したと判断する。この見つけにくいチェッカースポットを別の場所で探すためにトラックへ戻る時間だ。私は水筒の蓋を開けて素早く一口飲んでバックパックを整え、彼女についてもと来た踏み分け道を下る。

数分後、彼女は不意に立ち止まる。行く手をふさいだまま動かずにいる。そこで私は、彼女が自分のしわくちゃのハイキングブーツを見つめているのに気づく。足元を見る。私たちの足首の周りで一群れの蝶が、弱々しく羽ばたきながらうろうろしている。[1]

私はカミーユ・パーメザンのおかげでチェッカースポットに会いに行けたのだ。長いカールした黒髪と淡い青色の瞳を持つパーメザンは、粗野で小柄なワンダーウーマンとして通用するだろう。もしもワンダーウーマンが投げ縄と目に見えないジェットではなく泥んこと昆虫が好きで、地方のスラングを話すならばだが。パーメザンはテキサスのイタリア系の家で育った。彼女はain't〔am〔are, is〕not の短縮形。くだけた表現〕という語をふんだんに使い、large よりも honker を、abundant よりも out the wazoo を好んで使う。

パーメザンは最初、生態学の大学院生としてチェッカースポットの研究を始めた。これは鳥類（早起きすぎる）、研究室で飼っている霊長類（非自然的すぎる）、ミツバチ（針が多すぎる）の研究を諦めたすえのことだった。彼女は蝶が好きだったと言う。自然環境下で容易に観察でき、かつ扱いやすいからだ。子ども時代にはママといっしょにキャンプをして過ごし、野外観察図鑑で植物や鳥を同定していた。母親は植物学が好きだったが職業としては地質学者で、テキサスにいる親族の多くと同様石油産業で働いていた。キャンプサイドで娘に植物学を教える際に、独特の地質学的解釈を与えてくれた。氷河期の興亡に伴い、いかに野生生物が温暖な時代に北方へ進み、寒冷な時代に後退したかというはるかな歴史をパーメザンは母から学んでいた。

彼女がチェッカースポットの生態学の世界へ入った頃には、野外で小型生物を対象とするのは難しくなっていた。かつてチェッカースポットはありふれた蝶で、メキシコ北西部のバハカリフォルニアからカナダ南西のブリティッシュコロンビアまで、北アメリカ西海岸の山中の高地にも低地にも群れをなしていたことを、彼女は博物館の埃っぽい記録や熱狂的アマチュア蝶マニアの膨大な採集標本によって知っていた。ある進取の気性に富んだ蝶のコレクターが捕虫網を持った腕を伸ばしながらバイクで海岸を走っただけで、この蝶を大量に捕らえたという伝説がある。しかしその数は年々減り続けていた。

ほとんどの生態学者にとってその理由は明白だった。チェッカースポットは遠くへ移動することがまったくできなかったのだ。幼虫は黒い毛虫で、孵化《ふか》した植物から数十センチ以上は移動しなかった。たとえ斑点のある翅《はね》を広げたあとでも、地上、しかも発育地近くに留まり、変態した場所から数メートル以上飛ぶことはめったになかった。風が吹いたり雨が降ったりすれば細く華奢な脚でドゥオーフプランターゴの根元に這い登り、繊細な体が突風やにわか雨にうっかりさらわれないように、できるだけ地表近くに位置をとった。野外では「定住性《セデンタリー》」として知られている。これは出不精を表す生態学用語だ。

その一方で彼らは圧迫を受けていた。彼らが好むドゥオーフプランターゴが、生息地の南部で干からびつつあった。北部メキシコでの（都市化・産業化による）炭素燃焼によって気候が次第に暑熱化、乾燥化していたからだ。同時に、ロサンゼルスやサンフランシスコのような拡大中の都市のスプロール化は、穏やかで陽光降り注ぐ彼らの生息地の北端を飲み込んだ。気候変化と都市の拡大との間に押し潰されてチェッカースポットは死滅したものと、蝶の専門家のほとんどが信じた。

これは世界中にあるずいぶんありふれた話の一つだった。パーメザンは研究の基本的な筋書きの変更に何の幻想も持っていなかったが、差し迫る困難に対するこの蝶特有の応答を詳細に記録できるかもしれないと思った。コロニーの中には地域特有の微妙な適応を見せる、あるいはひょっとして、やむを得ず衰退する前に人目を引く信号を発するものが少しはあるかもしれない。もし適切に個体数調査を実施してデータを演算処理し、精巧な統計分析をすれば、そこからまずまずの論文を掘り出せるかもしれない。見方によれば彼女の研究は種の断末魔の苦しみの念入りな考証なのだろうが、この大量絶滅時代に生態学研究の多くはそういうものになったのだ。博士号を取るだけの価値はあった。

加えて、この蝶は春のすばらしい気候下で孵化し、午前一〇時前には目覚めず、いちばん簡単に見つけられるのは晴れて風のない日だ。パーメザンは四年間、夏の間は、昼は蝶を採集しながら西海岸の山を車で上り下りし、夜は山中でキャンプをして過ごしていた。

彼女は結果について特に高望みはしていなかった。「最後に何か発表しようと決めていたわけじゃなかった」と言う。それからデータを解析し始めた。蝶の数は以前の記録に比べて減っていた。予想した通りだった。しかしほかにも何かがあった——ノイズにまぎれた前兆、彼女の経歴をひっくり返し、世界中の私のようなジャーナリストの注意を引く前兆だ。

「パターンを調べ始めたの」。テキサス州オースティンのテクスメクス・レストランで会ったときに話してくれた。「そこで、死滅率が南部ではとても高くて北部と山中ではとても低いことがわかったの。私は複雑なパターンを予想していたものだから、実に単純だ！って思ったの……これほどはっきりしたデータを手に入れたことはなかったわよ」

何年も前にサマーキャンプ旅行でママが語ってくれた野生生物種のように、この蝶は一〇〇〇年前に野生生物種が行った方法で気候変動に応答していた。

移動したのだ。

「まさに北と上へ生息域を移しているのよ！」。彼女は言う。この発見は二〇年以上前のことだが、いまだに彼女を驚きを伴った喜びでいっぱいにする。両手で自分の髪をまとめ、ちょっとシミーダンス〔上半身をゆすって踊るジャズダンス〕をしながら背中の後ろへ放り上げる。「大変だ！」[2]

移動と気候変動

パーメザンは一九九六年に蝶の調査の結果を発表した。[3] 当時、野生生物が気候変動に応じて生息域を移すことを記録した研究は二つしかなかった。一つはアルプス山頂の植物群落についてであり、いま一つはサンフランシスコ南部モントレー湾のヒトデとムール貝についてであった。二つとも「とても良い論文だった」と彼女は言う。「でもとても狭い地域の調査だったの」。これらの移動は変則的なものとして簡単に却下されるかもしれない。当時は気候変動に応じた避難のための移動は理論的に可能だと思われていたが、野生生物が有意な程度に移動を達成できるとあえて期待する科学者はほとんどいなかった。

対照的に、パーメザンの研究は北アメリカ大陸の半分を縦断する一貫した移動パターンを示していた。彼女は一流雑誌ネイチャーの単名論文という垂涎の栄誉を手に入れ、たちまち気候変動科学の最高位に上った。国連気候変動に関する政府間パネル調査団のメンバーになったのだ。これは彼女がチェッカースポットで発見したものと同じ兆候を探している、およそ一〇〇〇件の生態学の研究を論評できる地位だ。実際、極地へ向かう蝶の移動は全然変則的なものではなかった。同じパターンをヨーロッパの五七種の蝶で見出すことができた。また、海洋生物でも。さらに、鳥類でも。

プランクトンからカエルまで、あらゆるものを研究した科学者たちが自分たちのデータを再検討した。[4] そして、追跡調査をした四〇〇〇種のうち、四〇ないし七〇パーセントが過去二、三〇年の間に分布域を変え、そのおよそ九〇パーセントがそろって気候変動に伴って、より冷涼な地域および海域へ移ったことを見つけた。平均すると陸上生物は、一〇年ごとにおよそ二〇キロずつ極地へ向かって間断なく行進していた。海洋生物はもっと速く、平均して一〇年当たりおよそ七五キロずつ冷涼水域へ向けて移動していた。このように平均化すると、特定の生物の目を見張るような急速な移動には気づけなくなってしまう。たとえば、大西洋タラは一〇年当たり二〇〇キロ以上移動していた。アンデスではカエルや真菌類が過去七〇年間で四〇〇メートル高地へ上っていた。

もっとも動きそうもないような野生生物でさえ動いていた。何十年もかけて枝を広げて茂みを作り、世界中のサンゴ礁のでこぼこのプレートに広がっているサンゴのポリプは、堂々として不動の姿に見えるかもしれない。彼らは文字通り石の壁であり、外海の猛威を吸収して何百万もの魚や沿岸の地域社会を守っている。それでもなお、サンゴ礁も動いているのだ。一九三〇年以来、科学者たちが日本の島々を取り囲むサンゴをガラス底ボートから覗《のぞ》いて調査し続けている。二〇一一年、そのうちの特に二種——アクロポラ・ヒアシントゥスとアクロポラ・ムニカータ——が毎年一四キロの速さで北方へ移動していることを発見した。[5]

気象学者エドワード・ローレンツの有名な表現に、蝶の翅の羽ばたきが、関連する因子の複雑な相互作用のせいで小さな大気の乱れを生じ、ついには遠方の竜巻の進路を変えるというのがある。これは、小さな変化が予期せぬ大きな効果を生じうるという私の好きな洞察の詩的メタファーの一つだった。このメタファーの全体としての勘所は、蝶の飛行は一見したところ取るに足りない要素だが、それでもなお、あの言い回しを作り出したときに彼が壮大な大陸間移動をしているオオカバマダラのような何かを心のうちに抱いていたと私が想像するところにある。彼がチェッカースポットのことを考えたはずはなかった。数匹のこの蝶に出会い、印象の薄い、ゆっくりした低い飛翔を目にしてみると、彼らの羽ばたきを合わせても、いかなる種類の大きな気象学的事象ももちろんのこと、そよ風のささやきすら引き起こせるとは思えない。

それでもなお、この小さな蝶はある種の特大サイズの効果を引き起こしていた。地球規模の劇的な現象のベールを剝ぐ、その思いもよらない旅路だ。アラスカ北西部沿岸ウナラクリートの狩人たちは、一五〇〇キロ以上南東のブリティッシュコロンビア由来の寄生虫が、狩り取った鳥の皮下でのたくっているのを見つける。[6] アカギツネが北方へ広まり、ホッキョクギツネのなわばりへ入り込んでいる。ケープコッドでは、フロリダから来たマナティがマリーナの排水パイプから水を飲んでいるのをボートの持ち主が偶然見つける。

野生界の移動は始まっている。[7] あらゆる大陸、あらゆる海洋で起こっている。

人々の移動

五五〇〇メートルの山頂群を擁してそびえ立つダウラダハール山脈は、ヒマラヤ山脈の前山、標高およそ二〇〇〇メートルの森林地帯の尾根に危なっかしく載っているマクロードガンジーの村の上にのしかかるように現れる。私はニューデリーから一二時間の恐怖のタクシー乗車のすえに到着した。平原地帯の海水面気圧になじんでいて、しわくちゃの木綿の半袖シャツを着た運転手は、夜遅くマクロードガンジーの中心部に着いたときには目がくらみ、凍え、げんなりしていた。彼は目的地のホテルまでは目まいがするような山道がまだ何キロもある、村の広場の真ん中で車を端に寄せ、六ヶ月分の荷物といっしょに私たちを降ろして逃げ去った。

このときには許しがたい出来事に思えたが、翌朝霧が晴れてこの町の息を呑むようなパノラマが現れると気分は和らいだ。山腹に張りついたヒマラヤゴヨウが、山頂部の岩だらけのところで不意に消え、「樹木限界線」として知られる天然の境界を作っている。境界線より上にはむき出しの絶壁がそびえ立ち、そこに細い滝が幾本か筋をつけている。あの高さまで私の体を運ぶだけでも、ナビゲーションの腕前というしっかりした技と肉体的スタミナが必要だ。私はガタガタ揺れるデリーのタクシーに乗ってここへ来ようなんて望んでもいなかった。あの狭くルート表示のない小道は険しく、空気が薄くて、曲がり角に来るたびにガードレールのない命がけの断崖が現れた。私はこの山々での短期滞在のために、専門店で大枚をはたいて買った最新の山岳装備を身につけてやってきた。ポリウレタンでコーティングしたナイロンジャケット、頑丈な防水ハイキングブーツ、汗を逃がす特殊なウールソックスなどだ。人を寄せつけないこの光景に対して覚悟ができていなかったという圧倒的な印象が、これらのおかげで特に軽減されるなどということはなかった。町の上を行く小道を息を切らせて上っていたが、私が次第にくたびれていくのを目撃したのは、ありがたいことに頭上の松の木の間を跳ね回っているアカゲザルたちと、辛抱強くついてきた地元のイヌたちだけだった。

もし何らかの地理的特徴が移動を阻止するとしたら、それはヒマラヤだ。この山々は地理学的に言って通行不能の壁を形成している。一方では北方の極寒の空気が集まり下方の南部熱帯平原からの到達を妨げている。他方ではモンスーンの雲が近づいて山頂にぶつかり、まるで開けたばかりの水門のように、内に含んだ液体を尾根に降らす。
それでもなお、この巨大な壁に対峙したこの地においてさえ、生き物たちはどんなに恒久的な錨《いかり》からも解き放たれて少しずつ動き、さまよい、よじ登る。毎年、森林の若木は斜面の少し上側に定着する。[8] 好奇心旺盛な科学者たちが植生の変化を調べて樹木の年齢を測定し、そこで起こっていることを発見した。一八八〇年以来、森林は絶えず山腹を上り、一〇年ごとに一九メートル上方へ移動していた。森林はシャクナゲとリンゴの木、それにこれらの木に棲みこれらの木を常食する昆虫を伴っている。ヒマラヤの北側の高高度ツンドラ地帯であるチベットに住む人々が、一風変わったかゆみのある咬傷《こうしょう》を負ったことが二〇〇九年に初めて記録された。これはそこにいた誰もが覚えている、彼らにとって初めての蚊の咬傷である。

　人々もここで移動しており、彼らの移動の軌跡は谷へ入り、山腹のカーブを回り、そしてヒマラヤの高地の山道を越えて行く。[9] チベット高原から一〇万人以上の人々が、中国政府の迫害と抑圧を逃れて、ポツリポツリと絶え間なく八〇〇キロ以上隔てたマクロードガンジーへ移動している。多くは仏教の僧侶と尼僧で、ダライ・ラマ一四世を信奉して来たのだ。ダライ・ラマは一九五九年にここに来て、現在は私の質素なホテルから狭く曲がりくねった道を下ったばかりのところにある崩れかかった複合寺院に住んでいる。私は、この人たちが明るいサフラン色の法服をまとって地元のカフェでカプチーノをちびちびと飲み、簡素なサンダルとウールの肩掛けを身につけて、法服にしまい込んだスマートフォンで互いにおしゃべりしながら、険しく岩がちの小道をなごやかに登っていくのを見た。飛行機とタクシーを使ってきた私とは違って、この人たちは歩いて山並みを越えて来たのだ。氷河と高山の小道を越える危険に満ちた旅には、皆それぞれ一ヶ月を要したのだ。

今日のニュース――いつのニュースでもそうだが――には人々の移動の話が満載だ。飢餓と迫害を逃れてくるアフリカの移住者たちは水漏れしそうなボートにすし詰めになって地中海を渡る。おんぼろのキャンプで弱り果てたシリア人やアフガニスタン人が、自分たちが逃れてきた爆弾と首切りの地へ群れをなして引き返している。よちよち歩きの子どもをお尻の上に引っ張り上げた女性たちがホンジュラスとグアテマラからアメリカの国境を目指して何百キロも歩く。これを書いていると、傍らで電話が鳴って最新のニュースを伝える――ハリケーンが四つ接近しており災害の恐れがあるとして、フロリダの知事が一〇〇万人以上のフロリダの住民に避難を命じた。間もなく半島の道路には高地を目指す家族連れが群れをなして来るだろう。

　野生生物の移動経路はおもに彼ら自身の生物学的能力と、移動中に遭遇する独特の地理的特色、たとえば山の斜面の険しさや海流の塩分によって定まる。これとは対照的に、人間の移動の経路はおもに抽象的なもので定まる。冷淡な政治指導者が政治的および経済的配慮から、ある者を入れある者を入れないという規則を定める。彼らは生物学的には恣意的な方法で、目に見えない線を地表に引いたり引き直したりする。輸送会社はある経路を提供するが、ほかの経路は提供しない。風や気象や潮流よりも、どの経路で最大の利益を得られるかで提供を判断するのだ。

　それにもかかわらず私たちは移動する。今は過去のいつの時代よりも出生国の外に住む人が多い。理由はいろいろだ。二〇〇八年から二〇一四年までに洪水、暴風雨、地震、あるいはその類いのもののせいで、毎年人々は移動を余儀なくされていた。[10]不安定な社会の暴力と迫害はまた別の旅路を呼び起こす。二〇一五年には、一五〇〇万人以上の人々が強制的に逃避させられた。これは第二次大戦以後最多だった。国境を越えた人一人につき、長旅の中でまだこれらの見えざる線を一つも侵害していない人が二五人以上いた。こうした特定の目的を持つ人の流れのすべては勢いがゆるんで、幅広い流れとなり、地方の人口は世界の都市へと移る。二〇三〇年には人々の大都市への移動が加速し、その結果、史上初めて私たちの大多数が都市生活者となるだろう。そして将来何年間かは、私たちの移動の範囲は広がっていきそうだ。二〇四五年にはサハラ以南のアフリカの砂漠の拡大が六〇〇〇万人の住人に立ち退きを余儀なくさせると予想される。二一〇〇年には海面上昇によってさらに一億八〇〇〇万人がこれに加わるかもしれない。

これらの統計はこのままでもびっくり仰天ものだが、これは現代の私たちの移動のほんの一部の規模と速度を表しているにすぎない。人類の移動のデータをまとめている権威ある中央機関は存在しない。国境を通過する人々はどちらかの側の当局に記録されているかもしれないが、それは特定の場所の特定の時のものにすぎない。

当局はたいてい移入者を数え、出ていく人々の行列には目をつむる。その筋の警告から逃れようと移動する人々はこっそりと秘密の旅をする。あるいは徹底的に監視を避けながら国境の内側を移動する。政府当局は無許可で国境を通過する人々の数を推定しようとするかもしれないが、もっとも信憑性のある推定でも断片的な根拠によるものである。[11] すなわち、国境機関が現行犯で捕らえて再度国境通過を試みる意志を白状した人々の数や、実際に再度試みてもう一度捕まった人の数に基づいている。人間の移動の全範疇――たとえば季節労働や収穫のための国境の出入り――が公式統計に入っているわけではない。

これらすべてを考慮すれば、人間の移動の真の数を知ることは不可能だ。だが重要な事実ははっきりしている。すなわち、私たちの親族である野生生物と同様、人類もまた移動しているのだ。

これまでのわずかな年月の間に、私たちの移動に対する気候の影響力が次第に明らかになり、今や私たちの生物学と歴史には移動が重要であるという根拠が現れてきた。私たちの移動の物語がいかにはるかな過去にまで続いているかが、遺伝学の新しい技術によって明かされた。新しいナビゲーション技術によって、地球上の人類と野生生物、双方の移動の規模と複雑さが明かされた。来たるべき私たちの移動は気候変動の速度に合わせられるほど早く進みはしないかもしれないが、一方で増えつつある多くの証拠によれば、それは生物多様性と柔軟な人間社会を維持するための最善の企てかもしれないと示唆される。

移動は大惨事をもたらすか？

次なる大移動が迫っている。厄介なことに、私たちはずいぶん小さい頃から動物も植物も人間もそれぞれ特定の場所にいるのだと教えられている。だからあのガンを「カナダ」ガンと呼び、あのカエデを「ニホン」カエデ〔イロハモミジ〕と呼ぶ。だから中東を表すのにラクダを使い、オーストラリアにはカンガルーを使う。それゆえ社会的相互作用から問診票に至るまで、何に説明するにも想像による、あるいはわかっている大陸起源を省略表現として用いる。つまり、たまたまどこに住んでいるかにはお構いなしに私たちは、一世紀の間使われてきた肌の色や髪の質感を視覚的に符号化した特徴によって自分たちを「アメリカ人だ」「アフリカ人だ」「アジア人だ」「ヨーロッパ人だ」などと言う。

人々や生物種を特定の場所「由来」として説明することで、私たちは過去に関する特有の観念を思い起こす。これはヨーロッパの博物学者たちが初めて自然界を分類し始めた一八世紀に遡る。彼らは、人間や野生生物種はたいていその歴史を通して一貫して同じ場所に留まるものと見なし、その場所をもとに生き物や人々に命名した。別々のものを、まるで太古の昔以来いっしょにいたかのようにまぜこぜにしたのだ。

これらの一世紀を経た分類法は、生物の変遷史に関する私たちの現代の考え方の基礎を形成した。今日、生態学から遺伝学や生物地理学に至るいろいろな学問分野は、はるかな過去には生物種や人々が別々の地域で進化しながらその生息地に落ち着いていた、長い隔離の期間があったのだと暗示している。

過去に関する私たちの考えの中心にあるこの不動という観念は、必然的に移動者や移動を、変則的であって問題を起こすものとして排除する。二〇世紀の博物学者は皆、移動を生態学的には無駄であり、それどころか危険な行動であるとして片付け、動物たちが自由に動き回るのは「悲惨な結果」なのだと警告した。[12] 環境保護論者その他の科学者は人間の移動も生物学的惨禍を引き起こすだろうといって警告した。人間の移動によるもっとも当然の帰結——父祖の地から別の場所へ辿った人々の間の有性生殖——は退化した突然変異の雑種という結果をもたらす、と一流の科学者たちが主張した。

第二次世界大戦後の集団生物学者は、自分たちの蝶とラットの個体群動態学の研究結果を強調して、人々の自由な移動を許せば腹を空かせた外国人の大群が荒らし回ると言った。移動を望む人間は「優雅に餓死」はしないだろうと書いた者がいる。[13] 彼らは移動してわれらの地を廃墟とする。移動中の野生種は「環境の大惨事」を引き起こすと、二〇世紀後期の生態学者たちが言い添えた。[14]

移動者や移動に関するこうした考え方はしばしばお粗末な根拠に基づいている。すなわち、実際には存在しない女性の体の謎の部分、一度も発見されたことのない雑種の怪物、実際には絶対に起こったことのない野生の移動動物が北極海へ飛び込む壮観、実際には起こらない群集化によって引き起こされる正気をなくした攻撃性と大食という現象などだ。それにもかかわらず何十年もの間、彼らは移動の背景に関する真実を握り潰していた。私たちに共通の移動の歴史を発見した遺伝学者たちは、その程度を最小化した。生物種や人類が広く地球全体に分布することに戸惑う生物地理学者は、能動的な移動の可能性を退け、その代わり古代の地質学的な力によって受動的にあちこちへ運ばれたのだと推定した。

移動を無秩序の一形態だと見なす科学の考えは、仲間内のアカデミックな雑誌だけに限られた解しがたい理論上の事柄ではなかった。これは大衆文化に広く普及した。二〇世紀初頭のアメリカの国境閉鎖に影響を及ぼし、ナチのファシストに夢想を抱かせ、現世代の反移民ロビイストや政策立案者に理論上の堅実みを提供した。

この考えは今日の次なる大移動について恐怖とパニックをかき立て、地上でもっとも影響力のある国々の政治を再編している。環境保護主義者は、外来種には土着の種がすでに生息している生育地への移入という本能的「侵入」欲求があると警告する。生物医学の専門家は、移動性生物種は新しい土地へ外来の微生物を持ち込み公衆衛生を脅かす流行病を引き起こすと警告する。外交政策の専門家は、気候変動によって否応なく引き起こされる大量移動の必然的結果として、政情不安と暴力が生じると予測している。反移民派の政治家は経済的惨禍およびそれ以上の災厄を語る。

「私」へ至る移動史

移動が破壊的な力だとする考えは私のジャーナリスト魂に火をつけた。私は何年にもわたって生物相の移動によって引き起こされる被害について報告し、また著述してきた。私は、国々を越えて地表を飛ぶ蚊がいかに社会にマラリア原虫を感染させて帝国の興亡を決定し、また貿易商や旅人の体内にいて大陸を旅するコレラ菌が、いかに世界経済を再編するパンデミックを引き起こしたかを調べた。こうした場所をわきまえない微生物たちの破壊的衝撃を知ったので、私には移動は道理を外れた、異常で、検査と説明が必要な何かだとする感覚が身についた。このことは、説明を必要とする別の奇妙な事実、私の家族の過去の移動によって解き放たれた場に、私自身の体が調和していないということを繰り返し思い起こさせた。

私の移動の経歴は、二〇世紀末期のインド西海岸沿いの北端グジャラート州にある二つの漁村に遡る。アラビア海に突き出たこれらの村には当初、ヨーロッパ、西南アジアおよびアフリカからの移住者が住みついた。その後はこの土地へ乗り込んできた貿易商、侵入者、植民者たちの波に繰り返し翻弄されてきた。とりわけパキスタン人、マケドニア人、ムガール人、イギリス人たちだ。

私の曽祖父たちはこれらの村で育った。一人は猫背の行商人で、サリーを売っていた。別の一人は小さな店を持ち、金属製調理器具を売っていた。二人とも、自分たちの周りに押し寄せる移民の潮流にあらがうような風習の中で大きくなった。たとえば彼らはジャイナ教の同じ宗派に属し、一ヶ村以上離れて住んでいない家族とだけ姻戚になれるという縛りがあった。ジャイナ教のどの宗派だって今日のグジャラート州の全人口の一パーセントにも満たないこと[15]を考えれば、このような習慣をもとに相手を選ぶことはほとんどできそうもない。

彼らの息子たち、つまり私の祖父たちは家族の習慣を遵守して村の裕福な親族の若い娘と結婚したが、だからといって田舎から新たに産業化している都会へ向かうという一九世紀の世界的移動に加わるのをやめはしなかった。一人は人でいっぱいのムンバイに住みつき、チョールという二部屋の安アパートに五人の子どもたちを詰め込んだ。これは彼のように街に満ち溢れている労働者階級の移住者用に特に建てられた新型の建物だ。もう一人は南方のタミル語圏のコインバートルへ行き、雇用主の会社が所有する小さな家に移った。そこで、貧弱な石床の部屋の中に積み重ねたマットレスの上で、私の祖母が八人の子どもを産み、そのうち六人が大人になるまで育った。コインバートルとムンバイ、遠く離れたこれら二家族は計一一人の子どもたちのうちの二人に資産をつぎ込んだ。それが私の母と父である。二人はそれぞれ教育を受け、医学校へ進んだ。

ちょうど二人が卒業したときに、新しい移入の門戸が開いた。それまで、アメリカの国境はアジア、アフリカ、および南欧と東欧から来る人々には閉鎖されていた。[16]優生学という当時の最先端科学から、この人たちは知的に劣っており生物学的に望ましくないと見なされていたのだ。しかし新たに制定された政府の医療保障および医療扶助計画のための医療従事者の必要性から、アメリカの医師不足が生じた。一九六五年一〇月の爽やかなある日、自由の女神像の足元の席に着いたリンドン・B・ジョンソン大統領は、優生学に基づいた過去の禁止令を破棄し、外国からの熟練労働者に国境を開放する文書に署名した。一年後、私の両親はニューヨーク市から医療職のオファーをとてもたくさん受けたので、その職がアパート付きかどうか、そしてそのアパートがバルコニー付きかどうかをもとに値踏みをした。

最初に父がアメリカへ発った。六週間後、母がサリーとチャパル〔インドの革製のサンダル〕を身につけてジョン・F・ケネディ空港に到着した。薄手の靴下はずれて、つま先に集まっていた。その年アメリカへ来た四〇〇〇人のインド系移住者[17]の中の二人だ。新たな移住の波の先兵だった。

五〇年以上を経た今日、移住は両親の人生におけるきわめて重要な事実のままである。だから二人はいつも完全無欠のマンゴーに思いこがれ、父の電話の音声認識アプリは彼が話す完璧な文法の英語を決して理解せず、誕生日や口論やホームドラマを幾度となく経験し損ねたのである。あれ以来とにかく自分たちの過去を断ち切ってきたのだ。血縁はあるがもはや自分たちの人生には意味をなさない人々という過去を。祖母は、アメリカで自分の息子が夕食のあとに皿を洗ったと聞いて泣いていたものだ。彼女は祖国のアパートで、皿洗いは日雇い人の仕事で、彼らは泥だらけのタイル張りの床にしゃがみ、テラスに敷いた粗末なマットで寝る者たちだと教えて息子を育てたのだ。

私はニューヨーク市で生まれた。アメリカへ人々を運んだ四〇〇〇万人以上の移住の波の末裔《まつえい》の一人として、両親が移住した数年後のことだ。この一見単純な以前の出来事が私の胸の奥底に宿り、わずかに調子の狂った金属インプラントのように痛みとうずきを放っていた。一方では両親が過去から解き放たれたことを喜んでいた。大洋を横断した二人の移動のおかげで、いつも評価しているわけではなかった生活様式に私と妹を結びつけていた糸が切れ、風船みたいに高みに昇ることができたのだ。いとこたちがしていたように詩を暗記したり、年長者にひれ伏したり、あるいは妻を殴らなければいけないことがあるというインドの親族の当時の総意に対し、親族が取り決めた将来の夫が同意したときに、諦めのため息をついたりしたくはなかった。この感覚はずいぶん小さい頃からはっきりしていた。子どもの頃、アメリカで数年過ごしたあとに住むつもりで両親がムンバイで買った高層アパートの中を歩き回ったのを覚えている。そこには度肝を抜く広大な海の眺めがあり、両親が買った階はブルックリンのカナージーにある私たちの狭苦しい地下のアパートに比べてはるかにすばらしかった。それでも、結局はそこへ引っ越さないと両親が決めたときには、死刑判決をまぬがれたかのように感じたものだ。

と同時に、二人の移住はどういうわけか私に場違いだという激しい感覚を染み込ませた。抑え込むのに五〇年近くもかかった感覚だ。子どもの頃、ささいなことにさえ恥を感じていた。たとえば、ほかの子どもたちが大騒ぎして欲しがる申し分のないアメリカのチョコレートよりも怪しげな果物味のイチゴアイスクリームの方が好きだということに。インドを訪れている間、スパイスの利いた食品や過熟マンゴーがどうしても食べられないことも同じように恥ずかしかった。私が皆の一員でないことは誰もが一瞬でわかったようだし、喜んでそう言っているようだった。故郷では、周りの人々は私の黒髪と褐色の肌を見て、私がさまざまなアメリカの都市や郊外に実際に住んでいることを受け入れず、「本当は」どこから来たのか知りたいと質問したものだ。

私が北アメリカ大陸内に住んでいることがともかく異常だという彼らの無礼を、私は何年間も受け入れていた。私が風変わりだという彼らの感覚を受け入れ、私は自分自身を中心部から辺縁部へ押しやった。私は自分のことを標準的アメリカ人では決してなく、辺縁部にいるアメリカ人としていつも表してきた。たとえば東南アジア系、あるいはインド系アメリカ人として。一〇年以上ボストンに住んだあとでさえ、レッドソックスが勝ったといっておおっぴらに喝采したり、この街のさまざまな悲劇を嘆き悲しんだりしなかった。これは厚かましいことだと思った。子どもを二人ともそこで産んでおきながら自分をその地の「住人」だと見なさなかったからだ。私はいまだに自分のことをボルティモアの「住人」だとは言わない。この街の郊外に一〇年以上住んでいるというのに。

私自身が数年間移住者になったことがある。子どもたちが小さかったとき、夫がある大学の研究職に採用されて私たちはオーストラリア北東部へ引っ越したのだ。夫は定住すること、それどころか家族全員の市民権を得ることまで望んだ。しかし、息子たちがオーストラリア訛《なま》りを身につけ、地元の人々の人種に関するゆがんだ考えにさらされたとき、私の大陸間移動への意気込み——決して熱烈なものではなかったが——は衰え始めた。アメリカで育てた子どもたちがまるで何かの実験の産物で、いまだにその結果を分析中であるかのように、私の両親がある種の自信を欠いていたわけを理解し始めた。私は世代間の亀裂をもう一つ作ることを望まなかった。その上、電話をかけたときに父は泣いたのだ。

移動によって起こる大騒動への私の懸念をそのままに、数年後私たちはそこを去った。昔ながらの知恵を受け入れることにはまったく抵抗がなかった。その知恵は、その騒動の原因が移動行動そのものと、一見反対行動をとりながらそれを推し進める人の衝動の中にあるとしているのだ。

しかしその後、私は世界中の移動のルートの追跡調査を始めた。

故郷から脱け出す

彫りの深い容貌、黒い無精ひげ、それにぽつぽつと白髪の交じる短髪をたくわえたグーラム・ハクヤールはハリウッド俳優として十分通用するかもしれない。ハクヤールはアフガニスタンの北西端、ヘラート州の国際ＮＧＯの管理者として働いており、かなりの給料と、妻と四人の子どもがいるヘラートの心地よい家庭生活を満喫していた。一家はハクヤールの義兄が住むドイツのある場所への移住を望んでいた。数年前に彼らに会ったとき、彼と息子はドイツに着いたら新規の事業を起こせるように、何年間もドイツ語を学んでいた。

その後、ある日タリバン運動の暴動分子がハクヤールの同僚をむごたらしく殺害した。次は自分かもしれないと恐れたハクヤールと妻はただちに家の買い手を見つけ、二日のうちに相場の四分の一の値段で売った。彼らはドイツに着いたときに必要なドイツ語の教科書も含めて所持品をまとめ、四人の子どもたちを連れてそこを発った。山々を越えてパキスタンへ、次いでイランへ進んだ。公的書類を手に入れる時間などなかった。警官が捜査しているときには、この強健な人たちは逃げたり隠れたりした。あるところで、甲状腺疾患を患っていた妻がショック症状に陥ってハクヤールは彼女を背負わなければならなかった。その後息子の一人は、脱水症状がひどすぎて死にそうになった。

一家はついにトルコに着いた。そこでは密航業者たちがエーゲ海を渡るゴムボートを法外な料金で提供していた。じれったいほど短距離の船旅だった。トルコおよびアジア大陸とギリシャのレスボス島およびヨーロッパ大陸とを分けるわずか数キロの海だ。しかしトルコとレスボス島の間の狭い海域は浅く――海水面が下がっていた最終氷河期にはここは陸地だった――この移動ルートは危険なこともあった。ここを渡ろうとした者の多くは泳げなかったし、ボートに食料や水や救命具を備えた密航業者はほとんどいなかった。密航業者が金を払った船客をデッキの下の暗く悪臭漂う場所へむりやり入れることもあった。そこでは毒性化合物が衣類や皮膚を焼いた。

ハクヤール一家はそんな危なっかしい船の一つに乗り込んだ。船が波濤《はとう》を越えて進み始めると、不意にエンジンが故障した。船は海流であちこちに押し流された。ハクヤールは、すでにギリシャの島々全域にある素敵なリゾートの浜に死体となって打ち上げられた多くの人たちと同じように、きっと自分は子どもたちといっしょに溺れ死ぬのだと思った。レスボス島沿岸で働くウエイターやカフェのオーナーたちはそんな出来事を目にしていた。うつ伏せになって半分砂に埋もれ、動きを止めた両脚を波がやさしく洗っている三歳児の死体を、以前にある写真家が記録していた。ひと頃、世界の耳目を引いたものだ。

ハクヤール一家はそんな運命はこうむらなかった。最終的に海を渡りきったのだ。ハクヤールの唯一の損失は、家族にとって貴重なドイツ語会話の教科書の何冊かだった。ドイツでの新生活に備えてアフガニスタンから山岳地帯と国境をいくつも越えて、苦労して三〇〇〇キロを運んできたものだ。その本がエーゲ海の海水に浸ってずぶ濡れになり読むことができなくなってしまったのだ。

ハクヤールは台無しになった本をがらくたの山の上に捨てた。そのがらくたは、このルートを旅した何十万もの人々が、西や北へ向かう旅を続けるのに邪魔にならないようにレスボスの浜辺に置いていった一人ひとりの私物だ。がらくたの山は小さな山脈の高さにまで成長し、基本的な色彩は、移住者たちが捨てていったライフジャケットのせいで明るいオレンジ色だ。航路標識《ビーコン》のように輝いていた。[18]

もっとも深く刻みつけられた移住者の通路の一つが、思いもよらない世界の片隅、アフリカ東海岸の紅海沿いのちっぽけな細長い地から延びている。中世にはそこは単にメドリ・バーラ、「海の土地」と呼ばれ、のちにエリトラ・タラッサの名がついた。「紅海」を意味する古代ギリシャ語だ。この国の無慈悲な独裁的指導者たちが、何十年にもわたって多くの住民に対して軍部に奉仕するよう強要し、これに従わない人々を秘密の地下監獄に押し込めていた。[19] 国連の推定によれば、二〇一五年には毎月五〇〇〇人の人々がこのじょうご型の国を出ていき、まずどの移住グループよりも遠距離を、そしてより頻繁に旅している。

マリアムは奥まった目をしていて、いつも自分のことには用心深く、真剣な物言いをするが、突然少女のようにどっと笑い出す。[20] 彼女はある日の朝七時、家族と小さな家畜小屋をあとにして、紅海の南西岸エリトリアの田舎にある両親の家をこっそり抜け出した。以前に自分の計画を両親に話していた。母親は出ていくなと懇願したのだがともかくも出たのだと、感情を見せずに私に語った。およそ二四時間、マリアムは青々とした山地をエチオピアとの国境へ向かって歩いた。兵士たちとその射殺命令をかわしながら行く、およそ一〇年に及ぶ多国間移動になるであろう旅の第一段階だった。そのとき一四歳だった。

エリトリアを離れることで、マリアムは世界でもっとも広大で、それに比例して中身の詰まった移動をすることになった。その経路は長く、巻きひげのようにあらゆる方向へ曲がりくねっていた。マリアムはまずエチオピアへ行った。ソフィアはエリトリアの首都アスマラに三歳になる自分の娘と両親を残し、密航業者に金を払って北へ向かってスーダンへ、次いでエジプト・カイロへと車で運んでもらった。エリトリアから来たほかの多くの人たちは、エーゲ海を渡ってヨーロッパへ来たグーラム・ハクヤールが旅したあてにならないコースに合流した。きわめて大胆な者の中には北アメリカへ行こうとして大西洋渡航の道をとった者もいる。そこに着くには、まず中央アメリカの地図にない無法のジャングルを通り抜けなければならなかった。

南北を隔てるダリエンギャップ

直接アメリカやカナダへ行くのが難しいので、多くの移住者はまず飛行機で南米の国々へ行き、そこから陸路でアメリカ国境まで旅する。このことは二つの大陸をパナマでつなぐ、きわどいねじれた地を抜けてゆくことを意味する。

数百万年前に海から浮かび上がって以来、このS字型の地峡は波濤で隔てられていた生き物たちの間を結ぶ最初の陸橋を形作り、あらゆる種類の移住者の通路であり続けた。生物学者たちは、この大アメリカインターチェンジができたあとに劇的な混交と再編成が起こったのだと考えている。北米のシカ、ラクダ、ウサギ、アライグマたちが温暖な気候を探検し、棲みつこうと南方へ向かった。彼らはその途上、北方へ向かうサル、アルマジロ、オポッサムたちとすれ違った。これら最初の国境通過者たちは境界の両側で生態系を変容させ、それぞれ今日有名になっている独特の景観を形成している。[21]

現在、パナマ運河はこの地峡を真ん中で切り離し、船舶が一万三〇〇〇キロを要する南米まるごとの迂回をせず、大西洋から太平洋へ数十キロで通過できるようにしている。国土の多くにも一般道や高速道路が縦横に走っている。太平洋岸にあるけばけばしいパナマシティからカリブ海側のさびれたコロンまで直通する道がある。私は白い小さなレンタカーで、およそ一時間かけてここを走り抜けた。もしその気になっていたら、この国のほとんど端から端まで、同じような道を走ることができた。道は東から西へ、まさにコスタリカとの国境まで走っているのだ。

しかしこの道は、パナマの最東端、コロンビアとの国境近くで突然途切れる。そこにはこぼれんばかりに濃密な植生をたたえた、未踏のジャングル、山並み、沼沢がある。毒蛇が潜み、ジャガーがうろつき、ルート表示がなく蚊に悩まされる踏み分け道がそこを通っている。蒸し暑い熱帯の未開地が地峡いっぱいに広がってコロンビアへと溢れ込んでいる。これが、アラスカの北極海沿岸プルドーベイに始まり、南米最南端、アルゼンチンのウシュアイアで終わっている三万キロのパンアメリカンハイウェイに唯一の断絶を作っている、ダリエンギャップと呼ばれる場所である。

ここを乗り物で通り抜けるのはまず不可能だ。試みた探検隊もあった。一九五九年に行われた最初の企ての一つは、[22] 登山家八人、乗務員四人、特注品装備のランドローバー二両の協力を得て行われた。一八〇筋の川を越え、一二五本の丸木橋を架け、三度の自動車転覆と幾度ものマラリア発症のすえ、ダリエン横断探検隊はこのギャップを突破した。一〇六キロの旅程には四ヶ月半を要した。

もっと速く行けるルートは徒歩とボートによるもので、ダリエンギャップを越えていく現在の移住者たちが使うものだ。彼らはエリトリア、パキスタン、キューバなど広範な国々からやってくる。ハイチから北アメリカへの途上でブラジル、ベネズエラそのほかの南米の国々をけんけん跳びのように渡ってきた人の何人かに会ったことがある。

がっしりした体軀を持つ三〇歳のジャン＝ピエールがその一人だった。彼はフランス語、スペイン語、それにクレオール語〔移住民の言語と土着の言語が接触して生じた混成語のうち、母語として話されているもの〕を使って低いつらそうな唸り声で、人間の行動について鋭く批判的な意見を述べた。彼はベネズエラで会計士としての教育を受けたが、自己認識は何よりもまず社会主義者であり作家であって、そのことを証明するに必要不可欠な顎ひげを生やしている。彼は一〇〇人ばかりの移住者たちといっしょにコロンビアの港町トゥルボに集まり、数年前に妻と七歳の息子とともにダリエンのはずれに到着した。そこでは地元の船の所有者が、料金を取って彼らを貨物船に乗せ、ダリエンのジャングルまで三時間の船旅をさせる。ダリエン行きの船に乗り込む移住者たちを目撃したあるリポーターによると、ほとんどの人には待ち受ける原生地への備えがなかった

ダリエンギャップ通過案内

現在では過去のいずれの時代にも増して自分の出生地以外に住む人が多い。直接アメリカやカナダへ行くのが難しいので、多くの移住者はまず南米へ行ってから陸路を通ってアメリカの国境へ向かう。そのためにはこの地図に示したダリエンギャップの道なきジャングルと山々を徒歩で越えなければならない。

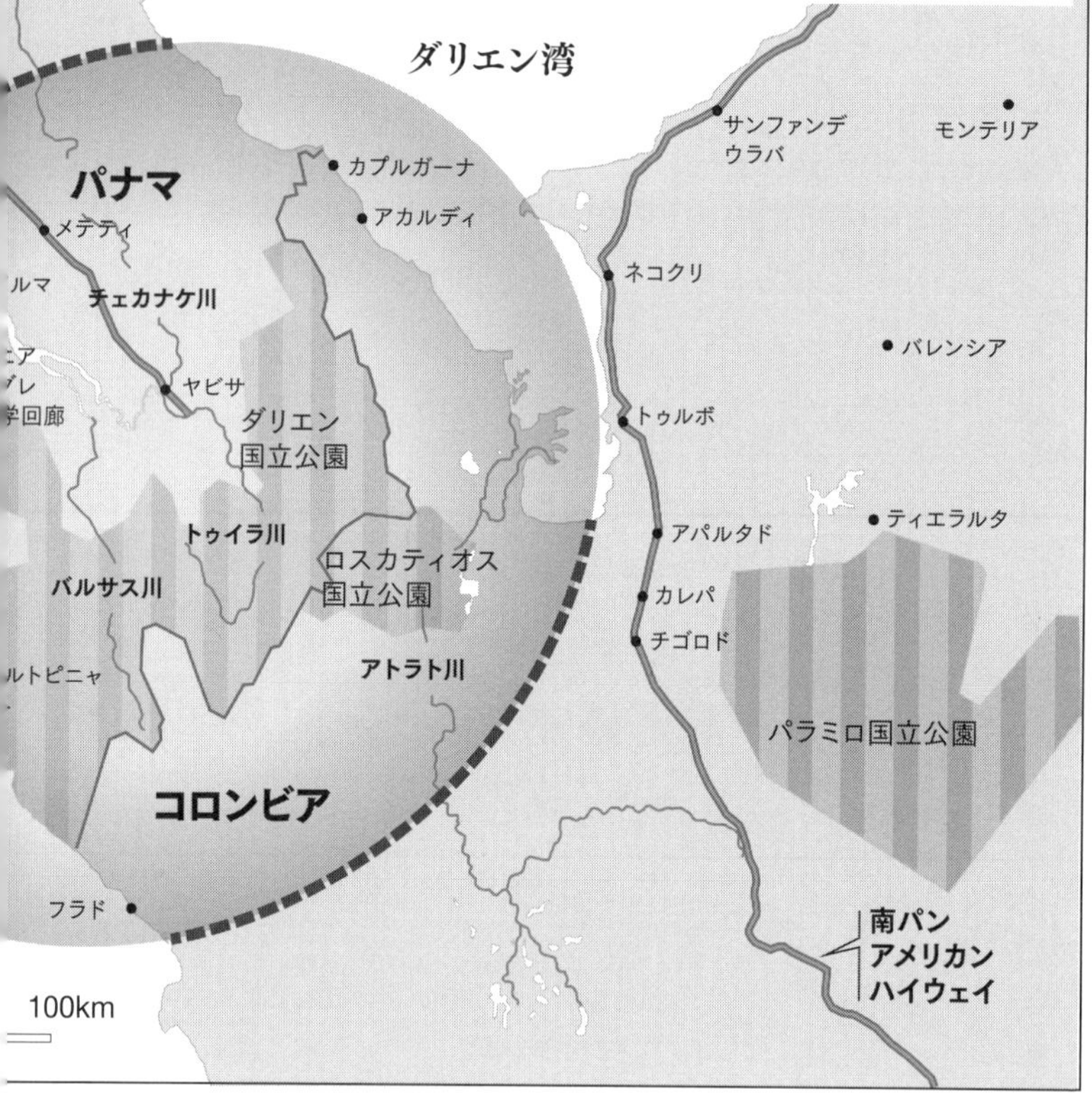

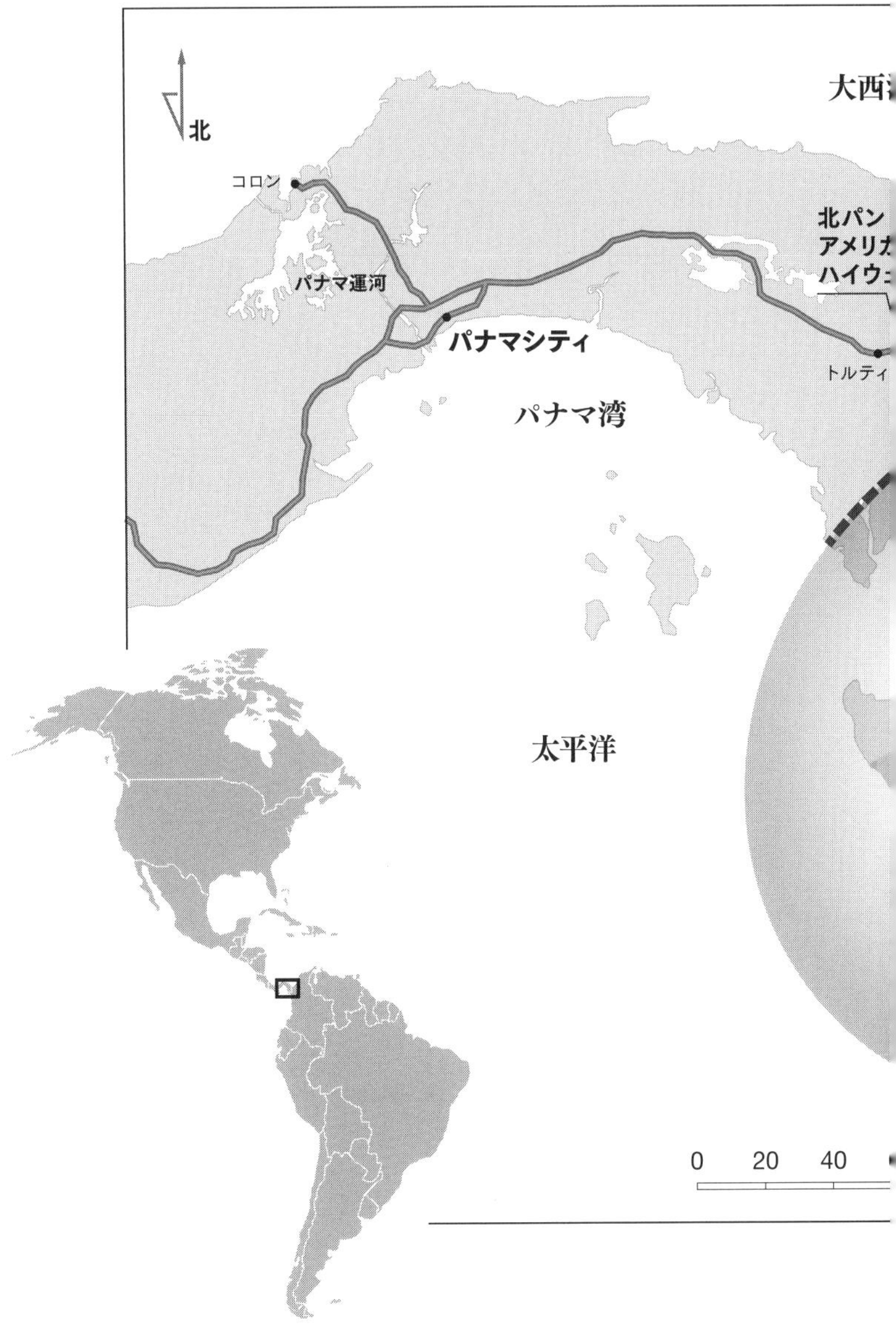
北
コロン
パナマ運河
パナマシティ
パナマ湾
太平洋
大西
北パン
アメリカ
ハイウ
トルティ
0　20　40

という。まともな装備品商は、この種の原生地の探検に参加するには最低限、救急箱、緊急連絡装置、水濾《ろ》過《か》装置、殺虫剤処理済衣類、頑丈な靴、雨具などを携行するよう求めている。トゥルボに集まった移住者たちはビーチサンダルを履いていた。多くはジャン゠ピエールのように小さな子どもを抱えていた。

ジャン゠ピエール一家が下船したときには仲間の数はかなり減っていた。乗客を乗せすぎた、また人員を乗せるように設計されていない船の何艘かは途中で転覆した。運悪くトゥルボの濁った水中で手足をばたつかせることになった生存者たちはジャングルへ潜り込んだ。「道はとても狭かった」と、やはりハイチから来てジャン゠ピエールと同じルートをとったマッケンソンという名の若者が回顧した。「馬に乗っても通り抜けられないんだ。途中で脚を傷めて置いていかれざるを得ない人たちがいたよ。たぶん死んだろうな」。彼らは何日も歩いた。ジャン゠ピエールのグループには、狭い道路際の崖からダリエンの激流に落ちた者がいた。瞬く間に押し流されていった。列から遅れた者たちは、ダリエンの地図にない未開地を隠れ家にしている麻薬密売人や山賊どもに襲われた。夜になるとジャン゠ピエール一家は蛇を避け、目には見えない獣が近くを忍び歩く音を聞きながら落ち着かない睡眠をとった。多くの入植者はしばしば川の水を飲みに行ったが、ジャン゠ピエールにはその機会がなかった。旅程の途中、最悪の事態では彼と妻と息子は自分たちの尿を飲んだ。

六日後、彼らはジャングルから出て、道路からそれほど離れていない開拓地に現れた。コロンビアを発った一〇〇人ほどの仲間たちはわずか一五人を超えるばかりに減っていた。ジャン゠ピエールはこの情景を写真に撮った。ほとんどの写真はカメラに背を向けた妻を撮ったものだ。彼女は手をお尻の上に置き前かがみに歩いている。疲れきったときの世界共通のポーズだ。光沢のある青緑色で袖の白い上着は一〇センチ幅の布切れとなって体からぶら下がっており、埃まみれの黒いブラがむき出しになっている。黒っぽいジーンズには泥がこびりついている。短く刈り込んだ髪に小枝が入り込んでいる。「とても悲惨だったよ。あんた」。ダリエンでの日々を思い出しつつジャン＝ピエールは私に言う。「息子はあれを思い出すたびに必ず泣くんだ[23]」

ジャン＝ピエール一家は二、三日パナマでテントに避難して体調を回復し、次なる旅程の手はずを整えた。彼らの進路はパナマで終わったわけではない。半ダースの国々と何千キロもの距離をくねりながら続いている。バスや列車や徒歩で終着点に向かっていくのだ。そこはアメリカとメキシコを隔てる境界、世界一通過の難しい国境だ。

歩いて砂漠を越える

足元に蝶がひらひら飛んでいる、私のいる草深いサンミゲルの山並みからその国境まではおよそ一六キロ離れている。国境は山間の谷を通って目には見えないまま両国を切り分けている。

そこに向かって下りてゆくと、アウトレットモール、チェーンレストラン、駐車場などが最初はぽつぽつと現れ、次第に密集してきた。ついに国境から数百メートル以内に近づくと、迷路のようなランプと車道と、何だかわからないコンクリートの建造物が輪郭のはっきりしないさまざまなゲートやフェンスといっしょになって、それら自体をごちゃごちゃに取り囲んでいるように見える。一般道と高速道路がいっしょに輪になっており、不気味な掲示が上から吊るしてある。あるものには「メキシコでは銃は違法」、またあるものには「アメリカへの反転禁止」と書かれている。

私が出会った蝶の専門家の一人はこの付近で育った。彼は魚を釣ったり晩飯用のロブスターを少々獲ってきたりするのに、蝶と同じように自由に国境を出入りしたことを覚えている。ジャガー、ビッグホーン、オセロット、ボブキャット、オオカミ、クマなどが繁殖の地を探して南へ、熱帯の暑さを逃れて北へと、国境地帯を定期的に通過していた。鳥や蝶は年周期移動に当たって、天空をいっぱいにして往復飛翔をしていた。現在では正式な国境通過には何時間もかかり、それを目にするのは難しいことではない。車が何キロも渋滞しているのだから。

私は渋滞の列に加わらないで駐車し、歩いて国境を越えることにする。とはいえ怖気づきそうだ。歩いて越えるには、ゲートに囲まれた複雑でわかりにくい一連の傾斜路が輪になって迷路のようになっているコンクリートの巨大な建物に入っていかなければならない。巨大な多層式駐車場を連想する。たいていはぐるぐる同じところを回るはめになるので私が避けたがる駐車場だ。入り口と出口は簡単に探せないが、うまくゲートを見つけ、屋根付きの歩道を歩き回り、階段を上り下りし、さらにゲートをいくつか通り、広々とした玄関広間に入る。私の書類を審査し、鞄を検査するはずのところだ。警備員が書類を検査するブースがいくつかと、ベルトコンベアとともに保安検査装置用の部署がある。

ひと気がない。誰もいないのだ。

誰か呼ぼうか？　迷った。どこかにクリップボードに挟んだ使い古しの署名用紙があるのだろうか？　助言になりそうな掲示物はまるでない。法を犯しているのではないかと不安を感じながら、国境を越えて歩き続ける。ほんの少しすると、ティフアナの丘に囲まれた丸太小屋と高層建築による迷路が見える。

北へ向かう交通の流れはもちろん厳重に規制されている。公式の国境検問所――カリフォルニアに九ヶ所、アリゾナに一二ヶ所、テキサスに二九ヶ所など、全部で五〇ヶ所ある――がアメリカ－メキシコ間の三二〇〇キロの国境に点在する。そこでは三億五〇〇〇万人の年間通過者を処理する。さらに一五〇ヶ所以上のチェックポイントが国境を何マイルか越えたところに置かれ[24]、公式検問所をすり抜けたかもしれない移住者を捕らえようと、底引き網のように巻き取る。

私は南テキサスでそれを通り抜ける。傍らのバックパックにしまい込んだ青いパスポートという安全保証があるというのに、警察犬部隊と連邦機関員による警告の標識に一瞬血圧が上がる。新たにダリエンのジャングルから現れ、こうした部署の一つで自分たちの通過資格が係官に納得してもらえると期待して、入国審査を受けるために出頭しているジャン＝ピエール一家のような人々が目まいがするほど急増しているとは信じられない。

多くの人々は書類作成用の尋問に用心して、別のルートを選ぶ。

南テキサスでは、国境を区切る乾いた牧場を何キロも貫く荒れ果てた二車線の道路が唯一の血管だ。北を目指し、検問所を回避したいと思っている移住者は、その代わりに見るからに恐ろしい光景の中を徒歩で行かなければならない。牧場を囲む有刺鉄線、とげだらけの植生を太陽が焼きつけている地だ。塩分で白くなった浅い湖の痕跡が見える。今は干上がって水溜まりになり、その周りでわずかばかりの動物たちがどうにか暮らしている。一群れのウマと数頭のウシだ。平たい円盤状の淀んだ水を囲む、乾ききった白い砂の上に静かに立っている。道路のそばでは黒く丸々としたイノシシたちが白くパリパリに乾燥した草むらに鼻を突っ込み、ハゲワシの群れが自動車にはねられた動物の死骸をつついている。

この無人の乾燥地を越えるには何日もかかる。若く頑健なセザール・クエバスは、この砂漠を北へ向かってアメリカへ着くのに徒歩で四日かかったと私に言った。[25] 彼は水一五リットル、干し肉、それにトルティーヤを用意してやってきた。こうしたことがとても得意だったので、「コヨーテ」と呼ばれる土地の密売人たちは彼をガイドとして雇いたがった。たいていのほかの人たちにとっては、十分な量の水を携えるだけでは微妙だ。必要とされる量——一人一日当たり一ガロン（約三・八リットル）——ではたちまち合計一五キロあるいはそれ以上になる。十分な量を持たない者は、牧場主がウシ用に用意した汚れた水槽かブルービンで間に合わせなければならない。ブルービンは通過する移住者のために人権団体が水を詰め、蓋の内側にGPSの座標を走り書きできるビンだ。もし道を間違えてこうした水樽に出会わなかったり、十分な量を持ってこなかったり、あるいは置き忘れたり紛失したりすると、砂漠の太陽で数時間のうちに干からびる。数日以内に死ぬことになる。

ドン・ホワイトという、ひょろっと背の高いもじゃもじゃの口ひげを生やした人物は、モトローラ社に勤めていた電子工学専門家で、ボランティアの捜索救難専門家だ。南テキサス国境付近の砂漠で、ストレスで疲れて援助が必要であろう移住者たちを調べようとする者がいないので、彼が保安官事務所のためにそれをボランティアでやっている。彼は数ヶ月ごとに水溶液注入用のバックパックをいっぱいにし、ポケットがたくさん付いた複雑なつくりのサファリベストを着て、数日間砂漠に入る。そして北へ向かう移住者が砂に残した足跡を見つけることから始める。私も快適な自分の家からグーグルマップの衛星画像をズームアップして見たのだが、彼らはかすかな足跡を残すのだ。ホワイトは、その場を通った者たちに、危険な目や脱水や、幾日も砂漠を放浪したことによるその他さまざまな問題が起きているかどうかを察知できる自分の感覚に基づいて、どの足跡を追跡すべきかを決める。脱水は足の運びを変える。彼は足跡のパターンに脱水の影響を見て取ることができるのだ。

いったん追跡すべき足跡を見つけたら急がねばならない。砂漠はのろまには容赦しない。あるときグアテマラの女性から、南テキサスの国境付近で甥《おい》が麻薬密売人に置き去りにされた、と保安官事務所に電話が入った。彼女が知っていたのは塩湖の近くのどこかだということだけだった。一〇日後、ホワイトはまさにその湖のそばで野営させられたが、来たのが遅すぎた。風向きが変わったとき腐っていく肉の臭いを捉えた。

彼はそれを辿って、その甥の死体と彼の尻ポケットに丁寧にしまい込まれた聖書を見つけた。

数年前、あるロボット工学の教授が動画の地図上に難民の移動をプロットした。[26] 二、三分かけてゆっくり動かすこともできるが、私のように気が短ければ素早く二、三秒で動かすこともできる。地図上の赤い点々はそれぞれおよそ一〇人の難民を表す。最初、点々は地図全体に不規則に散らばっている。動画が始まると点々は動き始める。間もなく赤い点々は融合し、地図のある部分から別の部分へ走る細く赤い線となる。さらに多くの人々がこの旅程に加わると、細い小道は太くなり、分かれ、四方に広がり、大陸間および大洋を横切る複雑な格子を形成する。

マックスプランク協会の生物学者たちは、最近数年間[27]を通してＧＰＳ装置にふさわしい、地上を歩き回る八〇〇〇個体の動物から得たデータを使って同じようなビデオを作成した。集団旅行の視覚効果にはうっとりさせられる。移動経路は砂漠を横切り、大陸沿岸を上り下りし、太平洋を横切って島々のあちこちに、また北極圏地方へと動く。やがては絡み合った糸でできた繊細な金線細工となって地球をすっぽり覆う。至るところにあるのだ。

それでもなお、私たちは日常生活ではコンクリート基礎の上に建てられた気密性の高い家でくつろいでおり、周りの光景を本質的に不動のものとして経験している。来る日も来る日も、私はスーパーの通路で同じ人々に会い、子どもたちをスクールバスの停留所で車から降ろす同じ親たちに手を振って挨拶している。同じ薄汚いリスがうちの車道のそばのフェンスの上を走っており、同じ雑草が家の前の歩道の割れ目から芽を出している。新参者や移住者や侵入者が例外なのだという、圧倒的な定住性の観念をどうしても抱かせられる。

しかし過去と同様、現在も生物は移動中なのだ。私たちは何世紀もの間、移動本能という事実を伏せてきた。脅威の前兆として危険視してきたのだ。私たちは、私たちの過去、私たちの身体、そして移動が異常だという自然界についての物語を作り上げてきた。それは幻想だ。そしてそれがいったん崩れれば世界全体は変わるのだ。

第2章　あおられた難民パニック

冷戦終結後の新たな脅威

私の子ども時代全体のほとんどを通して、世界の平和と安全を脅かす政策や施行は、国境を越えて移動する人々にはあまり関わりがなかった。そうした政策や施行は、ワシントンD．C．とモスクワのクレムリンとの間の数十年にわたる権力闘争を巡って展開した。

私が大学を卒業した頃、巨大な冷戦構造全体が突然無に帰した。一九八九年の後期、ソビエトと同盟していた東ドイツの政府高官がベルリンの壁――西ベルリンを囲んでいた一五五キロの長い壁で、もっとも説得力のある冷戦のシンボル――を取り壊すだろうと公表したのだ。[1] その晩、何千という狂喜した若者たちが集団で壁に襲いかかり、その上で一晩中即興のダンスパーティを繰り広げるニュースをテレビで見た。数ヶ月後、南アフリカの大統領が革命指導者、ネルソン・マンデラを二七年の投獄から解放し、これがアパルトヘイトとして知られる冷酷な人種隔離政策の終焉《しゅうえん》となったとき、街中に再びダンスがあった。

私たち新卒業生は深く安堵した。声高に核のホロコーストを唱えて脅迫する二大超大国の緊張関係がなくなって、世界は計り知れないほど安全になったかに見えた。だが、すぐに新たな地球規模の怪物が現れた。[2]

もっとずっと混沌としていて、核ミサイルよりも破壊的なやつだ。

国家安全保障の専門家ロバート・D・カプランは、一九九四年発行のアトランティック誌の「来るべき無秩序」なる記事でそれを述べている。

アメリカとソ連の磁極は、数々の停止中の不安定化力が発動するのを抑止してきた、と彼は言う。私たちは、ミサイルの備蓄と身の毛もよだつ二国間のなじり合いにあまりにも気を取られていたので、誰一人これに気づかなかったのだ。これら二極が効力を失った現在、抑制されていた要素が解き放たれるだろう。冷戦の終焉は平和と安全の向上ではなく、その逆をなすだろうと。

問題は、人々が移動し始めるだろうということだ。

砂漠が広がり森林が伐採されると、貧困化して死に物狂いになった人々はすでに負担のかかりすぎている都市部への移入を余儀なくされるだろう、とカプランは書いている。弱体国家を支える強力な統治形態がなければ、移動者が引き起こす暴動は社会の崩壊と「犯罪的無政府状態」を生ずるだろう。流血の衝突が起こるだろう。致死的疾病が猛威をふるうだろう。「すでに西アフリカでは」、若者たちが「大群」となって「きわめて不安定な社会という、液体の中の遊離分子」のように動いており、発火寸前の状態だ。ほかの者も間もなくこれに続くだろう。移動が頻発する新たな時代は「外交政策上の本格的な難問を作り出し、最終的にはほかのほとんどの政策はそこから発する」ことになるだろう、と彼は書いている。

移住者を国家安全保障への脅威だとする考え[3]は、津波のように突如アメリカ全土に襲いかかり、人々の想像力をかき立てた。カプランの記事は「クリントン政権の幹部クラスの必読記事」になった、と地理学者ロバート・マクレマンは書いている。

国家安全保障および外交政策の専門家たちは、気候のせいで新たに生じる移住者の脅威について、自分たち自身の報告と白書を発行し始めた。国連大学の専門家は、二〇二〇年までに移住者は五〇〇〇万人になりそうだと推定した。二〇五〇年には二億人になると、環境安全評論家ノーマン・マイヤーズが予告した。一〇億！とNGOのクリスチャン・エイド〔開発途上国への援助・救済を行うイギリスとアイルランドの慈善団体〕は予測した。[4] 彼らに言わせれば動き回る人々は異例なものであり、将来の脅威であって「われらの時代における人類最大の危機」[5] だとマイヤーは述べている。

実は、移動の専門家たちは皆示せたはずだが、移動の実態はまったく逆だった。つまり、どうということもない現実が続いていた。そして環境の変化はその原動力を形作る一方、予想したような単純なことなど起こしはしなかったのだ。

移動の専門家たちは、移動と気候の間の、複雑で直感に反した関係を解き明かしていた。給水がなくなることは時には軋轢《あつれき》ではなく、国境を挟んだ協力を導き出すことがあり、これがとりも直さず移動を減少させることを彼らは発見していた。[6] たとえば二〇世紀後半に、水不足の結果、水資源を協力的に管理するためにおよそ三〇〇の国際給水協定が策定された。これには永遠の仇敵であるインドとパキスタンの協定も含まれ、この協定は三回の戦争を生き抜いたのだ。

彼らは、森林破壊によって人々が退去させられるという想定は真実ではないという逆の事実を発見した。たとえばドミニカ共和国で、森林の再生が移民の流れを引き起こした。再緑化が観光産業を発展させ、新たな労働者の群れを惹きつけたのだ。また沿岸に住んでいる人々が、海水面上昇によって容易に考えられそうな規模や速度で機械的に退去させられはしないことも発見した。洪水では水位の上昇と下降が速やかに起こるので、短期で近場への移動しか引き起こさないだろう。恒久的で遠距離の移動は漸進的な気候変動に続いて起こるようだ。

将来発生する移民の大軍団について警鐘を鳴らしている国家安全保障の専門家たちは、この事実をほとんど考慮に入れていない。彼らは、移動が気候ストレスに応答して生じることを、マクレマンが述べているように「刺激に応答する単純なプロセスであって、気候が一単位変動すれば……それに対応した移動をもう一単位引き起こす」[7]のだと思い込んでいた。

彼らは、気候を要因とする移動は集団で起こり、破壊的で制御不能なものだと思い込んだ。紛争のすえに水不足が生じ、これに続いて移動が起こるだろうと。環境破壊が予想される地に住む人々の数の増加によって、来るべき無秩序な移動の規模を推測するのだ。森林伐採によって移動した人々の数は、森が切り倒された土地に住んでいた人々の数に等しい。海水面上昇によって移動した人々の数は冠水が予測される地域に住んでいた人々の数に等しいと。[8]こうした結果を決定づけたであろう政治的状況、個人の選択、地理的特性、技術的可能性などはまるで考慮に入っていなかった。

移動を国家安全保障に対する脅威とする認識が公衆の考え方に浸透し、その認識がそれ自体を世界の主要な国際安全保障機関に取り込ませた。二〇〇九年、テレビ報道記者のボブ・ウッドラフがABC放送で二時間もののゴールデンアワー特別番組の司会を務めた。この特別番組「地球《アース》二一〇〇」は、気候変動が、人類の半数が死ぬ破壊的な災害を引き起こした未来世界、そしてメキシコからの越境者の波とそれがもたらす文明の崩壊を描いた。およそ四〇〇万人の視聴者がそれを見ようとテレビをつけた。[9]

その一方で、麻薬取引、テロ行為、大量破壊兵器などの脅威から国際秩序を守るための兵力使用について役員たちが討議するはずの国連安全保障理事会では、それよりも気候変動による移動が引き起こす危険の方へ注意が向けられた。[10]二〇一一年までに理事会の役員たちがこの議題について公開討論を二回開催した。

当時、大量移動への不安は人気テレビ番組に登場したゾンビの大群のような抽象的概念だった。その後政治的ならびに地理的状況が重なり合って、ある壮観を作り上げた。そこでは、ちょうどカプランたちがヨーロッパ南岸について警告していたように、移動者たちが人目を引く集団として具体化されていた。

「難民危機」への反応

二〇一一年三月初めのある日、[11]何年も続いた干ばつと放置によって活力を失った埃っぽいシリアの町ダルアーで、退屈していた数人のティーンエイジャーが赤ペンキの缶を見つけた。

少年たちは、あるいはその赤ペンキで自分か恋人の名前をどこかに書き散らすことができただろう。しかし、革命のイメージがテレビの画面を支配していた。圧政を敷く独裁的指導者たちに対する反乱と抗議がこの地域全体で勃発していた。わずか数週間のうちに、チュニジアとエジプトで大規模なデモが政府を転覆させ、独裁者に辞任を余儀なくさせた。

アラブの春と呼ばれることになるこの革命の情熱は、活気のないダルアーやその他シリアのいずれの地にもほとんど届いていなかった。シリアの指導者バッシャール・アル＝アサド博士に対してフェイスブックで組織された「憤怒の日」は、多くの大衆を引き寄せることができず、失敗に終わっていた。欲求不満と退屈と生意気とがいっしょになったに違いないと想像するのだが、ティーンエイジャーたちは赤ペンキの缶を地元の学校へ持っていき、ペンキをしたたらせながら壁に「次はお前だ、博士」と書いた。

これは、当時はまったく無害に思えたかもしれない。

意外なことに、怒り狂ったアサドが少年たちを拘留し、拷問にかけた。このニュースが漏れ出ると全国にデモが湧き起こり、アサドのさらなる残虐性を引き出すことになった。たちまちシリアは流血の内戦に陥った。遅かれ早かれ何十万人もが死ぬことになろう。

少年たちのちょっとした抵抗活動が、現代史上もっとも残忍な内戦の火種となったのだ。

シリア内戦は大量移動を発生させた。[12] 人々はざるから流れ出る水のようにあらゆる方向へ向かって出国した。何十万人もがイラクとヨルダンに避難先を求めた。レバノンの近くでは一〇〇万人を超えるに至った。およそ二〇〇万人がヨーロッパへの旅の途上、トルコへ向かった。

同時に、アラブの春はヨーロッパへ向かう移動のもう一つの弁を開けた。リビアの独裁的リーダー、ムアンマル・カダフィが政権の座にいる間は、移住者たちがこの国を通って無事にヨーロッパへ移動することはまずできなかった。しかしアラブの春の間に、アメリカ先導の軍事同盟がこのリーダーの打倒と殺害を援助し、それとともにこの国の通過を妨げていた警備施設を葬った。サハラ以南のアフリカ全土から来る移住者たちがヨーロッパへ行こうとしてリビアに集まり始めると、稼ぎになる密航業が発生して彼らを助けた。

シリアからヨーロッパへの移住者の流れ[13]に、新たにリビアを通過できるようになった第二の移住者が加わり、たちまち国際的な光景へと変わって、欧米の新聞見出しの大半を占めることになった。この移動のスケールは必ずしも心を奪われるほどのものではなかった。ヨーロッパへ向かう移住者よりもアフリカやアジアの国々の間の移住者の方が多かった。しかしヨーロッパへの移住者は、どこかのジャングルや山々を越える移住者と違って、人目を引く、とりわけ絵のように美しい難所、地中海一ヶ所にさまざまな方向から集まったのだ。

ラテン語の「中間」を表すmediusと「土地」を表すterraとから名づけられたMediterranean Sea（地中海）は北はヨーロッパ、南はアフリカ、東はアジアの陸塊の間に挟まれている。ここは長いところでは何千キロもあるがもっとも狭いところではわずか数キロしかない、特別に渡航可能な海域だ。およそ二〇ヶ国がその海岸線の一部の領有を主張している。二〇一五年に、年間を通して一〇〇万人以上——八五万人以上がトルコ沿岸から、一八万人がリビア沿岸から[14]——が超満員のオンボロ船に乗ってこの水域へ押し出されたとき、老朽化した船団は世界の注目を集めないわけにはいかなかった。

カメラマンたちは平底木造船や安っぽいゴムボートの写真を撮った。中には転覆の最中で、船客が船べりに力なくしがみついているものや、泡立つ海の中でしぶきを浴びているものがあった。彼らは、ギリシャの島々の浜辺に打ち寄せられた溺死体の写真を撮った。移住者の船が接岸したギリシャの島々へ映画製作者、芸術家、有名人たちがこぞって押しかけ、凍え、おびえた移住者の下船を手助けしたりお茶を与えて温めてやったりする自分たちのビデオを撮影した。[15]そこには俳優のスーザン・サランドンやアンジェリーナ・ジョリー、活動家の艾未未《アイウェイウェイ》、カトリック教会の首領フランシスコ教皇の姿もあった。連日、何千人という新たな移住者が到着してヨーロッパ各地の、とにかく彼らが行けるところへ向かって、徒歩で、バスで、列車で散っていった。

ただちに、報道機関は新来者の到着を「移住者の侵入」と書き立てて、これを「難民危機」と称し、そこでは移住者は街全体を「人質」に取って港や渡し船に「襲いかかった」とした。[16]当時のヨーロッパの新聞報道を見ると、およそ三分の二の記事が——そうした影響がまだ起こっていない初期段階においてさえ——移住者がもたらすさまざまな悪影響と、現実であれ予測であれ、彼らの到来によって悪影響と同じ割合の良好な影響は考えられないことを「強力に説いて」いる。報道記者は新来者そのものをきわめて大雑把に記述しており、彼らを名前、年齢、性別、職業を持った完全な個人として呼ぶことはめったになかった。ほとんどは国籍というたった一つの特性に言及したのみだった。

全人口五億を超えるヨーロッパがあと一〇〇万人を吸収できる可能性はほとんど検討されなかった。実際

世界の難民の移動

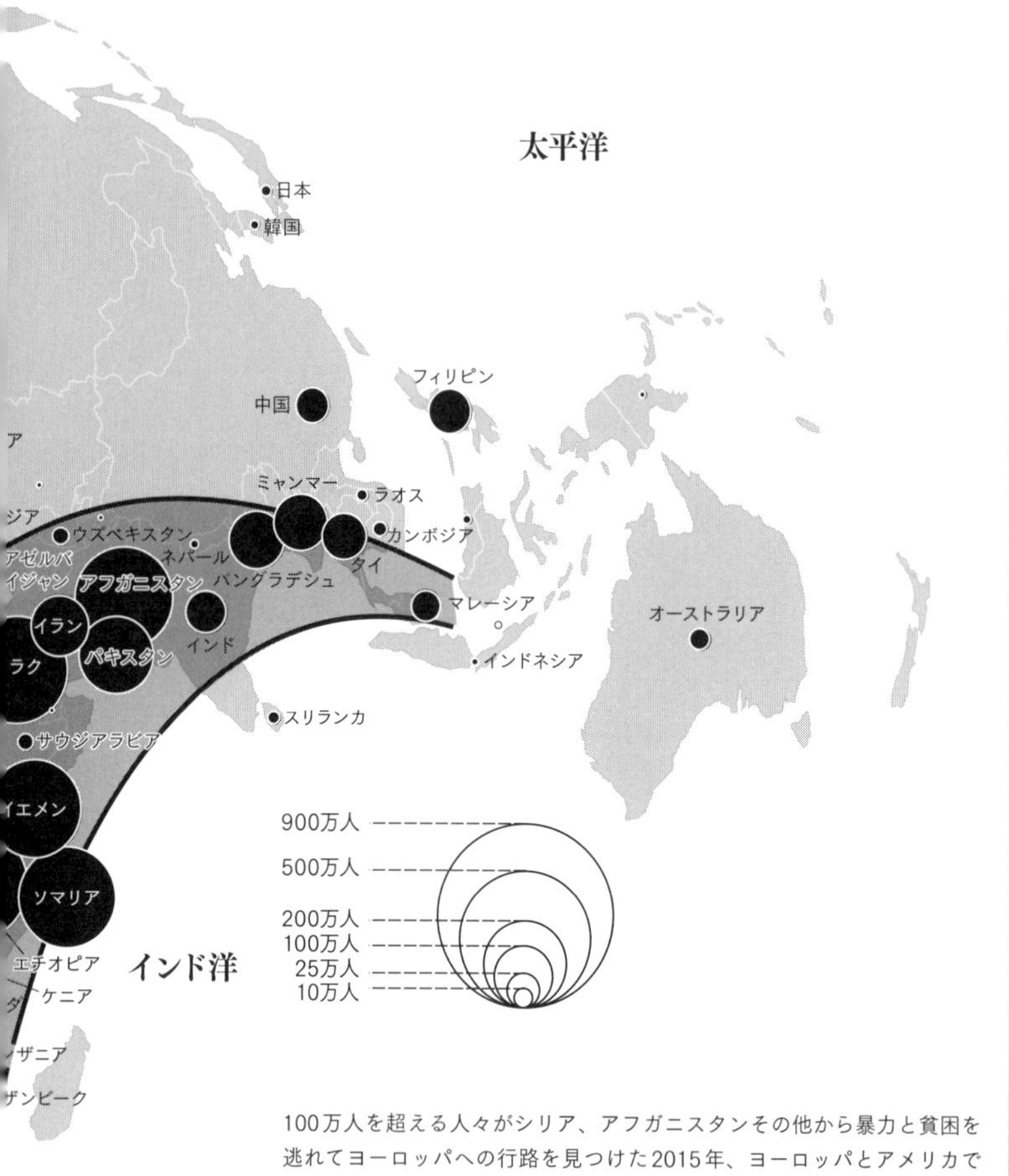

100万人を超える人々がシリア、アフガニスタンその他から暴力と貧困を逃れてヨーロッパへの行路を見つけた2015年、ヨーロッパとアメリカでは大量移動に対するパニックが急増した。この地図が示すように、難民や国内避難民の大部分はアフリカ南部から南アジアへと延びる地域へ明確に集中しており、またヨーロッパへ向かうよりもアジアおよびアフリカの国々の間で移動している人が多い。図中の円の大きさは2018年12月現在の難民、保護請求者、国内避難民および無国籍者の人数に比例している。

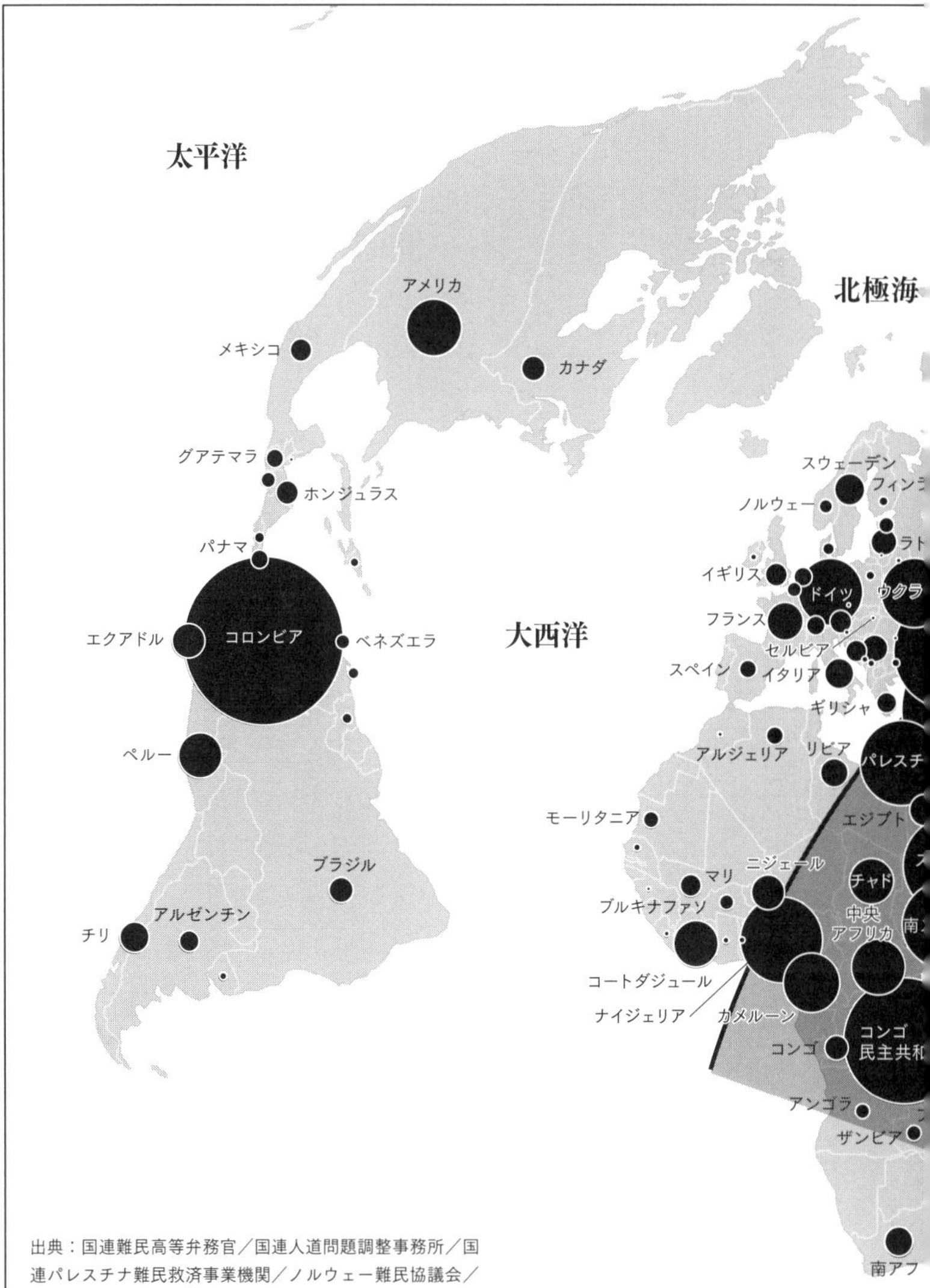

出典：国連難民高等弁務官／国連人道問題調整事務所／国連パレスチナ難民救済事業機関／ノルウェー難民協議会／国内避難民監視センター／合衆国難民移民センター／赤十字社／赤新月社／国際移住機関

には、ギリシャやハンガリーなどの国には新来者に提供すべき居住区と職がたくさんあったにもかかわらずだ。[17]アテネでは三〇万件の居住用財産が空室のままだった。ハンガリーでは、重大な労働力不足のせいで雇用者は空いたポストを埋めるだけの労働者を得られないでいた。

しかしながら人目を引く大量移動の光景は、多くの人には不気味なものに思えた。混乱と破壊の力を満載した、感情のないロボットのような移住者の軍隊に見えたのだ。

二〇一五年までには、シリア、アフガニスタンその他から一〇〇万人以上の人々がヨーロッパに辿り着いた。まずはドイツへ。だが同じくスウェーデンやその他の国々へも。[18]彼らの行路では、移住者に対する過酷な新法案を通すと約束する政治家たちが次々に現れ、ヨーロッパとアメリカの全域で圧倒的人気を得て政権の座に就いた。アメリカの有権者は、好ましからざる大衆迎合主義のドナルド・トランプを選んだ。彼はメキシコから来る人々をレイプ犯や犯罪者と言って嘲笑し、大衆に「壁を造れ」というスローガンを唱えさせた。これは移住者の動きを妨害したことだろう。イギリス国民は欧州連合（ＥＵ）とその開放された国境から完全に身を引くよう票決した。外国人の侵入と闘い、難民は一人も入国させず、難民をキャンプに抑留すると言明した政党がヨーロッパの議会で空前の議席数を勝ち取った。ポーランドでは大多数の、ドイツでは初めての議席を獲得し、オーストリアでは政権に連立した。いかなる難民の受け入れも一切拒否した政治家が、チェコ共和国の首相になった。もう一人、あらゆる移住者を追い出すと発議した政党の政治家がイタリアの首相になった。

かつては移民を歓迎することに専念していた政府機関が自らを転用して、移民に対抗する国の防護者となった。[19]「移民の国家たるアメリカの約束」を遂行すると述べていた米国市民権・移民局（ＵＳＣＩＳ）は、二〇一八年に綱領を修正してこの文言を削除した。その公約は「祖国の安全」に向かうものになるのだろう。ヨーロッパの、新たに強化された国境の内部からのメッセージも同じく明快だった。開かれた国境を根本方針としたEUの頭領、ドナルド・トゥスクはあからさまにこう言った。「どこの出身だろうと、ヨーロッパへはやってくるな」

反移民主義の政治家が権力を握ると、彼らが執拗に主張した反移民政策の緊急性と必要性に勢いをつけることは、政治上必要不可欠なものとなった。どのような支配体制でもそうであるように、支配者とその支持者は自分たちの政治姿勢を絶えず正当化しなければならなかった。移住者によって引き起こされた騒動を強調することはそのプロジェクトの鍵となるものだろう。

専門家の予測では、影響——犯罪の波、伝染病、経済的破滅——は軽微なものではなかった。新来者の流入のスケールを考えれば、彼らが引き起こした大混乱の証拠を披露するのは容易なはずだったに違いない。

ホコリタケ化したメディア

二〇一六年一月の最初の幾日間かに、多くの女性たちが大晦日の出来事に苦情を申し立てようとドイツ全域の都市の警察署に現れた。[20] 彼女たちは、新年のお祝いのあと、列車や自宅へ向かっているときにつきまとわれたり、体を触られたり、物を盗られたり、性的暴行を受けたりしたのだと言う。女性たちが伝えたところによれば、襲った者は、着衣や訛りから見るにアラブや北アフリカの国々から新しくやってきた移住者たちだった。

メディアは、新来者たちには地元の女性をレイプする特殊な趣味があると匂わせる記事を呼び物にした。[21] ドイツでは、ある雑誌の表紙絵関連記事《カバーストーリー》で、白人女性の体を泥だらけの手形で覆った絵を呼び物にした。キャプションにはこうある。「女性たちは移住者たちによる性的暴行を訴えている。われわれは我慢強いのか、それとも見えていないのか?」。別の雑誌はアラブの男の「精神構造」に関するある心理学者へのインタビューを掲載した。これには白い両脚の間に黒い手を伸ばしているイラストが描かれていた。オランダでは、ある新聞が「奴隷市場」という絵の複製を掲載した。そこではアラブの男が、白人女性を性の奴隷として売る前に衣服を脱がせていた。ポーランドでは、ある雑誌が「イスラムによるヨーロッパのレイプ」に関する物語を掲載し、黒い手と褐色の手がヨーロッパの旗を印刷したドレスを、ブロンドの女性の体からちぎりとっている絵を呼び物にしていた。

わが国では最後の移住者の波を受け入れて以来、四〇万二〇〇〇件の犯罪を余分に経験している、という報告をドイツ内務省が発表[22]したあの春、世界中の新聞に驚くべき統計が特集されて世間の耳目を集めた。特に煽動的な事例の一つに、移住者の暴徒がドイツ最古の教会に火をつけたあと、祈りの言葉を唱え浮かれ騒いでいる様子がビデオに撮られたというのがある。

ドイツで移住者が引き起こした連鎖的犯罪のニュース[23]は、たちまち大西洋を越えた。アメリカでは、ブライトバートのような右翼系新聞社が「レイプフュジー〔レイプ+難民《レフュージー》〕」が犯した「ニューヨークのレイプの恐怖」に関する物語を載せた。トランプは何百万人ものフォロワーに向かってツイートした。「ドイツの犯罪はここまで来た。ヨーロッパ全域が大きな間違いを犯した。ヨーロッパの文化をかくも強力かつ暴力的に変えることを、何百万もの人々に許してしまったのだ!」

数ヶ月後のスウェーデンのニュース[24]は、ドイツに根づいた嘆かわしい無秩序が自国でも起こったことを示唆した。スウェーデンは国民一人当たりでヨーロッパのどの国よりも多くの移住者を受け入れていた。ロサンゼルスのドキュメンタリー映画の監督、アミ・ホロウィッツがこの状況を報道しようとスウェーデンを訪れた[25]。彼はこの国のレイプの報道数が急上昇しているのを見て、かつておしゃれな家具で知られたスウェーデンが「今やヨーロッパにおけるレイプの都になっている」と報道した。

地域全体が新来の移住者に取り込まれていた。リンケビーという緑豊かなストックホルム郊外の地区は「完全なイスラム地域」になってしまったとホロウィッツは言った。地元の警官たちは彼に、リンケビーはスウェーデン内の新来移住者が優勢な多くの地域と同様、無法状態になってしまい、怖くて足を踏み入れられないと話した。彼らはそこを「立ち入り禁止」ゾーンと呼んだ[26]。毎日銃声が鳴り響いた。一二歳の子どもたちが武装してうろついていた。若い移住者の一団が、リンケビーを撮影しようとオーストラリアからやってきていた「60ミニッツ」の撮影チームを取り巻いて襲った。ホロウィッツは彼らが撮った痛ましいビデオの場面を見た。

スウェーデンへの移住者による犯罪を報じたホロウィッツのドキュメンタリー[27]「ストックホルムシンドローム」は、二〇一六年の秋にフォックスニュースのホームページで発表された。数ヶ月後、保守派の時事コメンテーター、タッカー・カールソンが自分のゴールデンアワーの時事問題番組でホロウィッツにインタビューし、三〇〇万人近くがこれを見た。ホロウィッツは「イスラム系移民受け入れ政策のせいで」スウェーデンは襲撃を受けていたのだと説明した。翌日、新しく選出されたドナルド・トランプ大統領は、フロリダ州メルボルンの集会で九〇〇〇人のファンに向かってホロウィッツが見てきたことを話に出した。「ゆうべスウェーデンで起こっていたことに目を向けてくれ」と騒然としている聴衆に向かって大声で叫んだ。「スウェーデン、こんなことを誰が信じるだろうか」

数日のうちに右翼系メディアがスウェーデンの犯罪の急増のことを全国に広めた[28]。出演番組が毎晩二〇〇万人に視聴されている右翼系ジャーナリスト、ビル・オライリーのような評論家たちが、ホロウィッツの驚くべき発見を間違いないと認めたスウェーデンの防衛および国家安全保障顧問などの専門家たちのインタビューを特集した。

移住者を犯罪者として表現する政府の広報や派手なニュース記事が山積する一方、その根底にある論理の穴を突く批判も同じだけ、ドッペルゲンガーみたいに溜まってきた。

二〇一七年夏、アメリカ公共ラジオ（NPR）のレポーターがドイツの犯罪増加の報告を吟味した。大晦日の襲撃は発生したのだが、それが異例なことではなさそうだと彼は気づいた。ドイツの性暴力は、ほかの場所と同様に発生し続ける犯罪の一つであり、毎年七〇〇〇件以上のレイプや性的暴行が報告されていて、この国の三分の一を超える女性に影響を与えている。これに加えて、報告されていない暴行が多数あると専門家は言う。そしてあるBBCの記者が説明したように、この国の例年の大晦日の祝賀会には、あらゆる類いの犯罪をすっかり隠す雰囲気があり、ドイツの街路を手に負えない酔っ払いパーティと馬鹿騒ぎの交差する十字路へと変えるのだ。「路上の酩酊の程度といったら、アメリカで実際に目にすることがあるとは思えないものだ」と記者はNPRのレポーターに言った。二〇一五年で違っていたことは、国中をうろついていることが昔からわかっているおなじみの性犯罪者が犯人でなかったことかもしれない。[29]

付随して起こった急激な犯罪の増加などなかったのだ。四〇万二〇〇〇件の「余分な」犯罪はすべて事前の許可なしに国境を通過した「罪」であり、ドイツ政府の公報をよく読めばわかるように、新来の移住者のみが犯すと定義された違反だった。データからこうした違反を差し引けば、何千人もの移住者がやってきたあとのドイツの犯罪率は前年のそれとまったく同じだということがわかった。二〇一八年にはドイツの犯罪は三〇年間で最低の数字に達した。[30]

そのNPRのレポーターは、新来の移住者がドイツの施設の破壊を意図していた証拠などないことも見つけた。移住者たちはいずれの教会にも火をつけはしなかったのだ。シリア系移住者たちが大騒ぎして焼き払ったと思われていたキリスト教の教会は、火災を撮ったビデオが示すように、意図的に火をつけられたものではなかった。法執行官や地元新聞の記者が明かしたように、事実はもっとありふれたことだった。シリアの難民たちが停戦を祝っていた。祝典中に、花火の一つが教会の足場にかかった網に火をつけた。そして火災の部分のビデオが前後の脈絡を無視して撮られたのだ。[31]

スウェーデンに犯罪の急増なんかなかった。[32]ジャーナリストたちがホロウィッツの主張を詳細に調査したところ、そのいずれにも根拠がなかった。「国家安全保障顧問」としてフォックスニュースに出演してインタビューを受けたスウェーデンの専門家は、実際には「かなり以前からスウェーデンに住んでいない」とスウェーデン防衛大学の教授がワシントンポスト紙に告げた。「しかもスウェーデン安全保障共同体では……この人物を知る者は一人もいないようだ」

ストックホルムは「レイプの都」などではなかった。[33]スウェーデンの犯罪報告書によれば、二〇一五年には人口の〇・〇六パーセントがレイプされたと届けている。これがたとえば人口の〇・一七パーセントが届けているイングランドやウェールズに比べて好ましいことを、デジタルメディア「ヴァイス」のレポーターが見つけた。「立ち入り禁止」ゾーンとやらは存在しなかった。ドキュメンタリーの中でホロウィッツにインタビューを受けた二人の警官[34]は、発言を前後の脈絡なしに取り上げられたのだ。その一人は「彼は答えを編集したんです」とスウェーデン最大の日刊紙ダーゲンズ・ニューヘーテルの記者に語った。「私たちはあのインタビューでまったく違う質問に答えているんですよ」

さらに、移住者がオーストラリアの映画製作スタッフを襲撃したというホロウィッツの描写には、重要な前後の状況が抜けていた。[35]リンケビーにいる若い移住者と映画製作スタッフとの間にはつかみ合いがあったと、地元警察の職員はスウェーデン公共ラジオサービスのレポーターに言ったのだが、製作スタッフは、ホロウィッツの影響を受けて中立的観察者ではなかったのだ。彼らはAvpixlatというウェブサイトで仕事をしており、これが国際的ならびに地域的メディアが人種差別主義、反移民ヘイトサイトと言っているものだったのだ。被害も損傷もなく、警察の捜査は轟々《ごうごう》たる非難にさらされるはめになった。

草地や森の中でセイヨウオニフスベというキノコを見つけることがある。セイヨウオニフスベはほかのキノコのように、裏側に胞子のついた帽子を持つ柄という典型的な傘形の姿をしていない。そうではなく、成長するとサッカーボールほどもある大きな白い球体になる。胞子はその中で作られ、外からは見えない。セイヨウオニフスベのような、いわゆるホコリタケは、成熟すると胞子がとてもぎっしりと詰め込まれた状態になるので、どんなにささやかな刺激——たとえば雨の一しずく——でも外皮がパンクする。棒で穴を開けたりちょっと蹴ったりしただけで、あとにはしわしわで空っぽの殻だけを残して、煙のような胞子の雲が内側から噴出するだろう。

反移民政策を正当化するのに用いられた物語は、これと同じように肥大化し、中身のないものだと明らかになった。表面をほんの少しひっかいただけで実体は雲散霧消してしまうのだ。

アメリカに広がった移入者パニック

アメリカに入国して住んでいる非公認の移民の数は二〇〇七年以来減り続けているというのに、政府の公報と反移民政治家たちは、アメリカ国内およびその国境沿いにいる移住者の犯罪があたかも大西洋を越えてきた見えざる流れによって増強されたかのごとく、同じように大胆になっていると表現した。[36] ドナルド・トランプ政権下の政府の公報は、国境監視員に対する攻撃は急増しており、二〇〇六年には二〇パーセント、二〇一七年には七〇パーセント増加したと発表した。国境警備の男女はいずれの連邦法務官グループにも増して攻撃を受ける割合が高いと、アメリカ国境警備主任が議会の証言で議員たちに語った。しかもさらに悪化していると言うのだ。「攻撃が前年比で二〇〇パーセント増加しているのを、年初以来目にしているのです」

二〇一七年秋、二人の国境監視員が血みどろの死体となって西テキサスの国境沿いにある深さ二・四メートルのコンクリート製排水溝の底で見つかった。[37] 国境監視官は「係員に対する襲撃の公算が高い」と記者に語った。フォックスニューステレビの司会者は「この上なく陰惨だ」と付け加えた。トランプ大統領は、気の毒な係官たちは「容赦なく叩きのめされた」と自分のツイッターのフォロワーたちに報告した。実際には、何が起こったのかを解明するには追跡調査が必要だ。係官の一人は病院に担ぎ込まれてすぐに死に、もう一人は脳に損傷を受けたせいで錯乱と記憶喪失を起こしており、したがってどちらも自分たちに起こったことを誰にも話すことができなかった。しかし生き残った方が頭部に鈍い損傷を受けており、また彼も相棒も岩に囲まれた状態で見つかったので、彼らは何らかの不意打ちをくらったに違いないと、国境監視員たちは推測した。移住者の一団が係官たちを取り囲み、証拠の岩で頭を叩きのめした。このような筋書きが手持ちの証拠をきちんと説明していると、国境監視官は言った。

テキサスの知事はこの筋書きを真実だと思い込み、このような野蛮な攻撃を仕掛けた犯人を捕らえ罰するに当たって、当局に協力した者には誰であれ報酬を与える、と提案した。この襲撃は、犯罪を企む移住者が南から流入するのを許した「無防備な国境」によって直面させられている国民への脅威の典型だ、とテキサスの上院議員テッド・クルーズは説明した。

たとえ国境の内側にうまく住みついたあとでも移住者たちが安全への脅威をもたらすことを明かすべく、

新たな分析が企てられた。[38] 二〇一八年初頭、国土安全保障省は、二〇一一年から二〇一六年の間に攻撃を行い国際テロとして有罪を宣告された被告の四分の三が、アメリカ以外で出生していたことを示す公報を発表した。司法長官は、この公報は「疑問の余地もなく真剣に考えるべき現実――われわれの移民システムが国家安全保障と公共の安全をむしばんでいたことを明かしている」と、ある声明で発表した。移住者の犯罪はこうした重大な局面に達していたので、大統領は移住者による犯罪の犠牲者に全面的に奉仕する特別な政府内部局を設けた。

政治家と右翼系メディア[39]は、移住者が犯した残虐な事件を次から次へと挙げて目立たせた。メリーランド州ボルティモア郊外の私が住む地域の近くで起こった悪名高い一件では、不法入国した移住者たちが、うわさでは高校のトイレで一四歳の少女を集団レイプしたという。政治家たちは、このような犯罪を、女性や少女たちに対して起こり続けている暴力の流行のためだとするよりも、移住者の入国を許可しているからだと主張した。「われわれの国境の内側にいるのが誰で、いるべきでないのは誰であるかを知る必要がある」と、地元のある地方議員がこの犯罪に応じ、有権者に向けて書いた。「移民は、合法的に行われなければわれらが人民がその代償を支払うことになる」とホワイトハウスのスポークスマンは別のレイプを引き合いに出して説明した。

移住者が引き起こすけしからぬ無法状態に対するパニックが広がると、専門家や役人たちは移住者と犯罪者を混同し始めた。[40] 刑法を犯していようといまいとだ。行政府の役人は、望まざる移住者を国家から一掃する活動のことを、犯罪そのものとの闘いと同等のものとして説明した。司法長官は、不法入国者を根こそぎにするUSCISの活動を阻止した北部カリフォルニアの市長を、「指名手配犯」を「野放し」にしたと言って叱責した。アメリカ移民・関税執行局（ICE）局長の特別顧問は、移住者と犯罪集団とは同一のものだから、国中から犯罪集団を一掃するにはもっと全般的に移住者すべてを標的にする必要があると言った。ＩＣＥの役人たちは、証拠があろうとなかろうと移住者を犯罪集団員だと見なしたのだ。あるＩＣＥの役人は、逮捕した移住者を証拠もなしに犯罪集団員と断じて行った強制捜査のことを記者に話した。「やつをギャングのメンバーだとか仲間だとか見なす目的」は、かき集めた証拠を正確に反映させることではなかったのだと彼は説明した。「やつがいったん移民判事のところへ行ったなら、もう保釈なんかされてほしくないからだよ」

ヨーロッパと同様、アメリカにおける移住者の犯罪の急増は捏造されたものだった。アメリカとメキシコの国境で国境監視員に対する攻撃の急増などなかった。二〇一五年、国境監視隊は監視員に対する襲撃の集計法を変えた。たいていの専門家がやっており自分たちも従来やってきたように襲撃被害監視員の数に襲撃者の数を掛けるのではなく、襲撃者が襲撃に用いた物の数を掛けたのだ。もし数人の移住者が国境監視員の誰かに数個の石や棒を投げたなら、各移住者が投げたそれぞれの石や棒は別個の事例として集計されたのだ。

たとえば二〇一七年二月、六人の人間が七人からなる国境監視員グループに石や瓶や棒を投げつけた。国境監視当局者はこの単一の事例を気前よく一二六件の別個の襲撃として日誌に記録した。この奇抜な新手法が彼らの報告した国境監視員襲撃数の増加の原因だということが、移民レポーター、デビー・ネイサンの調べで明るみに出た。

従来の方法で襲撃を計算すれば、国境監視員は法執行官全員の中でもっとも高い割合で襲撃を受けたわけではないことがわかった。もっとも低かったのだ。国境監視員の死亡率は、居住民を取り締まっている法執行官の死亡率のおよそ三分の一だった。

西部テキサスの排水溝の底で発見された血みどろの国境監視員は移住者に不意打ちされたのではないと、FBI職員と地元の保安官がワシントンポスト紙に語った[41]。二ヶ月以上捜査を行ったすえ、FBIはいかなる「陰惨な」打擲《ちょうちゃく》あるいは攻撃の証拠をも一切発見しなかった。監視員たちは発砲していなかった。何者かが彼らの武器を盗ろうとしたと思わせる証拠もなかった。係官たちは月明かりのない暗い夜、厄介な地形の担当地区をパトロールしており、彼らの姿は二・四メートル下の排水溝で発見された。彼らは落ちたのだ。命の助かった係官は、頭の障害で記憶が混乱する前、最初に助けを呼んだときに二人は「排水溝に飛び込んだ」とさえ言っている。

国際テロとして有罪判決を受けた者の四人のうち三人は国外生まれであることを見出した司法省の報告は、その限りでは間違いない[42]。しかしこのことは、移民が「われわれの国家安全保障と公共の安全をむしばんだ」という声明を発表している司法長官の主張を支持しているわけではない。というのは、調査報道記者トレバー・アーロンソンが指摘しているように、国際テロは、国際と国内攻撃の双方を含めた全テロ攻撃のうちのほんの一部を占めるにすぎないからだ。あらゆるテロ攻撃のかどで有罪判決を受けた者の大部分が外国生まれかどうかは不明だ。司法省は国際テロ攻撃で有罪判決を受けた者のリストだけを保持している。国内テロで起訴された者のリストは持っていないのだ。

不法移住者が犯した犯罪に関するきわめて陰惨かつ広く論評されている風聞[43]は、同じように怪しげなものだということになった。高校のトイレで集団レイプを受けたと主張する被害者の作り話が崩れ去ると、取調官は起訴されていた不法移住者に対する告発を取りやめた。この犯罪を移住者たちの胡乱《うろん》で好ましからざる傾向の証拠だとしていたホワイトハウスも、メリーランドの地元の政治家たちも、自分たちが人々を誤解させていた無数の発表内容を訂正することは一切なかった。

影響の検証――健康と経済

疫学史家たちは感染症と近代の移住者との間にいかなる体系的関連を見出すこともなかった。しかしそれにもかかわらず、移住者が伝染病の流行を引き起こすかもしれないという疑惑は、もっともらしい論理に基づいて執拗に残り続けた。多くの移住者が避けたという各国内のワクチン接種計画は存在しなかったか、あるいは頓挫していた。ということは理論上、入国した国では制御されていた病原体を新来移住者が宿していて、致命的な流行を引き起こすかもしれないことを意味した。

ヨーロッパの公衆衛生研究者たち[44]は、より詳細に知ろうと移住者の身体を調べ始めた。彼らは、移住者がドイツへやってきた二〇一五年にこの国の結核罹患率が三〇パーセント跳ね上がったことを見出した。イギリスでは、外国生まれの人は全人口のわずか一三パーセントを占めるにすぎないのに、結核では七〇パーセント以上、マラリアでは六〇パーセント以上の症例を占めていたと、公衆衛生研究者たちが報告した。イタリアでは、研究者たちはシリア系難民の体内に見慣れない種類の微生物が潜んでいるのを発見した。これには「イタリアその他の先進国ではめったに広まっていない変わった細菌や真菌の菌種」が含まれており、その中には「蔓延するかもしれない……潜在的に危険な病原体であるかもしれない」ものも含まれることを発見した。ドイツでは、医師たちがサルモネラ菌や赤痢菌に感染した難民を発見した。スイスでは、住民のそれより五倍高度な抗生剤耐性菌を持った難民を発見した。

移住者が引き起こすエピデミック（大規模伝染病）への恐怖が燃え上がった。[45]ブルガリアでは移住者に関する記事を調べたところ、「脅威」と「病気」の二語がもっとも頻繁に現れることがわかった。「殺人ばい菌の移住者を送り返せ」と、イギリスの新聞の見出しがわめきたてた。「結核にかかった移住者は送り返すべきだ」と。ギリシャでは右翼の自警団員が厄介な移住者を根絶やしにしようと病院内へ繰り込み、患者と医師が病原体に居住許可証を与えるのだと言って詰め寄った。移住者が原因になった伝染病発生はまだなかったが、「長い間ヨーロッパでは見られなかったきわめて危険な病気が出現する兆しはすでにある」と、ポーランドの反移民政治家が言った。「ギリシャの島々のコレラ、ウィーンの赤痢、各種の寄生虫や原生動物、これらはこうした移住してきた人々の体には無害だが、ここではおそらく危険なのだ」と。ドナルド・トランプは、移住者は国内へ病原体を運んでくるだろうと言いふらした。彼特有の言い方では、移住者は彼ら自身を病原菌に変えたのだ。「とてつもない感染症[46]が国境を越えて注ぎ込まれている」と彼は言った。

しかし移住者の体内の微生物の存在それ自体では、多少なりともほかの誰かに健康上のリスクをもたらすことをも意味しなかった。人体の微生物を吟味することは、疑わしい人物を記した長ったらしいリストを調べるようなものだ。公衆衛生研究者たちは直腸挿入綿棒を用いて移住者の体内にそれらが存在することを明かしたが、住人たちを同じ検査にさらすことはなかった。「もしイギリスの人々にそれをやったなら」と、移住者を調べた公衆衛生の専門家は述べている。「その人たちにも同じ微生物はいただろう[47]」

実際には、アメリカへ入国した難民のような人目を引く移民グループは、国内の住人の中でももっとも厳しく健康を検査され[48]、ワクチン接種を受けているのだ。彼らの身体が他人にリスクをもたらすことは、ほかの住人たちよりも少ないだろう。そして一〇〇万人以上の移住者がヨーロッパへ入ったあと、この大陸には軽微なものの発生が二、三あった以外に病気はほとんど見られず、そのいずれもが速やかに発見され、蔓延を食い止められた。

経済学者たちは、移住者のせいで地域に生じる何かしらの負の経済的影響を見つけ出そうと、長い間苦心してきた。二〇一五年、これに変化が起こった。ハーバード大学の経済学者ジョージ・ボージャスが、移住者たちが多大な経済的負担を強いているという証拠を明らかにしたと主張したのだ。[49]ボージャスは、移住者の急速な到来がマイアミの労働市場に及ぼす影響を分析し、彼らの移住が高校中退者に「劇的」かつ「かなりの」影響を与えたことを発見した。賃金が三〇パーセントも減額したのだ。

ボージャスの調査結果は、ほかの経済学者たちによる何十年にもわたる分析を覆した。彼らも同じデータ──「マリエル事件」、つまり一〇万人を超える人々がキューバのマリエル港で乗船してマイアミへ逃げてきた一件──を用いていたが、移住者が押し寄せることがまったくなかったほかの都市と比較しても、賃金でも雇用でもまったく影響を見なかったのだ。

ボージャスは高校中退者に及ぼす影響力だけを切り離すことで、移住者の経済に対する負担を見つけ出したのだ。そうやって彼はマイアミの事例を、「移住者による経済的影響を微細なものだとする戦略的ケーススタディだとして叩き潰した」と保守派の時事問題解説者アン・クールターは六万人のフェイスブックフォロワーに言いふらした。[50]

トランプ政権の司法長官、ジェフ・セッションズは、ボージャスは経済に及ぼす移住者の影響に関して「おそらく世界一有能で博識の学者[51]」だと考えた。移住者が賃金を引き下げたという彼の結論はセッションズに深く影響を与えた、とニューヨークタイムズ紙は報じた。ホワイトハウスの顧問、スティーヴン・ミラーは彼の研究を引用して、アメリカは移住者の入国許可数を半数に削減すべきだと主張した。

トランプ政権は移住者によって引き起こされたと推測されるほかの被害を詳細に分析している。二〇一七年に保健福祉省は、難民はアメリカの通常の住民よりも一人当たりの社会福祉費用を高額に要求していると報告した。また、二〇一一年から二〇一三年の間に、彼らがアメリカの経済に五五〇億ドル以上の損失を与えたことを、米国科学アカデミーが発見した。「戦禍をこうむった国々からやってくる非熟練難民は政府からより多くの利益を得て……しかもアメリカの経済に対しては最終的な恩恵にはならないのだ」とホワイトハウスのスポークスマンは説明した。

大統領は二〇一七年の議会への演説で、「移住者」はアメリカに「何十億ドル[52]」も費やさせると布告した。実際には、ボージャスは人を混乱させそうな因子を除外したのだ[53]。彼がマイアミで調査していた期間に国勢調査局は高校中退者の計算法を変えて、ボージャスが比較のために用いたほかの都市のそれよりもマイアミの方が多く計数されるようになっていたのだと、移住問題の専門家、マイケル・クレメンスが指摘した。ボージャスは高校中退者の賃金の低下を移住者のせいにしているが、国勢調査局が手法を変更したことが、低下して見える理由を完全に説明しただろう。

そして難民たちがもたらす経済的恩恵は、彼らが政府に与える損害を相殺して余りあるのだ[54]。過去数十年間を通して、アメリカ国内の難民は自分たちが要した経費よりも六三〇億ドルを超える利益をもたらしたと、ニューヨークタイムズ紙その他の報道媒体が報じた。米国科学アカデミーの報告書は、二〇一一年から二〇一三年の間に移民が、アメリカの経済に五七四億ドルの損失を与えたと述べている。しかし同報告書は移民の子どもたちが三〇五億ドルの、また孫たちが二二三八億ドルという桁外れの経済的利益をもたらしたことも見出している。

民衆に流布する脅威

「人が大勢殺されています！」。アメリカ在郷軍人ビル内の、蛍光灯がともる宴会場に集められた少人数の聴衆に向かって、地元のある移民専門家が告げた。その専門家、生え際が後退し、頬が子どものように赤らんだ太鼓腹の男、ジョナサン・ヘイネンは両手で演台をつかんで演説をした。背が高くて、体は前かがみに四五度傾いていた。彼は私の町の共和党のクラブに招待されていた。その目的は、紹介に当たってクラブの会長が述べたように「わけのわからない論点をはっきりさせる」ことだ。そして彼はそうした。「不法在留外国人」がいかに犯罪数の不均衡化を起こしているかを示す図や表を詰め込んだ、分厚い一四ページにわたるパンフレットを配布したのだ。彼は聴衆に語った。「成績評価四・〇を得た学生が卒業後のある日、不法在留外国人にひき殺されたのです。こうした話は国中至るところにあります」

ヘイネンのパンフレットに強調して書かれていたように、不法滞在移住者が連邦犯罪の統計に大きな比重を占めていたのは事実だ。[55]しかしそのことが、移住者がもとの住民より多く罪を犯したというヘイネンの主張を支持するわけではない。連邦犯罪は国内の犯罪のほんの一部を表すもので、全犯罪の九〇パーセントは州や地方の統計に表れるのだ。移住者という身分をもとに犯罪者を追跡した全国的データがない一方、移住者の割合の高いところでも、新たに移住者が流入したところでも、特に犯罪率が高いということを社会科学者たちは見出してはいない。一九九〇年から二〇一五年までの間に、アメリカでの不法滞在移住者数は三倍になったが、国内の暴力犯罪の割合はほぼ半分になったのだ。

ヘイネンはこのことには触れなかった。移住者に関する誤ったデータを教育的出し物として流布させている多くの移民専門家と同様、彼はちょっとホコリタケになっていたのだ。彼は教育者でもなければ大した移民専門家でさえなかった。彼は古代ギリシャ哲学の博士号を持っており、古代人だったら「詭弁術」と呼んだかもしれないことを実践して、イデオロギーのシンクタンク、政治的キャンペーン、反移民ロビーグループなどのために仕事をしていた。

あの寒々とした一月の夕暮れに出席した人々のほとんどにとって、移住は特に差し迫った関心事ではなかった。講演の初めにヘイネンは分厚い黒縁の眼鏡を通して、少人数の聴衆を見つめた。「この中にエマ・ラザラスのことを知っている人はいますか」と、自由の女神像の台座に刻まれた「自由の息吹を求める群衆」を歓迎する有名な言葉を書いた詩人を引き合いに出して尋ねた。出席者たちは互いを盗み見しながらもじもじしていた。そこにいる中年の労働者のほとんどは自分のオフィスから直行でやってきており、実用的な靴としわくちゃのスーツを身につけていた。彼らはアメリカの歴史的な節目を復習するよりも、地元の高校の共和党青年部のことでおしゃべりしたり、冷えたイングリング・ビールやピザを楽しんだりする方に関心があった。海や、砂漠や、ジャングルや、山々を越える自分たちの仲間である人間たちの旅路は、毛足の短い絨毯《じゅうたん》を敷き蛍光灯がともった郊外のホールでは、コモドオオトカゲのようにはるかかなたのお話なのだ。手を挙げる者はいなかった。

それでも、集まっていたクラブのメンバーはヘイネンが話している間、うなずき続けていた。国境閉鎖を正当化するために彼が「エマ・ラザラスは国会議員には選ばれなかった！」と意気揚々と宣言したとき、聴衆の多くは、依然として彼女が何者であるかを知らなかったにもかかわらず、くすくすと忍び笑いをした。講演のあと、彼らは礼儀正しく拍手をし、ヘイネンに二、三、一般的な質問をした。しかし彼が述べた移住者をめぐる難局がことのほか彼らの心をつかんだわけではなかったとはいえ、今日の講演を自分たちの所属する別のグループに広め、配布したパンフレットを使って、移住者に対する自身の意見を、公開会議や公選された役人に三分間語ってほしいという申し入れに疑いを抱かない者もいた。たとえそうでなくとも、多少の要素やおおまかな印象を家に持ち帰り、子どもたちや近所の人に教えたことだろう。サッカー場やスポーツバーや家族のバーベキューといった気の置けない場でべらべらしゃべったことだろう。

移住者の犯罪性や不健康に関する一見公平な考えは教養ある会話に浸透し、あまねく流布している。[56] 二〇一七年には、アラスカにあるアメリカ道路システムの末端にある人口およそ六〇〇〇人の町、ホーマーの住人たちでさえ、ヨーロッパの移住者をめぐる難局のニュースを耳にし、猛攻撃から身を守る備えをした。「ホーマーに来るかもしれないいかなる移住者をも歓迎しよう」という不幸をもたらす提案には、ホーマーのある市議会議員が「君は不法入国者を町へ入れる。よろしい、やつらは定義によれば犯罪者だ」と激しく応じた。結局のところ、人里離れた町であるから、誰一人来た者はいなかったし、来そうな者もまずいなかった。「さて、やつらは暗黒街に住んでいる。私たちのように遊ぶ金を持っていないのだ。万が一誰かがレイプされたり殺されたりしたら、まっすぐホーマーの市議会へ来て訴えてほしい！」

こうしたシーンがアメリカとヨーロッパのあらゆる自治体で繰り返された。そうすると、移住者のイメージが世界的脅威として民衆の心に宿ることになった。[57] イメージは膨れ上がった。アメリカ人もヨーロッパ人も等しく市中の移住者の割合をひどく過大視した。ある研究では、アメリカ人は国内の移住者の割合を二〇パーセントまで過大視した。ヨーロッパ諸国の半数あるいはそれ以上の人々は、新来の難民たちがテロ攻撃を行ったと、どちらかといえば信じていた。アメリカ人の四五パーセントは、移住者が犯罪状況を悪化させていると信じていた。

トランプ大統領は、アメリカの国境から三二〇〇キロ彼方の二〇一八年の移住者のキャラバン[58]を「犯罪者と未知の中東人」が混入した「わが国への侵入」と評した。彼は侵入者を撃退するために軍隊を派遣した。イリノイ州スパルタに住むある女性は大統領の集会で、「移住者はアメリカを破壊し私たちを服従させる謀略です……私は受け入れはしない――戦わずに屈服などしない」と言った。あるラジオの司会者は「みんながわかっているように、彼らがやってくればアメリカはおしまいだ」と言った。

情報の訂正と説明がホコリタケを破裂させ、内部が空洞であることを明かした。しかし破壊することはできなかった。胞子は空中へ舞い上がり、風に乗ってほかの地へ運ばれ、定着して発芽し、新たな菌糸を伸ばした。

ハイチから来た人々

二〇一八年の初め頃、トランプ大統領は国家の移民政策を討議するために数人の立法府の議員を招集して、大統領執務室で私的な会合を持った。「なんだって俺たちはケツの穴みたいな国からやってくる連中を全部抱え込んでいるんだ?」[59]、彼はあの報道機関に漏れた論評をして議員たちに詰問した。彼の注意は、特にある移住者グループへ向けられた。「どうしてこれ以上ハイチ人が必要なんだ? やつらを掃き出せ」。ハイチ出身の連中は「みんなエイズ持ちだ」、何ヶ月か前に彼はこう言って不満をこぼしていた。

二〇一〇年に壊滅的地震がハイチを襲ったあと、人々は群れをなして島から逃げ出した。アメリカ政府はおよそ六〇〇〇〇人のハイチ人が「一時保護資格(TPS)」と呼ばれる措置で国内に滞在することを許可した。これは自然災害や長期にわたる社会不安をこうむった国から来た人々に、一八ヶ月間の合法的滞在を認めるものだった。ハイチの地震を生き延びた人々は、埃をかぶった航空機でアメリカに着いた――彼らが瓦《が》礫《れき》から掘り出されたときに舞った埃だ。

しかし歓迎は長続きしなかった。地震の数ヶ月後、アメリカの役人がエールフランスの貨物輸送機をハイチへ飛ばし、あえてアメリカへ来ようとする者は何人《なんぴと》たりとも拘束した上、送還するというメッセージを広めた。何千人というハイチの被災者はアメリカを締め出され、代わりにブラジルその他へ向かって移動した。その後ブラジル経済が低迷した。[60] ジャン=ピエール一家のように、その地に移住したハイチの震災被災者は再び移動を開始した。二〇一五年末までに何千人もの人々がアメリカとメキシコの国境に集まって、入国許可とアメリカに移住した初期の被災生存者たちに合流することを望んだ。しかし今回は、ホワイトハウスの役人たちは歓迎ムードになってはいなかった。

毎年、移民局の役人は一八ヶ月ごとに定期的にハイチ人移住者のＴＰＳを更新してきた。結局、彼らに保護が必要となる事態を引き起こす危機は続いていたのだ。二〇一七年一一月、ＵＳＣＩＳの局長Ｌ・フランシス・シスナが突然、ハイチは二〇一〇年の地震からの回復で「かなりの進展を遂げた」ことを認めたと宣言した。[61] このことは、かの国が「もはやＴＰＳには相当しなくなった」ことを意味した。

入国しようと国境の南側で待っているハイチ人たちはたちどころに追い返されるだろう。家と職を得ていた一家――ＴＰＳに認定された人々の約半数は家を持っており、八〇パーセント以上が労働市場に参加していた[62]（これに比べて、一般のアメリカの住民の労働市場参加はわずか六〇パーセントだった）――は自発的な出国か、国外追放に直面しなければならないだろう。

地震のあとでハイチの首都ポルトープランスからやってきた弁護士、エマニュエル・ルイス[63]は夜勤の看護補助員として働いていたときにこのニュースを聞いた。彼はこう回想した。「君が幸せに笑っていると誰かが言う。『事務長が呼んでるよ』。君は幸せだ、昇進すると思ってる！　そして、『えーとなあ、労働許可がもうすぐ切れるんだ』と言われる」。そうして友人たちは仕事に行かなくなり、子どもたちを家にいさせて学校へ行かせなかった。「みんなは何もかもを恐れている。誰もが気をつけろ、気をつけろ！と言い合っている」と彼は言った。

国中の社会奉仕活動家は、おびえたハイチ人依頼人に次のようなアドバイスをした。[64] 移民局の役人が国外追放するために彼らを集合させたら、必要な電話番号を控えておけと。彼らの携帯電話は没収されかねなかった。エマニュエル・ルイスのような人々が持っていた家や仕事も、今すぐほかへの移転資格の手続きを開始しない限りは、失うことになるだろう。そして両親が強制退去させられると、アメリカで生まれた何万人もの子どもたちは州の被保護者になるだろう。自分の子どもを他人の庇護下に移す準備を始めなければならないと、社会奉仕活動家が動転している親たちにアドバイスした。

ジャン＝ピエール一家はかろうじて略式の国外追放を免れた。[65] 彼らはアメリカへ入ったあと、拘留されていた――いまだにダリエンのジャングルにいたヘビの悪夢を見る七歳の息子は手錠をかけられていた――が、保護要請を聞いてくれる開廷日時は決まらないまま、一週間で拘留を解かれていた。

ジャン＝ピエールは、友人の一人が一年間の拘留のあとで国外追放されたと聞いたときには、フロリダ州オーランドに辿り着こうとしていた。ジャン＝ピエールは魂を砕かれるようなトラウマを人より経験していた。彼は何十万人もの死者を出した地震、自分や親族の命を脅かしたギャングの暴力、そしてとりわけ必要な保護を求めるため、生き延びるために自分の尿を飲むという、命がけの旅を生き延びてきたのだ。言うまでもないことだが、彼が働いたディズニーワールドも、明確な政治意識を持った社会主義者にとってはつらいことの一つだっただろう。しかし、彼を壊したのは友人が国外追放されたというニュースだった。自らを殺しているように感じたと彼は言った。

反移民政治家が主張するように、移住者が病気持ちで、犯罪者で、経済に損害をもたらすものだったら、政府がハイチ人立ち退きの議論を打ち立てる[66]のはたやすいことだっただろうが、実際には、その論拠を作り上げるのに苦心惨憺《さんたん》した。ＡＰ通信にリークされたｅメールによれば、トランプ政権の役人たちは、犯罪者として起訴されたり公衆の利益を不正に徴収したりしたＴＰＳのハイチ人その他の移住者数のデータを積極的にかき集めねばならなかった。「TPSの人間のどんな犯罪行為の記録も残らず見つけ出すのよ」と、ある移民局の役人は部下に指示した。「アメリカ国内で難民を続ける必要性の根拠となっている『ハイチ人はいかにも貧しいのだという話』を超えるものが私たちには必要なのよ」

ハイチが「かなりの復興」を成し遂げたと主張するに当たって、USCISの局長シスナは、国務省などの職員ばかりでなく自分の部下の所見をも無視した。[67] 内部の報告書では同局は、人々がハイチから移動せざるをえない困難な状況が続いていることを認めていた。食料は不足し、コレラが猛威をふるい、自然災害が繰り返し起こり、「以前にはあった人道的状況が極度に悪化した」のだ。

国務省の渡航勧告によれば、ハイチには政治的暴力がはびこっていた。[68]「タイヤを燃やしたり道路を封鎖したりといった抗議が頻発し、これがしばしば自然発生する」と国務省は警告した。「誘拐と身代金の支払いは誰の身にも起こりうる。ハイチ当局の危機対応能力には限界があり、地域によっては対応能力が存在しない」。国務省の役人はハイチの安全保障状況がかくも悪いので、特別の許可を除いて大使館の職員がその地へ赴くことを許さないと断じた。そのときですら、国務省は「必要ならば国家を速やかに存続させる」計画を立てるべきだと言った。

野暮ったい野球帽と特大のサングラスを身につけたがっしりした体格のテキサス人、ダレル・スキンナーは、テキサス州デル・リオの道路脇に建つディンクスカフェの赤いビニール張りの椅子に体を丸めて座った。ここはアメリカとメキシコの間の国境からおよそ三〇キロのところだ。

「今すぐ国境のことをなんとかしなきゃ、この国は五〇年ともたないぜ[69]」と、スキンナーは言い切った。老眼鏡をヘアバンドにしてブロンドのショートヘアを後ろに流しているカフェのオーナー、シェリル・ハワードが同意した。「あの人たちを向こうに居させとかなきゃだめよ」。彼女はあたりをちらっと見ながらメキシコ人の客に聞こえないことを確かめて、いわくありげに言った。

たとえ反移民の論拠に中身がないことが明かされても、移住者たちのもたらす脅威は存在するという確信は消えずに残る。これは深層にある暴力への感覚から湧き上がるのだ。ある人々やある生物種がある一定の場所に属するという考えは、西洋の文化に長い歴史をもって存在してきた。この論理のもとでは、移動は必然的に破滅である。なぜなら移動は自然の秩序を破壊するからだ。

その秩序は何百年も前に、あるセックス狂のスウェーデン人分類学者によって定義された。基本的な原理が簡単にまとめられるとすればこうなる。

われらはこっちのもの。

かれらはあっちのもの。

第3章 生殖器官に基づくリンネの分類

分類学者の誕生

ルター派の貧しい牧師と、教区牧師の娘との間の息子であるカール・リンネは一七〇七年、スウェーデン南部の深く透き通った湖の岸辺近くで生まれ、父親の庭で摘んだ花で飾られた揺りかごにくるまれていた。

少年時代、リンネは湖畔の森の中を歩き、目にした植物や動物の構造を注意深く調べて過ごした。[1] 彼にとって自然は創造主の現れだった。そして創造主は無謬《むびゅう》なるがゆえに自然も無謬であり、それぞれの場所にいる生き物たちはそこで充足するための機能を持っていた。リンネによれば、「自然は目的なしに何かを作ることはない」のだった。彼はその美に「すっかり圧倒され」っぱなしだった。

彼は人工設計と、飼い慣らされた環境に囲まれて大きくなった。かつてこの地域で優勢だった野性の森は、ずっと昔に、平坦で耕作された草地や整然とした穀物畑に置き換わっていた。リンネの父は牧師館の周りに驚異的な庭園を作り上げていた。彼の庭の一つは、料理でいっぱいの食堂テーブルの植物学バージョンの様相を呈していた。特別な植物や低木が円形の花壇に、祝宴のさまざまな料理とその客たちを表すように配置されていたのだ。リンネはその中で何時間も遊んで過ごした。のちに彼のファンは彼のことを「花の王子様」と呼んだ。[2]

リンネは自然界の秩序に魂を奪われた。だが博物学者としての彼は、荒々しい絶えず流動するまったく無秩序状態にある世界中の生物多様性を説明するよう、多方面から要請されていた。一八世紀の社交界では地球上の生物の起源と分布、またそれに伴って私たち人間の類似性と相違性の歴史と本質、そしてそれを生じさせた移動の役割に関する疑問が飛び交っていたのだ。

現在では、生物種や人間の起源と分布に関するこうした疑問は「生物地理学」として知られる分野に閉じ込められている。この分野は、魅力的だが一般に大衆の関心があまり及ばないと考えられている、ほとんど人目につかない科学の支流だ。しかし当時は、生物地理学の学説は広範囲にわたって影響力を持っていた。教会の権威、その陰から現れたばかりの科学の支配、植民地経営の正統性——そしてのちの世代が移動をどのように見、規制するか——のすべてがどうなるかわからないまま均衡を保っていた。

外国人や見慣れない生物種はどこから来たのか、そしてどこに所属しているのかという当時の喫緊の疑問に解答を提供することが、リンネのような博物学者に委ねられていたのだ。

探検家が描いた世界

優れた航行能力を備えた大型で高速の船が建造されるようになると、ヨーロッパの探検家たちはそれまでよりずっと遠方への、またより長期の旅行ができるようになり、遠くアジア、アフリカおよび新世界へと飛び出していき、予想もできなかった広範な生物多様性に遭遇することになった。オランダの東インド会社のような会社は資源を略奪し、新領土の取得権を主張し、新規の交易路を確立するために、探検家と入植者の大群を世界中の僻遠《へきえん》の地へ送り出した。南太平洋およびアジアへの幾年にも及ぶ彼らの遠征に、野心満々の若手博物学者たちが加わった。

彼らは、海外でちょっと目にした奇想天外な姿の異邦人や生き物の話に関する息を呑むような物を満載して航海から戻ってきた。[3]「暗い黄色の肌を持つ大柄で獰猛《どうもう》な人々」がニコバル諸島に住んでいたと、一七世紀半ばにオランダ東インド会社の船でこの島々を訪れたニルス・マットソン・キオピンが語っている。キオピンは、彼らはオウムの首をひねって生のまま食べたと書いている。彼は連中が押し寄せてきて船に乗り込んだときにこれを自分の目で見た。皆「体の後部に尻尾が生えていて、それをネコのようにぶらさげていた」と書いている。ヴォルテールの名で作品を発表していたフランソワ・マリー・アルエはコンゴの、赤い目をした寿命がわずか二五年の小柄な種族のことを書いている。「非常に小さく非常に珍しい人種で、きわめて力が弱いので自分たちが住んでいる洞窟から外へ出ることができない」と説明している。こうした異国の人々は奇妙でこの世のものとは思えない習慣を持っていた。アフリカの一部では、睾丸《こうがん》を一個摘出して「単睾丸」にする儀式を男性に強要する種族がいることを、旅行者が明かしている。

一八世紀の旅行作家たちは、[4]たとえ異邦人を人間だと認識できると述べた際にも、ヨーロッパ人と非ヨーロッパ人および動物たちの類似性ではなく、相違性を強調した。彼らは外国人の皮膚の色を土色《アーストーン》〔赤味がかった茶色系統の色〕のいろいろな色相ではなく、乱暴に誇張して「赤」「黄」「黒」「白」などのカテゴリーに分けて記述した。アフリカのところどころにいる女性たちの胸を単に「大きい」と書くのではなく、とても重いので、女性たちは胸を地面に置いてから自分が横にならなければならず、またタバコ入れとして売れるほどたっぷりとしていると書いた。

こうした話は目撃談として触れ込まれたのだが、たいていは民間伝承と神話と間接的に聞いたうわさ話をつぎはぎにしたものだった。[5]ヨーロッパの外の世界に関する一〇〇〇ページの図入り大著を作り出したアーノルドゥス・モンタヌスのようなきわめて多作の著者たちは、一度たりともヨーロッパ大陸を離れたことはなかったのだ。

たとえば、コンゴの穴居《けっきょ》人に関するヴォルテールの記述はさまざまな古代の神話を紡ぎ合わせたものだった。[6] 古代ギリシャの歴史家ヘロドトスは、「トログロダイト」と彼が呼ぶ、洞窟に住みトカゲを食べる、ヒトに似た生き物のことを書いている。古代ローマの博物学者プリニウスはこうした生き物に関する詳しい情報を追加している。たとえば、彼らは夜行性で、日光に当たると生まれたての子犬のように腹這いになって進み、言葉というよりは「歯軋《はぎし》り音」を発するという。ヴォルテールは、この話を信用するに足る特殊な場所――中央アフリカ――そして読者が彼の主張を検証できない遠隔の地のことだとして、このごたまぜの生き物を現実の人間といっしょにした。

キオピンの黄色い有尾人との遭遇は、[7]同じように神話に基づいたものかもしれない。一万三〇〇〇年前、身長九〇センチほどの「ホビット」こと類人猿ホモ・フローレシエンシスは、人間も住んでいたニコバル周辺の島々に生息していたことが知られている。キオピンがこの地域を訪れたときにこのような生き物のことを耳にした可能性がある。こうした生き物の物語は、世代を経て彼が述べた有尾人へと変身したのかもしれない。ちょうど聖ニコラスが北極に住む空飛ぶトナカイの飼い主に変身したように。その後、彼はこの神話をドラマティックな個人的遭遇という形で、華やかな文学的表現を使って語り直している。

どうしてヨーロッパ人は自分たちの仲間である人間を見て、その違いに強い印象を受けるのだろうか。類似点があることも同じく印象的なのに。ヨーロッパ人が他地域出身の人々に比べて画一的で均一なグループだからというわけではなかった。ヨーロッパ人は、彼ら自体がさまざまな髪質、肌の色調、体形、その他を包含している。一グループとしての彼らは多様であり、また彼らが互いにそうであるように、他地域の人との共通性をたくさん持っている。結局、アフリカ、アジア、南北アメリカにいる人々は血族であり、これまでも血族だったのだ。

ある学説によれば、当時の旅のあり方の変化が、外国人の奇妙さを誇張するヨーロッパ人のイメージの原因だという。長距離航海時代以前には、地表に散在する人々のグループ間の違いに対する商人や旅行者のイメージは、区別がはっきりしないものだった。ヨーロッパのほかの人々との――そしてほかの人々のヨーロッパとの――出会いは、ゆっくりで単調な移動の結果であった。商人や探検家は陸地を旅し、連続的に隣り合った地域を通り抜けていった。どこへ行っても地理的特色や気候が重なり合い、また争いに悩まされ、ロマンスがいっぱいのありふれた人間関係のあるところだった。敵だろうと味方だろうと違いはなかった。共通の気候と血縁関係に結ばれ、あるグループに生じた生物学的相違点はそれが何であれ次に現れた相違点へと穏やかにぼやけていった。このようにゆっくりと通り過ぎていくと、さまざまな肌の色、体形、顔の特徴にかすかな、ひょっとしたら気づかないほどの連続的な違いが見られたことだろう。もしグループ間に劇的な身体的相違があったとしてもきわめてまれだっただろう。

それゆえ、古い時代には一八世紀の探検家がびっくりするような独特な外国人の特定の外見[8]――たとえば肌の色の違い――は、イヌのぶち模様のように取るに足りない些事だと考えられた。アフリカ大陸北東部の下ヌビア、上ヌビアおよび古代エジプトの主要都市では、たとえば人々の肌の色調は、彼らが住んでいた六四〇〇キロ以上に及ぶナイル川流域の緯度一五度の範囲に色白から暗いものまで幅がある。しかし彼らの肌の色の多様性を表した当時の絵画では、肌の色の差異は彼らが何千年も維持してきた社会階層とは何の関係もない。啓蒙主義以前のヨーロッパでも、画家や地理学者は海外の人々を肉体的にヨーロッパ人と同じものとして描写する傾向にあった。定義のはっきりしないアフリカ人の一グループで、いわゆるコイ人を描いた一五九五年のある絵では、生物学者兼歴史学者のアン・ファウスト＝スターリングが指摘しているように、彼らを二人の「伝統的ギリシャ人様の人物」として描いている。当時、肌の色に対する認識はどちらかといえば今日の髪の色に近く、目立つけれども社会的意味のない些事だったのだ。

一八世紀のヨーロッパ人の探検には、人類の多様性を明瞭な区別だと捉えさせる傾向があった。[9] 旅人は、大地の連続的で隣接した地域を通って旅するのではなく、無人の海を何千キロも旅した。これは、気候も地勢もはっきりと違うまったく初めての地域に突然彼らを置くという結果をもたらした。そのことが、連続的な人類の多様性が著しく不連続に見えた理由かもしれない。例えるなら、浅く温かい水から深く冷たい水の中へ歩いていくのではなく、いきなり深みへ飛び込むようなものだったのだ。

図入りの書物、絵画、タペストリーそのほかの人工物で紹介された、こうした珍奇でなじみのない他者はヨーロッパ人の感性を眩惑《げんわく》し、楽しませ、混乱させた。[10] 時おり生きた標本が移動展示会でヨーロッパへ来ることがあった。そこでは困難な渡航旅行に慎重なヨーロッパ人も海外の自然界の奇異を垣間見ることができた。裕福な上流階級の人々は見世物用の動物園を作り、生きたアンテロープ、ライオン、サル、フラミンゴ、さらに空想上の動物まで集めた。ドイツ・ハンブルクのある展示会では、自分のコレクションに七つの頭を持つヒュドラー〔ギリシャ神話に登場する怪物〕がいて、それを大陸中の博物学者たちが見に来たのだと言って自慢していた。これは偽物――イタチの体の部品にヘビの皮をくっつけたりかぶせたりした合成物――だったが、異国の珍奇な生き物に対する大衆のだまされやすい好奇心にとっては本物であった。見世物業者たちは、人魚とうたわれる女性、コイ人、穴居人などを展示した。これらはたいてい小さなアフリカ人や南米のアルビノの子どもたちだった。

特徴は、外国の人々や場所について詳細を正確に語らないことだった。つまり異国風のものに対するヨーロッパ人の感覚にふさわしい環境を用意したのだ。コイ人や穴居人やヒュドラーでいっぱいの見世物動物園の移動展示はショックを与えるようにデザインされていた――が、同時にある意味ではショックそのものだった。彼らが誰であれ、何に似ていようと、ヨーロッパ域外のものはよそ者だった。つまり別個の血統の者だった。

民族間の区別に対するこのこだわりは、移動に関するいかなる明確な考えに由来するものでもなかった。しかし過去にあった移動の役割を理解するには、私たちの生物学的共通性という概念を受け入れなければならない。それは皆が共有する人間の属性であって、私たちが過去に移動してきたことを論理的必然だとするものだ。さもなければ私たちはどうやって世界中に行きわたったのだろう。過去の移動の成功は、同様に将来の成功の見込みを連想させてきた。しかし出版業者や見世物業者が外国人のきわめて卑猥で扇情的な描写で懐を肥やすに従い、外国人を奇異とするヨーロッパ人のイメージは着実に膨らんでいった。

ヨーロッパ中に新設された科学界に集まる知識人やエリートたちの間で、論争が巻き起こった[11]。黄色い有尾人のような妙なものを作ったのは誰だ。教会が言ったように創造主たる神なのか、それとも自然界に存する未知の創造力なのか。このような生き物が、アダムとイヴの共通の子孫だと聖書が言うヨーロッパの人々と、実際に血縁関係があるなんてことがありうるのか。もしそうなら、彼らはヨーロッパの探検家が遭遇した僻遠の地にどうやって行き着いたのか。一八世紀の探検家の多くは――自分で大洋や大陸を越えて旅したにもかかわらず――ほかの誰かが〔遠い昔に〕同じことをしたかもしれないと想像することができなかった。

別々の大陸の人々の間にあると認識されている隔たりが広がると、起源を共有するという観念――それとともに、過去および未来の移動という裏づけ――が考えられなくなった。

リンネの不快な探検旅行

リンネは世界の生物多様性の広がりに関する直接の知識を持ち合わせてはいなかった[12]。彼はウプサラ大学医学部の学生当時、一度だけ探検旅行を企てたことがある。旅程は控えめなものだった。すなわち、自国であるスウェーデンの北部の州、ラップランドより遠方へは出かけなかったのだ。それにもかかわらず、彼は文化と生物の多様性の本質を学び理解するに十分な機会を享受した。当時、自然のままの北部ツンドラは、リンネがラップランダーと呼び、現在ではサーミ人として知られるトナカイを飼う遊牧民が住む、あまり知られていないところだった。ウプサラのスウェーデン王立科学協会は、サーミ人は消えたイスラエルの部族かもしれず、あるいはひょっとして不思議なことに、新世界の住民が移住してきたのかもしれないと推測した。彼らはピグミー、あるいはスキタイとして知られる中央アジアの遊牧民かもしれないと想定した学者もいた。

リンネはガイドを何人か雇い、ラップランドを通り抜ける六ヶ月の徒歩旅行に出発した。可能な限りもっとも安全なルートをとり、できる限り長く海岸を伝って、植物相と動物相についてメモを書きなぐり、珍しい植物や昆虫を採集した。彼はみじめだった。「旅行なんかに出かけなければどんなに良かっただろう！」と日誌のあるところに書いている。「話し相手に恋いこがれ」、「住む人すらいないこの荒野」に打ちのめされた。また、サーミ人について多くを学ぶことができなかった。「私が会った数少ない現地人は、外国訛りで話した」とぼやいている。

リンネは大した冒険家ではなかった。スウェーデン語以外の言葉を話す人々に耐えることができなかったのだ。のちにフィンランド訪問を強いられたとき——彼は旅行という不快な目に遭いたくなかった——当地の人々がスウェーデン語を話さないことに、秘かに不平を漏らしている。「連中はフィンランド語しか話さない」と書いて軽蔑している。彼はまたフィンランド人を「喧嘩っ早い」人々だと見なし、「酸っぱい白身魚の不快きわまる悪臭」と彼が呼んでいるものに嫌悪感を抱いていた。彼の伝記作家の一人、リスベット・ケーナーは彼のことを「無作法な田舎者――感傷的で、迷信深く、一般教養が皆無」と評している。

旅は不首尾に終わった。大いなる安堵を抱いてウプサラに戻ったときには、旅の不十分な点を隠蔽するのに苦労した。自分が出会った苦難を誇張して資金提供者に資料を提出した。中には並外れた肉体の働きと勇気を要する、あまりにも奇妙なのででっち上げに違いないと現代の伝記作家が確信する細目も含まれている。彼はサーミ人の女性の帽子や太鼓などの用品類を急ごしらえして、本物のサーミ人の衣装で特別なときに身につけるものだと言ってこの偽物を通用させた。それを身につけた自分の肖像画まで描かせた。彼はサーミ人のことを多くは学ばなかったかもしれないが、その頃は誰だって彼らのことを大して知ってはいなかったのだ。長年にわたり、彼は自身をこうした経験豊かなサーミ人の対話者で、事実上サーミ人になったのだと触れ込んでいた。

後援者たちは感銘を受けた。[13]「彼ほど博物学を隅から隅まで学んだ人がいるとは思わない。しかも表面的ではなく根底までだ」と、ある者が書いている。

革新的な分類学

混沌としたデータから秩序を作り上げるに当たっては、どんな学問分野にも、のちにチャールズ・ダーウィンが呼んだように「併合派」と「細分派」がいる。細分派はデータポイント間の違いに注目し、その差異がいかに微細であろうとそれをもとにそれぞれを見分けるのに必要なだけの多くのカテゴリーに分ける。併合派は異質の要素からなるデータポイント間の根底にある類似性を見抜こうとし、共通の特徴の統合をもとに多くのものを一つにまとめる。

リンネは、いかなる識別の気配をも嗅ぎつけてさらに新しく生物学的境界線を引こうとした細分派であった。

リンネは革新的な分類学――世界中の多様な生物の命名、記載、分類の体系――の執筆を開始する[14]一方、個人専用医、それにオランダ東インド会社の重役の私有する植物園のキュレーターとして働いた。彼は誰もが使える簡単な分類体系を考案した。各生物種に二つのラテン語名を与えたのだ。最初の名前は包括的区分を表し、二番目の名前は特有の性質を表す。

最初は、異国の人々の起源と分類という厄介な問題を未解決のままにしておいた。多くの博物学者にとって、外国人の肌の異なる色合い――ことにアフリカ人の肌の黒っぽい色調――は何か重大な生理学的差異を知らせるものだった。リンゴの皮の色が違うことで、たとえばナシと区別できるように。しかし、リンネはその可能性を自分の分類体系に合わせるにはどうしたらよいかと苦闘した。もし聖書にあるようにすべての人間が共通の起源を持っているとしたら、原始的で野蛮で、ひょっとしたら生物学的には異質かもしれないと思っている異邦人とヨーロッパ人に血縁関係があることを認めなければならなかった。同時に、血統が別だと指摘することはアダムとイヴの話が間違っていることを示唆する。これは聖書侵犯だった。リンネはこの問題を避けた。人類のことを書く段になると、[15]説明として「ノスケ・テ・イプスム」と書いた。「汝自身を知れ」、要するに自分で解決しろということだ。

それにもかかわらず、彼は人間の体と類縁関係から初期の分類学を考案した。彼は有性生殖の重要性を認識して、性器の解剖を基礎に植物を分類した。おしべによって雄性植物を、めしべによって雌性植物を分類したのだ。ことによると別の記載法を思いつけなかったので、人間の性交を記述するのに用いられるたとえや用語を使ったのかもしれない。

彼は植物の結婚、夫、妻、娼婦などと記載した。[16] 植物の性器を人間のそれになぞらえた。葯《やく》、花粉、おしべにある花糸《かし》——植物の雄性性器——は人間の男性の精巣、精液、輸精管に相当した。植物の雌性性器のめしべの形と管、果皮、種子は人間の女性の外陰部、膣、輸卵管、卵巣、卵子に相当した。

「すべての動物には性衝動がある」と彼は書いた。[17]「そう、愛は植物にだって現れる。雌雄同体生物でさえも雄と雌の交尾がある……花びらは実際には……婚礼のベッドとしてのみ役立っている。これは新郎新婦がその中で荘厳に婚礼の式典を挙行すべく、偉大なる創造主がこのような貴重なベッドカーテンで飾り、多くの甘い香りで満たして整えたのだ」

これがリンネを危険な領域へ向かわせた。というのは、性的習慣があるのはほんの数種類の植物だけだというのが一八世紀のヨーロッパ人の穏当な考えだったからだ。雌性植物によっては二〇個体の雄性植物と交配するものがあり、雄性植物は普段の伴侶以外の雌性植物と交配した。自分自身の子孫と生殖する植物もあった。リンネは雌雄の植物間の生殖行動を、飾りつけた新婚のベッドと同類だと読者に思わせることで、ずっと刺激的な行為、人間用の言葉で言う——近親相姦、一夫多妻、不倫——をも同類だと思わせたのだ。

リンネの『*Systema Naturae*（自然の体系）』の初版は一七三五年に出版された。批評家たちは、嫌悪を催す、猥褻《わいせつ》で、俗悪な書だといってこれを非難した。[18]「忌まわしき淫売だ」とプロシアの植物学者、ヨハン・ジーゲスベックはわめいた。性的な傾向の強いリンネの分類学を用いてリンネ自身に植物の雌の特徴があるとした、ある批評家の辛らつな分析が世間に広がった。「私はみんなの笑いものだ」とリンネはぼやいた。激しい非難のせいで神経衰弱にならんばかりだった。

移動と適応を捉えた博物学者

リンネのライバルでフランスの博物学者、ジョルジュ＝ルイ・ルクレール[19]はフランス東部、ディジョン地域のビュフォン村のある屋敷で育った。大叔父が買ったその屋敷を公務員だった彼の両親が運よく相続したのだ。彼は大学では数学と医学を学び、友人であるキングストン公爵といっしょにヨーロッパ中を旅した。旅から戻るとビュフォンの村を買い取り、自分の名前に「ド・ビュフォン」という接尾辞をつけ、王立医薬庭園のキュレーターに任命されるとパリへ移った。

リンネが細分派だとしたらビュフォンは併合派だった。彼の考えはリンネの分類学を破壊した。自然を不変で厳格に秩序だったものとして描くリンネとは違って、ビュフォンは変わりやすく流動的なものと見た[20]。自然全体が「気づかないほどの微妙なニュアンス」と「未知のグラデーション」によってのみ選別できる、途切れることのない連続体でできていると、ビュフォンは書いている。彼の自然の見方は、紀元前六世紀のギリシャの哲学者、ヘラクレイトスのような古代の考えをよみがえらせた。岩石の堅固さ、水路の外形、生き物の習性は基本的に不変な物質の性質を表してはいなかった。これらは流れゆく経過における束の間の表現にすぎず、固定した実質などなかったのだ。永久不変は幻想だった。

このことがビュフォンを人間の歴史と生物学に関する根本的な概念へと導いた。住んでいる場所や肌の色にかかわらず、すべての人類は「同じ血統に由来し、同じ親族なのだ」と、ビュフォンは書いている。

もしヨーロッパ人とアフリカ人が、たとえばウマとロバのように生物学的に別物だとするならば、ヨーロッパ人とアフリカ人を親とする子どもは不妊になるだろう。いわばラバだ。しかしこうした子どもたちはそうならなかった。「もしムラート〔白人と黒人の間に生まれた子〕が本物のラバならば、間違いなく本物の別個の種が二つ存在したことになり……白人と黒人とは共通の起源などまったく持っていないと考えるのは正しいことだろう。しかし、この推測自体が現実によって反証されている」

その上、私たちが現在白皮症《アルビノ》と呼ぶ現象と、それが皮膚の黒いアフリカ人に起こることをビュフォンは知っていた。大プリニウスとローマの地理学者ポンポニウス・メラは、白皮症のアフリカ人について書いている。探検家エルナン・コルテスは、一五一九年にモンテスマ〔アステカ帝国最後の皇帝〕の宮殿でこの病気の人々に出会ったと述べている。この病気——黒い皮膚の両親から白い皮膚の子どもが生まれる——は一八世紀の観察者にはきわめて強い関心の的だった。白皮症は疱瘡《とうそう》のような病気の一種だという理論を立てた解説者もいた。また、皮膚の色が白いという特徴が黒い色に勝ることを、アフリカ人の白皮症が立証していると主張する者もいた。彼らは、白皮症のアフリカ人は栽培種から派生した野生型のようなもので、先祖返りをしたのだと主張した。

ビュフォンにとっては、アフリカ人の間に見られる白皮症[21]は、皮膚の色が表面的なものであって、ヨーロッパ人とアフリカ人に共通する人間らしさの上にかぶさった可変的特性だという証拠だった。ビュフォンの友人のヴォルテールは「黒人種は、スパニエル犬種がグレイハウンド犬種と違うように、われわれと違う人種なのだ」と書いている。しかしそんなことがあるはずがないとビュフォンは指摘した。アフリカ人の両親は肌が黒いのに白い肌の赤ん坊を生むことができたのだ。スパニエルはグレイハウンドの子犬を産むことはない。

異なる人々の間の外見上の違いは本質的な生物学的相違に由来するのではなく、変化と適応が柔軟に進む中で生じるのだと、ビュフォンは言っている。

異邦人たちを人類だと仮定することで、ビュフォンは聖書の物語に従ってすべての人類をエデンの園にまで遡って辿れることになった。しかしそれには異邦人たちがどうやって世界中に行きわたったか、そして彼らがヨーロッパ人のようにアダムとイヴの子孫ならばどうして黒い肌と奇妙な風貌を獲得したのかを説明する必要があった。

彼は移動の歴史を想像した。

ビュフォンが王立庭園にいくつも迷路を作ったのは有名な話だ。彼はそれと同じようにくねくねした経路という特徴を持つ人類の過去を想像した。当時、遠距離移動の証拠はなかったが、ロシアの探検によってベーリング海峡に架かる陸橋があった可能性が示唆されていた。このような陸橋があれば、大洋を航行する船の世話にならなくても旧世界から新世界へ徒歩で行けるとビュフォンは考えた。ひょっとしたら遠い昔のあるとき[22]、私たちの先祖がエデンの園をあとにして一連の遠距離移動に出かけ、最近ヨーロッパ人探検家が発見した僻遠の地のさまざまな自然環境の中に住みついたのかもしれない。

こうした移動と分散——当時存在したとはいえ完全に理論上のこと——は世界のさまざまなところに人類が分布していると、一八世紀の聴衆を魅了し、夢中にさせた多様な外貌の根拠を説明した。違う大陸や違う地域へ移動したあと、人々は体の形や色をさまざまに変えて、特有の環境条件に適応した。

天候の型と気候帯が健康と体形に影響を与えたという考え[23]は、アリストテレスやヒポクラテスの時代に起源を持つ。のちに科学者が明らかにしたように、移動とそのせいで起こった変化が、観察された多くの変異を説明している。ヨーロッパ人がサロンや学会でぺらぺらしゃべっていたあの変異だ。私たちはその土地の食物を消化でき、その土地の天候に耐えられ、その土地の病原体から助かるよう、遺伝子を進化させた。北極地方の極度の寒さに耐えるために、人々は高い代謝率、大きな体形、短い手足、体温損失を減らすずんぐりした体を獲得した。そしてさまざまな色調の皮膚を獲得した。ビタミンDを授けてくれる陽光が制限される高緯度地方では、紫外線をより多く吸収する色の薄い皮膚と、ミルクに含まれるビタミンDを摂取できる乳糖消化能を獲得した。赤道地方を通って移動した人々は、汗を流して失ったナトリウムを確保しておく能力と、体温消失を促して体を冷涼に保つ長い手足を獲得した。一八世紀の探検家が記した変化に富んだ皮膚の色や体形など多くの生物学的差異は、少なくとも部分的には、それぞれの自然環境に対する体の適応の仕方に由来するのは間違いない。

しかし、今日ビュフォンの先見の明は記憶されていない。彼もリンネもともに、地上の物質や生物は階層的に秩序立っているという「存在の偉大な連鎖」と古代人が呼び、哲学者や神学者が中世以来信奉してきた旧来の通念に頼っていた。各種の生き物や物理的実態はそれぞれが連鎖の中の特有の環であり、環の位置は絶対的な属性による等級を表している。連鎖の最下部には岩石がある。エメラルドやサファイアの上にはルビーが、それらの上にはダイヤモンドがある。さらにその少し上に植物がある。猛禽類はコマドリのような虫を食べる鳥よりも高い地位を占め、虫を食べる鳥はスズメのような種子を食べる鳥よりも高い地位を占める。動物たちの上に人間がいる。農民が最下位を占め、次いで聖職者、貴族、そして王である。これらの上、最上位に天使たちと神その方がおわす。

それゆえビュフォンにとっては、移動を通して生じた異邦人たちとヨーロッパ人との違いは実際には公平なものではなかった。

ビュフォンは、人間や動植物がエデンの園から出て移動すると新たな食料や気候によって「退化」するという理論を立てた。エデンの園はどこかヨーロッパに近いところにあったから、ヨーロッパ人は完全無欠の本来の状態を多量に保有したのだ。彼は、暑すぎる、また寒すぎる気候への移動によって、一八世紀の旅行者が記載したように不恰好で倫理的に問題のある生き物に変わってしまったアフリカ人、アジア人、アメリ

地球全体への入植

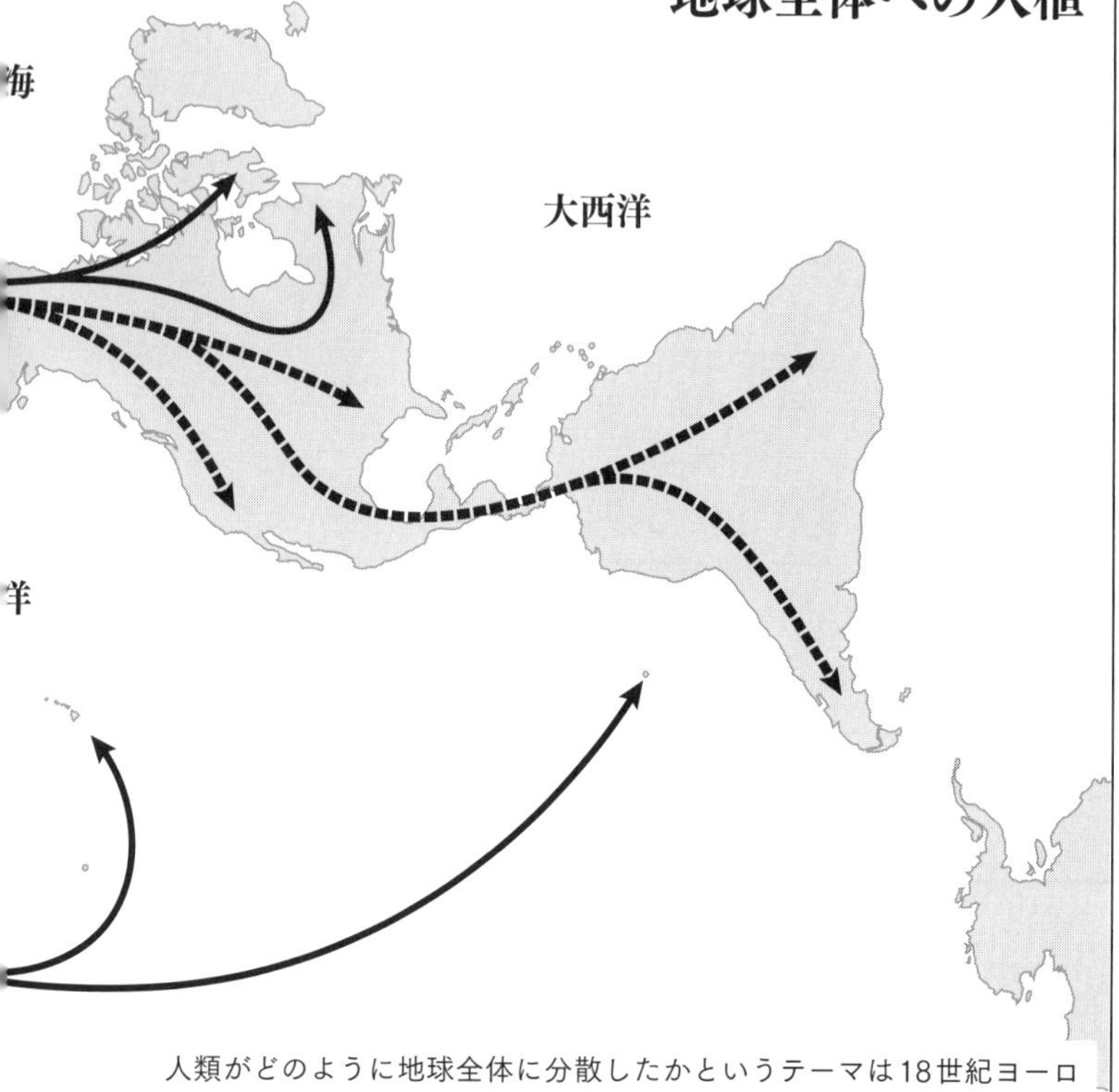

人類がどのように地球全体に分散したかというテーマは18世紀ヨーロッパ社会を混乱させた。近代分類学の父、カール・リンネは説明可能なものとしての移動を排除した。彼のライバルであるビュフォン伯爵ジョルジュ＝ルイ・レクレールは移動を退化の過程だと考えた。この地図は遺伝子解析に基づいて人類の分散を復元したものである。

出典：R. Nielsen, J. Akey, M. Jakobsson, et al., “Tracing the Peopling of the World through Genomics,” *Nature* 541（2017）：302–10.

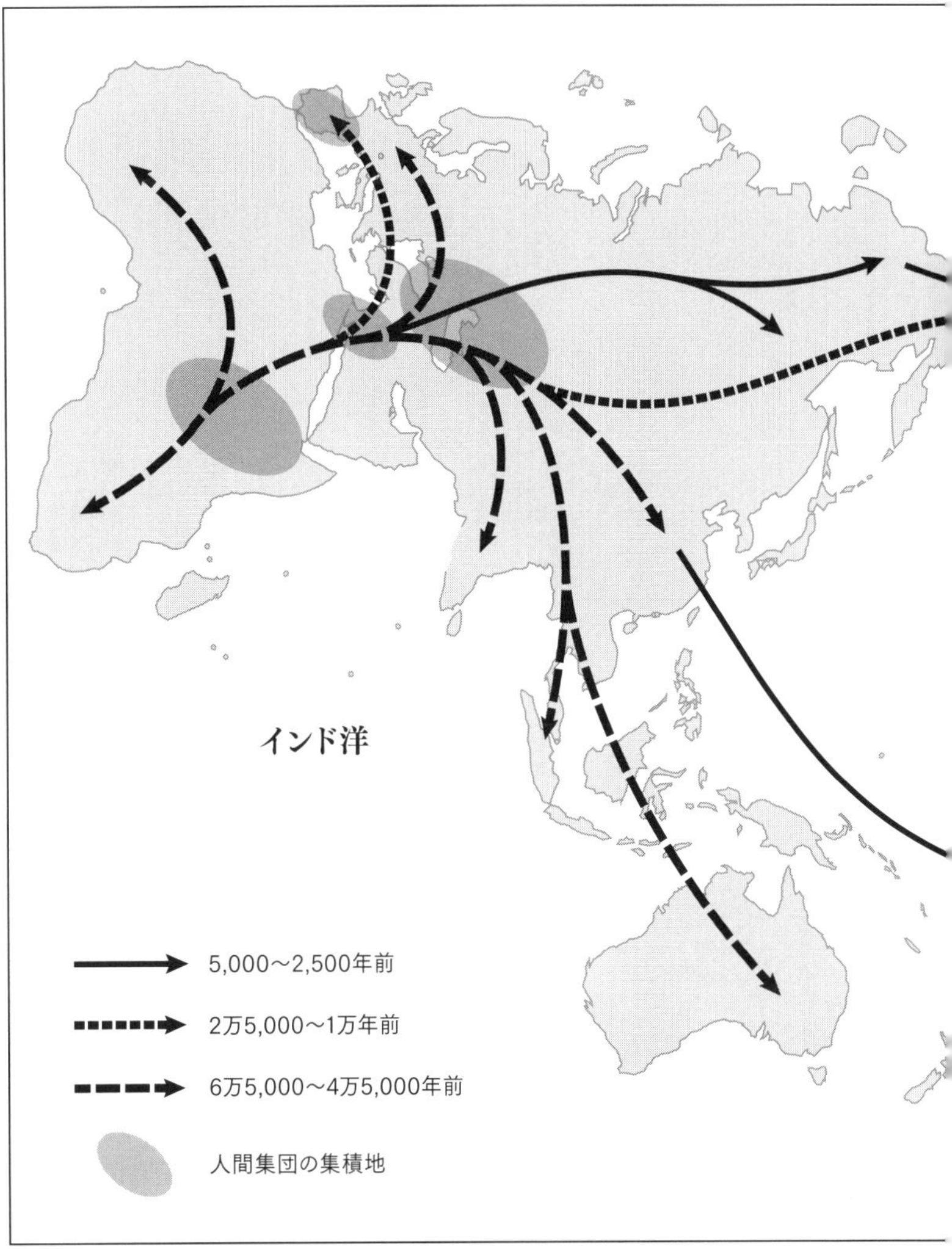
インド洋
5,000〜2,500年前
2万5,000〜1万年前
6万5,000〜4万5,000年前
人間集団の集積地

カ人について、ヨーロッパ人と同じだとは言えなかった。

移動による退化効果が、[24] アメリカ人の中に「野蛮人」がいることを説明しているとビュフォンは主張した。彼らは北アメリカの湿潤で寒い気候の中で退化した。「野蛮人は生殖器官が弱く小さい。ひげも女性を惹きつける魅力もない……また繊細さがなく臆病だ……愚かなことにしゃがんで眠り、あるいは日がな一日寝て過ごす……天然のこの上なく貴重な炎は、彼らには与えられなかった」と書いた。彼はアメリカ大陸に移住した植民者たちも同じように名声を危うくすると考えた。彼らには詩人も天才もいないことを考えてみよといって実情を指摘した。北アメリカの動物たちだって弱々しく小型化している。

（一一世紀のイスラムの哲学者、アビケンナも同じような一連の出来事を前提としたが、彼の構想では自分が住む中央アジアの人々に比べて知的に劣っているのはヨーロッパの人々であった。陽光に恵まれないヨーロッパ人は「理解しようという熱意と明晰《めいせき》な知能を欠いている」。一方、陽光を過剰に浴びるヌビア人やエチオピア人は「自制心と精神の安定を欠く」と主張した。両グループとも奴隷化に最適だと彼は考えた）

ビュフォンは自分の考えを三六巻の膨大な百科全書となる『博物誌』に詳述した。最初の三巻は一七四九年に出版された。

国務長官などを務め、のちに第三代大統領となったトーマス・ジェファーソンのようなアメリカ人は、自分の同郷人に好意的でないビュフォンの描写に反論を唱えた。ジェファーソンは自分の唯一の著書『ヴァジニア覚え書』で長い一章を割り当て、その誤りを暴いている（主たる反証は北米でのみ見られるヘラジカの体格の大きさだった）。しかし、ほかの地では『博物誌』はヒットし、ヨーロッパ大陸のあらゆる教養人に読まれた。

パリ、ベルリン、ロンドンその他の一流の科学会[25]は会員の招待枠を拡大し、王族たちはビュフォンに贈り物をどっさり与えた。王は彼をビュフォン伯爵となし、彫刻家に依頼して彼に似せた胸像を作らせた。

聖書の解釈と生物の移動

リンネは『博物誌』に感銘を受けはしなかった。[26]

「説明がくどい」と辛らつに書き留めている。「観察が少なく……秩序がまるでない」。彼は続ける。「誰彼となく批判しているが、自分自身を批判していない。本人がいちばん間違いを犯しているというのに。秩序という秩序を嫌っている」

何年間かかけて、リンネは『自然の体系』の増補版を発表していた。いずれも前の版よりも念入りなものだった。猥褻であろうとなかろうと、リンネが考案したシステムは生き物の命名を一貫性と普遍性のあるものにした。[27]彼以前の博物学者は水棲哺乳類と魚類をいっしょにし、四足動物を大きさに従って分類し、コウモリを猛禽類とひとまとめにし、鳥類を営巣地に基づいて分類していた。彼らは見つけた標本を高価な手彩色や銅板版画の書物にある挿絵と見比べて、以前に誰かがそれを見かけたかどうか、もし見かけていたなら、その人たちがどう呼んでいたかを調べていた。しかしリンネの分類学ではそんなことは必要なかった。「パタゴニアや南太平洋の、ひょっとすると何世紀も前から地方名を持っていた鳥やトカゲや花にラテン語の二名法で名前を付け直すのだ。さあ早く！」[28]とエッセイストのアン・ファディマンが書いている。二名法で命名された生き物はヨーロッパの小さな植民地になった。リンネの分類学は「精神的な植民地化と版図拡大の表現形式」、つまりヨーロッパの征服作戦の有力な道具だと、歴史家リチャード・ホームズは書いている。いかなる地のいかなる生物もその序列に当てはまりえたのだ。

大陸中のその道の権威と王室の後援者たちが、この高名な博物学者を訪ね、その動物園に加えてもらおうと珍しい動物を贈った。[29] バタンインコ、クジャク、ヒクイドリ、オウム四種類、オランウータン、サル、アグーチ（齧歯《げっし》類）、アライグマなどである。植物学、博物学、食事療法、病気などについてリンネが熱弁をふるうのを聞こうと、全ヨーロッパの研究者がウプサラ大学へ群れをなして来た。その中でもっとも幸運だったのは、即興の頭骨検査の被験者たちだったかもしれない。もっとも、彼はそこで彼らの才能を測定したのだが。名士であることに自信を持っているリンネは、多くの野外生物学者のように静かに森の中を忍び歩いて標本を集めるのではなく、自分の学生たちといっしょに旗をなびかせ、ホルンを奏で、ドラムを叩いて「リンネ万歳！」と叫びながらパレードを始めたのだ。

人間や他の生物の分布の説明として、ビュフォンが移動に信頼を置いていることに、リンネは関心を持っていなかった。ビュフォンの説は、移動による変容の価値を上げることによって自然の永久不変性を疑問視し、創造主の無謬性に異議を唱えるものだ。

リンネはきわめて明らかな自然界の移動すら考慮に入れなかった。[30] 公平に言えば、その頃は野生の移動のことはあまり知られていなかったのだ。当時に遡れば、たとえば山々や大洋を越える鳥の移動を簡単に追跡できる者はいなかった。水夫たちは海岸から何マイルも離れた海を渡って鳥が羽ばたいているのを見た。何か秘密の冬季用の通路があるのではないかと、彼らはたびたび報告していた。また、春になるとさえずりながらアフリカから再び現れる鳥がいる――さえずりは荷物にくっついてパタパタしている航空会社の荷札の音みたいだ。アフリカ風の投げ槍で体に傷を受けてやってくるものさえいる。中には槍が体を貫通した状態でヨーロッパに到着したコウノトリもいた（ドイツ人はこれをデル・プファイル・シュトルク、すなわち「矢コウノトリ」と呼んだ）。

しかしこうした現象を、移動以外のもので説明できる可能性があった。リンネや彼の同時代人は、秋に鳥が消えるわけは、冬に備えて洞窟や木や水中に隠れるからだという考えに同意していた。アリストテレスは、ツバメは湖底で冬眠するのだと提案した。この考えは「数百年にわたって事実だと見なされ」ていたと、歴史家リチャード・アームストロングが説明している。リンネはこれを疑わなかった。

一六世紀に、スウェーデンの大司教[31]オラウス・マグヌスは彼の博物学の大著『*History and Nature of the Northern Peoples*（北方諸民族史）』に、漁師がびしょぬれのツバメでいっぱいの魚網を水から引き上げている図を入れた。まるで海底でのこん睡状態から起こされたかのようだった。一七世紀のフランスのある鳥類学者は鳥の冬眠を見るのに苦労した。捕獲して鳥小屋に入れた鳥が季節的な眠りにつくかどうか見るために、一年中監視したのだ。

冬眠が信じがたいこととされていたにもかかわらず、毎年鳥が大陸や大洋を越えて何千マイルをも旅するという別の論は、不変で整然とした世界というキリスト教のパラダイムと衝突した。[32]ヘラクレイトス的考えは不信心かつ遅れているとして教会から糾弾されてきた。三世紀のキリスト教神学者ヒッポリュトスは、ヘラクレイトスを「ばち当たりの愚か者」と呼んだ。もし生き物が大陸間の長大な距離を移動したなら、創造主は彼らをどこに、どの場所に「固定」したというのだ。身の周りの自然界がとても安定して調和が取れているのに、遠く離れた異国の風土へ向かって旅立つなんて一体どんな目的があるというのだ。聖書では移動性の生き物は、とどのつまり神の無謬性ではなく、神意による懲罰を表しているのだ。たとえば聖書にもっともよく登場する昆虫、移動性昆虫を挙げてみよう。神は古代エジプト人を懲らしめるために天罰としてこれを放った。不服従に対する呪い、そして黙示録の先触れとしてだ。

リンネにとっては、分散は過去に一度だけだった。[33]彼はエデンの園を、熱帯地方の原始の海に浮かぶ山がちな島であって、寒冷気候性の生き物は山頂に棲み、温暖気候性のものは平原に限って棲んでいたと想像した。海が後退するに従い、動物や植物はもともとの生息地であるエデンから、地上の寒冷地や温暖地にある今棲んでいる場へ分散していった。分散は開闢《かいびゃく》以降、その一度だけだった。それ以来現れたり消えたりした生き物はいない。「全知全能の創造主が創り上げたものは何であれ、消えてしまうなどありえない」とリンネは書いている。もちろん変化もしなかった。これは創造主の無謬性と全知全能性に対する当然の結論だ。

リンネはビュフォンの業績、そして移動や変化や気候適応に関する彼の考え方を即座に退けた。「かなり雄弁なので何か意味があるように見える」[34]が、ビュフォンは「特に博識なわけではない」。

豊富な記述を用いて活動性と流動性を強調するビュフォンの自然を分類する方法は、底が浅くもったいぶったものだ。さらに悪いことに、ビュフォンは彼の全書を「フランス語」で書いているとリンネは書き記している。リンネが嫌っていて、読めない言語だった。リンネにとって、ビュフォンの学説のすべてと、その記述方法はうぬぼれパリジャンの悪臭芬々《ふんぷん》たるものだった。

彼はある植物に、かの伯爵にちなんだ名をつけた。[35]悪臭のある草に「ビュフォニア」とつけたのだ。

人類分類法

『自然の体系』のもっとも信頼すべき第一〇版で、リンネはビュフォンとその考え方を永遠に粉砕した。[36]そこでは四〇〇〇種類以上の動物とおよそ八〇〇〇種類の植物に命名している。彼はまた、今度こそ異邦人とヨーロッパ人の違いという問題を解決して、明確な人類の分類法も案出した。

一般には異邦人はヨーロッパ人とは生物学的にはっきり別物だと、まだ初歩的な理解のされ方をしていたが、外貌以外の観察では、いくらよく見ても、どんな違いも根拠としては一貫性のないものだった。およそ一世紀の間、ヨーロッパの顕微鏡学者や解剖学者は、ヨーロッパ人とそれ以外の人々に観察される肉体的相違を体系的生物学的に説明するものを探していた。何十年も研究したにもかかわらず、最良の証拠は一六六五年にまで遡る、マルチェロ・マルピーギがアフリカ人の皮膚の黒い外層と白い内層との間で、皮膚の第三層、彼が「レティクルム・ムコースム」と呼んでいるもの、すなわち「マルピーギ層」を発見したと言ったときだ。マルピーギによれば、アフリカ人に限って見られるこの新たな生理学的特徴は、由来が不明な脂肪性の黒い液体の集まりでできている。

マルピーギ層は、アフリカ人がヨーロッパ人とは実際に生物学的に別物である決定的証拠として受け止められた。「筋肉と皮膚の間に創造主が広げた粘膜あるいは網状組織は、私たちでは白く、彼らでは黒や銅色である」とヴォルテールは書いた。しかし研究を進めると、マルピーギ層は幻であることがわかった。一七〇二年にフランスの解剖学者アレクシ・リトレが、アフリカ人の皮膚をいろいろな液体に浸してこの層のゼラチン様の物質を単離しようとして発見したのだが、密な脂肪性の黒い液体自体を抽出することは不可能だったのだ（彼はあるアフリカ人男性の性器を解剖して黒さの原因を探してもいた）。

一七三九年、アカデミ・ロワイヤル・ド・シャーンス・ボルドーというフランスの学会が科学界に対してある難題を課した。すなわち、「黒人の色あるいは髪の質、またあれやこれやの退化の物質的原因は何か」である。アカデミは、この問題に対して最良の解答を提案した博物学者には、誰であれ賞を提供するよう要求した。

オランダの解剖学者アントニー・ファン・レーウェンフックは、自分の研究から、アフリカ人の肌の色は色の黒いウロコに由来すると信じた[37]。あるいはひょっとすると、医師のピエール・バレルが自分の奴隷を解剖して推測したように、体内の色の濃い胆汁から発現したものかもしれない。それが組織も皮膚も染めるのだという。これは何一つ明らかにしたことにならない。パリのある解剖学者は、アフリカ人の皮膚に水ぶくれを作って、色の黒さを取り除くためにある化合物を用いて試験した。彼は、当然のことながら白い内層の上に黒っぽい外層があることを発見した。このことはヨーロッパ人とアフリカ由来の異邦人の目立った身体上の違いの程度と起源について、何を意味したのだろう。何ということはない。ヨーロッパ人だっていろんな色合いの皮膚になった。彼は太陽が彼らの皮膚を焦がしたのだと推測した。

アカデミの設問には答えがないままだったが、それは結局はリンネにとって大事なことではなかった。いずれもつかみどころがないけれど、生物学的特徴の違いは、どの人々がどこに属するかという査定においてきわめて有力であることを実証していた。

リンネは性器官の解剖学に夢中になった。[38] 生殖器の変異は彼の分類システムの基礎を形成した。だがそれだけではなかった。彼は特徴的な髪や顎骨、あるいは付加的な特性など、共通の特色ではなく、乳房をある部類の生き物に共通の特性へと昇華させ、「乳房」を表すラテン語のmammaにちなんで、その生き物群を「mammal〔哺乳類〕」と名づけた。彼は息子のためにある特別な本を著した。そこには不倫、近親相姦、自慰に関する臨床的詳説、それに、いかに女性が男性パートナーを不快にする性交をするかなどというさまざまな話題が書かれていた。自分の動物園の動物が死ぬと日常的に生殖器を解剖したと、ある伝記作家が記している。

ヒトの生殖器のどれほどわずかな相違も、彼の分類体系において突出して重要な役割を演じた。その当時の記事によれば、異邦人の体——ことにアフリカ各地の女性のそれ——には実に独特な生殖器官があった。中にはヨーロッパ人にはない部位もあった。

それは「ホッテントット（コイ人）のエプロン」、「シヌス・プドリス」つまり「性器の垂下物」として知られていた。[39] フランスの探検家、フランソワ・ルヴァイヤンが初めて報告したものだ。ルヴァイヤンの文書の英訳に当たって翻訳者が彼の説明を削除したが、おそらく彼自身の観察に基づくと思われる挿絵は広く行きわたった。それには小陰唇から膝くらいまでの細く長い尻尾を二本垂らした裸の女性が描かれていた。

最初、ヨーロッパ人旅行者たちはシヌス・プドリスは性器切断による人為構造だと推測した。[40] ルヴァイヤンは一種のファッションだと主張した。オランダ東インド会社の船乗り、ニコラウス・ド・グラーフは体の「装飾」だと述べた。しかし一八世紀に入り、異邦人を生物学的に別物であるとする考察が強化されると、ヨーロッパの博物学者たちは次第にシヌス・プドリスが本物の人体の一部であることを理解していった。ビュフォンはこれを「恥骨の上に生えた幅広で硬い皮膚の伸び出たもの」と説明している。フランスの動物学者ジョルジュ・キュビエは、これをアフリカ人が人類ではない証拠だと考えた。彼は、コイ人の生殖器は「生涯の特定の時期にものすごく大きくなるマンドリルやバブーンその他の雌」のそれと似ていると書いている。

シヌス・プドリスはヨーロッパ人と異邦人の間にあるその他の解剖学的相違とともに、リンネが人類の分類を定義する境界線を形成した。

彼は、ある人類はまったく別の種であると言う。[41] ホモ・トロゴディテス（穴居人）は「間違いなく人間と同種でないばかりか、私たちと共通の出自も血統も持っていない」と書いている。ホモ・カウダトゥス（毛深い有尾人）は「南極に住んでいて、火を起こせるが生のまま肉をむさぼりもする」と書いている。ホモ・カウダトゥスにはマレーシア近辺のボルネオおよびニコバルの有尾人が含まれる。これらはキオピンの本で読んだものだ。彼が何ヶ月かをともに過ごしたサーミ人の人々も、ヒト以外の種、ホモ・モンストロスス（怪異なヒト）に分類した。これは小人やパタゴニア巨人を含むグループだ（ビュフォンは自分の退化学説をもとにサーミ人を「矮小退化型」に分類した)。

ヒトという種もそれぞれは均質で、自然環境の中のそれ自体の居住地および倫理的秩序において独自性を持つ異なる生物学的カテゴリー——亜種——に分けられる。

ホモ・サピエンス・エウロペウス、つまりヨーロッパの人々は「白く、真面目で、強く」なだらかに垂れるブロンドの髪と青い目を持っている。彼らは「活発で、とても賢く、独創的」であり「ぴっちりした衣類で身を包み、法に支配されている」とリンネは彼の分類書に書いている。

アジアに住んでいる人々はホモ・サピエンス・アジアティクスという別の亜種である。「黄色で、憂鬱で、貪欲。髪は黒く目は暗色。厳格で傲慢で、執念深い。ゆったりした衣服に身を包み、世論に支配される」

アメリカ大陸の人々はホモ・サピエンス・アメリカヌスという亜種である。「赤く、短気で、手なずけることが可能。髪は黒く直毛で密生している。鼻の穴は横に広い。顔は粗野でひげは貧弱。頑固。現状に満足する。おおらか。自分の体を赤い線で飾る。習慣に支配される」

そして最後に、中でももっとも異なる亜種はホモ・サピエンス・アフェル、つまりアフリカの人々だ。この亜種は完全なヒトではなく、ヒトとトログロダイト〔先史時代の穴居人〕との交雑種の末裔かもしれないと、リンネは内心で推測していた。[42]「黒く、感情を表に出さず、怠惰。髪は縮れ、肌はなめらか。鼻は平たく唇は厚い。女性には性器の垂下物があり、胸は大きい。悪賢い。のろい。愚か。自分の体に油脂を塗る。むら気に支配される」と彼の分類書に読める。

リンネはこの人類分類学をもって、博物学が教会の教えから独立したことを宣言した。[43] 科学を宗教から分離して両者の関係を見直し、近代科学の権威が勃興できるよう国家と同盟したのだ。あるいは神聖冒瀆《ぼうとく》的だったかもしれないが、ヒトは隔たった大陸に固定された、生物学的に別個のグループに分類される——黒色人はアフリカに、赤色人はアメリカに、黄色人はアジアに、白色人はヨーロッパに――という彼の考えは、ヨーロッパ人の政治的および経済的利権に役立った。ビュフォンが主張していたようにもし異邦人がヨーロッパ人と同類ならば、彼らも同等の権利、特典、道徳的配慮を受けるに足るとする主張がなされることになろう。異国の土地と人間に関する植民地構想にゆゆしき障害を引き起こす主張だ。植民地主義の観点からすれば、異邦人を人間とはかかわりがないくらい風変わりか、あるいはひょっとするとまったく人間ではないくらいに位置づけるのが好都合だ。たとえば、オランダ人が初めて南アフリカに植民したとき、自分たちが侵入した土地にいる人々を人間ではなく動物だと見なした。彼らは時おり射殺して食べたとさえ公言した。こうした行為に、世界一有名な博物学者のお墨付きが出たのだ。

人類の決定的な分類法を含む『自然の体系』第一〇版の出版はビュフォンに対する「速やかで歴史的な勝利」をリンネにもたらしたと、科学史家フィリップ・R・スローンは書いている。[44] 一八世紀の有力な著述家たちはビュフォンの退化説を受け入れず、代わりに異邦人たちを大陸によって色分けされた別個の亜種だとするリンネの考えを採用した。

一七七四年、ルイ一五世はリンネの分類システムを公式に採用するよう命じた。[45] ジャン・ジャック・ルソーは「地上で、彼以上に偉大な人物」を知らないと主張し、ゲーテは、自分の見解では彼より影響力があるのはシェイクスピアとスピノザだけだと言った。一七七六年、花の王子様は貴族に列せられ、カール・フォン・リンネとなった。

リンネの分類学では、自然は生物学的境界で画定された不連続な単位として存在する。生き物や人間はそれぞれ固有の場所で、他とは隔絶されて存続してきた。移動する者が人間と場所との間に作り上げた結合組織は注目すべき生物学的役割をほとんど果たさなかった。

リンネが近代分類学の父として歴史の中で地位を上げていくにつれ、自然と歴史を動かす力の源である移動と移動者は背後へ後退していった。

幻のシヌス・プドリス

リンネの分類学中もっとも危険な主張[46]、別の大陸に住んでいる人々は互いに生物学的に異質だとする主張、何世紀にも及ぶ外国人嫌いと何世代にも及ぶ人種間暴力をあおってきた主張は、人体のたった一つの部位、シヌス・プドリスに基づいていた。しかしシヌス・プドリスを論評した者の中で実際にそれを目にした者はきわめて少なかった――おそらく一人もいなかっただろう。

リンネは見ていない。彼はラップランド訪問の際にそれをちょっと見ようと試みた。ラップランドに住むサーミ人の年配の女性が丈の短い衣服を着て目の前で不用意に座ったとき、「彼女の外陰部、つまり陰門の詳細な描写」を走り書きする機会を得たと、ある伝記作家が書き留めている（リンネの洞察のこの特別な拡大解釈はいまだラテン語から翻訳されていない）。彼はトカゲ食いの「トログロダイト」を手に入れてくれたら自分で調査できると、スウェーデン東インド会社に手紙を書いた（同じように、ユトランドで展示しているいると言われているデンマークの人魚――生体だろうと保存物だろうと――を売ってくれるよう、スウェーデン王立科学協会に嘆願した。「これは一〇〇年や一〇〇〇年に一度しか出てこないものです」と彼は説明した）。

彼がヒトの分類法を著したちょうどその頃、トログロダイトの移動展示会がロンドンに到着した。彼が「これほど喜んだことはなかった」と、科学史家グンナー・ブロベルクは書いている。リンネは、この生き物――実際にはジャマイカから来た一〇歳のアルビノの少女――は「全身が白いがネグロイド（黒色人種）

の特徴があり」、加えて「薄い黄色の目がまるで斜視のように奇妙な方向を向いており、暗闇ではよく見えるが、昼間の光には耐えられない」と聞いた。

初めに、彼はその少女を買ってウプサラへ連れてこようとした。[47]それがうまくいかなかったので、学生を一人ロンドンへやってその子の性器をしっかり調べるよう指示した。しかし、名声あるウプサラの科学会のメンバーの保証があるから成功するだろうと思われたのに、その学生は手ぶらで帰ってきた。学生をよこしたのが名高い博物学者であるにもかかわらず、少女の管理人が協力を拒否したのだ。

ヨーロッパの科学者たちは何十年にもわたって失敗し続けた。[48]一八一〇年、オランダのある実業家が、南アフリカはケープタウン近郊の農場で召使いとして働いていたサラ・バートマンという名の女性を、見世物にするためにヨーロッパへ連れてきた。彼は彼女のことを「ホッテントットのビーナス」と呼んだ。ヨーロッパの首都をめぐる彼女の巡業はあちこちで関心を惹いた。見世物になっている間、バートマンは「野獣のようななりをさせられ、人間というよりは鎖につながれたクマのように、前後に移動したりケージを出たり入ったりするよう命じられた」と、当時ある反奴隷制活動家が書いている。見物人は追加料金を払えば彼女を後ろからつつくことができた。

ヨーロッパのもっとも有名な科学者たちが、彼女のシヌス・プドリスの現実を確かめようと見世物小屋まで群れをなして来た。[49]チャールズ・ダーウィンのいとこ、フランシス・ゴールトンは六分儀を持参してやってきた。これを使ってあらゆる方向から彼女の体を測定したので、正確な寸法を知ることができた。しかし、展示されている間、イチジクの葉っぱが彼女の問題の器官を覆っていた。

キュビエは、パリにおける三日間の科学調査期の間にバートマンを検査したいという動物学者と生理学者の要望を叶えるため段取りをした。[50]検査中、バートマンは一枚のハンカチをつかみ、ほんのしばらくだけ

「大きな悲しみ」をもってそれを落とすことを許したと、科学史家ロンダ・シービンガーは書いている。集まった科学者たちは、ありきたりのもの以外には何も見なかった。しかし彼女が十分な時間をくれなかったのでちゃんと見られなかったのだと考えた。

バートマンは一八一五年に死んだ。二六歳だった。キュビエは彼女の体を解剖するチャンスに飛びつき、一九世紀の一回限りの解剖という聖杯を獲得した。

ルヴァイヤンやリンネが記述したものは何も見つからなかった。[51] 彼女の性器に接続した細長い尻尾はなかった。きわめてありふれた陰唇以外何も見つからなかった。キュビエには「しわの寄った二枚の肉質の花びら」のように見えた。これらについて彼がせいぜい言えたことは「すこぶる肥大している」だった。

それにもかかわらず、証拠の不在は不在の証拠だと捉えられなかった。[52] そうではなく、キュビエはきわめて重要で効果的な発見という派手な宣伝のもと、自分の結果を発表した。彼はこの解剖の一六ページの研究報告のうち九ページを、バートマンの胸、臀部《でんぶ》、骨盤とともに性器の詳細な叙述に振り向けた。彼女の性器の解剖学的構造が標準とは異なっていると推定したリンネに敬意を払ってのことである。彼はバートマンの性器を体から摘出し、パリの人類博物館《ムゼードロム》の瓶の中で保存した。

博物館と出展者は何十年も、非ヨーロッパ人が生物学的に異質だとするリンネの特性指摘の証拠として、バートマンの体を展示していた。彼女の体の石膏模型、拡大図、それに彼女の本物の皮膚を使った剥製までもが博物館や大陸中の展示会に出現した。一九三七年のパリ万博もそうであり、そこでは何の変哲もない人間である彼女の体が、あたかも自分たち自身とはどういうわけか違うものであるかのように、何千万人もが驚嘆した。

古生物学者スティーヴン・ジェイ・グールドは、一九八七年に人類博物館を訪れたときのことを書いている。彼は地階の棚に、キュビエが用意した性器標本の入った瓶を見つけたのだ。

リンネの分類学は自然に対する近代的研究の基礎を作り上げた。[53] のちに分類学者たちが彼の分類法を改良したが、その基本的構造は維持した。ただし、種の名前にその地理的位置を反映させるリンネの分類システムは「信頼できなくなった」と、彼の伝記作家、リスベット・ケーナーは書いている。ほとんどのものが、リンネが推定したようには「名前と位置とが一致しておらず、また地理的に分散している」ことを科学者たちが発見したのだ。生き物たちは、特定の場所に留まらずあちこち動き回った。しかし、昆虫をハエ、ミツバチやスズメバチ、チョウ、クサカゲロウ、カメムシ目、甲虫などに分類する彼の方法は、新種の昆虫が何十万種発見されても何十年間も微動だにしなかった。彼のヒトの分類も同じように影響が続いた。もっともあまり歓迎はされなかったのだが。リンネは、ヒトのいろいろな亜種がすべてアダムとイヴの末裔であるはずがないという異端的主張をするほど大胆ではなかった。教会に逆らえば国王の検閲という危険を冒すことになる。たとえば、同様にアフリカ人をヨーロッパ人とは異なる種だと書いた一八世紀の博物学者、ピエール＝ルイ・モロー・ド・モーペルチュイ[54]は、このような変わった異邦人が同じ母から生まれるなどありうるかという質問に、「Il ne nous est pas permis d'en douter」すなわち、「それを疑うことは許されていない」と答えた。

リンネもあえて疑いはしなかったが、同時に異国のヒトの亜種に関する自分の叙述と聖書との両立を損なうようなことはしなかった。本人はヒトの分類システムを発表し、解釈は他人に任せたのだ。

リンネはその含意を細かく述べることを拒否したが、勇気ある科学者は行った。地上に人々が行きわたるのに、移動は何の役割も果たさなかったと彼らは言った。それぞれのグループ間に共通の祖先はいなかった。

異邦人たちは生物学的に別物であり、現地人と違うのはネコがイヌと違うのと同じことなのだ。

　リンネの時代には、こうした概念が大方の人々の日常生活に影響を与えることはなかった。ほとんどの人々は別の大陸で生まれた人と自由にかかわり合うことがなかった。大西洋横断船が大量の人々をヨーロッパ、アジア、アフリカからいっしょに新世界へ連れてくると、これが変わった。遠方の地から来た人々は単に遠くから互いにちらっと見たり物語で互いのことを読んだりするだけではなかった。彼らは互いに路地で喧嘩し、同じバーで飲み、作業場で並んで働いた。恋に落ちた。子どもができた。

　科学者たちは生物学的大惨事を予想した。科学研究、法律、政策を何十年にもわたって形作るであろう社会的パニックを引き起こす大惨事だ。

第4章　異種交雑は命取り

二人の「科学的人間」

二〇世紀初頭のニューヨークの路上では、好むと好まざるとにかかわらず、外国人と現地人の体が日常的にぶつかり合っていた。

リンネが外国人を手の届くほど近くまで引き寄せるのに失敗してから一世紀半以上が過ぎていた。そのとき以来ヨーロッパ人は一二〇〇万人の人々を捕らえ、アフリカからアメリカへ輸送した。リンネが述べたような人間以下の存在として扱い、奴隷として奉仕させるためだ。アフリカ系アメリカ人は、大西洋を越える強制移動が終わるのとほぼ同時に、アメリカ南部の奴隷保有市街からぽつりぽつりと外へ出始めた。だが奴隷制廃止後にはこのささやかな移動は細流となり、やがて川となった。

二〇世紀の最初の一〇年間に五〇万人以上のアフリカ系アメリカ人が南部を逃れた。一九二〇年代に九〇万人の黒人が南部からその外側へ移動した。一九三〇年代にはおよそ五〇万人が移動した。最終的には六〇〇万人以上が南部を逃れ出たことだろう。彼らの移動は国家を変容させた。黒人が二パーセント以下という人口構成で二〇世紀を出発したシカゴは、一九七〇年には黒人が三分の一になった。デトロイトの黒人人口は一・四パーセントから四四パーセントに膨れ上がった。

同時にヨーロッパ、アジア、カリブ海地域、中央アメリカその他から人々が農場や工場の安い労賃を求めて、または砂金を採りに、あるいは流血の革命を逃れてこの国に流入してきた。[1] 一八八〇年から一九三〇年の間に二七〇〇万人がアメリカに入国した。アイルランド、ポーランド、ロシアその他の飢饉、貧困および迫害から逃れてくる何万人もの人々を吐き出すために、毎週ニューヨーク市の港々に蒸気船が到着した。一八七〇年代全体で三〇〇万人の移民がこの都市にやってきた。一八八〇年代のわずか三年間でさらに三〇〇万人がやってきた。一八九〇年には、彼らすべての入国審査のために専用の設備をエリス島に建設しなければならなかった。

新来者たちは中古の衣類やニシンや貝を売る仕事に就き、あるいは靴職人や港湾労働者として精を出し、近づく冬に備えて薄汚い子どもたちに着せる衣服を縫い、夜には窓のない市営住宅や移民用下宿へ帰った。[2] 薄汚れた、多言語が飛び交う街路やダンスホールでは、南部から来たばかりのアフリカ系アメリカ人と大西洋を越えてやってきた移民たちが親しくなり、もともとのダンス様式を多く取り入れた新しい雑種文化を創った。アイルランドのジグとアフリカ系アメリカ人のシャッフリングとが組み合わさったタップダンスなどだ。

南部マンハッタンの荘厳な家に住んで夏にはバンカーヒルでピクニックをする、古くからいるニューヨークのエリートたちの生活様式は消滅した。[3] 宅地開発業者は古い大邸宅を解体してアパート建築に道を譲らせた。ここが活気のない港町にすぎなかった頃に祖先が入植したヘンリー・フェアフィールド・オズボーンやマディソン・グラントのような一族の、文化的および特定集団としての優位性は徐々に失われた。二〇世紀に入る頃には、移民とその子孫の数が、この国で生まれた両親を持つ人々の数より多くなった。一八〇〇万人のニューヨーク市民のうち、少なくとも一四〇〇万人は両親の一方が外国生まれだった。
　オズボーンとグラントは高学歴の上流ニューヨーカーというエリート社会に属していた。[4] 鉄道界の大物の息子、肩幅の広いオズボーンはいつも口ひげを整え、深く落ちくぼんだ、刺すように鋭い瞳を持っていた。彼はプリンストン大学で地質学と古生物学の教育を受け、僻遠の地へ旅することで都会の生活に区切りをつけた。古生物学研究の遠征旅行の一つで、有名なティラノサウルス・レックスおよびヴェロキラプトルの命名と記載をすることになった。友人のグラントはその貴族的伝承が一七世紀のユグノー教徒やピューリタン〔ともにプロテスタント教会カルバン派で、ユグノーはフランス、ピューリタンはイギリスを中心とする〕の入植時にまで遡ることができ、セオドア・ルーズヴェルトのような仲間たちといっしょに大物狩りをするのを好んだ。野生生物に熱中していたグラントは、グレイシャーおよびデナリ国立公園の設立に一役買うまでになった。彼の名前にちなんだカリブーの一種、*Rangifer tarandus granti*（ランギファー・タランドゥス・グランティ）まである。

　街の変容がグラントとオズボーンをさまざまなレベルで苛立たせたことに疑問の余地はない。しかしこの二人の友人は自分たちが「科学的人間」であることを誇りにしていた。科学的人間とは、特に威厳ある男性優位の科学的探求の世界に出資しているか実績がある人を指す。二人に衝撃を与え行動に駆り立てたのは、入植の生物学的影響だった。

「人種科学」に挑んだダーウィン

　グラントとオズボーンは、二〇世紀のアメリカ人の生物科学の理解速度に特段の影響を及ぼした。彼らは「科学的人間」であることに加えて、科学の普及者であった。グラントはブロンクス動物園の設立を援助し、多くの有力な学会や自然保護協会に所属していた。オズボーンはアメリカ自然史博物館を統括していた。彼は展示の仕方――壁画、ジオラマ、骨格標本――で世界的に有名だった。これに惹かれて何百万人もが洞窟のような展示ホールへ入っていった。

二〇世紀初期のほかの科学的な人々と同様、グラントもオズボーンも、ニューヨーク市のアパートやスラムへ押し寄せてきたアフリカ、アイルランド、ポーランド、ロシア、イタリアなどを出自とする人々が投げかける生物学的難問を認識していた。

一流の科学者たちは一九世紀全体を通して、又聞きのゴシップと民間伝承とでっち上げの人体パーツの混合物を基礎にリンネのヒト亜種説をアップグレードして科学的真実とした。一八五〇年、当時のもっとも影響力のある動物学者、ハーバード大学のルイ・アガシー――ハーバード比較動物学博物館・ケンブリッジ館を創設、そこにある通りや学科の名称は彼の名にちなむ――が、アメリカ科学振興協会の会員仲間に向かってこう宣言した。「動物学的観点からすれば人種のいくつかには……かなり特徴があってそれぞれ別物だ」[5]。アガシーとほかの科学者たちは、一八五三年のベストセラー、『*Types of Mankind*（人類の類型）』のような教科書や、さまざまな動物種を描いた図版と同じようにヒトのいろいろな亜種を表した写真集の中で、ヒトの亜種というリンネの作り話を普及させた。アガシー自身は、サウスカロライナのアフリカ人奴隷たちとブラジルの労働者たちの裸体画像コレクションの作成を依頼していた。それを世界の「純粋人種型」[6]の公式映像記録として発表した。

博物学者たちがヒトの亜種の実在性を強く確信していたので、まったく新しい研究分野――「人種科学」――が芽生えて彼らの生物学に当てはめられることになった[7]。ちょうど爬虫類《はちゅう》学者が爬虫類の、昆虫学者が昆虫の生物学を詳述したように、人種科学者はヒトの亜種すなわち人種の生物学を詳述したのだ。皮膚の色が人種間の生物学的境界線としては現実性に乏しいと気づいた人種科学者たちは、ヒトの亜種の識別に使える別の生物学的マーカーを探した。ちょうどオオカバマダラとイチモンジチョウの識別に使える翅の模様の違いのようなものだ。彼らは、亜種ごとに特徴的な「頭長幅指数」があると言った。頭長幅指数とは頭骨の最大長に対する最大幅の割合に一〇〇を掛けたものである。亜種ごとに特徴的な「座高指数」があるとも言った。これは座高の中央値を身長の中央値で割ったものだ。彼らのデータによれば、平均するとアフリカ人で五〇・五、アメリカ人で五三・〇だった。一九〇〇年にヒトの血液にはいろいろな種類の血球型があることが発見されると、彼らはこの違いはヒトの亜種に特異的だろうと推測した。

彼らの研究の政治的および経済的価値は明らかだ。[8]人種の階層性を科学的に証明すれば、本国における人種差別的経済と海外における征服的植民地政策を正当化できるのだ。しかし人種科学者はデータにある厄介な矛盾という攻撃に手を焼いていた。後世の科学者が確認したように、私たちの共通の祖先と私たちの越境傾向のおかげで、人間集団間の違いは表面的かつ束の間のものなのだ。交易、捕獲、征服などを通して、違う文化、違う大陸の人々が衝突し、文化を混交し、遺伝子を分かち、私たちの間の違いを不鮮明なものにした。人種科学者はせいぜいのところ不明瞭でしかない境界をあさった。ヒト亜種区別法のもっとも権威あるものと彼らが考えていた頭長幅指数ですら、多くの方面でしくじった。たとえばトルコ、イングランド、ハワイなどから来た人々の多くが同じ頭長幅指数を持っていた。人種科学によれば彼らは別々の人種出身だというのに。孤立した集団の頭長幅指数は混合した集団のそれよりも均質というわけではなかった。人種科学によればより均質なはずなのに。

このような矛盾した結果は人種科学者にとって、さらに多くのデータを集め、さらに多くの基準を思いついて、人々の集団間に確かに存在すると感じられる境界を探し出そうという決意を固めさせただけだった。

これらの結果が進路修正を強制することはなかった。それどころか、最後には生物学を大改革することになる科学者からの反論もなかった。

チャールズ・ダーウィンは一八五九年に出版した『種の起源』の中で、ヒトの進化についてはいかなる言及も意識的に避けた。[9] リンネと同様、彼も人間社会を映し出した自分の考えをこと細かく説明することに不安を感じていた。政治的大あらしが勃発するかもしれないからだ。彼の進化論に格別理解を示す支持者は見当たらなかった。彼の進化に関する論文がロンドンのリンネ協会で読まれた次の年、この協会の会長は、前年には革命的発見はなかったと言った。アガシーはこの本を「科学的に間違い、事実において虚偽、方法が非科学的、有害な意図がある」と評した。

ダーウィンにとって人々の間の違いは、アガシーの言ったような動物学上の種の違いとはまるで別物だった。[10] どんな子どもだってイヌとネコの違いは言えるが、人種に基づく些細な違いに気づくには教えてもらう必要があるだろうと彼は指摘した。もしヒトの亜種の区別がアガシーたちの主張するように生物学的に重要なものならば、それはむしろトラの尻尾や蝶の翅の模様のように各亜種に固定されているだろうとダーウィンは言った。そうはなっていなかった。結局、真の亜種だったら、同じ地域を共有していてもヒトの「亜種」の特質をうっかり混ぜ合うようなことはないだろう。実際には絶えず混ぜ合っているのだ。ことにブラジル、チリ、ポリネシアその他で明らかなように。ビュフォンと同様、ダーウィンは、人々の間の小さな相違点は食べ物や気候などの地域的条件に対する、容易に変更可能な適応に由来するのだと思った。こうした違いは地域の性的嗜好によって誇張されるのかもしれないと彼は考えた。

しかし人種科学者はますます自信を持つようになり、ダーウィンはそうではなくなった。[11] 執筆することは苦闘になった。彼は「ヒステリックに泣き叫び」、「死にそうな感覚」を味わったと、伝記作家は書いている。

人類の多様性に関する彼の考えを発表するのが遅れれば遅れるほど事態は悪化した。人種科学がさらに強力になり、人類が単一の種族であるという彼の考えは反体制思想となった。さらにまずいことに、ヒト亜種説を切り崩すために東インド会社およびイギリスの植民地のさまざまな軍医からデータを得ようとした努力が失敗に終わったのだ。

一八七一年に『人間の由来』を発表して[12]、彼がヒトの亜種という概念に対する主張を提示したときには、『種の起源』出版から一〇年以上が過ぎていた。手遅れだったのだ。科学機関にダーウィンが及ぼす影響は、見たところ終末的凋落《ちょうらく》にまで落ち込んでいた。一九世紀の一流の指導者たちは、彼の考えを非主流の的外れなものと判断していた。ダーウィンは「無知だ」と、ドイツの内科医ルドルフ・フィルヒョウは言った。「この男は明らかに狂っている」と著名な黄熱病研究者にしてアラバマ大学医学部の創設者、ヨシア・クラーク・ノットが言い添えた。彼の考えに対するある非難には「ダーウィニズムの死の床にて」なる表題がついていた。

ダーウィンの『種の起源』は一〇年後に復活することになる。しかし、ヒトの亜種は存在しないという、この有名な生物学者の見解は世に受け入れられぬまま消えていった。伝記作家たちは『人間の由来』のことを「ダーウィンの偉大な読まれざる本[13]」と呼んだものだ。

かくしてオズボーンやグラントのような科学普及家たちは、人種科学の研究成果を異論もある学説としてではなく、確立された事実として披露した[14]。自然史博物館では、たとえば見学者が進化の推移の小道を実際に歩ける「人類の時代のホール」を、キュレーターたちが設営した。そこは人類の生物学的区分と、異なる集団間の序列的進化関係を示す「人類の種族」と呼ばれる展示で終わっていた。ブロンクス動物園ではグラントが、たとえばホモ・サピエンス・アフェルは部分的にのみ人類だとするリンネの分類など、人種科学の洞察に基づくもっと露骨な展示物を集めていた。その一つでは、彼のキュレーターたちがオタ・ベンガというコンゴ出身の男性をサルの小屋に監禁した。動物園の見学者はベンガが一頭のオランウータンと戯れ、またキャンバス地の靴を戸惑いながら調べるのを柵のこちら側から見ることができた。移動性の単一種としての私たちの共通の歴史と、私たちの間にある違いが表面上のものであるという事実は、夢中になった観客の発する高笑いとともに、地平の下へ沈んでいった。

「メンデルの法則」の再発見から優生学の誕生へ

グラントとオズボーンは、人種科学は物事の本質を見抜くのだということを広めた上、生物学上の継承〔つまり遺伝〕に関する新たな考えを宣伝するための働きもした。当時の社会改革家は住民の公衆衛生、栄養、教育、健康管理の改善を唱道し、それにより人々の体力と知性を向上させられるだろうと言った。しかしグラントとオズボーンは、生物学上の継承に関する最近の発見はそうではないことを暗示していると思った。二人は、移動が持つ生物学的危険にも科学的な懸念を強めた。

遺伝形質に関する専門家の見解は、一九世紀大半を通して決着を見ないままだった。いわゆる混合仮説は、チョコレートミルクをかき混ぜると混色されるように、両親の性質が「混合」するのだと仮定した。そういうことは確かに起こったが、同時にすべての事例がそうであるはずもなかった。形質が混合すると、背の高い母親と小柄の父親からは中くらいの子どもたちが生まれることになる。しかし混合だけが遺伝の過程ならば、十分世代を経たあとでは背の低い人も背の高い人も一人も残っていないはずだ。明らかにこうはならない。世代から世代へ受け継がれる資質は、おそらく個人の一生の間に変化するのだろうと信じた者もいた。ビュフォンの愛弟子、ジャン＝バティスト・ラマルクは、キリンはこずえの葉っぱに届こうと多くの時間首を伸ばしていただけで、長い首を進化させることができたのだと仮定した。

一八九九年、発生学者アウグスト・ワイスマンは、白いマウスの尻尾を五世代にわたって念入りに切除することで、両説をともに退けた。

混合仮説が提唱するように、もし両親の資質が子どもの体内で混合されるなら、あるいは、ラマルクたちが主張するように、もし世代から世代へ受け継がれる形質に何らかの環境条件が影響するならば、尻尾切断慣行による遺伝効果が見られるだろう。数世代を通して尻尾のないマウスからは尻尾無しの、それか少なくとも短い尻尾の子どもが生まれただろう。しかしそんな子どもは生まれなかった。続く各世代はそれぞれ混合の影響も環境の影響もまったく受けない、正常な尻尾を発生させた。

その後間もなく、ヨーロッパの数人の植物学者たちが、グレゴール・メンデルという名のアウグスティノ会の修道士が数十年前に行った認知度の低い実験をよみがえらせる論文を発表した。メンデルはエンドウ豆を使った実験を何万回も行い、豆にしわが寄っているか滑らかかなどの形質が世代を通してどのように伝わるかを、入念に記録した。彼はまた、形質はほかの形質と混合したり環境条件によって変化したりせずに世代から世代へと進み行き、単一で固有で不変の因子を基本とした形質そのものを表現していることを発見した。そして形質には「顕性」と「潜性」とがあると〔それぞれ従来「優性」および「劣性」と呼ばれていたが現在は言い換えられている〕。

メンデルの業績は、ワイスマンの実験結果が提唱した遺伝形質はほかから影響を受けないという説を実証していると思われた。新説が誕生した。「ワイスマン説」だ。これによれば遺伝形質は、溝の中を通り抜ける石ころのように、外部の条件やほかの形質の影響を受けないで世代を進むのだ。

ワイスマンの実験はそれ自体では、遺伝形質が世代を経て変化する複雑な方法についても、このプロセスに環境が及ぼす影響についても、何ら証明するものではなかった。[15] 実際には、のちに遺伝学が明かすのだが、遺伝形質とそれを作り上げる遺伝子があらゆる種類のさまざまな方法で混ざり合い、対抗し、再結合し、再類別するし、私たちの体内での形質発現の仕方に多様な環境効果が影響を及ぼすのだ。そしてメンデルの実験はある形式の遺伝に光を当てたのだが、それは全体像から見ればほんの一部にすぎなかった。遺伝子はあらゆることをし、彼が発見した簡単なメカニズムに加えてあらゆる方法で遺伝子それ自体を発現したのだ。

それにもかかわらず科学者たちは、ワイスマン説が人間にも当てはまるという考えを支持するデータを集めることができた。

ヒトではメンデル方式に従うものはほんの二、三例だけだ。たとえば目の色、尿が黒くなるアルカプトン尿症と呼ばれる酵素欠損症、それにある程度の髪と皮膚の色などだ。学力、運動能力、富裕性といった複雑な形質は、世代から世代へ受け継がれないとまでは言わない。受け継がれはする。ただし文化的および経済的プロセスを経てのことであって、生物学的プロセスではない。科学者たちは社会的に継承された形質と生物学的に継承されたそれとを区別しなかったので、多くの複雑な形質にもワイスマン説の遺伝過程が見つけられると主張した。彼らは単純な方法を用いた。つまり、形質を一つ取り上げ、リアルタイムまたは家系の記録を用いて世代を辿り、その経過を追跡したのだ。

たとえばダーウィンのいとこ、フランシス・ゴールトンは「卓越した」人物とその親族一〇〇〇人を調べ、メンデルのエンドウ豆のしわ寄りという形質が受け継がれたのとまさに同じように、「卓越性」が世代を通して継承されることを見出した。このテーマについて有力な本を著した動物学者チャールズ・ダヴェンポートは、自分の家系学の研究から次のように主張した。すなわち、「機敏性と運動能力」「会話の滑らかさ」それに新言語の習得能力などの形質は特定の一族に集中している。ちょうど「特にこれといった努力もせずに正しい音程で口笛を吹いたり歌を唄ったり」できるといった形質がそうであるように。これらも世代を通して生物学的に受け継がれたことの証拠だと彼が捉えているものだ。

ワイスマン説は学会に衝撃を与えた。古くからの考えは、遺伝継承の完全な制御はまず不可能であり、それは神秘的で変わりやすいプロセスだということを、不完全ながら適切に予想していたのだ。ワイスマン説は、科学者は遺伝のプロセスを解読できないばかりか、支配することもできないと唱えた。

ワイスマン説は、知能、道義心、音楽的才能その他の社会的に有益な素質は、社会改革者たちが言うような優れた栄養や、良識ある教育や、道徳教育でもって念入りに育てられるべきものではないことを意味するのだ。これは頑丈な鼻や弱々しい顎と同様、将来の世代への生物学的プレゼントとして、ただ授けられるものに違いない。たいていの子どもたちが最高の形質を持っている限り、社会は輝かしく、すばらしく、倫理的に高潔な大衆が約束されるだろう。

ゴールトンは、新しい遺伝の科学に基づいた社会改善のプログラムに新たな方向づけをするよう政策立案者を説得する、新しい活動の先頭に立った。彼はそれを「eugenics（優生学）」と呼んだ。euすなわち「優れた」genesis（発生）である。優生学推進論者は、政策立案者は学校や栄養状態を改善するために資産を注ぐのでなく、誰が誰とセックスするかに焦点を合わせるべきだと言った。オズボーンとグラントは賛同してアメリカに優生学の福音を広めるべくゴールトン協会（アメリカ優生学協会）を設立した。

当時にあっては、世代を超えて旅するものがどんな神秘的な物質でできているか、誰も知らなかった。科学者たちが生物学的継承の根源としてDNAを同定し、さまざまな方法で体内および環境との関係において機能することを把握するのはまだ何年も先のことだった。オズボーンやグラントのような人々が知っていたことは、「メンデル因子」とか「生殖質」とかいろいろに呼んでいた得体の知れない物質が頑張っていることだけだった。オズボーンはこれを「今まで発見されたものではもっとも安定な物質[16]」と呼んだ。

人種間交雑――懸念を持つ科学者と歓迎する大衆

オズボーンとグラントは年に二回、タキシードと白ネクタイを身につけて特権階級限定のハーフムーンクラブに出かけた。そこで彼らは会員仲間といっしょにジンをがぶ飲みし、科学探求界の最近の成果について語る招待講演者の話に聴き入った。

そうした集まりの一つで、彼らはマサチューセッツ工科大学の経済学者で人種論者のウィリアム・Z・リプリーの語る「人種たちの移動」と題した講演を聴いた。

その中で彼はワイスマン説と、遠く離れた大陸からの大量移民を経験している自分たちの社会のようなところの人種科学とのかかわりについて細かく説明した。新来者がその数で社会を圧倒するということだけではなかった。移民は体内に顕微鏡サイズの時限爆弾を持っているのだ。もし彼らの生殖質が住民の中に入り込めば、その劣った形質で住民を永遠に汚染するだろう。

生物学的に異なる人々の間の性的関係に関する科学的懸念[17]は、まず南北戦争後の数年間に急増した。奴隷身分の社会的縛りのせいで、ヨーロッパ系アメリカ人と彼らが奴隷化したアフリカからの強制移民との関係は社会から歓迎されてはいなかった（公に認めている者はほとんどいなかったが、許容されていた）と推測した科学者たちは、奴隷制廃止によってアフリカ人とヨーロッパ人との血統が簡単に混ざり合うようになるかもしれないと心配した。ハーバード大学の生物学者、エドワード・マレー・イーストは、生物学的に異なる亜種のかけ合わせは「肉体的および精神的に適合性のある資質をばらばらにするだろう。これらは人種ごとに何百代もの自然淘汰《とうた》によって全体が円滑に機能するように確立してきたものだ」と書いている。一八六

○年代に可決された、異なる亜種間のセックスと結婚を禁止する異人種結婚禁止法はそうした結果から国民を守った。しかし、このような法律はロシア、ポーランドその他から日ごとに蒸気船でやってくる原始的な亜種からこの国の進歩した亜種を守りはしなかった。

警告を発したのはリプリーだけではなかった。ハーバードの動物学者でコールドスプリングハーバー研究所の優生学記録保管所の創設者チャールズ・ダヴェンポート、その最高責任者ハリー・ラフリン、公衆衛生のトップ専門家などが賛同した。

人種間交雑の結果については、まだ正確にははっきりしていなかった[18]。もし背の高い人種が背の低い人々と交配したなら背が高くて臓器が小さすぎる子ども、あるいは背が低くて臓器が不気味なほど大きな子どもが生まれるかもしれないと心配する優生学推進論者もいた。彼らからは、片方の親の太古の原始的なタイプに先祖返りした野蛮な子どもが生まれるかもしれない。栽培化された植物が、片方の親株が持つ進化した品種の特質を失って野生株へと先祖返りをするように。

アメリカ人は「急速に色は黒っぽく[19]、身長は低く、気まぐれに、音楽と美術を重視するように」なるかもしれない。彼らは「窃盗、誘拐、暴行、殺人、レイプ、性的不品行などの罪を犯す傾向をおびる」ようになるかもしれない。

生物学上の結果がどうであれ、人種間交雑による子どもはアメリカの社会にとって「まったくの破滅[20]」を意味すると、医師ウォルター・アシュビー・プレッカーがアメリカ公衆衛生協会の講演で警告した。同僚たちはこれに同意して、彼の発言の筆記録をアメリカ公衆衛生ジャーナル誌に発表した。

グラントは大物ハンターとして、この国の威厳ある大型動物たちの衰微を悲しみを持って見ていた。移民の生物学的意味に心奪われた彼とオズボーンは、そこで自分たち自身の同族に対して展開している、同じような置き換えプロセスを目にした。

グラントは「人種間交雑は絶滅の第一段階だ」と書いている。[21] 移民は自分たちの劣った生殖質によって住民を汚染することで、優れたヒト亜種を消滅させるだろう。育ちの良いハーフムーンクラブの会員たちが、ニューヨーク郊外のグランドパラッツォ様式のクラブハウスで眉間にしわを寄せていた頃、新来者たちは人種間交雑による化け物国民を生み出していた。

第一次大戦に先行する数年間、たいていのアメリカ人は、特定の人々——アジア人やアフリカ人などの外国人、知的障害だと見なされている人々——は知恵の遅れた望ましくないものであり、距離を置かなければならないということを概して受け入れていた。

議会は一八八二年に、中国人および、知的障害だと判断された者すべてに対してアメリカの国境を閉ざしていた。[22] この国全域の何十州もが「知的障害のある」人々の結婚を禁じた。「知的障害のある」子どもが住民を汚染することを恐れたからだ。強制断種の合法化までした州もある。「社会にはああいう者を再生産して退化を許す権利はない」と、セオドア・ルーズヴェルト大統領は一九一三年のダヴェンポートへの手紙に書いた。ブロンクス動物園では、「しょっちゅう唸ったり笑ったりしている」オタ・ベンガの檻《おり》の周りに定期的に群集が集まったとニューヨークタイムズ紙が報道した。

しかし人種科学とワイスマン説は、細かい点では「特定の人々」を見逃していた。彼らは、メキシコから簡単に国境を越えてアメリカへ来た人々が発する生物学的危険にも、大部分を占めるほとんど何のさまたげもなく楽々とヨーロッパから入ってきた人々が発するそれにも気づかなかった。

エリート科学者たちが移動による生物学的脅威を細かく説明している[23]一方で、大衆文化は移動を受け入れた。一八八六年、難民の擁護者エマニュエル・ラザラスの十四行詩《ソネット》、「その疲れた者たちを、貧しい者たちを、自由の空気にこがれひしめく人々を、ここへ寄こしなさい」（note、新しい巨像―エマ・ラザラス［14行詩和訳］、きむらしんいち訳）を刻んだ足元の銘板とともに自由の女神像をニューヨーク湾に立てた労働者として、数十万人が歓呼の声を上げた。街中で、いわゆる隣保館《セツルメントハウス》たちが新来者をわが物にしようとせめぎ合い、料理教室、討論会、裁縫教授を提供し、出生地の習慣を捨ててアメリカの習慣（たとえば、一九世紀の終わりにアメリカの専門家が「刺激が強すぎ」、消化できないと考えた典型的地中海地方の肉、野菜、パスタなどの食物ではなく、タラのクリーム和えやトウモロコシがゆを食べること）を受け入れる手助けをしようとした。

一九〇八年のミュージカル「The Melting Pot（るつぼ）」は移民の融合を絶賛した。劇中、主役のロシアから来たユダヤ人難民がキリスト教徒難民と恋に落ち、結婚する。彼はアメリカを混血化と融合の国だと高らかに公言する。「アメリカは神のるつぼ、ヨーロッパの全人種が溶けて再形成する偉大なるつぼだ！」と宣言するのだ。

> 善良な人々よ、ここにあなた方は立つのだ、と私は、エリス島で彼らを見るときに思う。ここであなた方は、五〇もの言語と歴史、五〇もの血族的憎しみや競争の相手を持つ、五〇もの集団の中に立つ。しかしあなた方は長い間、このままではいないであろう、兄弟よ。なぜならあなた方が到達したのは、神の火なのだ――これらは神の火なのだ。宿恨や復しゅうなどどうでもいい！　ドイツ人やフランス人、アイルランド人やイギリス人、ユダヤ人やロシア人――あなた方みんなと共に〝るつぼ〟へ！　神がアメリカ人を作っているのだ。
>
> 『人種のるつぼを越えて――多民族社会アメリカ』

（ネイサン・グレイザー＋ダニエル・P・モイニハン著　阿部齊＋飯野正子訳、南雲堂）

ルーズヴェルト大統領は彼の顧問団といっしょに初日の夜の公演に顔を出した。[24] タイムズ紙は「ルーズヴェルトは熱心に観劇し、ある箇所である詩の一節に対してボックス席から身を乗り出して『どういたしまして！』と叫び、第二幕の終わりには真っ先に喝采の音頭をとった」と報じた。

新来移民の経済的および文化的に好ましい影響――ならびに選挙で高得票を提供してくれる能力――は政治家に、彼らが引き起こすいかなる生物学的打撃にも増して、はるかに良い印象を与えた。たいていの第一次大戦以前のアメリカの政治家にとっては「多ければ多いほど楽しい」[25] のだと、ある同時代人が書いている。

加えて、二〇世紀初頭に議会が委任した研究――今日までアメリカで行われた中で最大の移民研究――ではオズボーンやグラントその他の主流派の科学者たちがあれほど懸念していた生物学的事故はまったく見られなかった。二大政党の九人のメンバーからなる委員会があらゆる最新の社会科学的テクニックを用いて、犯罪率から公衆衛生教育に至るまで、移民がどのように影響を与えたかを調べた。委員会は労働に関する地域需要ならびに外国生まれの人々の受刑と慈善団体の利用の比率に関する統計を収集した。彼らは移民船の状態を捜査するため、秘密諜報員を送って食物の品質を報告させた。移民がどのようにアメリカの地域社会に受け入れられているかを分析した。労働組合に加盟したか。組合は彼らをどのように受け入れたか。彼らの存在がその土地生まれの労働者の雇用率に影響したか。ほかの労働者と比べて賃金はどうか。どんな種類の仕事を得たか。その土地生まれの労働者よりも余計に事故を起こしたか。子どもたちは学校に入学したか。英語が話せたか。犯罪発生傾向から見て気質はどうだったか。健康状態はどうだったか。どのくらいの頻度で正気を失ったか。改革活動家の人類学者、フランツ・ボアズ――人種科学に対する著名な批判者――は委員会から数千ドルをぶんどって数千人の移民の学童の体の寸法を測り、移動が体形をいかに変化させたかを知る手がかりを探した。

委員会は二万ページを超える報告書を作成し、二一巻にして発表した。委員たちは移民に関連した生物学的災害《バイオハザード》（もしくはほかのいかなる災害も）が存在しないことを発見したのみならず、外国人の体を矯正不能な欠陥品だとする科学者たちの描写、すなわち移民によるバイオハザードという彼らの警告の根拠が間違っていると提唱したのだ。

ボアズの研究[26]は、移民と移民の子どもたちの体の寸法は不変の生殖質に永遠に固定されているどころか、アメリカに着くやいなや変化し始めたことを発見した。新しい食事と環境に触れたことが、ちょうど「るつぼ」が暗示していたように彼らの肉体を変化させたのだ。

ワイスマン説と人種科学という仮説に対する試験を特別にデザインしたわけではなかったが、委員会の調査結果すべてが、どういうわけかそれらの仮説に真っ向から立ち向かった。グラントは内心ではボアズの「馬鹿げた」結果をあざ笑った。[27]移民の子どものふしだらな母親たちは裏でこっそり「本物の」アメリカ人と浮気をしており、新しい生殖質をアメリカ人に授けているのはまず間違いないだろうと、彼は無作法な想像をした。しかし本当のところは、彼や、オズボーンや最高レベルの科学者たちが気を揉んでいたような影響を委員会は調べようもなく、発見することもなかった。

グラントは本人が述べているように、委員会の調査結果によって「われらが諸都市に殺到している役立たずのユダヤ人とシリア人の大集団を締め出す」[28]法律が制定されることを望んでいた。ところがそうはならず、この報告書はウィリアム・ハワード・タフト大統領がたちどころに否決したわずか一片の議案となり、グラントの思惑は暗礁に乗り上げてしまった。

人種間交雑による悪影響の研究

移民によるバイオハザードはこの国が第一次大戦に向かったときにようやく大衆の関心を惹き始めた。

一九一六年、グラントは『*The Passing of Great Race*（偉大な人種の消滅）』を出版した。そこでは人種の階層に関する深遠な生物学的ならびに歴史的起源と、移動によって起こる混乱の危険性について自分の考えを説いている。この本はゆっくりと売れ始め、ベストセラーになった。ルーズヴェルトはこの本にはとても刺激を受けたと公言した。単に読んだだけではない。学んだのだと。[29] ピューリッツァー賞受賞ジャーナリストたちが自分の記事の中にこの本を引用して議論した。たとえば、ケネス・ロバーツがサタデー・イブニング・ポスト誌で、移民はアメリカの住人を「中央アメリカやヨーロッパ南部のろくでなしの人種間交雑による子どものような、見下げ果てた役立たずの交雑人種[30]」に変えてしまうだろうと論じた。一般読者を狙った何百という本は、非ヨーロッパ人種の劣性な理由を説明する科学を記載した。

国中の大学[31]では科学者たちが遺伝生物学の科目を教えた。一九一四年から一九二八年までの間、優生学を教える大学の数は四四校から、ハーバード、コロンビア、ブラウンなどを含めて三七六校へと跳ね上がった。大衆向けのイベントではアメリカ優生学協会などのポピュラーサイエンス教育団体が「優秀赤ちゃん」コンテストや「将来の団欒《だんらん》にぴったりの家族」コンペを計画して、優れた生殖質について考える気運を高めようとした。映画ファンや読書家はワイスマン説の主要前提を、ヒューマンドラマや修正主義的な歴史を通して吸収した。たとえば、ハリウッド映画「The Black Stork（黒いコウノトリ）」は不適切な組み合わせの生殖質を持ったカップルが子どもを持つことへの警告を無視した結果、痛ましいことに欠陥のある子をもうけ、その子を死なせるという話を描いた。

反ドイツプロパガンダと、一九一七年のロシア革命後の共産主義への懸念がアメリカ人の外国人への懸念をあおった。[32] 移民に対する新しい社会科学的研究は、彼らの生物学的後進性を暴くことをも意味した。一九一七年、エリス島に到着した移民に新たに開発した知能テストを適用した結果、ユダヤ人の八三パーセント、ハンガリー人の八〇パーセント、イタリア人の七九パーセント、ロシア人の八七パーセントが「知的障害」だということになった。精神科病院の患者の出身国籍を調査したところ、一般住民の一三パーセントが知的障害者だが、最近の移民では一九パーセントがそうであり、割合が不釣り合いであることが示された。ニューヨークタイムズ紙はこの調査結果の記事に、「知的障害の外国人が絶え間なく流れ込んでいる」と見出しをつけた。ハーパーズ・ウィークリー誌は「外来人の五〇人に一人は頭がおかしい。先住の人々では四五〇人に一人だというのに」と述べた。戦時中、当局はおよそ二〇〇万人の新兵に知能テストを受けさせた。その結果、黒人兵士の八九パーセントに「軽度知的障害」があり、外国生まれの人々の知性は、イギリス人とオランダ人が最高点を取り、ロシア人、イタリア人、ポーランド人が最低だった。

当時気づいたものはほとんどいなかったが、方法論上の予断がこの調査結果の原因だった。[33] この知能テストは知的能力を測定するものと思われたのだが、実際には特定の階層に属し特定の文化を持つ人々だけが知っているであろう質問に答えさせていたのである。たとえば、『ロビンソン・クルーソー』の作者、モビール湾海戦時の北軍の司令官、ベルベット・ジョーというキャラクターが宣伝した製品、最高レベルの選手の平均打率などだ（このテストの執行官の一人、カール・ブリガムはこうしたことをどんどん進め、初めてSAT〔大学進学適正試験〕を開発した）。主流である中流クラスの文化のただ中にいない者は誰であれ、落第する運命にあった。

エリス島では、ろくに英語を話せず、恐ろしくてわかりにくい入国手続きに直面し、しかも過酷な条件下で何日間もつらい旅を耐えてきたばかりの新来者に、役人たちが文化的偏向のある試験を実施した。[34] 皆へとへとになっていて、たとえ偏向がなかったとしても、とにかく試験で良い点を取る能力は損なわれていた。同様に、移民の精神科病院における調査では年齢分布に応じた補正がなされなかった。移民の人口分布が全体として在来住人のそれよりも若い方に偏っているという事実から、割合の不均衡を完全に説明できたのだ。

移民の生物学的劣勢をアピールする欠陥のある研究が増えている間、彼らが国民に投げかけた喫緊の脅威——人種間交雑による破滅——は、おもに理論として存続していた。

これに矛盾する証拠が現れた。亜種説は、人種間交雑による子どもはそうでない者よりも繁殖力が弱いかラバのように不妊性だと予測したが、混合人種カップルの子どもを調べるとまったく正反対だった。[35] ボアズが五七七人の在来アメリカ人女性を調べたところ、彼女らは平均して五・九人の子どもを産んでおり、一方一四一人の人種間交雑で生まれた女性では平均七・九人だった。ドイツの人類学者、オイゲン・フィッシャーの研究はのちにナチ党のニュルンベルク法の科学的根拠となるのだが、彼は自分が研究した人種間交雑——ボーア人入植者と西南アフリカの「コイ人」との子どもたち——はすばらしく繁殖力があるようだと書いている。スウェーデンの医師、ヘルマン・ルンドボルグはサーミ人、フィンランド人、スウェーデン人の子どもの顔の写真を精査、測定して、人種間交雑による子どもがそうでない祖先よりも背が高く、強靭《きょうじん》で、優雅に見えることを発見して驚いている。ボアズは人種間交雑による子どもたちの方が、そうでない者たちよりも背が高くなることを発見した。

それでも人種間交雑に対してあてこすりや憶測が満ち溢れた。[36] 多くの科学者たちは一方の親が白人でももう一方が黒人という人々、いわゆるムラートには機能障害の徴候が見られることは確かだと感じた。彼らの歯並びは不ぞろいだとダヴェンポートは述べ、次のように書いた。「彼らは『他者にとっては厄介』だ。なぜなら生物学的に優れた白人の親から覇気を受け継いでいる一方で、黒人の親から『知的欠陥』を受け継いでいるからだ」。ムラートの頭蓋骨には矢状縫合がなく、そのため横方向への拡張が妨げられると、フィラデルフィア郡医学協会の会長が断言した。ハイチを見るがいい。そこでは一七九一年にフランスの植民地支配に抗した革命の結果、ダヴェンポートの同僚ハリー・ラフリンが呼んだ「アフリカの未開状態への回帰」が起こっていると別の科学者たちが言った。食人やそれ以上に悪い、彼らが耳にしたこの島の忌まわしいうわさ話はムラートの大きな集団から出たのだと彼らは言った。

緊急の議題に関する研究から、具体的な難題がいろいろ提示された。科学者が違う血統のウサギやイヌをかけ合わせてその適応性を評価するかのように、違う人種の人々をかけ合わせればいいというものではなかった。社会で自然に起こった人種間交雑から得たデータに依存しなければならなかった。まず、人種間交雑で生まれた人々を見つけなければならなかった。社会からの侮蔑が彼らに注がれているとなれば、それは容易なことではなかった。ボアズは、人類学者にしてライターのゾラ・ニール・ハーストンのような大学院生にカリパス〔コンパス型の計測器〕を持たせて、通り過ぎる「ムラート」が測定のために立ち止まってくれることを期待しながらハーレムの街角に立ってもらうという手段に訴えた。

「純粋な」人種の祖先にまではるばる遡る、人種間交雑で生まれた人々の人種にまつわる歴史を復興するために、あらためて難題が提起された。自分の祖先の歴史を知っている被験者は少なかった。たとえ知っていたとしても、平気でそれを他人と共用した。教会に保存されているそうした記録もあてにならなかった。別の生物学的父親を親として記載することが多かったのだ。

結局、人種間交雑で生まれた人々の体の肉体的退化を見つけるには策略が必要になった。ウサギの品種交雑実験では、たとえば生まれた子どもの数をかぞえるとか、耳が立っているか垂れているかに注目するとかして雑種の適合性を評価することができた。しかし人種間交雑児の肉体的退化を見つけるには、何十もの詳細な測定値を得る必要があった。移動によって生じた人種間交雑で生まれた人々が見るからに化け物じみているわけではなかった。化け物性を見つけるには細部に留意することが必要だったのだ。

研究者たちは、明確に亜種とわかる人々が何の社会的恥辱も受けず公然と混交する場所を求めた。多くの人種科学者が最適な場所だとして同意したのは、ハワイなど太平洋の島々だった。アメリカは一八九八年に緑豊かな火山性諸島、ハワイを併合した。続く数十年間を通してアメリカ、日本、中国その他からの移住者がこの地域の人口構成を変えた。白人がハワイ人と結婚し、ハワイ人は中国人と結婚し、続いて中国人が日本人と結婚した。人種間交雑児である彼らの子どもたちは別の人種間交雑児の子どもたちと結婚した。ごたまぜ交雑の太平洋諸島は「ある種の実験室」を提供し、そこでは自然がいろいろな型の外国人の結合という奇跡を実行しているように見えるかもしれないとタイムズ紙は書いている。ここに社会的恥辱は存在しなかった。人口調査記録も死亡証明書も成り行きをことごとく追跡調査していた。「ひょっとしたらこれ以上に興味深い人種の様相がある平等な地域は世界に存在しないかもしれない」と、公衆衛生統計学者フレデリック・ホフマンが感激している。

オズボーンの自然史博物館はしばしば科学的遠征旅行のスポンサーになった。博物館は探検家たちを北極、シベリアの未踏の地域、外モンゴル、赤道アフリカのジャングルなどへ派遣した。国民が直面しているもっとも差し迫った科学的および政治的係争点の一つである人種間交雑の生物学について、博物館はこのテーマの決定的な研究成果を生み出そうとしたのである。一九二〇年には、コロンビア大学の博士課程の学生ルイス・サリヴァンをハワイへ派遣して必要な研究をさせた。

オズボーンはワイスマン説と人種科学に関する重要な国際科学会議の中心人物であり[37]、この会議期間中に今度こそ反移民世論に強い影響を与えたいと望んでいた。人種間交雑の生物学は協議事項中重要なテーマとなるだろう。運が良ければ、サリヴァンはそのうち彼の論証に必要な決定的調査結果を生み出すだろう。

移民排除の法制化

一九二一年九月の末、アメリカ、ヨーロッパおよびその他の国々から一流の科学者たちが、第二回国際優生学会議のためにニューヨーク市へ押しかけてきた。自然史博物館の四階全体がこの集会のために掃き清められていた。発明家であり科学者であるアレクサンダー・グラハム・ベルが、ダーウィンの息子の一人で王立地理学協会の会長のレナード・ダーウィン少佐と同様、当日の科学の権威たちに交ざって出席していた。

オズボーンは開会の挨拶で、この会議の政治的目的を説明した。何百報もの論文と展示品が人種科学とワイスマン説における最近の研究結果を披露し、移民と人種間交雑の廃止が科学的に焦眉の急であることを論証するだろうと説明した。「私たちは深刻な闘争に携わっているのです[38]。ふさわしくない者たちに対して入り口の扉をふさぐことで、……私たちの歴史を維持するために」と彼は集まった参列者に語った。

博物館の展示ホールには一〇〇点を超える展示物が陳列された。マディソン・グラントのベストセラー本の中の地図を拡大したものや、胎児の石膏鋳型という猟奇趣味の目玉展示もあった。これはアフリカ系アメリカ人の胎児の脳が白人系アメリカ人のそれより小さいことを見せるためのものだという。ほかには犯罪者の脳の拡大写真と「知的障害者」のそれとを対比したものがあった。図表は移民の繁殖力をアピールしていた。

国勢調査局は人種と移動に関して特定の問題を強調することを意図した図表を何点か提供した[39]。たとえば精神科病院に入院している白人の数と非白人の数を比較した図表である。ダヴェンポートは「アメリカ人一族における天才性と才能の継承」に関する系図一〇枚を提供し、海軍士官としてのペリー一族、俳優として

先史時代の太平洋への移動

20世紀初頭の科学者は、太平洋の島々は移動の生物学的影響を調べるのに理想的な場所だと考えた。人類が彼の地へ移動を開始したのは近世になってからだと想定したためだ。この地図は最近の遺伝学および考古学の根拠に従って、先史時代の人類が太平洋諸島へ連鎖的に移動したことを示す。

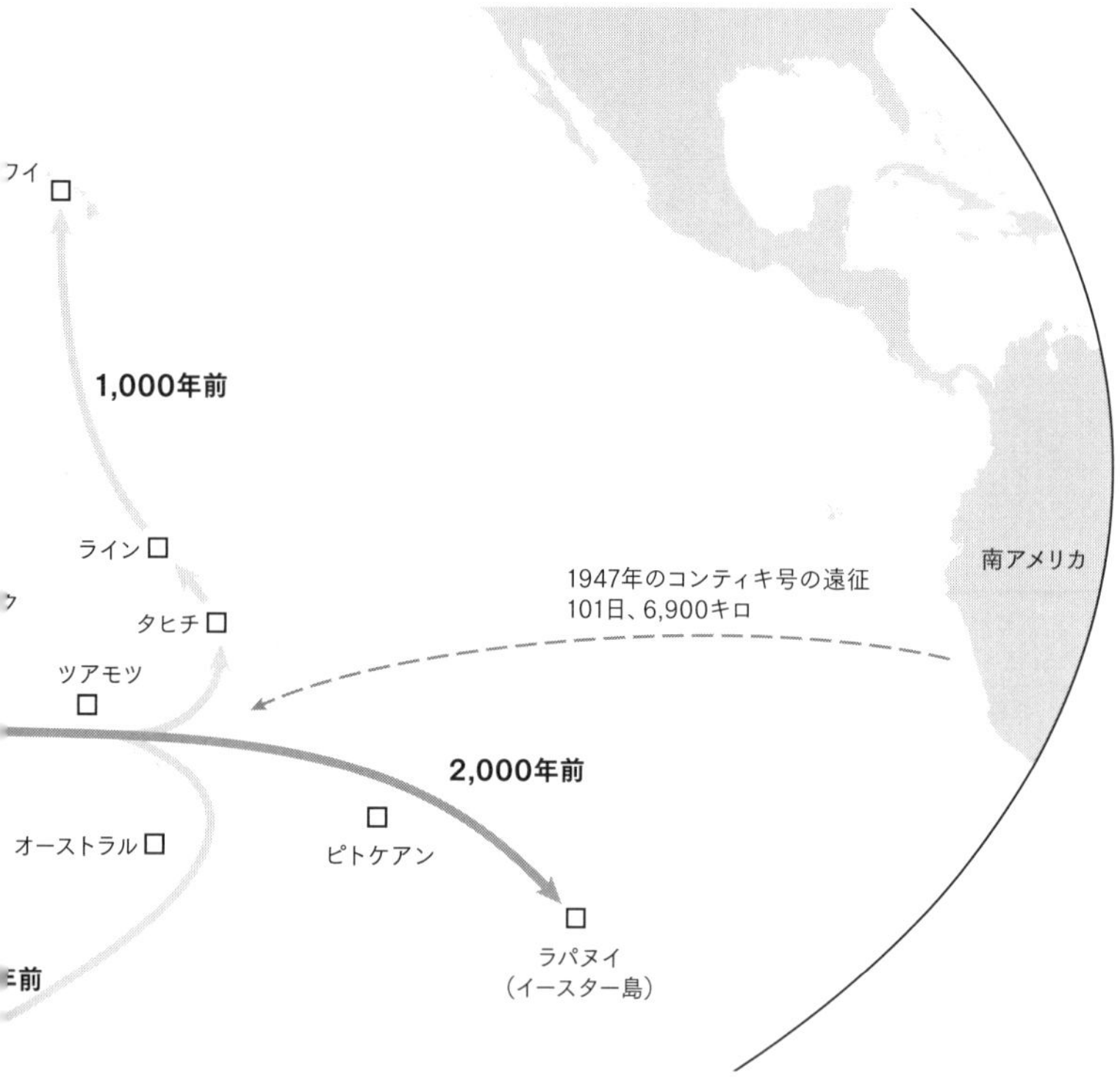

出典：Valentí Rull, "Human Discovery and Settlement of the Remote Easter Island," *Quaternary* 2, no. 2 (2019)；K. R. Howe, *The Quest For Origins：Who First Discovered and Settled the Pacific Islands?* (Honolulu：University of Hawai'i Press, 2003)；Geoff Irwin, "From West to East Polynesia," Te Ara (online resource)；Lisa Matisoo-Smith, "Tracking Austronesian Expansion into the Pacific via the Paper Mulberry Plant," *Proceedings of the National Academy of Sciences* 112, no. 44 (October 2015)；Kon-Tiki Museum, Oslo.

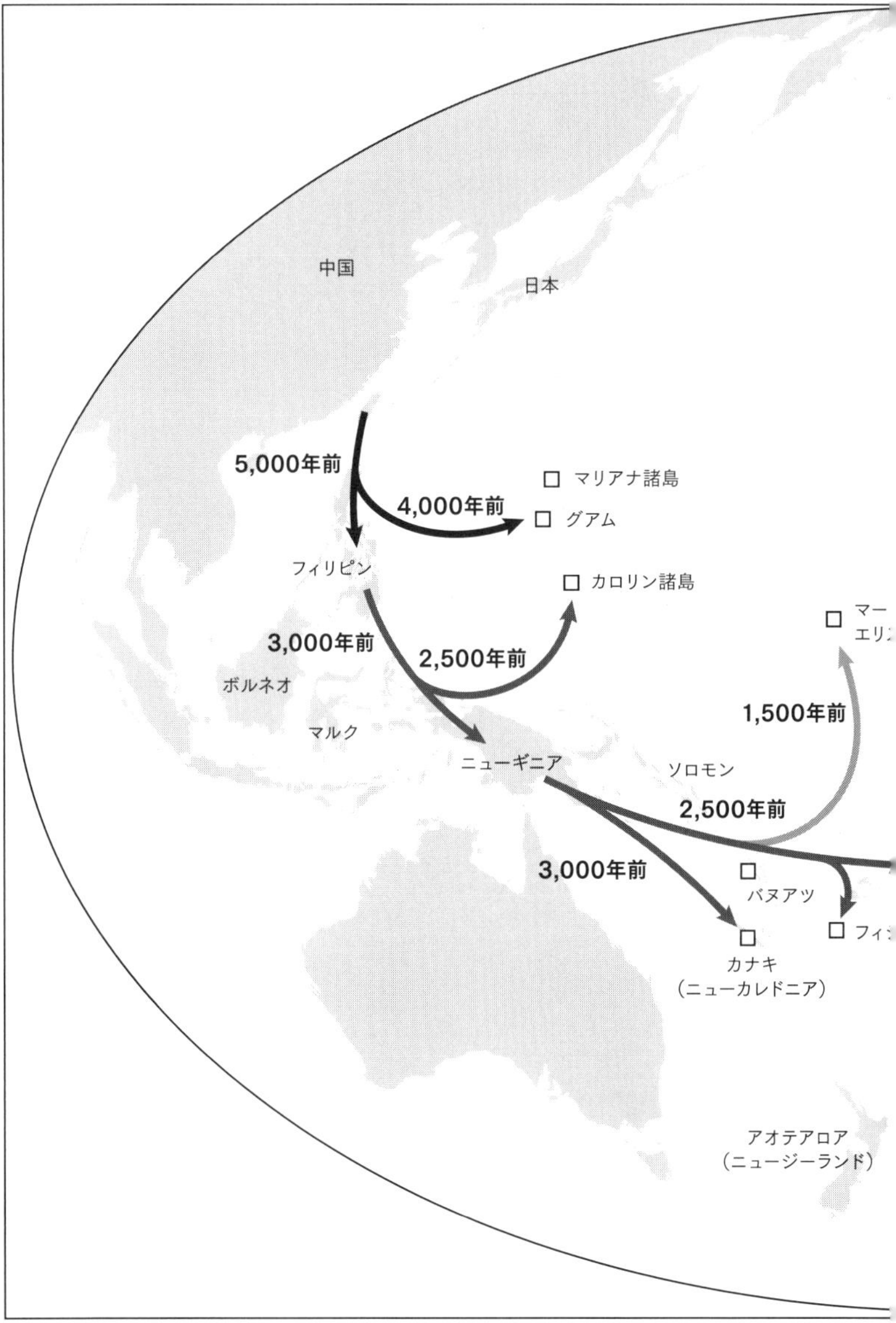
中国
日本
5,000年前
4,000年前
マリアナ諸島
グアム
フィリピン
カロリン諸島
3,000年前
2,500年前
ボルネオ
マルク
ニューギニア
ソロモン
1,500年前
2,500年前
3,000年前
バヌアツ
カナキ
（ニューカレドニア）
アオテアロア
（ニュージーランド）

のジェファーソン一族、科学者としてのアガシー一族その他を大々的に取り上げ、また、最近エリス島へ来た移民たちの「人種型」を表す六一枚の写真を展示し、「将来のアメリカ人の生殖質のキャリアー」と称した〔キャリアーには運搬人のほかに、病原体保菌者の意味がある〕。

集まった出席者は一週間にわたって講演を聞いた。[40] レナード・ダーウィン少佐は「文明化した地域社会の先天的素質が劣化しつつある」と論じた。コールド・スプリング・ハーバー〔生物学・医学に関する最先端の研究所があり、当時は優生学研究も盛ん〕から来た科学者たちは、音楽、文学、そして芸術の技能がどのように生物学的に受け継がれるかを説明し、ほかの者たちは天才を作り出すことができるかどうか、どうして赤毛の人々は互いを嫌うのか、どうして背の高い男性は背の低い妻を選び背の低い男性は背の高い妻を選ぶのかなどについて意見を述べた。科学者たちは、どうして優れた知性を持つ子どもは、社会的身分の高い両親から、そうでない両親の子の五倍も生まれるのか、そして「善意の決まり文句を唱えている」「民主的精神を持った人たち」がこうした自然界の科学的事実にいかに抵抗しているかを説明した。

しかしこの会議のもっとも重大な質疑は移民によって引き起こされた根本的な生物学的問題——人種間交雑の生物学だった。出席者たちはハワイからもたらされる調査結果をひたすら待っていた。そのハワイでは、サリヴァンは間違いなく自分が何ごとかをなしていると感じていた。

「私は大急ぎでポリネシア人の問題に取り組んでいます」とサリヴァンは出資者たちに手紙を書いていた。[41] 間もなく彼は自分が「人種間関係の究極的解答」を見つけるだろうと期待した。彼はおよそ一万一〇〇〇人のハワイ人の体を計測し、三〇〇人以上の頭骨を分析した。人種間交雑児の各器官を測定した。血液標本を採取した。毛髪標本を採取した。被験者の写真を撮った。まず着衣で。オズボーンが自分の展示用に裸でポーズをとった写真が必要だといえば衣服なしで。彼は私的書簡で、「白人あるいは中国人の立場からすれば」

人種間交雑は「もちろん失敗だ」と自信を持って書いている。しかしそれを確実に解決するには情報カードに殴り書きした、圧倒的に大量の、手に負えないほどわかりにくいデータの山を精査する時間が必要だった。サリヴァンは会議に出席できなかったが、写真と顔面の鋳型と図表を送っていた。「ハワイの人種問題」の展示には、それらをキュレーターたちが整理したものと、純粋なハワイ人・中国人・日本人・ポルトガル人および彼らがもうけた人種間交雑児との対比写真を並べた。

一人の同僚がこの会議で暫定的な証拠を披露し、サリヴァンの「信頼すべき報告」がやがて届くことを聴衆に再確認させた。[42] 一方では講演者たちが、人種間交雑に関するほとんど要領を得ない研究を寄せ集めて発表していた。カーネギー研究所の科学者が品種交雑マウスについての研究を発表した。その研究では交雑マウスが両親の非交雑マウスよりもはるかに強健で、また迷路によく慣れて上達することが発見された。別の演者は人種間結婚に関する論文を配布して、アメリカやイングランドのような交雑人種人口の多い国々では、中央アジアやアフリカのように交雑人種人口の少ない国々よりも「知能の進化」が高レベルにあることが立証されたと述べた。

オズボーンのお気に入りはしかし、人類と齧歯類との品種間雑種の研究を報告したノルウェーの生物学者、ジョン・アルフレッド・ミョエンだった。オズボーンはミョエンの論文を「並外れた貢献」だといって賞賛した。ミョエンは違う血統のウサギを何種類かかけ合わせ、そうして生まれた雑種の子ども同士をかけ合わせた。これを五世代繰り返して、退化した、不妊で病弱なウサギの個体群を作った。第一世代で一一パーセントだった死亡率は第五世代で三八パーセントに上がった。このときにはウサギたちはとても弱っていて番《つが》おうとしなかったし、中には片耳が立っていてもう一方が垂れているものもいたと、彼は会議参列者に語った。

ウサギたちは小集団に分離され、自身の親族と五代にわたって交配したのだ。しかしミョエンは体の形――たとえば標準とは奇妙なふうに違う耳――を品種間交雑の影響だと解釈した。そしてこれらは、交雑ウサギたちのふわふわした体の奥深くに彼が憶測する良からぬ影響が潜んでいることをまさに明らかにしているとした。「どうして耳だけが影響を受けるべきなのでしょうか」、彼は聴衆に問うた。「すべての臓器に関して疑いを持つべきです。心臓、肺、腎臓、骨などです。実際、このきわめて著しい不調和を目にしては、雑種の生物体全体に疑いを持たなければならないのです」

ミョエンは同じ交雑結果をヒトでも見つけたと主張した。彼は一〇〇年以上も昔リンネがしたように、ラップランド人、厳密に言えばサーミ人とノルウェー人の人種間交雑の人々を研究し、彼らの身体と精神の欠損を評価した。たいていの人種間交雑児が、彼が呼ぶところの「M．B．型」を示すことを発見した。これは「マング・レンデバランス」、つまり「バランスに欠ける」ことを意味する。彼らは気立てが良く意欲がある。しかし、人種間交雑児の主たる症候である窃盗、虚言、飲酒もそうだが、精神的に不安定で信頼が置けないと判断を下した。彼は自分の主張を説明するために、丸太小屋の前でしわくちゃの毛布の上に座っている三人の少年の写真を展示し、彼らが知的に退化した人種間交雑児だと説明した。ミョエンは黙っていたが、それは現代人の目からすれば見えすいた、しかも荒っぽい加工写真だった。

ミョエンは自分の研究が人種間交雑の危険性を決定的に証明するものではないと認めた。それにはサリヴァンの調査結果を待たねばならないだろう。しかし人種間交雑に明白な危険性があるとなれば、たとえ決定的な証拠がなくても、賢明なる政策立案者たちは「強力で健全な人種の素質を育み発展させる」[43]ことを目指すべきだと、彼は聴衆に語った。移民向けの言語指導その他の同化サービスは停止すべきだ。そうしないと彼らは人種間に橋を架け、その結果「嘆こうと悔やもうとあとの祭りになる」からだ。

一週間の会議が閉会を迎えた日曜日、出席者たちはブロンクス動物園への特別旅行ののち帰路に就いた。[44] その後オズボーンはこの会議の展示物をワシントンＤ．Ｃ．へ送って連邦議会議事堂のホールに展示するよう手はずを整えた。

一方、グラント、オズボーンおよびこの会議に関与した科学者たちは、最新の科学的成果を具体的な政策にまとめるための新たな組織を作り上げた。彼らはグラントを議長として新移民法を書き上げ、同盟者の一人で下院議員のアルバート・ジョンソンが議会へ提出することになった。

移民問題検討委員会議長であるジョンソンは、仲間の議員たちに移動の生物学への認識を高めさせる力があった。彼はダヴェンポートの同僚ハリー・ラフリンを、委員会に対する「熟練優生学調査官」に任命し、「奇態な外国人、交雑化した人々」をこの国からいかに締め出しておかねばならないかについて彼が証言できるようにし、パンフレットの形で発表された彼の証言を「これまで議会の委員会で発行された中でもっとも価値ある文書」だと述べた。ジョンソンが一九二三年末期に、グラントの委員会により起草された移民法案が提出されたときには、彼は移民に関する科学的詮議は「上下両院の議員たちの心に定着している」ことを確信していた。グラントはその通りだと言った。「君の背後には国家と、もっとも受けのいい大義がついている」。グラントはジョンソンに請け合った。

彼の背後には新たに任命された大統領もついていた。カルビン・クーリッジは、ウォレン・ハーディング大統領の思いがけない死によって、わずか数ヶ月前に大統領職へ昇任したのだ。クーリッジは一九二一年に、グッド・ハウスキーピング誌で「互いに異なる人々が混ざり合わないことを教えている生物学的法則」について一文を書いていた。

かの法案について議論が始まると、同化中の新来者の価値に関する体制派の見方は「るつぼ」の高揚した日々から劇的に変わった。票決に先立つ数ヶ月の間、グラントの著書は大変な勢いで売れ、半年ごとに増刷しなければならなかった。

議会のメンバーの一人は、アメリカの血は「純粋に保たなければならない」と声明した。

「われわれは特殊な人種なのだ」と別の一人が言った。

移民たちは「われらの住民の価値を損なわせることになる」。

知能テストによれば、すでに入国している外国生まれの人々のおよそ半数は「劣等または非常に劣等」だと、ある国会議員が明らかにした。「知的能力の劣る人たちがこうして絶え間なく侵入することがアメリカの人々に与える影響を、われわれはただちに見ることができるのです」。外国の劣等な生物物質に汚染されて、将来の世代は永遠にレベルが下がることだろう。

蒸気船でやってきた仲間たちと、移民擁護者と、少数の移民支持の国会議員――優秀な人種というグラントの考えに「内輪にしか通じない非常識な言葉」「もったいぶった寄せ集め」「独断的たわごと」などと説得力のあるあだ名をつけた人など――の苦情を軽んじながら、法案は上下両院ともに大多数の賛成を得て通過した。

移民を一時的および部分的に制限した法[45]は、一九一四年から一九一八年の戦時中にすでに通過していた。グラントとオズボーンの委員会が書いた法案は、戦時であろうとなかろうとこの制限を拡大、恒久化しようとしたものだ。クーリッジ大統領は躊躇なく法案に署名し、「アメリカではアメリカ人が温存されていなければならない」と高らかに宣言した。

要塞国家アメリカへ

サリヴァンは人種間交雑に関する彼の「信頼できる」研究を最後までやり遂げることはなかった。結核に倒れてこの研究を放棄しなければならなかったのだ。一九二五年に彼は死んだ。アメリカ自然史博物館は彼の未完成の仕事を継続するためにハーバード大学の人類学者、ハリー・シャピロを派遣した。

もし誰かがこの研究を完結できるとしたら、それはシャピロだった。彼は目的のためには容赦しなかった。あるとき、最近埋葬された頭骨が墓地にあると聞いて、夜間にその場へ忍び込み、それを盗んで自分の洗濯室に隠した。またあるときには、タヒチ島の山々の高地に埋葬地があると聞いて、彼と同僚たちはこっそり掘り返そうと不実な墓掘りツアーに出かけた。彼らは斧を手に持ち、盗んだ頭骨の入った重いナップザックを背負い、急峻なジャングルの斜面をおそるおそる下りた。「いつでも躊躇なく行く覚悟があるという気持ちを持ち続けていたんだ」と彼は回想した。眼鏡には埃と汗の膜が張っていたので「ようやく麓に着いたときにはほとんど何も見えなかったよ」。研究者たちは意気揚々と骨を博物館へ送り、その晩はステーキディナーで成功を祝った。

それでも研究が進捗すると[46]、この研究の前提に対するシャピロの信頼は揺らいだ。彼の課題は移動によるもっともありふれた結末、つまり人種間交雑の危険性を証明するものを見つけることだった。それでもなお、彼はどういうわけか調査対象に惹きつけられた。科学的好奇心だけでなく情熱と欲望によっても。彼は田舎のハワイ人の家に住み、貝類やかごや食物や好意あるキスや握手を受け取った。彼らの「澄んだ瞳」と「柔らかく、ゆったりした言い回し」に感嘆した。ある時点で、シャピロは自分の調査対象とセックスし始めた。

混乱を深めたシャピロは、ハワイを離れてどこかほかのところでこの問題を掘り下げようと決めた。彼は人種間交雑の研究にはハワイよりピトケアン島の方が調査地としてずっと適していると考えた。この島には、一七八九年にイギリス海軍の「バウンティ」号の九人のイギリス人反乱者がポリネシア人女性集団と住みつき、人種的に異なる二つのグループから交雑児の住民を作っていた。しかし広大な太平洋のちっぽけな斑点のようなピトケアンへ行くのは容易なことではなかった。一九二三年、シャピロはパナマからニュージーランド行きの船に乗り、その船がピトケアンに近づいたとき降りることで、その島へ行こうと企てた。しかし船がその島に近づいた頃熱帯暴風雨が発生して、船長は進路変更を余儀なくされた。自分が乗り込んだ小さなボートを下ろしてこっそり渚《なぎさ》へ向かって漕ぐというシャピロの計画は頓挫した。

一九三四年、とうとうシャピロはピトケアンに到着した。雑種性が引き起こす退化の「明確な徴候」をここで見つけるのだと、希望を抱いた。ピトケアン島民の祖先の二人種がきわめて明瞭に異なっているので、交雑した末裔には多様な影響が広範に見られるだろうと期待した。健康状態、罹患した病気、身長、皮膚の色、繁殖力などの違いだ。

だが会ってみると、島民は化け物ではなかった。「むしろイギリス人港湾労働者の群れに近く、労働のせいで醜く節くれだった両手両足は皮膚がざらざらして硬くなっていた」と彼は書いている。身長、頭部の長さと幅、唇の厚さなどを詳細に測定したり、目や髪や皮膚の色を書き留めたりした。しかし何十例の測定をしても、ピトケアン島民が普通の人類以外の何者かに進化したという証拠を見つけることはできなかった。彼らの肉体は強健でめったに病気にかからず、平均的知性を表し、健康な赤ん坊をたくさん産んだ。「ピトケアン島民には、数世代の異人種間結婚による悪しき影響は見られなかった。彼らはイギリス系およびポリネシア系、いずれの人種よりも背が高く、少なくともいくつかの点で肉体的に良い方に進化していると思われる」と彼は報告した。

彼が発見した唯一の良くないことはむしろ歯だった。[47]

人種間交雑に関するほかの研究者の研究も同じように失敗に終わった。ダヴェンポートはジャマイカにおける人種間交雑の研究を一九二九年に発表した。彼は黒人と白人とその子孫である交雑人種との間に大した違いを見つけることはできなかった。「身体的にはこの三グループの中に特に選別するほどのものはない」[48]と認めている。彼が人種交雑児に発見できたもっとも悲惨な影響は、個人的に「凡庸」だと見なした知性と、少数が「ニグロ（黒人）の長い脚と白人の短い腕」を持っていたという事実で、これを「地面に落ちているものを拾うのに不便だ」と主張した（この主張ですら言いすぎだ。のちにダヴェンポートのデータを再分析したある同僚が、交雑人種の腕は純血の親たちよりも最大で一センチ物に届きにくいとあるのを発見したのだから）。

シャピロは別人になってアメリカへ帰ってきた。彼は雑種形成が及ぼす生物学的に危険な影響の詳細な記録にキャリアの多くを費やしてきた。自分が蜃気楼を追いかけていたことを悟ったのだ。

彼が自分を変えさせたピトケアンへの旅のノートを詳細に書き起こして一冊の本にしたとき、人種間雑種形成の生物学的影響にはほとんど配慮せず、その代わりに移住者と現地人とが築いた新たな文化的伝統に焦点を合わせた。彼はある革新的研究の指揮をとり続けた。人種や亜種の固定された特性ではなく、移動がいかに私たちの体に影響を及ぼすかを示した研究だ。その研究で彼は、ハワイへの日本人移住者と、ハワイで生まれた彼らの子どもたち、それに移住しないで日本にいる彼らの親類とを比較した。ちょうど何十年も前にボアズが発見したように、移入した土地の自然環境が移住者の身体を形作っていた。日本人移住者の子どもたちは、日本にいて移住しなかった親類よりも背が高かった。彼らに共通した「人種」はこのことに何のかかわりもなかった。

「人間は動的な生き物として存在する。[49]特定の環境下の人間は一世代のうちにきわめて本質的な変化をすることができる」とシャピロは書いている。人類の体は長い移動の歴史によって形作られ、一つの場所、型、亜種あるいは人種に厳格に押し込められたり、生殖質であれ何であれ、そんなものにロボットのように指図されはしないのだ。

一九三〇年代半ばにシャピロは同世代の科学者たち、連邦移民政策、それに自分自身を研究に長年駆り立ててきた科学的憶測を放棄した。別々の場所出身の人々が混合することには何の危険もないことがわかった。まさにその反対だ。文化的習慣に変化と刷新を注入することで、移動は「人類の文明化の歴史に対する必要不可欠な要素[50]」だったのだと、彼の伝記作家の一人が書いている。しかし人種交雑生物学が破綻をきたしたそのときには、遅きに失していた。

入植によって生物学的災害が起こると確信した議会は、グラントの優生学委員会がしたためた移民法を通過させた。通称ジョンソン・リード法のもと、新しい厳格な移民数制限が、科学者が劣等人種と見なすものたちから国民を守った。この法の定める文言に従い、年間移入割り当ての八〇パーセント以上が西および北ヨーロッパから来る人々に割り当てられた。非白人移民や東および南ヨーロッパからの人々の大多数は入国を禁じられた。新しく組織された国境監視隊が国境でこの規則を施行した。

アメリカへの移住者の流れ[51]は一九二一年の八〇万人以上から一九二九年の二八万人へ、そしてそれ以後の年間一〇万人以下へと激減した。樽の栓がきつく閉められ、新来者の流れは滴《しずく》になった。エリス島の移民局は一九五四年に閉鎖された。そこでの世話はもういらなくなったのだ。ヨーロッパとの国境が適切に開いていた時代は終わった。

新しく出現した「要塞国家アメリカ」という言葉とその基礎となった科学的原理は地球の向こう側まで届

いた。ドイツの親ナチ出版社が一九二五年にグラントの著書を発行した。アドルフ・ヒットラーがバイエルンの刑務所に収監中にこれを読んで、「本書は私のバイブルです[52]」とグラントへの手紙で書き、よそ者と見なされている国民を一掃する自身の計画を構想した。

彼のジェノサイド体制が大勢のユダヤ人やその他歓迎されざるよそ者に国外逃避を強要したとき、アメリカは委員会による国境閉鎖をためらわなかった。「われわれは感傷家や国際協調主義者のむせぶ涙を無視しなければならない。新たな移民の波に対してわれらが国の門戸を閉鎖し、施錠し、締め出した上で鍵を投げ捨てなければならない[53]」と移民問題検討委員会のメンバーが言った。一九三〇年代終盤に行われた選挙では、アメリカ人の三分の二がこれに同意した。

一九三九年二月、ナチ支配下からの二万人のユダヤ人児童の保護を承認する二大政党提携の法案が議会へ提出された。フランクリン・デラノ・ルーズヴェルト大統領はあからさまに拒否した。妻のエレノア・ルーズヴェルトも同様だった。反移民委員会のメンバーはこの法案を葬った。二万人の「魅力的な子どもたちはみんなすぐに二万人の醜い大人になるでしょう」と、あるアメリカ移民問題検討委員会委員の妻で支持者が信念を語った。

数ヶ月後、恐怖に打ちひしがれ、保護を求める九〇〇人の人々を乗せた遠洋定期船[54]がドイツからマイアミに着いた。アメリカの役人は増援に来ている沿岸警備隊を呼んで、この船が埠頭に着くことを拒否した。この船は数日間フロリダ沿岸沖を旋回し、とうとう船長が戦禍をこうむったヨーロッパへ、大西洋を越えて戻ろうと舵を切るまで、乗客たちはバルコニーですすり泣いていた。この船の乗客の中にはイギリスへ向かった者もいた。たいていはオランダやベルギーやフランスへ行くはめになった。そこでたちまちナチの占領に直面した。二五〇人以上がホロコーストで亡くなった。

第5章　自然界の個体数調整

個体数サイクルの謎

地理的および生物学的境界を越える人間が引き起こす無秩序をめぐって、グラントとオズボーンが危機感をあおっている一方で、イギリスの科学者たちは自領内の人口増加が避けられないという難題に直面して、思案を重ねていた。自然の秩序という彼らの観点からすれば、移動は不気味な役割を果たしていた。一流の科学者たちは、移動にもっともふさわしい結末は死だと言った。

移動するものが死ぬという説は北極で始まった。科学者たちはその地でレミングという、柔毛で覆われた齧歯類にまつわる土地の言い伝えに初めて出会ったのだ。一九二四年、チャールズ・サザーランド・エルトンはオックスフォード大学で動物学を専攻する二四歳の学生だった。ノルウェーと北極の中間にある、当時は不住の北極の島、スピッツベルゲンへの一連の探検の助手として雇われた彼は、雪の積もった開けた景色の中を徘徊《はいかい》するホッキョクグマ、セイウチ、トナカイ、レミングその他の北極の生き物の生態学的調査の手伝いをしていた。

この探検は野心いっぱいの若き科学者に貴重な機会を提供してくれた。[1] エルトンはオックスフォードのもっとも学識ある科学者たちと、冒険と親密な生活空間を数週間ともにしたのだ。オルダス・ハクスリーの兄で遺伝学者のジュリアン・ハクスリー、社会学者で、のちにロンドン経済学部の学部長となったアレクサンダー・カー＝サンダース、ローズ奨学生〔オックスフォード大学の奨学制度〕のハワード・フローリーなどだ。しかしスピッツベルゲンがカー＝サンダースにその代表作——エルトンはこれが「自然一般に対する刺激的アイディア満載」であることを発見——の著述に背景を提供し、フローリーがペニシリンの開発を続ける中、スピッツベルゲンの調査を使って一躍自分自身のキャリアを伸ばそうというエルトンの見込みはおぼつかなくなった。博物学に自分の痕跡をつけるのに役立つ珍しい動物も未発見の行動も見つけられなかったのだ。氷の上から湖に落ち、首まで水に浸かったという最悪の経験もあった。

エルトンはこの島をあとにするまでチャンスに出くわすことはなかった。[2] オックスフォードに船で戻る途中、彼と皆はノルウェー北部の都市トロムソに立ち寄った。エルトンは勇を振るって町中へ入り、オーロラに照らされている一世紀を経た木造の家々を過ぎ、ついに小さな本屋を見つけた。読みあさっていて、ノルウェーの動物学者、ロバート・コレットが一八九五年に発行した『*Norway's Mammals*（ノルウェーの哺乳類）』なる著書に出会った。本棚から引き出し、パラパラめくった。彼の関心事である博物学に関するこの書店で唯一の本だったが、全文ノルウェー語だった。彼には一語たりとも読めなかった。その本が床に落ちて、エルトンでも読めるページが少しあるとわからなかったら、本棚へ戻したことだろう。数字が縦に列挙された図表があったのだ。

その数字が何を意味するのかわからなかったので、店主のところへ本を持っていって尋ねた。「レミングがピークになった年だよ」、店主は答えた。

エルトンは動物学に堪能な学生だったが、伝統的な博物学にはあまり関心がなかった。彼にとって博物学とは、常軌を逸した動物大好き観察者が各生物特有の描写を表し閉じ込めたものだった。凶作、戦争、ペストや各種病原体の流行といった問題をめぐる日々の差し迫った課題にはあまり関係のないものだった。彼は二〇世紀初期に力強く実際に経済を左右する洞察力を与えた物理学や化学のような、そんなものに博物学を大変革したいと思っていた。

動物学者は個々の動物に注目するのではなく「動物の社会学と経済学」を研究すべきだとエルトンは考えた。つまり、全個体が互いに、また環境に対してどのように行動したかということだ。だからコレットの著書にあるノルウェーの哺乳類の描写にはあまり魅力を感じなかったが、図表の数字は気に入った。彼には「レミングがピークになった年」が間欠的に起こることが見て取れた。これはレミングの数が時が経つにつれて増えたり減ったりすることを意味した。

こうした個体数の変化に当時の動物学者たちは戸惑っていた。彼らの困惑は、自然は生物学的に不連続な生息地に分断されているという理解に基づいていた。博物学者は、野生種が棲む場所を「ニッチ」、生態的地位と表現した。これは中期フランス語の「入れ子にする」を意味するnicherに由来する。この語は、もともとは彫像を収めるために壁に彫ったくぼみのことだった。動物学者は、野生生物種の各ニッチを、壁のくぼみと同様にそこを占める生物種にぴったり合うように独特で専用に彫られたものと想像した。各生物種は自然の中の自分用の一部分に棲んでいて、その周りには生物学的境界線が引かれていたのだ。

しかしながらこの概念からは矛盾が導かれる。科学者は室内で行った実験によってニッチを理解した。ニッチはその種が生きるために必要不可欠なものを備えた隔離された空間だから、実験室内で再現するのは容易なことかもしれない。たとえば、砂糖水を満たした試験管内で酵母のコロニーを定着させるなどだ。しかし現実世界のニッチは、実験上のニッチがこうなるだろうと思わせたようには振る舞わない。室内の実験では、試験管内ニッチの酵母コロニーの大きさは試験管内の砂糖の量に直接関連して大きくなったり小さくなったりする。砂糖を添加し続ければ酵母は増殖し続ける。添加をやめれば酵母は増殖をやめるだろう。

野生生物種が、科学者が考えたように隔離されたニッチに棲んでいたならば、食料と水の入手可能性に直接関連して個体数は同様に増大したり減少したりするだろう。だがそれは動物学者が野外で目にすることとは違う。動物の個体数は、食料供給が破綻して餓死するまで増加し続けるわけではなかった。彼らの数はある時点まで増え続け、その後まるで目に見えない天井に届いたかのように再び減少し始めて、増加と減少のサイクルを無限に繰り返す。食料や避難所の入手可能性は影響しない。これはあたかも酵母細胞が栄養いっぱいの試験管内で数日間増殖し、その後数日間衰退し、その後再び増殖するかのごとく不可思議なことだ。

リンネはこのいわゆる個体数サイクルという難問のことを知っていた。彼はこれを何か神にかかわりがあるものだと考えた。エルトンの時代までには動物学者たちは神の介入を退けていた。しかしもし神がこれを説明できなかったとしたら、動物学者たちが注目したほかの外部因子、食料供給、環境崩壊、捕食者、病気なども説明できはしないだろう。あたかも何か目に見えないX因子なるものが、段階的に強さを変える指圧のごとく個体数の増加を秘密裏に調整しているかのようだった。でもそれは何だったのだろう。

個体数の不思議な周期的変化は、魅力的で奇矯な動物行動であるだけではなかった。[3]大きな経済的意味のある現象だったのだ。キツネのような毛皮獣における個体数サイクルの最低期間中には、たとえば猟師が飢え、毛皮の値段が急騰した。ハタネズミやイナゴの個体数サイクルの最高期間中には、おびただしい数の生き物が人々の利益のもとになる木材伐採地や農地を破壊した。だが個体数サイクルを作った因子についての科学的知識がなく、予測することも食い止めることもできなかった。

エルトンは若く、野心を抱いていた。アインシュタインが物理学に大革命を起こしたのはわずか二六歳、一九〇五年という彼にとっての驚異の年《アヌス・ミラビリス》〔良い出来事の多かった年〕のことではなかったか。もしコレットの著書がエルトンに、レミングの個体数がどのように、そしてなぜ増減するのかを正確に把握させたならば、彼はX因子を正確に把握し、積年の謎を解くこともできたかもしれない。ひょっとしたらこの個体数サイクルという現象を数学の公式に純化することさえできたかもしれない。陳腐で古臭い博物学をしっかりした定量的科学に変えたことだろう。動物個体数の増減の予測や制御さえできたかもしれない。有力な会社、とりわけハドソン湾会社（貿易会社）やブリティッシュ・ペトロリアム社（石油メジャー）などは間違いなくそうした研究の資金提供に関心を持ったことだろう。

彼はその本を買った。オックスフォードへ帰ってノルウェー語–英語辞書を手に入れ、なんとか粗雑な逐語訳をした。

レミングの集団自殺

エルトンはその本を読んでレミングの一風変わった不思議な行動を知った。

そこにはレミングが巨大な集団になって北極海の岸壁に向かって行進し、そこから海中へ身を投げるという報告が載っていた。[4] 夏にはノルウェーで過ごすというドゥッパ・クロッチという目撃者はこの現象を一度ならず目にしたことがある。彼の報告は一八九一年発行のネイチャー誌に見られる。彼は水中のレミングを見て、その進行を止めようとそちらへ向かってボートを漕いだ。レミングたちは決然として彼のそばを泳ぎ抜けて水中の墓場へ突き進んだと報告している。「私は自然界でこれ以上に衝撃的なことを知らない」と彼は書いている。

一八八八年、「地表が真っ黒になるほどの」レミングの大群ができ、[5]「一六キロ先の海に向かって移動」し始めたが、全部が通り過ぎるのに四日かかった。「彼らは海氷の上を進み続け、最後には水中へ飛び込んで溺れるまで海岸を泳いでいた」と別の目撃者が書いている。一九世紀の船乗りが、何百万というレミングがノルウェーの深く狭いフィヨルドでもがいているのを見た。「あまりにもたくさんトロンヘイム・フィヨルドの奥へうじゃうじゃと出てきたので、蒸気船が通り抜けるのに一五分かかった」とある船乗りが物語った。集団移動は彼らにとって残念な結果に終わったのだ。多くのレミングの死体が見られた。氷の張った湖に飛び込み凍え死んだものたちだ。

これらすべては何を意味したのだろうか。古代のラップランドの言い伝えによれば、レミングは天上の山々に生じ、突然空から雨のように降ってきて地上に現れた。そこで集まって群れになり、帰る道を探しているのだ。触ると有毒だと言う者もいた。クロッチに言わせれば、レミングが海へ向かって移動することは古代アトランティスを暗示することなのだ。クロッチは「以前に獲得した経験のすでに目的を失った、時には有害でさえある遺伝」が海へ向かうレミングの移動を引き起こしたのだと推測した。ひょっとすると、レミングの目的地はかつて陸地だったところ、ノルウェー北部のどこかに隠れているアトランティスだと彼は憶測したのかもしれない。

コレットの物語はこれとは違う衝撃をエルトンに与えた。[6]ことによるとレミングはどこかへ辿り着こうとしたからではなく、その反対の理由で海へ向かったのかもしれない、なぜならレミングはどこへも辿り着かないことを知っていたからだと彼は考えた。これはエルトンの師、アレクサンダー・カー＝サンダースが著し、エルトンがむさぼり読んだベストセラー本に書かれていたことと同じような行動だったのだ。太平洋の島フナフティ（現在はツバルの首都）では、生き残る子どもが四人になるまで生まれた赤ん坊を一人置きに殺し、その後は生まれた赤ん坊をすべて殺すしきたりがあったと書いていた。この文化の習慣は露骨だが効果的な人口調整法だとカー＝サンダースは書いている（感傷的な部外者がこれに干渉すれば人口爆発を引き起こしてこの社会を破滅させることになる、と彼は警告している）。

確実な死へ向かって移動することで、レミングはフナフティと同じ成果を達成した。彼らは食料供給の制限に耐えるという惨状から全個体を守るために間引きをしたのだ。あるいはレミングの自殺移動はミスや人為効果ではなく、この明快な理由を存続させるために出現し継続しているのかもしれないとエルトンは考えた。レミングの個体数はある時点まで増大し、その後移動による集団自殺を行った結果減少した。このことが、不思議な個体数変動がなぜ飢餓や惨事と時間的に一致しないかを説明するのだろう。

エルトンはコレットの発見に関する独特の解釈を詳細に書いた論文を[7]、一九二四年にイギリス実験生物学雑誌に発表した。論文はこの現象の見事に公平な記述で始まっている。「レミングは長年にわたって、ノルウェー南部の大衆の注意を周期的に引いてきた。秋になると低地へ向かって群れ下り、多くの場合泳ぎ渡ろうと大変な速さと決断をもって海中へ向かって行進するが、その結果非業の死を遂げる」と説明している。エルトンはレミングの移動どころかレミングそのものを見たこともなかったが、文学者の息子で児童書の著者――かつ将来の詩人の夫――として、叙情的になるという誘惑に抗し切れなかった。レミングは「危険を気にも留めず混雑した往来を進み、恍惚《こうこつ》として鉄橋の端から自らを投げ出す」。そして海には「嵐のあとの地表の葉っぱのようにレミングの死体が散らばっていた」と書いている。

こんな派手な記述は、突如として仲間の動物学者たちの注目を集めた。さらに結構なことに、エルトンにはレミングがなぜそんなことをするかについての整然とした説明があった。個体数変動の起源という、広範で経済的に切迫した課題に光を当てる説明だ。「この現象は[8]人類の嬰児《えいじ》殺しに類似していて……移動の直接の原因は個体数の過剰増加だ」と説明した。

エルトンは、動物の個体数が周期的に増減する理由を説明する不思議なX因子を発見していた。[9] それは個体数の大きさを調整する秘密の動因だった。「予見的」で「独創的」だと賞賛されたエルトンの論文は個体数変動という問題に対する動物学者たちの関心を新たにした。これは「現代の生態学の礎石の一つとなった」とバイオロジカル・レビュー誌に二〇〇一年に掲載された論文が評価している。オックスフォード大学は動物群集局という新たな研究機関を設立し、エルトンを所長に任命した。科学者たちはもっぱら個体数変動に焦点を定めた協議会を組織し、ヨーロッパおよびアメリカ全域で室内実験を行い、野外調査を実施し、動物が自分たちの数を調整する動因を記述・説明するための数理的公式を求めた。

生物学者たちは、自殺移動のためのこの秘密の動因がレミング以外の動物種で表れるのを発見した。[10] たとえばミシガン大学の動物学者マーストン・ベイツは、南米の蝶の「集団自殺」のことを書いている。「あらかじめ決められた数という圧力が新たな地域へ向かう爆発的移動を引き起こし、そこで移動個体は死ぬ。いわば集団自殺だ」と彼は説明した。彼は何百万という南米の蝶が「確実な死」のために海へ向かって飛ぶのを観察した。「自然のバランス」の結果だ。科学者たちは魚の群れがわざわざ船体に突進して死ぬことや、渚に座礁して自殺するクジラに思いをめぐらせた。ひょっとすると自己破壊的衝動も、自分たちの個体数を認識していること、そしてそれに付随した、同胞のために自分たち自身を殺戮《さつりく》するという動因によって強要されたのかもしれない。

人々がわざわざ自分たちの子どもを殺したり、野生動物がわざわざ自殺したりするという想定を、著名で高度な教育を受けた科学者たちがたやすく受け入れるという事実は衝撃的だ。彼らは移動のない、境界で閉ざされた世界の概念を信頼していた。実際には、生物種は、試験官の中の酵母のように、通行不能の境界で囲まれたニッチに閉じ込められてはいなかった。各個体は移動して個体群を出入りしていた。そして生育地内の環境もまた動的であって、各個体は独自のやり方でこれに対応していたのだ。時にうまくいくものもあれば、そうはいかないものもあった。個体群も棲んでいる環境も、その構成が常に変化したので、個体数は増えたり減ったりしたのだ。

科学者たちが考え込んでいた個体数の変動は、生息地を囲む境界が通過可能で繁栄のための移動を許していることを知らなかったというだけで、矛盾に思われていた。そして当時はダーウィンの自然淘汰説が広く認められていなかったので、自殺に向かう移動という考えが受け入れられたのだ。ダーウィンの説では自殺に向かう移動が進化するメカニズムなど認めていない。説によれば、ほかのものより多く子どもを育てた個体の形質が個体群で支配的になるのであって、わざわざ自分を破壊するものの形質ではない。もし自殺という特質が生じれば、その個体は自分で自分を殺してしまい、向こう見ずに断崖から飛び降りないレミングが置き換わるだろう。換言すれば、集団自殺の繰り返しは、自然界では起こりえないのだ。

しかし当時の動物学者にとっては、ニッチ内に隔離された均一な個体群が個体数抑制の方式として移動するという考えは理にかなっていた。二〇世紀の動物学者たちは、実際には、生態系や社会が依存していて、生気を与えてくれる生物学的および文化的多様性という動因を死の動因だと思い込んだのだ。

「ガウゼの法則」

エルトンにとっては、リンネにとってと同じく、自分の反移動という考えを駆り立てる信念[11]は過去にかかわっていた。彼にとって自然は常に静止状態で存在していた。地勢は不滅だった。「陸と水の主要部は全時代を通して現在とほぼ同じだった」と書いている。いつの時代も不動であった地勢には野生生物たちが棲みついていて、それぞれ自分のニッチ内に定着した。独特のニッチ内で累代《イーオン》を通して棲むうちに「ほとんどすべての動物が、狭い環境条件の範囲で生きるために多かれ少なかれ特殊化していった」とエルトンは自著の一冊に書いている。

この、歴史に関する概念は、新来者よりも在来者を高みに置くという通俗的慣習にうまく合致した[12]。所定の場所に棲んでいる植物や動物は、その生息地との独特で特別な関係を享受しているという考えが社会全体に表れた。博物館ではキュレーターたちが、収集物のうち原産国名以外に情報がない標本を、それ（原産国名）だけが見学者が知りたいことのすべてであるかのように説明した。イギリスの慣習法では、自分の出生国に住んでいる人は特別な自動的市民権、つまり「土地の権利」を表すラテン語の*jus soli*として知られる条項を享受できる。根底にある歴史に関する考えが、欠陥のある生殖質を持ち込もうと持ち込むまいと、必然的に移住者を生態学的トラブルメーカーに変えた。

エルトンの自然観では、新来者を受け入れられる余剰の収容力はない。「余分の」ニッチはないのだ。この点を実証するもっとも有名な実験は一九三〇年代初期に行われた。一九三二年、ロシアの生物学者、ゲオルギー・フランツェヴィッチ・ガウゼが糖分の液体を満たした試験管に二種の酵母、サッカロマイセス・セレビシエとシゾサッカロマイセス・ケフィアを入れた。ときどきその小さな試験管をゆすって中身が十分に混合した状態を維持した。栄養素を添加し、水で元気を回復させた。両種の酵母をともに持続させるために栄養素を大量に与えて培養した――同じ試験管にいる以上、二種の酵母はそれを分け合うはずだ。

最初、両種の酵母の個体群は継続的に補給された栄養素でともに増大し、増殖した。しかしその後、利用できる栄養素と水が豊富であるにもかかわらず、一方の酵母が病み始めた。数が減少した。ライバルの酵母が強くなると、衰退中の酵母は間もなく、試験管内の同居人の排出物中のエチルアルコールによって毒殺されて崩壊してしまった。この現象は「競争排除」、あるいはもっと簡単に「ガウゼの法則」として知られるようになった。

ガウゼの法則に従えば[13]、日常会話で言うところの「分かち合い」のようなことは存在しない。資源が豊富にあるにもかかわらず、二種の生物が同じニッチを分かち合うことは生物学的に不可能だ。新来者か在来者か、どちらかがガラスの試験管内のアルコール感受性酵母のように破壊され、毒殺され、消滅するのだ。

何年にも及ぶ実験と数学モデル[14]によってガウゼの発見は追認された。これは一つには、否定的な結果は退けられるはずという安易な見通しによるものだった。生物学者たちは同じような特色のある二種の生物を同一の場所に投げ入れたのだろう。あるときには一方が繁茂して他方が病み衰える。この場合にはガウゼの法則が証明されたと結論づけた。別のときには両方とも繁茂しただろうが、同じような二種が同一のニッチを実際に分かち合ったと結論づけないで、この二種にはまだ発見されていない生態学的相違があって、同類ではないに違いないと主張したことだろう。つまり、実際には同一の生態学的ニッチを分かち合ったわけではないから両方が生き延びた、というわけだ。

自然は本質的に「満タンである」という信念[15]のもと、アメリカおよびイギリスの専門家たちは野生の移動者たちを危険な侵入者として攻撃目標にし始めた。彼らにとって新来者の出現は、ガウゼの法則が明らかにしたように確実に自然を終焉させる前兆だった。そしてエルトンによれば、移動運動には肯定的な生態学的機能はまるでなかった。移動者はどこかに到着しようとするのではなく、逃げ出すための無駄な旅を始めたのだとエルトンは言った。「多くの動物はどこか特定のところへ行くというよりも、特定のところから逃げ出そうと、大規模な移動をする」と書いている。そこに「うまく適合」できなかったときには、これら新来者たちは「大惨事という結果」を引き起こした。ヨーロッパの動物学者はアメリカのハイイロリスその他の北米産の動物種（「外来生物の恐るべき侵入」とある専門家が一九三〇年代初期のBBCラジオ番組で述べた）が来たことに不満を訴えた。アメリカではイギリスのスズメやムクドリの侵入に不平を述べた（ある動物学者が「ヨーロッパの生物が今アメリカへ侵入している」という記事をニューヨークタイムズ紙に書いた。政府の役人によれば、ムクドリは「悪しき市民」で「好ましからざる外来者」だった）。エルトンの友人で生態学者のアルド・レオポルドは「メキシコ産ウズラの軽率な輸入」とそれがどんなに「マサチューセッツ州の頑強なコリンウズラの血を薄めたか」について罵倒した。これは「Game System Deplored as a Melting Pot（るつぼとなった嘆かわしき狩猟システム）」なる雑誌記事に載っている。

ドイツでは、外国産だと見なした植物を地表から一掃した[16]。ナチの指導者たちは地元民に、庭から「外国の」植物を取り除き優れた品種を保持して新型の景観デザインを実践するよう通達した（多くの人が維持していた伝統的な庭園は質の悪い「南アルプス山脈の」品種によって特徴づけられていると、ナチの造園師ウィリー・ランゲは嘆息した）。ハインリッヒ・ヒムラーは何百万人ものジェノサイド指揮に加えて、「非原生」と見なされるいかなる植物を用いた景観デザインをも禁ずる命令を発布した。「植生図作成」のための帝国中央局は、繊細な花を咲かせるハーブ、インパティエンス・パーヴィフローラ（スモールバルサム）を「モンゴルの侵略者」と呼び、その根絶を推奨した。ナチは「天然」だと考えられる野生種を熱心に保護した。彼らの統治下では、ワシを一羽殺すことは死をもって罰すべき犯罪であった。

エルトンは野生生物の移動が危険だ[17]という自分の考えの意味を、人間の移動にまではっきり拡大してはいなかった。しかし大体のところ彼は、個体群の移動と周期に関する自分の発見は、彼が見つけた特定の野生種を超えて適用できる普遍的原理を説明するものだと思っていた。歴史家トーマス・ロバートソンが書いているように、エルトンにとって、自然界と人間社会を隔てる線は「そのほとんどが細いものだった」。彼は、普通は人間に使われる言葉を使って動物の行動を表現することでそれを明らかにしている。たとえば、あるところで彼はレミングの移動を「相当に悲劇的な難民の行進であり、人口稠密な土地の望まれざるよそ者の、妄想に取りつかれきった行動」と呼んでいる。

エルトンの考えは「人間の数は調整されているべきだという方針に少なからぬ光を当てた[18]」ことをある裕福なファンが嗅ぎつけた。ガウゼの法則のような原理は「多くのアカデミックな研究分野に応用される」。その前提を受け入れれば「理解のルネッサンス」を引き起こすだろうと、カリフォルニア大学の生態学者ギャレット・ハーディンが言い添えた。

優生学の流行[19]はドイツをはじめとするヨーロッパの国では勢いを増したのだが、アメリカでは一九三〇年代までに先細り始めた。新来者に関する懸念は国境閉鎖につれて沈静化し、その減衰によって優秀人種やそれが自動的に享受する高級な生活について語る熱狂は鈍化した。

しかし科学者たちは、境界が閉鎖された世界での移動を異常とするリンネの論に対する疑念を捨てなかった[20]。ニューヨーク動物学会はエルトンのオックスフォードでの研究に対し、財政支援をした。マディソン・グラントは一九二五年、この学会の会長に昇進した。

イギリス軍が捉えた鳥の移動

野生の移動者を、「犠牲となったゾンビ」や「悪意のある侵入者」とする科学の捉え方は、大部分がそのまま続いていた。移動生物が旅する本当の規模や程度が依然としてはっきりしていなかったからだ。

目的のはっきりした力強い運動がそこらじゅうで起こった。ゆっくりと着実なものも華々しく劇的なものもあった。重さ〇・五グラムもない小さなオオカバマダラが北米東部とメキシコ中部の間の三〇〇〇キロを飛ぶ。集団はそこで屹立《きつりつ》するモミの木々に出会う。インドガンがヒマラヤのぎざぎざの峰々を越えて舞い飛び、薄く冷たい夜の空気の中、時速一キロ以上のペースで海水面から六〇〇〇メートル昇る。サルガッソー海のウナギは大西洋を越える大旅行に備えて、それとわからない形と色に変態する。

しかし実験室内で移動行動を研究することはできない。ラットの学習能力は、レバーを引けば食べ物が一かけ手に入る箱に閉じ込めれば証明できる。サルに母性愛が必要なことは、ミルクの入った瓶とタオル地で包んだ彫像を入れた金網ケージに閉じ込めればわかる。しかし生き物の移動しようとする衝動を箱やケージの中で再現するのは容易なはずがない。しかも科学者は野外でそれを観察する手立てを持たないのだ。

大洋や大陸を越えて毎年移動する何十億もの鳥の多く[21]は夜の闇に覆われて飛ぶ。人の目に触れるのは都合の良い場所の都合の良いときだけだ。カナダ・オンタリオ州のピーリー岬では幅の狭い湿地帯の砂嘴《さし》がエリー湖に延びていて、そこでは何百万匹ものオオカバマダラが南へ向かって飛ぶのをしばらくの間観察できる。パナマ運河の岸辺沿いでは五〇万羽以上の猛禽類が頭上を移動するのを見ることができる。スウェーデン・ファルスターボの長さ五キロの砂嘴沿いでは二五種からなるおよそ二〇〇万羽の鳥が上空を移動するのが観察できる。秘密の場所へ行って夜空を見上げれば、月面を横切る何千万羽もの鳥の渡りを見ることができる。一夜にして、五〇〇万羽の渡り鳥が二〇〇キロ彼方への旅の途上に頭上をよぎるのだ。

地勢の特殊性が移動動物を一時的に密集集団にまとめる、こうした壮観のほとんどは、熱帯の洞窟の裏側にある浜辺と同様、知られないままである。不動という旧来の世界観を持っていては、見てみようと思う者さえいなかった。

これが変わり始めたのは、イギリスの技師たちがラジオ波を空中へ送り、それが通過物体に当たって得られたエコーの分析法を考え出したときだった。radio detection and ranging（電波探知および照準）から

radar《レーダー》と愛称をつけた装置を設置することで、彼らはかつては見えなかったあらゆる種類の運動を追跡することができた。第二次大戦中、沿岸のあちこちに設置されたイギリスのレーダー観測所は敵軍の航空機や船舶を追跡調査した。

一九四一年三月のある晩、ロンドンに爆弾が雨と降っていた頃、英仏海峡を横切ってゆっくりと動く飛行体の大編隊をレーダー技師が拾った。報告にあるこの編隊をドイツ軍来襲による猛攻と思った軍当局は、イギリス空軍に緊急非常事態警報を発した。ブリップ〔レーダースクリーンに現れた光点〕は接近し続けた。ロンドン南西部ドーセット沿岸六五キロ圏内に到着したとき、イギリス軍のパイロットたちは侵入者の進路遮断と迎撃の指令のもと、コックピットによじ登ってすでに暗闇に包まれた海峡上空へ飛び出していった。

しかしパイロットたちがレーダー信号の発生地点に着いてみると、さざなみの立つ海の上に聞こえる音といえば自分たちのエンジンの音だけだった。夜の空は澄み切り、視界に敵の機影はなかった。

パイロットたちは混乱して基地へ戻り、謎のブリップが分裂してばらばらのエコーになり、その後次第に消えていったことを知った。

戦争中、奇妙な信号はレーダー基地を悩ませ続けた。不思議なことに信号が広がって輪になり、同心円になり、ゆっくりと消えていき、何もなくなってしまうということだけのために、そのつど軍の部隊に厳戒態勢が敷かれたのだ。この信号を生んだものが何者であれ、「知る限りの空気力学の法則を平然と無視した」と、ニューヨークタイムズ紙が報告した。この信号は昼夜を問わず届いた。風に逆らって動いたことがある。風よりも速く動いたことさえある。

鳥類学者デイヴィッド・ラックは、この奇妙な信号に関して一家言あった。[22] ラックとエルトンはともにジュリアン・ハクスリーのもとで学び、オックスフォードの隣接する研究機関でそれぞれ頂点に上りつめていた。しかしこの二人の学者は二本の平行線のように並んで仕事をし、また生活していて、決して交わることはなかった。ラックが信心深いクリスチャンで、音楽を愛するバードウォッチャーで、整備の行き届かないコケの生えた車でうろついていたのに対し、エルトンはオートバイと飛行機に乗って走り回っていた。めいめいの研究機関は互いに隣り合っており、私的な住居はわずか一〇〇メートル離れているだけだった。しかし、二人の専門分野および地理上の近さにもかかわらず、ラックとエルトンが付き合うことは決してなかった。オックスフォードで二人は、隣接する自分たちの研究機関の間にあるドアに常時鍵をかけていた。移動と自然界におけるその役割に関する二人の考えも同じように遠く隔たっていた。

ほかの科学者と同様、ラックも戦時活動に動員されており、レーダー技術を業務とする特殊部隊に勤めていた。彼は自分が遭遇した問題に対処できるだけの鳥類学の専門的知識を持ち合わせていた。何年も鳥を観察していたのだ。学生時代、ベッドに座ってギターを弾きながらゆで卵をまるごと食べていた。カルシウムを余分に摂るために殻ごとだ。オックスフォードの研究者時代には、着古した長いレインコートを着て木々の間に隠れ、好きな生き物をこっそり観察して多くの時間を過ごした。長い間鳥を観察したおかげで、彼は鳥の群れが高速船と同じくらいのスピードで飛べることを知った。ムクドリの群れでさえ、レーダー技術者を惑わせるかもしれないエコーを引き起こすことができたのだ。カモメやハイイロガンのような大型の鳥だってできた。

ラックは自分の科学的発見を擁護するためには、旧来の通説を転覆させることを恐れはしなかった。かつて、裏庭で同じコマドリが一七年間生きていたと言い張る高齢のバードウォッチャーの激しい怒りを買ったことがある。コマドリはそれほど長く生きないからそんなことがあるはずがないと説明すると、彼女は傘で彼の頭を叩いたのだ。

しかし、レーダーの奇妙な信号は飛翔中の鳥が起こしたのかもしれないというラックの提案を、軍の高官たちは馬鹿にした。彼らはたいていの人たちと同様、木などにぶつかるから、夜には鳥はあまり飛ばないのだと信じていた。加えて、鳥は小さく繊細なもので、レーダーが追跡する一二〇〇馬力のダイムラー・ベンツ社製エンジンを搭載するドイツの戦闘機とはまるで違う。そんな小さな取るに足らない生き物と戦時技術の驚異とが、どうやったら比べ物になるんだ？

あの気味の悪い信号は、あの世から一時的に戻ってきた戦死した兵士からの霊的なエコーに違いないと、彼らは判断した。それを「レーダー・エンジェル」と呼んだ。

レーダー・エンジェルが実際には空飛ぶ鳥だとラックが確認するまで数年かかった。ある夜、彼と同僚たちはレーダー・エンジェルの信号の正体を調べようと外へ飛び出して、ムクドリでいっぱいの立ち木を見つけた。見ていると、鳥たちは突然一斉に飛び立ち、その木を中心にしてほかの木々の上に同心円状にとまった。記録された説明のつかないレーダー・エンジェルの信号そのものだった。

ラックは長いあいだ秘されていた彼らの移動を暴こうとレーダー技術を使い、鳥類研究に変革を起こし続けた。だが一切の移動性の世界を垣間見るには、その気になって観察するだけで良いことがよくあった。

戦争が終わったあとのある日の午後、ラックと妻は、フランスとスペインを分けるピレネー山脈を通る、めったにないすばらしい高所の山道へとハイキングに出かけた。彼らは空飛ぶ移動動物をたくさん見られるとは期待していなかった。たとえば鳴鳥《めいちょう》のような生き物は山道を避けるし、蝶のように弱々しい飛翔生物は山頂付近に吹きつける風に抵抗できない。

二人が標高二三〇〇メートル地点に到着するのに四時間かかった。ラックは何年か前にベル麻痺《まひ》〔顔面神経麻痺〕に見舞われ、顔の片側が麻痺していた。あら探し屋たちは彼の顔のことをゆがんで永遠の冷笑になったと書いたが、その日の午後にそれが何かほかのものに変形したのは疑いない。高地の山道で休んでいると、何かの集団が空中を動いて自分たちの方へ向かってくるのが見えた。二人が衝撃と歓喜のうちに見守っていると、その傍らを、何千匹もの蝶と何百羽もの鳴鳥が突進していった。

彼らは風に逆らい山を越えて飛んでいた。移動と移動者についての知識と正しい評価のすべてをもってしても、ラックは移動中の生き物の身体能力と動因を見くびっていたのだ。

侵入生物学の誕生

戦争前、移動者が引き起こす生態学的脅威についてのエルトンの懸念は、たいていの生物種はその場を動かないという彼の観念によって抑えられていた。しかし兵員が新型技術の助けによってヨーロッパ中を縦横に移動するのを見て、エルトンは脅威が存在しないとする論を疑い始めた。

戦争中、彼は入隊していて、イギリスの食料供給が滞らないよう齧歯類から守る仕事を手伝っていた。戦時プロパガンダはこうした齧歯類を「事実上はナチの同盟軍」[23]と見なしていたと現代の批評家が述べている。戦以前に研究したことがある生き物が駆除作戦の対象になると、移動動物が引き起こす脅威に対する彼の評価は新たな方向へ向かった。エルトンは至るところで、野生生物たちが新たな場所へ移動し、大災害を引き起こしているのを見た。

彼は記している。アジアのクリの木[24]は「クリ胴枯れ病」を引き起こすエンドシア・パラシティカという寄生性真菌を持ち込んでいる。これがアメリカ東部のクリの木をほぼ絶滅させた。ヨーロッパでは、チェコスロバキアの大土地所有者が北アメリカ産のジャコウネズミを五匹持ち込んだ。彼らは増殖して一〇〇万匹単位になって農耕地で暴れ回り、大小河川の土手に穴を開けた。アメリカ中西部では運河の構造が吸血性のウミヤツメを五大湖へ呼び込んだ。地元の湖のマスの個体群が崩壊した。エルトンはこれを「世界の動物相および植物相における歴史的大激動の一つ」と呼んだ。

エルトンは戦後の自著、ラジオ講演、それに論文で、[25]戦争用語を用いて警鐘を鳴らした。「これはわれわれを脅すただの核爆弾ではない」と宣言した。野生生物の移動による「侵入」は「爆発的暴力」を引き起こした。やつらは「攻撃と反撃」を伴った「奇襲攻撃」に着手した。そしてやつらの目的はイギリス人が戦ったナチの侵入者のそれと同じなのだ。つまり完全なる支配か、さもなくば「自分たちが二度と駆逐されそうもない領土の最終的拡張と占領」である。

新来生物種がたとえおとなしそうに見えたとしても、[26]姿を見せたということは危険の前兆なのだと彼は言った。「たちまちはびこって、すぐにでも大勢力の厄介者になろう」と待ち構えているだけかもしれない。侵入者は早晩本来の生息生物を凌駕《りょうが》し、それに取って代わり、生態系全体を矮小《わいしょう》なものにしてしまうだろう。野生の侵入者は「最後にはヨーロッパ大陸の豊かな動物相を、最強の生物種だけでできた動物相世界へと衰退」させるだろうと警告した。侵入種は「動物学上の大災害」を誘発するだろう。

移動中の生物を「侵入者」[27]、彼らの影響を「大災害」と表現するために、エルトンは持ち込まれた生物のうちもっとも破壊的なものだけを用心深く選んだ。彼はまた、持ち込まれた生物による損失だけを勘定し、それらが与えてくれた恩恵をまったく考慮しなかった。明らかな恩恵はたくさんあった——少し挙げただけでもトウモロコシ、大豆、小麦、綿などの収穫物、これらはすべて、ある大陸から別の大陸へ持ち込まれた植物に由来するものだ。

生物学者がのちにGPS技術を使った研究で詳細に記録しているように、自分自身の運動によろうと、風に運ばれようと、あるいはほかの移動生物の背に乗っていこうと、野生生物は人間と同じように常時動き回っている。絶え間なく変化を続ける地勢に己を差し挟み、たいていは失敗し、もがき、一時的な群れに目立たずに入り込む。その集団は彼ら自身をダイナミックに取り合わせたり取り合わせ直したりする（これが、ある自然環境から別の自然環境への種の導入が一般に生物多様性を増やすことを生物学者たちが発見してきた理由だ）。湖や島などの比較的閉鎖された生態系に捕食動物や病原体を導入すると、既住の生物の絶滅を起こしうることは事実だ。しかしほとんどの生態系は周囲を境界で囲まれてはいない。

エルトンはＢＢＣ放送の一連の番組に、「The Invaders（侵略者）」という率直なタイトルをつけて、侵略的生物に対する警告を発した。[28] それからこのテーマに関する短めの本を書いた。その本は彼のほかの本に比べ、「大急ぎで書かれ、首尾一貫せず、深く考えられていなかった」と、歴史家マシュー・チューは書いている。エルトンもそのことを自覚しており、およそ一週間のラジオの講演をもとにしてこの本を作っているのだと、自分の学生の一人に打ち明けている。「確かに私はあの放送で語った。今あれを四万五〇〇〇語の、大量の図版入りの本に直している……九週間で書き上げる」

一九五八年発行の彼の著書『侵略の生態学』は世界中の国立公園の管理と野生生物保護事業を活気づけた。この本は移動する生物のマイナスの影響を実証するための調査という、まったく新しい研究分野を立ち上げた。「侵入生物学」として知られる分野で、一九八〇年代に始まったものだ。二〇〇〇年に、この本は「われらが世紀の主要な科学書の一つ」[29]として今後数十年間賞賛され続けるだろうと、科学ライターのデイヴィッド・クォメンが予言した。

集団自殺の真相

一九五八年、レミングの自殺に向かう移動という壮観が大衆の意識に植えつけられ、その同年に『侵略の生態学』が出版されたのだ。

国内最有力でもっとも有名な制作会社、ウォルト・ディズニー・スタジオ[30]が当時最先端の映画技術を使って「白い荒野（原題White Wilderness）」を製作し、凍りついた北極の不気味で希少な世界を見せてくれた。映画製作のため、九人の撮影者が「何千マイルものツンドラ地帯、湖水地方、山々、氷の張った川」を踏破しながら、「雪が薄く覆った荒野を放浪した」とニューヨークタイムズ紙が報じている。その年もっとも期待されたこのドキュメンタリーは、ベーリング海の島々からセレンゲティ平原まで、地上の最果ての地を記録した驚くべき、誰も見たことのないフィルム映像で、自然界の奇妙で謎に満ちた現象を披露するシリーズの一三作目だった。「白い荒野」には、「当年のもっとも野心的冒険譚《サーガ》の一つ」を見せてもらうことになるだろうと、ある映画コンサルタントがタイムズ紙に語った。

映画ファンたちは封切りに駆けつけ、暴風になりそうなある八月の午後のニューヨーク、ノルマンディー劇場の豪華なモヘア織りビロード張りの椅子に納まった。彼らはこのドキュメンタリーの、この先何年間ももっとも衝撃的であり続ける映像のことを話していたことだろう。その六分間のシーンでは「自然界でもっとも奇妙な現象」が描かれていたと、ディズニーが述べている。

そこではレミングが集まっている氷で覆われた光景をカメラがパンする。レミングには長い頬ひげと豊かな柔毛があって、まるまる太ったふわふわのハムスターのようだ。まず、地面と互いのにおいを注意深く嗅ぎながらあてもなくさまよう。しかしその後、ゆっくりと凍てついたツンドラを横切って移動し始め、勢いがつくに従い、小さな足が雪の小片を後ろへ弾いて進む。

ナレーターは、彼らの行く手には崖——このシーンには描かれない——があると説明する。毛皮の大群が断固として行進を続けると、「前途には北極海の岸とその先に、海」、とバリトンのナレーション。「そしてこの小さな動物たちは依然として、前に向かって波のように打ち寄せる」

それをカメラが追う。「彼らは最終地点の断崖に着いた。今が戻る最後のチャンスだ」。ナレーターが言う。

レミングの行動について専門知識があると自慢できる観客はいなかった。しかし、動物行動の指針となる原理は人間の行動のそれと同様、自己保存であることを学校の生徒たちだって皆知っていた。スクリーン上ではレミングが崖っぷちの岩に到着し、鋭い爪でその端をつかんでいる。レミングたちはためらう。

一匹、また一匹と飛びはねる。

次の場面は空飛ぶ毛皮のボールだ。小さな足が空《くう》をかいている。

それからカメラは崖の下の海、何の変哲もない灰色の果てしない広がりへと移動する。落下するレミングの体が凍てつく死の深みへと突っ込んでいく。それが素早い一斉射撃となって海面に穴があく。

幽霊の出そうなシーンだ。レミングは誤って落ちたのだろうか。彼らが突っ込んだのは何らかの奇怪な誘導ミスの結果なのだろうかと、観客は不思議に思ったことだろう。そうではない。レミングの「得体の知れない死の行進」は「盲目的な、本能的衝動」に由来するのだと、映画製作者は説明した。彼らの集団自殺は異常なことでも事故でもない。自らを崖から放り出すのはレミングたちにとって想定されていたことだ。

「人間が自然界の神秘をすべて理解することはできない」と、ナレーターは言う。

エルトンは今日、動物生態学「創立の父」として[31]、また生物学における「傑出した人物」として記憶されていると、ロンドン王立協会は述べている。しかし、彼はレミングの物語を何度も何度も繰り返し語ったのだが、彼も同僚たちもレミングが移動して海に入るのを目撃したことはなかった。科学者たちが何十年もこの現象を見ようと試みたすえ、自慢できたのはレミングが通過しているたった一枚のぼやけた写真だけだった。一九三五年、エルトンの学生の一人、デニス・チッティがレミングの移動を研究する計画を持って、勇を振るってカナダの北極地方へ入った。「レミングがオーバーランする」地を見つけるつもりだったと彼は述べている。彼は船でハドソン湾を北上し、バフィン島をめぐり、北へ向かってエルズミア島へ、それから西へ向かって北西航路を旅した。一行は七週間、冷たい強風が何千マイルも覆っている中を航行した。彼らは「レミングの古い糞のかたまり」を見たが、本物のレミングは一匹たりとも目にしなかった。五〇年後、チッティはノルウェーのフィンセでもう一度挑戦した。その年レミングが大発生しているとの報告を受けたのだ。彼が到着したときには消えていた。

レミングに関する真相が明らかになったのは[32]、生物学者たちがレミングのなわばり内の雪の下をじっと見たときだった。レミングは北極海の凍てつく深みに消えたわけではなかった。穴を掘り、雪の下に隠れ、コケを常食とし、真上にある雪を融かす温かい地面が作った「サブニベアン・スペース（積雪下空間）」として知られる小さな隙間で子どもを産んでいたのだ。生物学者たちは何年もそこに目を向けていなかった。雪の下で子を産むなど、生物学的に不可能だと思われていたからだ。

自然環境を念入りに調べる人間の誰からも知られることなく、雪の多い年に雪の覆いの下で彼らの数は増えた[33]。雪が融けるとトンネルや穴は融けた水でいっぱいになり、突然そこを立ち退かされることになる。まるでどこともわからぬところから、彼らは突如として夥《おびただ》しい数で現れ、通ったあとには海氷が点在している。その後冬が近づき雪が大地を覆うとまた雪の下に潜り、不思議なことに消えてしまったように見える。

エルトンが信頼していたコレットの著書はリンネの持論の元ネタ、つまり神話と伝説と「ノルウェーの船員から聞いた雄鶏と雄牛の物語[34]〔まゆつばものの意〕」を合成したものみたいだったと、生態学史家ペーダー・アンカーが説明している。エルトンはその本の自分の粗雑な翻訳に信頼を置いていないことを自覚していたのかもしれない。

自殺に向かうレミングの移動の科学的根拠は一連の誤解によって具体化されたのだが、その一般化は意図的な欺瞞《ぎまん》の結果だった。一九八二年、カナダ放送協会が「Cruel Camera（残酷なカメラ）」という、映画の中の動物虐待に関するドキュメンタリーを放映した。そこでは「白い荒野」においてレミングの移動がどのように撮られたかが詳しく述べられた。

レミングの自殺に向かう行進が放映されていた[35]。ディズニー映画製作者は一人のアニマルトレーナーを使っており、そのトレーナーは自分たちの野生動物のドキュメンタリー用に小さなスタジオとセットを建てていた。彼はガンが飛んでいるシーンを作るのに、たとえば捕獲したガンを送風機の前に置いた。アニマルトレーナーと彼のチームは地元の子どもたちを雇って、一匹当たり二五セントでレミングを捕まえさせた。それからそのレミングを、一六〇〇キロ彼方のカルガリー郊外に建てたセットへ輸送したのだ。レミングたちに回転台の上を走り回らせて撮影した。こうするとレミングの群れがまっすぐ走っている様子を作り上げることができる。

その後レミングを集めてトラックに載せ、カメラを回しながら彼らを川岸へどさっと捨てる。レミングは自殺なんかしていなかった。惨殺されたのだ。

「白い荒野」は暴露番組が現れるまでの数十年間で、大衆の心に浸透した[36]。レミングの自殺シーンは「白い荒野」が批評家の賞賛を浴びてヒットするのに一役買った。一九五九年、この映画は最高のドキュメンタリー長編特別作品としてアカデミー賞を獲得した。何年間も国中の公立学校で公開され、移動生物の死が生態学的に必要だというエルトンの殺伐とした見方を大衆にもたらした。

私は一九七〇年代の終わり頃、コネティカット州の郊外にある中等学校の蛍光灯のともる教室でレミングの自殺について知った。その物語には陰気な魅力があった。一途なレミングたちが私のペットのハムスター、ハミーにどんなに似ているかということにショックを受けたのを覚えている。目の前にある欲の対象に夢中になる無邪気な生き物というあの子の性質が突然疑わしく思え、スリル満点の気分だった。

レミングの猟奇趣味の移動は国民の心をとりこにした。[37] 彼らの集団自殺は、あっという間にあらゆる種類の自己破壊的行動の文化的省略表現になった。カリフォルニア州バークレー出身のある音楽グループは自分たちのことをザ・レミングズと称し、彼らのアルバムのカバーに、一列に並んだ自動車が崖から海へ突っ込んでゆく絵を載せて売り出した。ザ・ニューヨーカー誌の漫画家ジェイムズ・サーバーは「レミングとのインタビュー」の中でレミングと科学者との会話を推測している。科学者が言う。「どうして君たちレミングが殺到して海へ下って自分で溺れるのか、私には理解できない」。レミングは言う。「なんとおかしなことを。僕には理解できないことが一つある。どうして君たち人間はそうしないかってことだ」。イングランドの詩人パトリシア・ビーアは、「冷たい海」に注がれるレミングの「熱い血」について陰気な調子でレコードに録音した。戦時中には何百万人もが「レミングのように」死に向かって行進した[38]と、心理学者ブルーノ・ベッテルハイムが述べた。生物学者リチャード・A・ワトソンは「戦争はレミング的狂気の究極の表現だ。それは大いなる必要性のもと、多くの人々の心を捕らえる」と書いている。

この映画が初めて世に現れた一九五〇年代の終盤、自然界で起こる自殺に向かう移動という概念は、いまだ生々しい第二次大戦のトラウマに意味を持たせる一助となった。兵士や亡くなったほかの者たちは、自分たち自身を犠牲とすることで自然のバランスを保ったのだ。ちょうど、移動するレミングが自ら海へ飛び込んだように。移動行動のしかるべき結末は、換言すれば、死だったのだ。

アメリカなどを囲む国境が固く閉ざされたため、移住者が自ら殉教者にならなければ起こるかもしれない、政治的および生態学的難題のことを誰も深く考えようとはしなかった。

それは変わるはずだ。

第6章　人口増加を抑制せよ

閉鎖環境下の動物

一九四〇年代から一九六〇年代にかけて、科学者たちは自然界にあるもう一つの解決困難な生態学的現象を詳しく報じていた。その報告では、移動が引き起こす危険性に警鐘を鳴らすよう、指導的な集団生物学者たちが訴えていた。

エルトンの友人、アルド・レオポルドは一九四三年、カイバブに関する初めての報告を書いた。彼はその事例を「生態系中の自然力のバランス」が「ひっくり返った」結果と呼んだ。

カイバブはアリゾナ州北部にある、深い渓谷で仕切られた二六〇〇平方キロの孤立した高地性台地で、一九〇六年に禁猟区として制定されたところだ。ハンターたちが追いかけたがるシカの個体数を増やすために、アメリカ林野部はシカを捕食する動物をカイバブから一掃するよう努めた。一九〇七年から一九二三年にかけて、林野部はコヨーテ三〇〇〇頭、ピューマ六七四頭、ボブキャット一二〇頭、オオカミ一一頭を殺した。この間引きは高原を一変させた。[1] 捕食者の食欲から解放されて、シカの個体数は急増した。二〇世紀の初めにはおよそ四〇〇〇頭のシカがカイバブに生息していた。一九二四年には、観測者はシカの個体数が一〇万にまで増えたと推定した。

しかしシカの群れの繁栄は長くは続かなかった。成功が自らの終焉の種をまいたのだ。シカはポプラ、トウヒ、モミなどの樹皮を剝がして木々の成長を止め、自分たちの食用として手に入る植被の質を低下させた。彼らは飢え始めた。「ほぼ全例で、皮膚の上から容易にあばら骨が見えた」と一九二四年に観測者が報告している。一九二四年から一九二八年までの間に、この個体群の幼獣のほぼ四分の三が死んだ。

同じようなひっくり返りが、ベーリング海峡の、北極海に囲まれた、高さ三〇〇メートルの恐ろしい崖になっている一枚岩、セントマシュー島で起こった。戦時中、沿岸警備隊は何百キロも彼方の地でトナカイを二九頭捕らえ、平底の荷船に乗せて運んでこの小さな狭い島に下ろし、短期開設の小型無線航行局に詰める兵員のための食料供給の予備とした。戦後、この局は解体され、無線航行局の職員の食欲から逃れたトナカイは地衣類が豊富で捕食動物のいないこの島で思いのままに生きられるよう置き去りにされた。

一九六三年、研究者たちがトナカイを調査しようとやってきた。島はトナカイの足跡と糞でいっぱいだった。当初の個体数が六〇〇〇以上に膨れていた。トナカイはかろうじて絶滅せずに残った地衣類を踏み潰していた。数年後に研究者たちがもう一度訪れてみると、トナカイの気配はほとんどなかった。残されていたのは白い骨格だけだった。

カイバブのシカとセントマシューのトナカイは、死ぬために崖を飛び降りて余剰の個体を犠牲にしたわけではない。フナフティのように赤ん坊を一人置きに殺したわけでも、多数を殺す戦争をしたわけでもない。ただ消費し続け、生殖し続けただけだ。もし自由に移動することが許されていれば、彼らは生態系を破壊する特大の食欲をどこかほかのところへ持っていっただろう。

カイバブとセントマシューで起こったことは、一八世紀の聖職者にして経済学者トマス・ロバート・マルサスの警告を思い起こさせる。マルサスは、食料や衣類による貧民の救援は自然が行う人口増加の抑制を妨げるものだと指摘した。こうした救援はイングランドの救貧法が義務づけ、たいていの人々が有益な慈善行為だと見なしていたものだ。「いずれにせよ、彼らが大変な数の子どもたちを成人するまで育てられるようにしない限り、われわれは本質的に貧民を援助できないのだ」とマルサスは一七九八年に書いている。貧困、病気、飢餓に対抗する社会や科学の進歩は急激な人口増加をもたらし、その食欲は決まって食料供給を上回り、際限なき争いと食料難状態を引き起こすだろうとマルサスは警告した。

　マルサスが警告した数世紀後に、彼が間違っていたことが実証された。死亡率を低下させたすべてのことがら——近代化、経済発展、繁栄——が出生率をも低下させたのだ。社会科学者は、多産多死から少産少死への変化を「人口転換[2]」と呼んでいる。たとえばアメリカでは、一七世紀には一〇〇〇人当たり二五人だった死亡率が、二、三世紀後の現代では公衆衛生その他の要因によって一〇〇〇人当たり一〇人以下に低下した。しかし出生率も落ちたので悲劇的な人口増大は避けられた。アメリカの白人女性の平均産児数は、一八〇〇年の七人が一九四〇年までにわずか二人へと減った。有力な思想家たちは、マルサスを人騒がせな心配性だと非難した。一九世紀の哲学者、フリードリヒ・エンゲルスは、彼の説を「自然と人類に対するおぞましき冒瀆」と呼んだ。

　しかし第二次大戦後、人口学の趨勢《すうせい》は変わった。アメリカその他の裕福な諸国では、出生率が急上昇した。裕福な社会の人々は少人数の家庭を持つ傾向があると示唆する人口転換説の予想を「ベビーブーム」が逆転させた。一方、インドのような貧困国では死亡率が低下した。戦争中に化学肥料や抗生物質が進歩して、何百万人をも死に追いやっていた病気や飢餓を出し抜いたのだ。このことは人口転換の基礎をも危うくした。

そこには底支えする経済発展も近代化もなかったからだ。

科学者たちは通俗書の洪水の中でマルサスの懸念を復活させ始めた。人類の行く末は、カイバブ高原で起こった瓦解のスローモーションバージョンかもしれないと彼らは警告した。ジョン・ジェームズ・オーデュボンの権威ある図鑑『アメリカの鳥類』の序文を書いた鳥類学者、ウイリアム・フォークトは、一九四八年にこの話題に関する『*The Road to Survival*（生存への道）』というベストセラー書を著した。ヘンリー・フェアフィールド・オズボーンの息子で、ニューヨーク動物学会の舵取りを引き継いだヘンリー・フェアフィールド・オズボーン・ジュニアが書いた、同じようなテーマを詳しく調査した本が同年に出版された。

フォークトの本の「あらゆる論拠、あらゆる概念、あらゆる提案」が、「ポストヒロシマ」〔日本に原爆を投下した一九四五年以降〕世代の高学歴アメリカ人の紋切り型の通念」になったと歴史家アラン・チェイスが書いている。聖書に次いで販売数の多い出版物リーダーズダイジェスト誌は、フォークトの本の簡約版を復刻した。一九五六年から一九七三年の間に、二八冊の一般生物学の教科書のうち一七冊が、カイバブのシカの壊滅に関するレオポルド式評価を載せた。

生物学者がインドで見たもの

背が高く痩せていて、鋭い目つきが濃い眉と整えられた長い頬ひげの枠に収まっている、スタンフォード大学の生物学者、ポール・エーリックはニュージャージー州で蝶を採集し、アメリカ自然史博物館のあたりをうろつきながら育った。

同世代の人たちと同様、彼もカイバブとセントマシュー島で起きたことについて知っていた。彼はペンシルヴェニア大学の学部生だった頃にフォークトとオズボーン・ジュニアの本を読み、その教訓に夢中になった。フォークトからは、学生時代に講義まで受けていた。

だが彼が研究したのはチェッカースポットだった。この蝶はカイバブのシカとはまったく違っていた。雌のチェッカースポットは卵を何百個も産んだが、何年も経てば二匹生き残るのが精一杯だったのだ。もしわずかに暖かすぎたり、わずかに雨が多すぎたりすると、幼虫の成育と食料供給源である植物の短い開花時期とが一致しなくなる。幼虫が常食するドゥオーフプランターゴは寿命が短いだけでなく、丘陵地帯の乾地性草原にある蛇紋岩の露頭という、特殊でめったにない生育環境に限って生えるのだ。チェッカースポットの個体群が生き延びるには、こうした特殊な植物を見つけて産卵するだけでなく、それを適切な時期に適切な条件下でなさなければならない。そうすれば卵が幼虫へと生育し、冬に向けてその草が枯れ死する前に幼虫が餌にすることができる。「生物季節学的好機」——交尾可能な蝶の成虫が出現するときから、その子どもの餌である植物が枯れ死ぬまでの時間——と生物学者が呼んだものは、実は数日間かもしれないのだ。

周囲の状況がチェッカースポットにとって悪くなると、その個体群はあっさりと消滅した。地理的ならびにその他の障害物を乗り越えて新たな地域へ進出できる翅があるというのに、この蝶はほかに類のない出不精で、どんなに状況が悪くなっても山腹にある彼らの生息地から離れることがめったにないことを、エーリックは知っていた。彼はこの修正を立証する研究を行い、「驚くべき放浪願望の欠如」[3]と呼んで記している。長い間蝶に関心を注ぎ続けていると、マルサスが予言した個体数増加による生態学的惨禍——飢饉、環境劣化、瓦解——はエーリックにとって重要事ではなくなった。その後彼は南アジアを訪れた。

エーリックは一九六六年六月、モンスーン前の季節の酷暑の中、インドはニューデリーの埃っぽいパーラム国際空港（現インディラ・ガンジー国際空港）に着いた。そこは妻のアンと娘のライザ・マリーを連れた一年間に及ぶ多国調査旅行の最後の滞在地だった。

たいていのアメリカ人旅行者は、ここは目まいがするほど暑く騒然としているけれど、魅力的で変革を起こす力のあるところだと気づく。もじゃもじゃ頭のカウンターカルチャーファンが、ヨガ、瞑想《めいそう》、仏教その他の古代の伝統を吸収しようとインドへ群れをなして来ていた。エーリックにおよそ一週間遅れて、ビートルズのメンバーたちが本物のインドの伝統楽器を見つけようとデリーに着いた。

　エーリックはそんな気にならなかった。彼が眺めたところ、あらゆるところに惨事が起こりつつあるのが目に入った。

「通りは人々で活気づいているようだった」[4]。「物を食べている人々、洗濯をしている人々、眠っている人々。旅行中の、議論中の、絶叫中の人々。タクシーの窓に手を突っ込んで物乞いしている人々。排便し、排尿している人々。バスにしがみついている人々。家畜の番をしている人々。人、人、人、人」とのちに彼は書いている。彼はこの都市を「地獄のようだ」と言い、デリーは「人口過剰の雰囲気」をドラマティックに伝えてくれたと書いた。

　嫌気がさしたエーリック一家はデリーをあとにし、北の方、そびえ立つヒマラヤの山々の間に抱かれた高緯度の濃密な森林地帯にあるカシミールの谷へと向かった。ここで、彼らはさらなる生態学的大惨事の兆候に遭遇した。カシミールの高緯度草地が「地上一インチ（二・五センチ）まで家畜に食べられ、生物学的に不毛の地」になっていたとエーリックは書いている。研究しようと期待していたどんな蝶も見つけられなかった。加えて、一家が滞在したホテルは不潔だった。カシミールの有名なダル湖で借りた宿泊施設付き船舶《ハウスボート》は恐ろしく高かった。カシミールには「大いに失望した」と友人に手紙を書いている。

　エーリックに言わせれば[5]、インド人はセントマシューのトナカイのように、自分たちの地衣類を事実上踏み潰してしまったのだ。彼が訪れる前年に九〇〇万トンの小麦がアメリカから送られていなければ、インドは間違いなくとっくに飢餓状態に陥っていたことだろう。ちょうどカイバブのシカがそうだったように、とエーリックは考えた。

実際は、エーリックが見た人混みと環境のダメージには人口の増加率と同様、地域の経済および政治的要素がかかわっていた。[6] インドの人口は増えていたが、デリーの街は実際には世界中の都市と比べて特別拡大してはいなかった。人口二八〇万人のデリーの街は、たとえば八〇〇万人が住むパリのほんの一部でしかない大きさだった。彼が目にした混沌と人混みは、地域の人口の大きさというよりも、工場労働に就かせるために人々に田舎から都会へ移動するように勧めた政府の新しい事業のせいだった。新来者たちが殺到して地域の住居の収容力と基本的インフラを数の上で圧倒してしまったのだ。

そしてカシミールが実際に環境のダメージを受けていたとき、それを人口増加のせいと考えたことも同様に拡大解釈だった。エーリック一家が到着したのは、インドとパキスタンがその地域の支配をめぐって残虐で破壊的な戦争を行ってから一年も過ぎていないときだった。大砲と戦車で武装した何万もの軍勢が広大な土地を戦場に変えながら、カシミールの急峻な谷を蹂躙《じゅうりん》したのだ。あまりに多くの兵員が食料と毛皮をとるために現地の野生生物を密猟したので、谷に棲む多くのかけがえのない生物種が絶滅寸前まで追いやられた。エーリックが指摘したように、〔牧畜のせいで〕カシミールは「台無しにされ」てしまったのかもしれない。しかし破壊的な山岳交戦は、その遂行中ずっと強力な元凶であり続けたのだ。

エーリックにとって、このような歴史的顚末《てんまつ》は森で隠して木をわかりにくくするものだった。接写したときにはインドの状況はマルサスの予言に適合していなかったかもしれないが、広角レンズを通して見れば適合していた。人口が増える。環境の質が劣化する。これは単純なことで、まさにマルサスやフォークトが言っていたことだ。

人口抑制運動の始まり

エーリックの人口抑制運動は[7]、インドから帰国して間もなく始まった。彼はまずスタンフォードの学生に向けて、カイバブのような破綻が人類に起こる危険性について警告を発した。すぐに地域の同好会やＮＧＯから、自分たちのメンバーに話をしてくれと声がかかり始めた。

スタンフォードのエーリックの研究室は、人口増加によって起こる生態学的難局をめぐる科学的討論の中枢となった。スタンフォードで毎週開催されるセミナーと会議に、カリフォルニア大学の生態学者ギャレット・ハーディンや社会科学者キングスレイ・デイヴィスといった科学者たちを呼び集め、将来に備えて、人口爆発の可能性とその兆しに関する研究ノートを交換した。

彼らは切迫したカイバブのような破綻の兆候を、カリフォルニアをはじめ至るところで目にした。一九六二年には、カリフォルニアにニューヨーク州より多くの人々が住んでいた。赤いブレーキランプが混雑した高速道路でギラギラと光っていた。街はスプロール化した。そして何百万台ものカリフォルニアの自動車の排気ガスがこの黄金州《ゴールデンステート》に流れ込むと有毒化学反応がスモッグの雲を作り出し、この地が山で囲まれた盆地であるため、その雲がカリフォルニアの主要都市の上に垂れ込めた。空気がひどく汚染されて景色は霞《かす》んだ。ロサンゼルスの通りを歩く人々は目を守るために「スモゴーグル「スモッグ＋ゴーグル」」をかけ始めた。

不吉な兆候は汚染だけではなかった。新たな研究によれば、飢饉や環境悪化がそうであるように、反社会的行動もまた差し迫ったマルサス型崩壊の兆しらしいとされた。

ジョンズ・ホプキンズ大学の動物行動学の専門家、ジョン・Ｂ・カルホーンは、メリーランド州ボルティモア郊外の近所の家の裏にある一〇〇〇平方メートルの土地に囲いを作り、妊娠したラットをその中に放すという影響力のある研究を行った。[8] 捕食者はおらずラットの個体数は数百にまで増えた。しかしカルホーンは餌を供給し続けた。ラットが共食いをしてマルサス型崩壊に至るのを防ごうとしたのだ。

それにもかかわらず大混乱が起こった。ラットの行動が変化したのだ。雄ラットはまとまって好戦的なグループになり、雌や子どもを攻撃した。彼らは死体を食べた。雌ラットは自分の子どもを顧みないばかりか、攻撃さえした。ホモセクシャルになるものもいれば性欲過剰になるものもいた。とどのつまり、ラットたちの行動があまりにもかき乱されたので、もはやうまく増殖することができなくなり、個体群の究極的崩壊の前兆となったのだ。

エーリックはジョナサン・フリードマンという名の社会心理学者に、この効果が人間に起こるかどうかを見る研究を引き継ぐよう勧めた。そしてフリードマンが自分の研究結果を発表する前だったというのに、エーリックはその結果を自分たちに先行する結論だと見なし自分の論文に引用した。[9] 彼は孤立してはいなかった。アメリカ連邦議会では、人口増加に関して警報を鳴らしている政治家たちもカルホーンの研究結果を支持すると申し出た。解説者たちは、反社会的行動を群衆と結びつけるカルホーンの研究結果を利用した。密集の結果「制御不能な攻撃性」が生じることは「実験室の研究で決定的に証明されている」と、動物学者でテレビ司会者のデズモンド・モリスが書いている。ジャーナリストのトム・ウルフは「走り回り、身をかわし、目をパチクリさせる、騒がしいニューヨーカー」を、「動物小屋いっぱいのラットかムクドリのようだ」と例えた。評論家で哲学者のルイス・マンフォードは「純粋な物理的密集」による人間の「醜い野蛮化」が、カルホーンのラットを使った実験で一部は確かめられたと書いた。「繁殖する自由」は「持ちこたえられなく」なったとハーディンは論じた。

科学者たちは、人口増加のことを繁栄や健康増進の結果だとは言わず、暴力的に噴出する静かなる殺し屋《サイレントキラー》だと言い始めた。[10] サイエンス誌は人口増加のことをA爆弾〔原子爆弾〕あるいはH爆弾〔水素爆弾〕のように「P爆弾」と呼んだ。タイム誌は一九六〇年の表紙絵関連記事《カバーストーリー》で「例の人口爆発」というタイトルをつけてこの問題を特集した。

当時、ぎょっとしたアメリカの読者は、この問題の発表をはるか遠くの世界で起こっていることとして自身を安心させることができた。タイム誌は子どもたちのことで悩んでいる胸の露わなアフリカ人女性とサリーをまとったインド人女性のコラージュを載せてこの記事を図解することで、やはり遠隔地の話であることを示唆した。アメリカ人は事実上そうした人々から遮断された。移民法が何十年間も、彼らの類いがアメリカの国境を通過することを妨げていたのだ。

ナチの迫害を受けて恐怖におびえたユダヤ人などを満載した船の入港を拒否したあと、アメリカ、ヨーロッパならびにその他の政治指導者たちは反省し、遅ればせながらナチ流の迫害から逃れる人々に保護を提供することに同意して、一九五一年に国連難民条約に署名した。公民権運動が勢いを得るに従い、一〇年間に及ぶ国境での人種差別的割り当てを撤廃しようという圧力が形成された。アメリカを「移民の国」と称した、人の気持ちを奮い立たせるジョン・F・ケネディ大統領のエッセイをニューヨークタイムズ・マガジン誌が引用した二年後の一九六五年、連邦議会はハート・セラー法を可決[11]し、移民のアメリカ入国可否の判定基準から人種を削除した。

ハート・セラー法は、私の両親のような技術のある外国人がメディケア〔おもに六〇歳以上の高齢者を対象とした政府の医療保障〕やメディケイド〔公的な医療扶助制度〕のような新しく拡張された政府の事業を担う国家の職員を補助できるようにし、またソ連の閉鎖社会とは対照的に温かく人を迎える国だという信望を補強する実用的な手段として売り込まれていた。実際に国民の人種構成を変えるつもりがあったわけではない。立案者たちはちょうど過去がそうであったように、白い肌のヨーロッパ人が移住者の流れの優位を占め続けるものと考えたのはまず間違いないだろう。リンドン・B・ジョンソン大統領は、署名しながらこれは「革命的な法案ではない」と言い、「私たちの日常生活の構造を再編するようなものではない」と請け合った。下院議員エマニュエル・セラーは「アジアやアフリカの諸国からの大量の人口流入には何の危険もない」と国民を安心させた。

彼は間違っていた。一九六五年以後の新来者の一〇人のうち九人はアジア、ラテンアメリカ、それにその他ヨーロッパ以外の場所からやってきたのだ。インドのような国々から発散する、マルサス贔屓《びいき》の生態学者の言う爆発的混沌がアメリカの海岸に到達するかもしれない。人口爆弾は阻止されないだろう。[12] その壊滅的な影響は、「前例のない人間の移動性」によって「さらにひどくなる」だろうとエーリックは書いている。人口爆弾の信管を外す――そしてアメリカの国境の外側でその影響を阻止する――大衆運動が連合し始めた。

『人口爆弾』

シエラクラブの熱心なリーダー、デイヴィッド・ブラウアーは、エーリックが昼間のトークショーで取材を受けると聞いた。ピンときた彼は出版業者、イアン・バランタインを呼んだ。二人はエーリックにこのテーマで一般書を書くようにいっしょになって説得した。

ポール・エーリックと妻のアンがいっしょに執筆した。大学でフランス語を専攻したアンは彼の企画に共同することがよくあった。彼女は殺虫剤耐性に関する彼の博士論文の図まで描いた。しかしバランタインがこの本を出版したときには、販売上の理由で著者名から彼女の名を外すことにした。またそのタイトルを、エーリックが提案した無味乾燥で説明的な『*Population, Resource, and Environment*（人口、資源および環境）』からより受けそうな『*The Population Bomb*（人口爆弾）』に変えた。

この本の中でエーリックは、科学者にとって当たり前の慎重さと注意深さを捨てた。彼は、一五年以内に人口増加によって「人類を支えるこの惑星の能力が完全に瓦解」するだろうと警告した。一九八四年にはアメリカ人は脱水で死にかかっているだろうと予言した。

人口増加は誰もが関与する問題[13]だが、エーリックはアメリカ人に対しては、外国人とはがらっと違った解決法を処方した。アメリカ人は自分たちの生殖習慣と消費パターンを自覚する必要があるとしたのに対し、三人以上の子どもを持つインド人男性はすべて不妊化する必要があると提案し――インド人の施術を援助するためにアメリカのヘリコプター、医師、自動車、手術用具などを送るよう推奨した。たとえば食料援助をするよりも、貧困国を飢えさせて水道水に避妊薬を添加するという「非常に評判の悪い外交政策的立場」を提案したのである。

エーリックはあからさまな人種差別主義者ではなかった。[14]それどころか、公民権を擁護し、また生物学的に異なる人種という概念に対して科学者として声高に異議を唱えていた。ポストドク時代にはカンザス州の人種差別に反対する抗議の組織化に一役買っており、心理学者アーサー・ジェンセンおよびノーベル賞受賞物理学者ウイリアム・ショックレーを非難する本や論文を書いていた。彼らは黒人は遺伝的に劣等で、それゆえ人口抑制活動の第一の対象たるべきだと論じていた（人種に関するエーリックの本は、彼の人口問題に関する本とは違い、「彼が敵と認めた人々がやる最悪の愚行に匹敵する、傲慢さと議論主義を描いている」

といって非難された)。
それなのに、外国人もアメリカ人のように変化に対して同じ能力と理解力を持っているとエーリックが考えなかったことを、『人口爆弾』を読んだ人は誰も見落とさなかった。この本では、人々の変わりやすい風習のことを、状況の変化にダイナミックかつ敏感に反応するものではなく、変化しない生物学的特色だと一貫して見なしている。

彼はインドの幼児結婚という現実を嘆かわしく思い、たとえばこのせいでどんなに出産可能な年月が延びたことだろうかと記している。しかしこの文化的風習を変えるよりも強制不妊という恐ろしい政策の方が実行可能だと考えた。去勢と不妊化の違いをインドの人々に「説明するのはまず不可能」だと考えた。彼は台湾、韓国および日本で達成された人口抑制は貧困国家では決してうまくいかないだろうと主張した。何であれ〔これらの国と〕同じことが「アジアのほかの地域、アフリカ、あるいはラテンアメリカ」で起こりうると考えると「ひどく馬鹿を見ることになるだろう」と書いている。彼は、ボランティアの家族計画事業が、望む子どもの数を女性に決めさせたままにしていることを軽蔑した。彼——教育を受けた西洋の男性——自らが、大家族のせいで起こったマルサス型問題を目にすることができた一方で、女性たち、ことに貧困国——あるいは、彼が時に言うところの「決して発展することのない」国々——に住む女性たちが欲しい子どもの数を自分で決められたかどうかを、実際に見たわけではなかった。

エーリックの説明は、自身の科学修行中に出会ったお気に入りの学説によっていた。一九六〇年代終盤から一九七〇年代にかけた短期間に、「r/K選択説」という学説が個体群生物学者たちを夢中にさせた[15]。これは基本的に、二種類の場所——生存が容易な場所とそうでない場所——と、そこに棲む二種類の生き物を大雑把に想定した。生存に容易な場所には小型で成熟が早く多産で、大家族になることを気にしない生き物、

「r－戦略家」が棲んだ。この環境は彼らに特別に賢かったり質素だったりするよう強要しなかった。だから彼らはたいてい頭が悪く浪費家だった。生存に厳しい場所には体の大きい「K－戦略家」が棲んだ。この環境は彼らに、賢く質素で成熟が遅く、少ない子どもに多くを投資することを要求した。保全生物科学者たちは、r／K選択説を用いて、マウスのようなr－戦略家をゾウのようなK－戦略家と比べて識別した。

異論はあったが、二〇〇〇年にカナダの心理学者ジョン・フィリップ・ラシュトンがr／K選択説を人間の人種群にはっきりと適用して[16]、黒人はr－戦略家、「東洋人」はK－戦略家、そして白人はその中間だと主張した。ラシュトンの偏見はあからさまだった。彼は優生学研究組織パイオニア・ファンドの長を務めていた。これはハリー・ラフリンが長年指導した組織だ。

エーリックの偏見はあからさまではなかったが[17]、彼のインド人とヨーロッパ人の描写はラシュトンの描写に反映された。彼の『人口爆弾』の序文にシエラクラブのデイヴィッド・ブラウアーがラシュトンと同じように、違う場所に住む人々の間には確固たるr／K式の違いがあると推定している。「国々はかなりきちんと二つのグループに分かれている。成長の早い国々と比較的遅い国々だ[18]」。成長の早い方は「工業化せず、効率の悪い農業に従事し、国民総生産は非常に低く、非識字率が高く、それに付随した問題がある、という傾向があった。成長の遅い方はおそらくこれと正反対だっただろう」。このようにブラウアーは書いている。

エーリックの仲間、キングスレイ・デイヴィスのような新マルサス主義の科学者[19]は、移民の入国をやめるようあからさまに要求した。彼は、移民は技術の進歩を遅滞させ、「学校に関する問題、衛生上の危険性、福祉の負担、宗教的摩擦、言語の違い」を引き起こしたとサイエンティフィック・アメリカン誌に書いている。さらにはメキシコと中国からの新来者に対して門戸を閉鎖するよう、カリフォルニア州に推奨した。

エーリックは、インドのようなところからの移民の侵略性をほのめかしもした。飢えたインド人がアメリカの資源を盗もうと決心して国境に満ち溢れるだろうと彼は警告した。「彼らは西洋技術の奇跡を写したカラー写真を雑誌で見たことがある。自動車も飛行機も見ている。冷蔵庫、トラクター、それにテレビだって見た者が大勢いる。言うまでもなく、この格差では彼らは幸せになりはしない」。インド人は「波風を立てないでいさぎよく餓死」などしないだろう。「自分たちが公平な分け前だと思うものを手に入れるために私たちを打ちのめそうとする」のは間違いないだろうと書いている。

彼らが国中に溢れるのを防ぐために強力な活動が必要だ。エーリックは「これがとても冷酷に聞こえることはわかっている」[20]と書いて読者に共感を示しながら、同時に一方では権威主義的手段の必要性を受け入れるよう教え込んでいる。人々に麻酔をかけて手術を無理強いするのは強制的だ。しかしこれは「正しい理由があっての強制」だった。

「そうしなかったらどうなるかを忘れないでほしい」と彼は書いている。

人口抑制の実践

エーリックの挑発的な二〇〇ページの著書は、機知に富み、腹黒く、しゃれた書き方をされていたが、最初は穏当な関心を招いた。その後、一九七〇年の初めにジョニー・カーソンが呼びかけた[21]。カーソンの深夜トーク番組「ザ・トゥナイト・ショー」はほかの番組を圧する影響力があって、その時点で、またはそれ以降ほかのどんな番組よりも収益が高かった。カーソンの番組では、バーブラ・ストライサンド、ウディ・アレン、スティーヴ・アレンなど、当代の芸能人が掘り出されており、そこに出演することはスター扱いといってよかった。

三七歳になって娯楽産業の大物中の大物といっしょにステージに立ったエーリックは「特に緊張すること

はなかった」とのちに想起している。彼は人々の注意を引きそれを楽しむ方法を知る興行師だった。自分は「いつだって大口たたきだった」と彼は言う。カイバブ型の将来が待っていることと、それを避けるために必要な根本的介入に関するエーリックの説明が、国中のおよそ一五〇〇万人の家庭へ送信された。「ザ・トゥナイト・ショー」に彼が出演したあと、視聴者が五〇〇〇通の手紙を送った。ほかのどのゲスト出演者よりも刺激を与えたのだ。『人口爆弾』の売れ行きは爆発的だった。この本は一九七〇年の初めの数ヶ月で一〇〇万部近く売れた。その年の終わりにはおよそ二〇〇万部が売れていた。ジャーナリスト、ジョイス・メイナードは『人口爆弾』を読んでいるときに「恐怖が湧き上がる」のを感じたことを覚えている。[22]彼女は「自分だけの個人的な恐れじゃなくて世界の終わりという恐ろしさなの。私たちが自分の親の年になった頃には、イワシの缶詰みたいにぎゅうぎゅう詰めになって、空も見えないスモッグの雲の中でガスマスクを手離せなくなるという恐怖よ」と説明した。

一夜のうちにエーリックは、今日で言えば元副大統領のアル・ゴアや天文物理学者で作家のニール・ドグラース・タイソン並みの名声ある有名人となった。[23]彼はカーソンの番組に何十回も出演した。毎月三回、数ヶ月にわたり顔を出し、国が直面している政治的問題についてカーソンと語り合った。「リチャード・ニクソンは知能テストでずいぶん良い点を取るだろうね」と、知能テストが役に立たないことを議論しているときにさりげなく言う。「でも自分の娘を彼と結婚させたいと思う?」。「私たちはこれまで持っていた「子どもたちが手にするはずの」唯一の資源を実に嬉しそうに破壊している」と彼は指摘した。「でも、いいかい。子孫が私たちに何をしてくれたかな?」

一流の組織がエーリックにどっさりと栄誉を与えた[24]——優れたテレビ番組に贈られるエミー賞に推薦、スタンフォード大学の恵まれた教授職、国連、マッカーサー基金、スウェーデン王立科学アカデミーからの賞金の授与などだ。ディキシー印の使い捨て紙コップを販売して世に出たヒュー・ムーアのような事業主は、大手の新聞に宣伝費を払い、何百もの大学ラジオ局にエーリックを特集する無料のラジオコーナーを作らせ、また、『人口爆弾』についてのチラシやパンフレットを何十万部も配布した。

ハリウッドのトップを占める監督や俳優たちは、エーリックが描写した、飢えて、過密状態になった未来に着想を得たSF映画を撮るための署名をした。[25] 一九七二年の「赤ちゃんよ永遠に（原題Z．P．G．）」ではチャーリー・チャップリンの娘でゴールデングローブ賞にノミネートされた女優、ジェラルディン・チャップリンが、人類すべてが三〇年間生殖を禁止されている未来の世界でロボットの赤ん坊を育てる女性を演じている。翌年の「ソイレント・グリーン」では、あまりに資源を枯渇させ、また過密化したがゆえに、人々が組織的な人肉支給によって生き延びている未来のニューヨーク市を、チャールトン・ヘストンが案内している。

人口抑制が実際に意味するところは、特定の集団の人口を抑制し、ほかの集団の人口は抑制しないということではないかという疑惑は、この動静に最初からつきまとっていた。一九七〇年のある会議で、あるアフリカ系アメリカ人の活動家グループが、集まった環境および人口抑制活動家――エーリック、ハーディンその他――が、住民の問題よりも問題のある住民の方に関心を向けていると言って猛烈に非難した。この会議の協議事項――「生態学的不均衡の危険な局面がすでに存在している、人がうようよいる郊外への訪問」[26]が含まれていたと、実行委員が述べている――では「特定の人々、すなわち黒人、それ以外の非白人、アメリカの貧困層および一定の非白人ならびに少数民族系移民」の組織的な人減らしを狙っていたと、抗議した人たちは声明書に書いている。

彼らの批判が人口抑制運動の勢いを削ぐことはなかった。[27] 反体制文化の活動家にとってこの運動は、宗教的保守層が神聖を汚す行為だと考えている産児制限をうるさく求めて苛立たせる機会を作ってくれるものだった。大量消費を奨励して自分の帝国を築いたビジネスリーダーたちにとって、これは環境を荒廃させる自分たちの役割への関心を手軽にそらしてくれるものだった。政治的に主流の西側NGOやその支持者たちにとっては、歩みの遅いソビエト型経済発展に比べて避妊具などの迅速な科学技術的解決策を促進することを提唱するものだった。インドのような貧困に陥った成長の早い国は、新しい人口抑制制度にも異存がなかった。そうした国のエリートたちは、非道なカースト制度や自分たちが利益を受けている汚職の広がりよりも、貧しい女性たちの多産のせいで国家が貧困と飢餓に陥っているのだと非難して憚《はばか》らなかった。

ある日の「ザ・トゥナイト・ショー」でエーリックは、妊娠中絶と断種によってマルサス型の社会崩壊を避けることを目指す、「人口ゼロ成長（ZPG）」という新しい組織を設立することを発表した[28]。このグループにはあっという間に六万人の賛助メンバーが集まった。国中の大学のキャンパスでは、学生活動家たちが一般大衆にコンドームを投げ渡すイベントを開いた。彼らは「人口過剰実験」を行った。これは限られた空間に参加者が集められ、米とお茶の「飢饉食」を食べるというものだ。彼らは自分たちがパイプカットしたことを知らせる記章を襟につけるのを呼び物としていた。また、避妊リングをかたどったイヤリングをつけていた。

フォークト、オズボーン、キングスレイ・デイヴィスなどの科学者は人口協議会などの国際NGOを立ち上げた。この組織は一〇〇万個の避妊リングをインドへ輸送した[29]。ロックフェラー財団やフォード財団などの博愛主義のグループは、基金や食料を受け取る前提として、被援助国に貧困女性の多産の取り締まりを要求するよう、アメリカ政府に圧力をかけた。

一九七五年六月、人口抑制運動は大きな勝利を勝ち取った[30]。その夏インドの首相は憲法の効力を一時停止

国境の壁

この地図は第二次大戦終了以降に世界中で建設された国境の壁の急増を表す。要塞地域ヨーロッパと要塞国家アメリカに建設を駆り立てる反移民イデオロギーが広まったが、その一部は集団生物学者たちが明言した戦後の人口増加への恐怖からである。

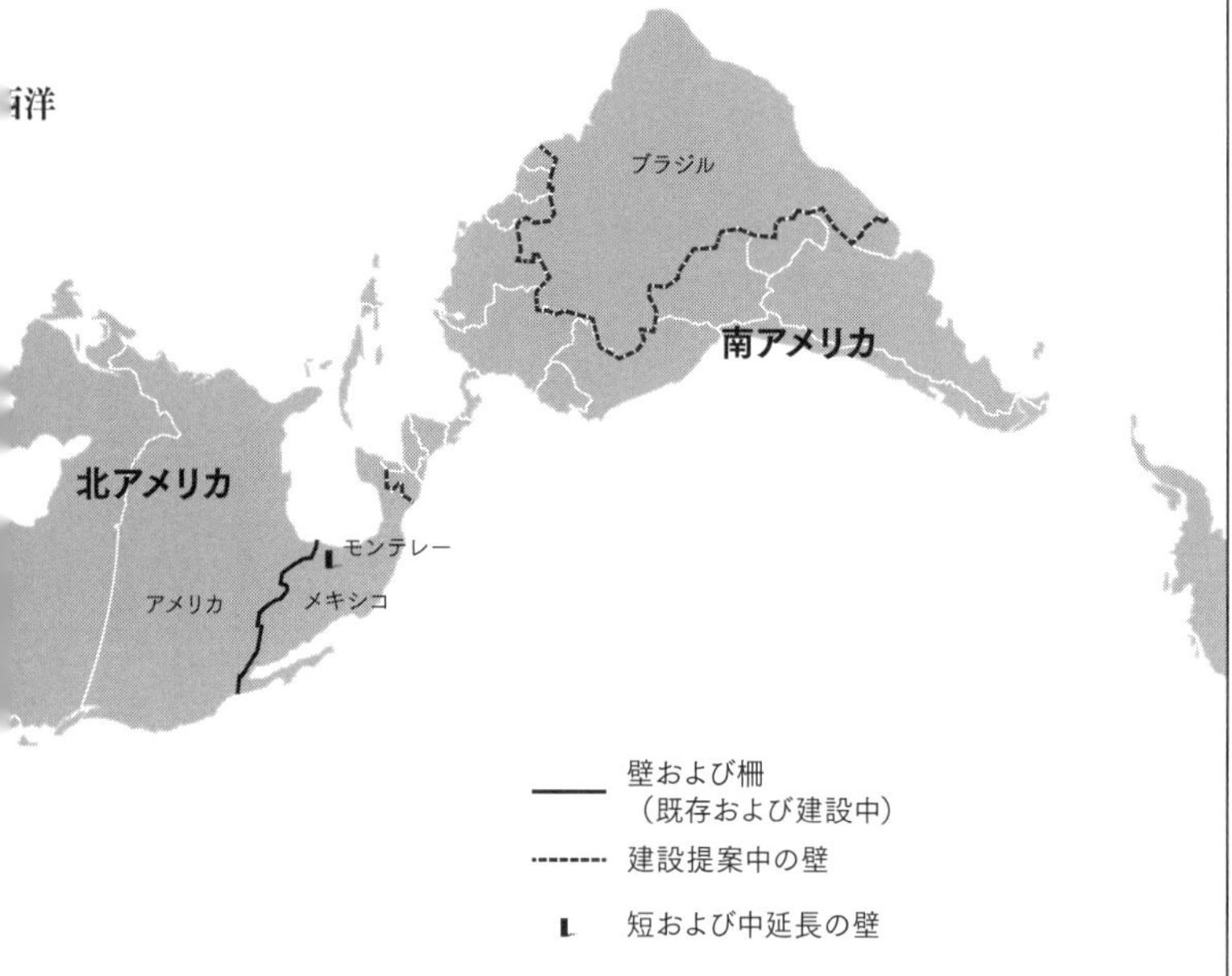

出典：UQAM, Elizabeth Vallet, “Raoul-Dandurand Chair of Strategic and Diplomatic Studies” ザ・エコノミスト誌／ライン大学ステファン・ロジエールがデータベースから収集したデータ（著者への私信）／チューリッヒ安全保障センター／Migreuropネットワーク

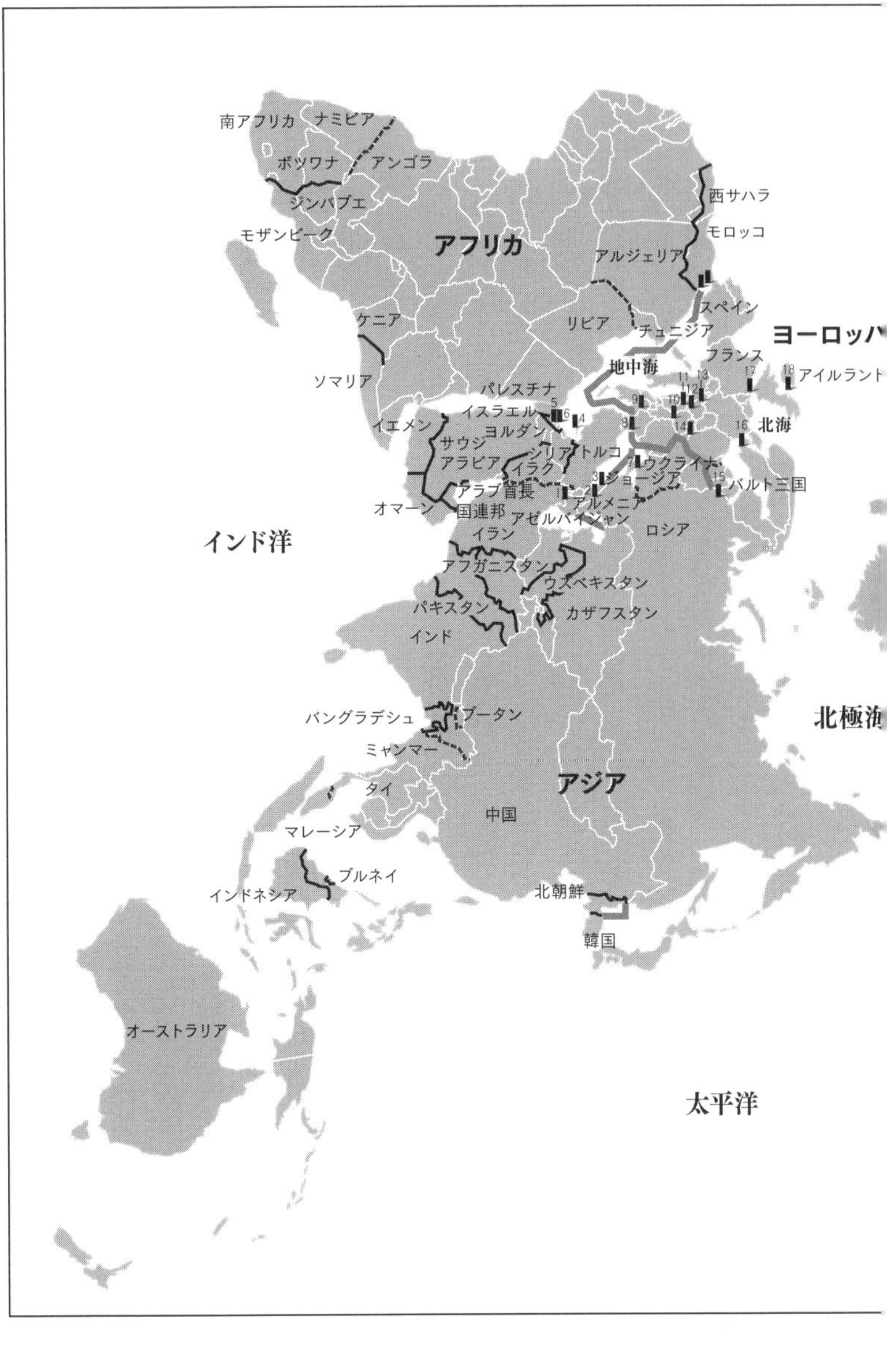
南アフリカ
ナミビア
ボツワナ
アンゴラ
ジンバブエ
モザンビーク
アフリカ
西サハラ
モロッコ
アルジェリア
スペイン
リビア
チュニジア
ヨーロッパ
ケニア
フランス
ソマリア
地中海
アイルランド
パレスチナ
イスラエル
イエメン
ヨルダン
北海
サウジ
アラビア
シリア
トルコ
イラク
ウクライナ
ジョージア
アラブ首長
国連邦
バルト三国
オマーン
アルメニア
アゼルバイジャン
イラン
ロシア
インド洋
アフガニスタン
ウズベキスタン
パキスタン
カザフスタン
インド
バングラデシュ
ブータン
北極海
ミャンマー
タイ
アジア
中国
マレーシア
ブルネイ
インドネシア
北朝鮮
韓国
オーストラリア
太平洋

し、激しく増え続ける大衆を不妊化するという野心的な計画に乗り出した。インド中の各州で、生存している子どもが三人以上いる男性には不妊化が、また三人の子持ちで妊娠中の女性には中絶するよう求められた。ノルマを課された政府の役人たちはメスと避妊リングを手に、国中に散開した。

ミツバチを真似よ

灰色の目が半ば閉じ、瞬きひとつせずじっと見つめている控えめな男、ジョン・タントン[31]はミシガン湖の岸辺、ペトスキーという小さい静かな街に住み、裏庭でミツバチを飼い、眼科医院を開業していた。

エーリックの本には「大いに影響を受けました」と彼は言う。彼はエーリックが「ザ・トゥナイト・ショー」に出演するもっと前、一九六九年にエーリックのZPG運動に参加しており、『人口爆弾』を箱で買って友人や近所の人に配った。彼も妻も熱心な環境保護論者で、地域の活動家であることを明言している。タントンはオーデュボン協会ペトスキー支部を、また妻といっしょに家族計画支局を設立している。彼は自然保護協会「ザ・ネイチャー・コンサーバンシー」の終身会員である。

しかし人口抑制運動が、人口を減らすための主たる戦略として出生率低減を強調することに彼は戸惑った。彼はティーンエイジャーの頃から飼っていたミツバチの巣箱の中に、ある別の方法の生態学的価値を見てきたのだ。毎年秋になるとミツバチのコロニーサイズはピークに達する。雌の働きバチは働かない雄バチを強制的に巣箱から追い払う。働きバチは巣箱の入り口を封鎖して雄バチが隠れ家へ戻ってくるのを妨げる。また、巣箱の中に残っている雄バチをすべて崖っぷちへ引きずってきて、縁から投げ捨てる。タントンのようなミツバチ飼いは、追い出された怠け者たちの飢えて凍った死体の翅に証拠の咬《か》みあとがあるのを見つけたものだ。これは残忍だが個体数抑制のために必要な常に発生する犠牲者で、レミングの大量自殺と同じように冷酷な大量退去勧告なのだと、タントンは推測した。

考えれば考えるほど、彼にはハチの巣箱と人間の集団との類似点が見えてきた[32]。国民国家にも心地よい国境に囲まれた複雑な文明があって、ミツバチの巣箱にいくらか似ていないだろうか。コロニーの個体数が巣箱が収容できるだけの能力を超えたとき、ハチたちは劇的な行動をとった。彼らは重荷になるものを追い出し、境界を遮断したのである。ミツバチの行動は「人類の取り組みについて問題を提起」することにならなかったのだろうかと、タントンは好奇心を持った。

実際にはそうならなかった。ミツバチは社会の中の個人というよりも体の中の細胞のようなものだ。大きな全体を構成する要素なのだ。多くのハチは自分だけで食べてゆくことはできず、ほとんどのものは生殖には何の役割も果たさない。なまくら者を追い立てるのは外国人を国外退去させるのとはまったく違う。死んだ細胞を捨て去るようなことなのだ。そしてミツバチの巣箱は国家とは似ていない。外界と隔離された排他的な居住地なのだ。個人の居宅の方に似ている。

ハーディンも同じように誤った例えを使って国境閉鎖を要求した[33]。彼は一九七四年発表の影響力のあるエッセイで、世界の国家を海に漂流している救命ボートに例えた。彼は言った。裕福な国家が貧困国家から来る人々に対して国境を閉鎖しなければならない理由がこれだ。乗客が一つの救命ボートから別のボートへ乗り移れば、そのボートは沈んでしまうことになる、と。

だが国民国家は通行不能の土地に囲まれた、孤立して自己充足した単一体ではない。遠隔地にある若干の島嶼《とうしょ》国家を別にすれば、多くの国家は土地や航行可能な水域でつながっている。人間集団は多かれ少なかれ、連続的な居住地を分け合っているのだ。もっとふさわしい海事的比喩を使うと、世界の国々は一艘の船の別々の船室であり、移動は乗客がある船室から別の船室へ移ることに例えられる。

タントンは自分の冷静さ、先見の明を伴う論理性、健全な倫理性を誇りにしていた。[34] エーリックとは違い、タントンは魅力的でもなければそれほど雄弁家でもなかった。平板で一本調子の話し方をし、冷酷な見解は穏やかで学者ぶった中西部の外貌で隠されていた。彼はどちらかと言えば道徳家で、吸い殻を小川に捨てる人を叱るのが自分の義務だと考えるタイプの人だった。

彼は慎重で、公に意見を言うときにはあからさまに憎たらしく振る舞ったり頑迷な態度をとったりはしなかった。タントンは、外国人は生物学的に異質のものだと考えた。

彼らを異なる生物学的能力を持った別個の種だと見なした。[35]「ホモ・コントラセプティヴス」がヨーロッパとアメリカで生まれた人たちで、新来者である「ホモ・プロゲニティヴァ」よりも家族が小さかった。このようなよそ者は「伝統的な多産性行動様式を持ち込む」だろうと、私的な書簡で主張している（実際には、移民の出生率は一世代のうちに現地人のそれと同じになった）。

何十年か前のマディソン・グラントやヘンリー・フェアフィールド・オズボーンのように、タントンは知性とは世代から世代へ変化せずに受け継がれる生物学的特徴であって、教育や社会的機会の役割は少ないかまったくないのだと考えた。「知性の低い」人々は、知性の高い人々よりも「論理的に言って少なく」子どもを産むべきだ。体内に政治文化までもが埋め込まれていて、それを移民たちが幻肢のように引きずり回すのだ。「もし大量移住によってラテンアメリカの母国の文化がカリフォルニアへ移植されたなら、想像するに、私たちがラテンアメリカで見てきた政府および社会の制度も同じ程度に移植されることになるだろう」と私的な手紙に書いている。

地元民と外国人との間のかくも深く根づいた相違が、タントンにとって、移住者の入国を阻止しなければならない理由なのだ。「もし国境の制御ができなかったら、ホモ・コントラセプティヴスはどうやってホモ・プロゲニティヴァと張り合えばいいのだろうか」[36]と私的書簡の中で思いをめぐらせている。

これをなんとかするために人口抑制運動が必要なのだとタントンは考えた。「私はZPGに手紙を書き、『もしあなたが人々の数に関心があるのなら、彼らがここで生まれるのとここへ移ってくるので何が違うだろうか』とつづった」と彼は思い起こす。

何の違いも見られなかった。ZPGは移民政策における自分たちの地位の向上を援助するための背景報告書を書くよう、タントンに依頼した。人口抑制運動の中の環境保護論者たち[37]は、「世界の」過剰な人々から「国内の」過剰な人々へと焦点を移した。全米野生生物連盟は、環境に関する綱領の一部として移民制限を支持すると決議した。生態学者デイヴィッド・ピメンテル、保全生物学者トマス・ラブジョイ、持続可能的開発の唱道者L・ハンター・ラヴィンス、ブループラネット賞を受賞した経済学者ハーマン・デイリーその他の人々は、環境収容力ネットワークのようなグループの評議委員会メンバーや顧問を務めたが、これらの組織はアメリカへの入国の一時中止を即刻要求した。

タントンはたちまちZPG運動内で出世した[38]。彼は役員会に列席した。エーリックとハーディンと親しくなった。一九七五年にはZPGの会長になった。この団体はアメリカへの移民を九〇パーセント削減することを要求した。

タントンはザ・エコロジスト誌のカバーストーリーに、環境保護論者はあまりにも長いあいだ出生率低下に集中しすぎ、「人口増加の永続に対する国家間移動の役割」[39]を見落としてきたと書いた。人口増加は「いまだに合法的（および確実に違法な）移民の受け入れをいとわない若干の国家の吸収能力を縮小させている」と書いている。

唯一の解決策はハチがしたようにすることだ。余計な者を追い出して国境を封鎖することだ。

人口抑制運動への反発

一九七七年七月四日、ワシントンポスト紙の特別版が、インドの危険な人口抑制計画[40]の二〇〇〇語に及ぶ暴露記事を一面に載せて、何百万軒もの家の戸口にどさっと落ちた。

これを書いた記者はインド中の小さな村々を旅して回り、手がつけられない人口増加に対する世界規模の戦いの前線からレポートした。彼はニューデリーの南方二時間ばかりのウッタワーという、大半が貧しいイスラム教徒の家族である小さな村を訪れた。ここでは一九七六年に突然電気の供給が遮断された。村人がワシントンポスト紙の記者に語ったところによると、警察官と現地の政治家からなる少人数の代表団が説明に来るまではその理由がわからなかったという。

彼らは故意に電気を切り、現地の男たちがパイプカット施術に同意したときのみ電気を戻すと言ったという。

ウッタワーの人々はパイプカットに乗り気ではなかったので、二ヶ月間電気の供給なしでなんとかやっていた。当局はついに待ちきれなくなった。一一月のある朝の三時に、大音響のスピーカーが村人をたたき起こした。一人の警官が、村はガソリンを持った武装警官に取り囲まれていると伝えた。その警官は言った。

「逃げるんじゃない。発砲して村を焼くぞ。男は大人も子どももすぐに出てこい」

おびえた男たちと男の子たちはぽつりぽつりと家々から出てきて、待機しているトラックとバスの列に向かった。車は夜明けの空の下、彼らをさっさと運んでいった。警官は子どもたちを地域の留置所にむりやり押し込んだ。男たちは、彼らの股間に医者がメスを運ぶ野外診療所へ送られた。

マルサス型破滅への戦いによって犯された、間断なく流出してくる虐待と暴力の話にこのワシントンポスト紙の報告が付け加えられた。インド政府は断種証明のない者から配給カードと土地の割り当てを剥奪した。

剝奪品は手術をしない隣人を密告した者に支給された。ウッタワーでのようなにわか仕立ての野外診療所で行われた手際の悪いパイプカットのせいで、二〇〇人以上のインド人男性が死んだ。

この違法行為はインド辺境では止むことがなかった。中国では妊娠七ヶ月の女性たちが強制的に中絶させられた。アメリカでは一二の州で、生活保護を受けている女性に不妊手術を要求する法律の通過が検討された。[41]アフリカ系アメリカ人のティーンエイジャーが、連邦政府が資金を提供している家族計画を指導する診療所で強制的に不妊化された。

憤慨したフェミニストたちは、広範囲に及ぶ人権侵害の黒幕だとしてエーリックを攻撃した。[42]「大量虐殺に反対する女性たち」などのグループはエーリックの演説の場へ出かけ、「エーリックをやっつけろ〔Bomb Ehrlich。彼の著書『*Population Bomb*（人口爆弾）』をもじっている〕」というタイトルのチラシを配った。

エーリックは前言撤回を余儀なくされた。彼は不確実な科学をもとにした行動をあまりに呼びかけたことで自らを非難した。あの本には「不備があった」と認めたが、それは「科学は決して確実性を生み出すものではない」からにすぎなかった。同時に彼はあの本は実際には完全に科学に基づいたものではなかったと認めた。その本を奨励するのに科学者としての、またスタンフォード大学の教授としての言葉の重みを長きにわたって利用してきたという事実があるにもかかわらずだ。彼は『人口爆弾』は環境保護への関心を駆り立てることを目的とした「プロパガンダの一種」だと言った。「私は立派なことをやろうとしていたんだ」[43]

人口増加のメリット

人口抑制運動が破綻した頃には、その推進をあおっていた人口統計学の風潮は自ら方向転換した。[44]新たな科学技術を発展させ、共有し、教育を進歩させ、社会を近代化させるためにともに働いている人々のおかげで、戦後のマルサス型人口急増よりも人口転換──死亡率が下がったときに人々が出生数を減らした──の影響力が表面に表れた。何百万ものアメリカ人が来たるべき人口爆発を思ってパニックになっていたが、アメリカの出生率は一九五五年に下がり始めた。一九七二年には、ZPGが推奨していたレベル以下に下がった。世界の人口成長も最高点に達した。人口転換説はその信頼性を再確立した。二〇〇九年のネイチャー誌に載ったある論文はこれを「社会科学におけるもっとも強固に確立され、また一般に受容された実証可能な規則性の一つ」と呼んだ。

活動家たち[45]は、貧困層の出産習慣を罵ることよりも、自然保護の方法を検討する議論が少なくなっている状況を懸念した。貧困を懸念していた人々は、自分たちが以前に放棄した社会経済の漸進的発展計画に関心を向けた。人口を抑制する努力は依然として国際的発展計画の重要な──また高度に異論のある──要素であったのだが、見出しから人口問題は消えていった。歴史家トーマス・ロバートソンは「人口はわずか数年のうちにほぼ完全に国家の計画表通りに減少した」と書いている。

生態学者たちは大衆の見方とは別に、マルサス型崩壊開始の証拠だと自分たちが吹聴していた多くの不名誉な研究や観察を密かに再考し始めた。ボルティモアの囲い地の中の堕落したラットたち。セントマシュー島の地衣類を絶滅させたトナカイの群れ、ロサンゼルス上空のスモッグでできた雲、飢餓が差し迫っているという予言。すべてが新たな光の中で見えてきた。

彼らはシカゴ大学の生態学者、ウォーダー・クライド・アリーの研究をよみがえらせた。アリーは一九三〇年代に、個体群の高密度化には良好な効果があること[46]、さらに低密度度には有害な影響があることまでも記録していた。彼は夏にはマサチューセッツ州ウッズホールの海洋生物学研究所で過ごしていた。そこでケープコッドの海岸を歩き、浜辺で見つけた生き物を採集していた。自分が採集したヘビやヒトデがガラス底バケツの中で、互いにしっかりと固まりがちであることに、また海中のアマモの間でヒトデが決して単独ではなく群れになって見つかることに気づいた。これには何か理由があるのだろうかと好奇心を持った。「すばらしく多様な分類群と生態系」における「明快な」実験だとしてのちに称賛を受けた[47]一連の研究でアリーは、群がることで実際に個体の生存が促進されることを発見した。群れになった金魚が有毒な水一リットル中で五〇七分間生存できるのに対し、単独の金魚は同じ水の中でわずか一八二分間しか生存できない。互いに寄り集まってかたまりになったミミズは、自分で這い出して孤立したミミズよりも紫外線照射に対して一・五倍長生きできる。いっしょに集まって生きているウニやカエルは、遠く散らばっているものよりも高密度で受精卵を生じ、またその卵は速く発生する。アリーは群がることで個体の生存が促進されるメカニズムのいくつかを解き明かしさえした。たとえば水棲生物は、他個体が分泌する防御性化学物質によって利益を得ることができる。群れないと、化学物質の濃度が低すぎて効き目がないのだ。

各個体が集うということは、言い換えれば[48]いろいろな形の社会的協同作業を作り上げるということで、これが個体を生かし繁栄させるのだ。このことが、魚が海中で群れを作り、鳥が群れ、哺乳類が群れになって移動する理由であり、そしてアリーが、知らない土地に新来者が棲みついたときに近隣関係を作る理由ではないかとまで想像したものだ。生態学者はこれを「アリー効果」と呼んだ。さまざまな分野の専門家たちもこの現象を事実だと認めた。現代の神経科学者はこれを「集合精神《ハイブ・マインド》」と呼ぶ。

換言すれば、単純なマルサス式計算法を採用していた生態学者は等式の重要な部分を漏らしていたということだ。彼らは増えた人間それぞれによる損害に関心を払っていた。食料を摂取する口が多くなる、道路には車が多くなる、天然資源に与えるストレスが多くなるなどである。しかし彼らは、利点については関心を払わなかったのだ。

アリー効果はカイバブおよびセントマシュー島の悲劇に新たな光を当てた。これら捕食獣のいない場所で有蹄類の集団が崩壊したことは人々に衝撃を与えた。こうした場所が棲みやすい、有蹄類たちが繁栄するはずのところだと見なされていたからだ。しかしカイバブ高原を取り囲む深い谷間と、セントマシュー島を取り巻く切り立った絶壁と北極海はシカとトナカイが移動することができなかったことをも意味した。

トナカイが地衣類を踏みつけたのは群れの密度が高すぎたからではなく、島流しにされたからだ。カイバブとセントマシュー島は捕食者がいないにもかかわらず、有蹄類たちにとって楽園ではなかった。監獄だったのだ。

社会的共同の利点に関する新たな理解によって、エーリックその他のマルサス派の生態学者が警告していた、人口増加の壊滅的影響が実現しなかったわけが説明された。この世界から栄養分のある食べ物が尽き果てるというエーリックの主張は、メキシコのような国は間もなく人口増加を維持できなくなるだろうというフォークトの予測に大きく依存していた。しかし彼は、協力して働けばより効果的な農業や科学技術を革新できることを考慮に入れなかった。人口増加が食料供給を上回ったのではなく、食料供給が拡大したのだ。一九四四年から一九六三年の間に、メキシコの小麦生産量は六倍に増えた。

ともに働く人々のグループが持っている革新的能力は、カリフォルニアのスモッグといった環境問題を制御する新たな科学技術と集団活動を創造した。カリフォルニアのスモッグは、州の人口が増え続ける限りどうしようもなく悪化するだろうとマルサス派の生態学者たちが思い込んでいたものだ。そうではなく、触媒コンバーターと車の排ガス規制によってカリフォルニアの盆地を覆っていたスモッグの覆いが取り払われた。[49]州内の人々と自動車の数は増え続けていたというのに。科学技術と社会的協力は万能薬ではないが、これらは人口増加による損害を埋め合わせてくれたのだ。

群衆の社会的悪行に関してエーリックが主張した科学的根拠は、彼がそれを作り上げたほとんど直後に崩壊し始めた。『人口爆弾』の基礎となった研究を記した一九七一年の論文でエーリックは、群がることには「ヒトの男性の攻撃性を高める可能性がある」と書いている。その根拠となったのは、カルホーンがラットで見つけていた現象だ。制限された生息域で繁殖したラットは、餌が豊富に与えられても攻撃的になったりさまざまな異常行動をとったりするというものだ。フリードマンがこれと同じ現象を人間で発見するだろうと見越したエーリックは、フリードマンの研究結果を待たずにそれを事実として引用した。しかしフリードマンはそれからおよそ一年遅れて発表したとき、エーリックの論とは正反対の報告をした。ハリー・シャピロがピトケアン島を訪れたとき（第4章）と同じく逆の結果だ。「群がることには概してヒトへの負の影響はなく、それが持つ影響力はその状況下のほかの因子に左右される」とフリードマンは書いた。彼は自分の研究をもとにした著書で、高密度下で生活することの利点を賛美している。

囲いの中に押し込められたカルホーンのラットに社会的悪行が見られたことは、のちの研究によって誤った見方だとさえされた。カルホーンはのちにアリー効果も目にした。ある実験ではラットたちは群がることで巣穴の作り方の新境地を開いたのだ。カルホーンの研究室を訪ねてインスピレーションを受けたナショナルジオグラフィック誌のある記者は、私のいちばんのお気に入りの児童書の一つ、『フリスビーおばさんとニム家のねずみ』を書いた。あるマウスの一家がアメリカ国立精神衛生研究所（ＮＩＭＨ）で育った超高知能のラットに救われる物語だ。

しかし人口増加が制御されないという社会のパニックが、人口転換と政治スキャンダルによって沈静化して縮小した一方で、移動を厄介できわめて有害な可能性があるものとする運動は消え去るどころか増大した。

要塞国家の再建

一九七九年、ミシガンの眼科医、ジョン・タントンはZPGの移民問題委員会をアメリカ移民改革連盟という、完全に移民問題だけに限った新たなグループに作り直した。[50] 彼や支持者たちは多くの関連組織を創立した。これらはすべて移住者の国内流入を取り締まることに重点を置いたものだった。数年以内にタントンの反移民ネットワークは、反移民シンクタンクである「移民研究センター」、反移民ロビー活動団体である「ナンバーズUSA」、新来の移民たちが頼りにしているバイリンガル教育に反対する「U．S．イングリッシュ」、反移民文学作品に特化して出版している会社「ソーシャルコントラクトプレス」などを取り込んでいた。

タントンの目的は「移民の制限を、分別のある人々にとっての合理的な見解とする」ことだった。しばらくの間、リベラル支持派たちは反移民的経済および環境問題という彼の主張に概して好意的だった。一九八〇年代および一九九〇年代に両政治グループの各団体が移民賛成派と反対派を提携させた。概ね移民に好意的な団体およびその支持者と、移民は賃金を低下させ、環境に悪しき影響を与えたと主張する労働組合およびその支持者とが合体したのだ。ギャレット・ハーディンとアン・エーリックはタントンのアメリカ移民改革連盟の役員を務めた。

自分の読者や聴衆に権威的手法の必要性を受け入れさせたエーリックのように、タントンは自分の反移民的立場を「人種差別主義者」と呼ぶかもしれない者を無視するよう、徐々に支持者を誘導した。[51] 彼はきわめて長きにわたって支持者に次のように語っていた。環境保護論者は移民に関する真相を議論することを、それにまつわる「外国人恐怖症と人種差別」の「不快な歴史」ゆえに嫌ってきた。しかし真にこの地球とそこにいる人々のことを気にかける人はもっと多くを知っている。「私たちは移民反対派ではない。ダイエット中の人が食事反対派でないのとちょうど同じことだ」と言った。これはまさに「私たちが資源の有限性に対処しなければならないということ」であり、外国人たちが多産で後進的であるがゆえに「移動している人々が周囲にいては資源問題を解決できないのだ」。

しばらくはこれに効き目があった。[52] その後一九八八年に、外国人を好色な血筋の亜種と呼ぶタントンの個人的発言がアリゾナ・リパブリック紙に載った。公民権団体「南部貧困問題法律センター」がタントンと彼の組織を有罪者リストに載せた。ナンバーズＵＳＡの会長を務め、保守系時事問題コメンテーターであり、ジョージ・Ｗ・ブッシュの政治顧問であったリンダ・チャベスはタントンの「反カトリックおよび反ヒスパニック的偏見」を非難して、抗議の辞任をした。「大切なリベラル支持という希望がすべて消えてしまった」とニューヨークタイムズ紙が特筆した。

人口パニックによって生まれた二つの運動の間の隔たりが広がった。ブラウアーとシエラクラブ内反移民活動家一派においては、環境関連綱領の要素としてこの団体が反移民政策を明確に採用することを提案したことで、高まりつつあった緊迫状態が頂点に達した。[53] ブラウアーは説明した。「過剰人口はきわめて深刻な問題で、その大部分を過剰移民が占めるのです」。あるフェミニスト連合団体と公民権運動家たちが異を唱えた。一連の激烈な論争はブラウアーがシエラクラブの役員を辞任して終わり、提案は否決された。

環境運動の主流との分裂によって、タントンは別の勢力と強いつながりを持てるようになった。外国人たちの環境に及ぼす影響を懸念していた環境系排外主義者《エコネイティヴィスト》がタントンのネットワークに群がった。同様に社会的排外主義者は外国文化の堕落的影響を懸念し、優生学推進論者は外国人の遺伝子供給源《ジーンプール》への影響を心配し、白人優越論者は自分たちの政治権力の減退を恐れて、群れ集まってきた。タントンはこれらのリーダーたちを自宅に招き、指導的思想家たちに援助を与え、自分の出版社を通して彼らの考えや著作を普及させた。

そこにはのちに政治ニュースサイト「ポリティコ」がオルタナ右翼のバイブルと呼ぶことになる一九七三年発表の『*The Camp of the Saints*（聖者たちのキャンプ）』[54]というフランスの反ユートピア小説が含まれていた。その小説では、インド人移住者の「黒ずんだ群れ」を、糞便を食べる「カルカッタの街路から来たグロテスクで小さな乞食《こじき》たち」と描写し、この者たちがフランスに侵入して白人女性をむりやり売春宿で働かせ、男も女も子どもも含めた乱交パーティをすると書いている。フランス極右政党のリーダー、マリーヌ・ル・ペンは自分の机の中に献呈本を一冊持っている。極右系ニュースサイト「ブライトバート」の前会長スティーブ・バノンはこの小説には先見の明と構想力があると考えた。彼は、地中海を渡る移住者の流れはその本と同じ身の毛もよだつ社会崩壊を引き起こすとほのめかした。これを『聖者たちのキャンプ』型侵入も同然」と呼んだ。

タントンの組織は、グラントとオズボーンが作り上げた「要塞国家アメリカ」を再建した。[55]彼らは、無許可で国境を通過した何百万もの人々に合法的地位を提供することになっていた二〇〇七年の法案を、首尾よく否決させることに成功した。また、反対勢力を動員してドリーム・アクト〔D.R.E.A.M.Act：Development Relief, and Education for Alien Minor's Act〕の廃案も成功した。この法律は未成年時に無許可でアメリカへ連れてこられた者たちに合法的地位を提供するものだった。彼らはアリゾナで施行された悪名高い「証書提示命令」法を書き上げる手助けをした。この州法の下では、正当な移民証書を提示できないことが犯罪となったのだ。

二〇一一年に始まったシリアでの戦争のあと、移住者に関する新たな社会的パニックが勃発[56]し、タントンのネットワークにさらに一つの政治的好機ができた。ドナルド・トランプの行政機関がタントンの組織の人間に移民政策を監督するよう指名したのだ。当局は、ビザや市民権申請が却下されたり、遅延したりしている移民がジュリー・カーシュナーに監督されるよう強いた。カーシュナーは「アメリカ移民改革連盟」の前の常務取締役だ。政権の選挙の公明性に関する政府の審査員団をこのグループの法律顧問、クリス・コバックが指揮した。組織の世論調査チームの長、ケリアンヌ・コンウェイは大統領の首席顧問の一人となった。委員会のロビー活動指揮者、ロバート・ロウはトランプ政権の移民局の上級政策顧問を務めた。そこで彼は政府が認めている難民の数を縮小し、アメリカ国内出生者に自動的に市民権を与える慣行をやめることを推奨した。

二〇一八年、「ナンバーズUSA」からAプラスの評価を受けた三四人の下院議員[57]のうち三二人が再選を勝ち取った。大げさな新聞報道とこの組織から得票したアラバマ州選出の前上院議員、ジェフ・セッションズは司法長官という高みに上った。セッションズの演説秘書を務めたスティーブン・ミラーは、トランプ大統領の主席政策顧問およびスピーチライターの一人となるまでに出世した。彼はこの政権の移民政策の草稿を作った。これにはイスラム系諸国の人々のアメリカへの旅行を全面的に禁止するという二〇一七年の大統領令が含まれていた。

リンネ式自然観の復活

タントンは二〇一九年の夏に死んだ。このときまでに彼の反移民イデオロギーは世界的大国の最上層にまで届いていた。ホワイトハウスおよび連邦議会のホールで、三〇〇年前の時代遅れで中身のない科学的観念が気ままに漂った。

反移民主義の政治家とその唱道者たちは、グラントとオズボーンと同様に、あたかも複雑な形質が世代から世代へ変化することなく伝わるかのような自分たちの遺伝の捉え方を説明した。「正しい遺伝子を持っていなければいけない」[58]。トランプは言った。「私は偉大な遺伝子を持っている」。彼は発表した。「私はドイツ人の血統であることを誇りに思う」。加えて言った。「偉大な素質だ」。自分にはビジネスに向いた「遺伝による天賦の才」があると言った。財務長官が同意した。「彼は完璧な遺伝子を持っているよ」。トランプ一家は血統に大きな価値を置く「競走馬説」に賛同していると、トランプの息子の一人が言った。

彼らはリンネと同じように、アフリカ人の血統を持った人々が生物学的に劣等であることを引き合いに出した。トランプの上級顧問であったスティーブ・バノンは警官に射殺された黒人たちを引き合いに出して、「生まれつき攻撃的で暴力的な連中がいるのだ」と書いた。「怠惰は黒人たちの特徴なんだ」とトランプが言った。さらに「遺伝的にプレッシャーに耐えられない連中がいる」と付け加えた。イリノイ州の共和党のある下院議員候補者は、「世界中へ行ってみればいい。どこへ行ったって平等なんかありはしない……私は人種の平等というこの学説を信じてはいない」[59]と言った。

彼らは二〇世紀初頭の優生思想家がやったように、生物学的に異なった人々が交ざると自然界の秩序が崩壊するとほのめかした[60]。国家安全保障局の役人の一人が言った。「多様性はわれわれの強みではない。弱さと緊張状態と軋轢の源泉なのだ」

彼らは、生物学的に異なる人々は地理的に異なる場所に住むという、リンネ式自然観の復活に賛成する議論をした。「明確な、民族的および人種的に同質の母国」がゴールなのだと、ある白人民族主義者でトランプ支持者が表明した。「私たちは誰かほかの者の赤ん坊たちといっしょに私たちの文明を復元することはできない」と、アイオワ州選出の共和党下院議員スティーブ・キングが言った。

アメリカの移民反対派の政治家はたいてい、どんな種類の環境問題をも議論することを避けている。しかしヨーロッパの移民反対派の政治家たちは、アルド・レオポルド、ギャレット・ハーディン、それにほかの新マルサス主義の環境保護論者を模倣し、移住者が環境に負荷をかけていると推定して彼らを公然と糾弾した。反移民の政治家マリーヌ・ル・ペンは移住者に対して国境を閉鎖することでヨーロッパを「世界初の環境意識のある文明社会」に改造する計画を立てた。「放浪している連中は環境のことなど気にしない」と彼女は公言した。「国境は環境の偉大な味方」だと彼女の党の報道官が付け加えた。オーストラリア出身で二八歳のブレントン・タラントは気候変動を逃れてきた移住者を追い返そうと計画し、自分で事を運んだ。二〇一九年の春、彼はニュージーランドのクライストチャーチにある二つのモスクで、五一人の参拝者を殺戮した。テキサス州ダラス出身のパトリック・クルシウスという名の二一歳の若者は、伝えられるところによれば、「もし十分な数の人間を一掃できれば、僕たちの生活様式をもっと持続できるようになるのに」と主張したという。[61] クルシウスは二〇一九年の夏、彼が呼ぶところの「ヒスパニックの侵入」を阻止するために一〇〇〇キロ南西の国境へ車を走らせた。彼はテキサス州エルパソのウォルマートで射撃を始め、二二人を殺害した。この州ではこれまでで三番目に犠牲者の多い大量射殺だった。

「あなたたちを人種差別主義者だとやつらに呼ばせてやろう」[62]、バノンはフランスの反移民政党へのスピーチでこう言った。「あなたたちを外国人嫌いと呼ばせよう。排外主義者と呼ばせよう。その言葉を名誉の記章として身につけなさい……歴史は私たちの味方だ」

バノンのような反移民唱道者は、何世紀もの間生物学者が擁護してきた過去の説明を心に描いたのだ。それは、人々は長い間孤立して別々に生活し、それぞれ特有の地形に順応し、互いに違いを身につけてきたという見解だった。移動の正しい役割は生態系から過剰な個体を取り除くことであり、人々が地形や生物学的境界を越えて移動することは環境破滅の前兆だというものだった。生物学的に異なる人々を寄せ集める現代の移動は自然の秩序を崩壊させるという論だったのだ。

　この見解は何世紀にもわたって詳細に説明されてきた。しかし結局科学者がその一つひとつを厳密に調べることに注意を向けるときになって、そのほとんどが間違っていたことがわかったのだ。

第7章　移動する人――ホモ・ミグラティオ

太平洋の島々へ

人間が地球上をどうやって移動したかということだけが、未解決の問題として二〇世紀終盤まで残った。第二次大戦後のダーウィン説の復活によって、大昔のどこかの時点で人類共通の起点から出発した古代の移動があった可能性が持ち上がった。しかしダーウィンが私たち皆の祖先はアフリカ起源だと主張したものの、移動そのものは謎に包まれたままだった。ダーウィンは、私たちがどのようにして地球上のおよそ共通点のない隅々にまで分散したかということをまるで説明していないのだ。おそらく人々は徒歩でアフリカを出て、地続きになった旧世界（アジアおよびヨーロッパ）の大陸へ入ったのだろう。だがどうやってヒマラヤの高地、アマゾンの奥地、北極地方の凍てつくツンドラ、それに太平洋上の遠く離れた島々へ到達したかは謎のままだった。

どちらかといえば、現代の航行技術なしでは地理的境界を通過することができないという科学者たちの認識が、ダーウィン以後数十年の科学研究によって高まったのだ。生物学者たちは、別々の大陸に住んでいる人々の身体に生物学的差異を生じさせて私たちを分ける地理的境界のことを要約し、どのくらいの期間隔離されていれば私たちの間に差異が生じるのかを説明した。彼らはこうした境界を通過する危険性を強調した。自殺するゾンビと化したレミングから堕落して飢餓に陥っているインド人まで、移動の不埒《ふらち》な動機と破壊的な影響を詳細に報告したのだ。そのすべてが、私たちの移動が過去にめったに起こらなかったことを強調していた。

それなのに、どうあっても歩いては行けないところに古代の人々の居住地があるという、わけのわからない事実が消えずに残った。植物学者、人類学者、遺伝学者がこれを説明するために一連の仮説を提案した。

ポリネシアの島々は、広大な太平洋全域に散在する大陸から何千キロも離れた溶岩噴出火山のてっぺんであり、いずれを向いても何千メートルもの深さの海が取り巻いているところだ。

ヨーロッパの冒険家たちがそこへ到達するには何世紀にも及ぶ奮闘を要した。ヨーロッパの冒険家のうちでもきわめて優れた腕前の者しか、故国を何千キロも離れたこれら僻遠の島々への航海を成し遂げることはできなかった。一八世紀の終わりに南太平洋の島々をめぐって航海したイギリスの冒険家、ジェームズ・クックは最新の航海技法と科学技術を利用した。彼は海図と磁気羅針盤を用いた。また複雑な測量を行った。新しく開発された航海用クロノメーター〔経度測定用の精密な時計〕を使って、イギリスの母港で太陽が天高く昇ったときから自身が航海してきたときまでの時間を積算し、これを球面三角法を用いて分析して自分たちがどれほど西方へ航海したかを計算した。

それにもかかわらず、太平洋の海洋前哨《ぜんしょう》基地に到達したとき、彼は生き物たちの発する耳障りな音が自分より先にあったことを知ったのだ。タヒチからハワイまで、太平洋の島々にはもれなく人が住みつき、何千種という植物、鳥、動物でいっぱいだった。

一つの島とその隣の島の人々は——何千キロも離れた島であっても——血縁関係にあるらしかった。あるとき、クックは一人の高僧を船に乗せてタヒチから南太平洋を横切って運んだ。その男ははるか遠方の島々の人たちと、よそ者というよりも長らく会っていなかったいとこのように話した。両者の言語は互いに通じ合うものだった。

クックにとってこのことは、自分のイヌが植物と話すのを発見するほどの驚きだった。この人々はどこからやってきて、大陸が広大な海洋に覆い隠されて五〇〇分の一になった島々への移住にどうやって成功したのだろうか。先史時代の人々が大陸から何千キロもの外洋を越えて航海し、ある孤島から次なる孤島へ転々と文化と言語習慣を広めたという論理的結論は不可能なことに思えた。遠距離の移動は例外的な偉業であって、並外れた能力と高度な近代科学技術を要するものだとあまねく知られていた。「この民族がこの広大な大洋全域にまで広まっていることをどうやったら説明できるだろうか」。クックは自分の日誌に走り書きした。

一九世紀の終わりに、ニュージーランドに移住したイギリスの公務員の息子、スティーブンソン・パーシー・スミスがこの謎を解こうとした。ことによるとポリネシア人が太平洋へ向かって移動したことは、彼らの人種が持つ天性の優れた性質で説明できるかもしれない。彼の「アーリア系ポリネシア人」説[1]によれば、先史時代の太平洋地域への移住者は実際には西洋人でもあった。彼はポリネシアの言語がサンスクリット語その他の旧世界の言語に由来することを証明すると主張し、言語学上の証拠があるとした。またポリネシア人の「魅力的な性格」を引き合いに出して、これが、彼らが「コーカサス系人類である自分たちと共通の祖先を持っている」証拠だとした。

ポリネシアの人々は別の説を持っていた。[2] ニュージーランドのマオリ人は、祖先は自分たちがハワイキと呼ぶ西方の土地からポリネシアへやってきたのだと語った。祖先は穀物と島での定住に必要なブタやイヌや鳥などの動物を持ってきた。しかも祖先はクックがやってくる何世紀も前に、高度な科学機器を用いた近代的船舶ではなく、「タキトゥム」というカヌーに乗り、道しるべとなる海図も羅針盤も持たず、波浪と海流に打ち勝ち、何千キロもの外洋を航海してこれを成し遂げたのだという。

これに続いてほかにもカヌーを使った移住があり、[3]中には大艦隊として知られる巨大なカヌー船団もあったという。一五二一年にマリアナ諸島に上陸したポルトガルの探検家、フェルディナンド・マゼランのようなヨーロッパから来た旅人は、現地人のカヌーのスピードと耐航性に驚嘆していた。フランスの探検家、ルイ＝アントワーヌ・ド・ブーゲンビルは彼らの舟があまりにも印象深かったので、サモアのことをナビゲーター諸島と呼んだ。クックもまた地名、工芸品、言語に、太平洋の諸民族間のみならずアジアの民族との間にも不気味な類似性があると記した。

一九三六年にポリネシアのファツヒヴァ島へ植物調査のためにやってきたノルウェーの冒険家、トール・ヘイエルダールは大艦隊説を信じなかった。[4]ポリネシア人の移動に関するヘイエルダール説は、コンティキ・ヴィラコチャの伝説に依存したものだった。コンティキとは、伝説によればバルサ材でできた筏《いかだ》に乗ってペルーからポリネシアへ漂流してきた主神だ。

基本的に浮遊物は、普通の風と海流に乗り、両アメリカ大陸の沿岸から太平洋を横切って、特段の誘導なしに西へ押し流されるとヘイエルダールは考えた。赤道付近で地球を取り巻く貿易風は、時速二一キロの安定した風速で西へ向かって吹いている。フンボルト海流の冷水は南米の西海岸に沿って北へ向かって流れ、その後赤道に沿って平均時速およそ一八キロでまっすぐ西へ向かう。ヘイエルダールは、嵐に押し流されたか航海のミスで進路を外れたかしたアメリカ沿岸を航行中のアーリア人の船乗りを想像した。普通の風と海流がこの「白い神々」である人種を太平洋の真ん中へ置いたのだ。

このような筏の旅は、ヘイエルダールが石器時代のものだと考えているテクノロジーを使った人々が、ハイテクを使った移動というヨーロッパ人にとっての妙技を成し遂げたことを説明するだろう。これはまたポリネシアにサツマイモが存在したという奇妙な事実をも説明すると、ヘイエルダールは考えた。ヨーロッパの探検家たちはアメリカ大陸で初めてサツマイモに出会った。ひょっとすると、人々がコンティキがしたようにペルーからポリネシアへ漂流したのであり、そのときアメリカのサツマイモを持ってきたのかもしれない。

ヘイエルダールの説は、移動は電気や電話サービスと同様にほとんど現代性の副産物であるという虚構を支持していた。もしポリネシア人の祖先たちがコンティキ型の筏でやってきたのであれば、意図的な移動はまったくなかったことになる。たまたま到着したのだ。

コンティキ号の冒険

ヘイエルダールのコンティキ説は想像上の旅を前提にしていた。[5] 筏は外洋を八〇〇〇キロ漂流したすえに、ちっぽけなシミのような陸地に出会わねばならなかっただろう。これは、手を海に入れて通り過ぎるイルカに偶然触れるようなものだった。大艦隊説とそれによってポリネシアへ移動するアジア人という概念は西洋科学の主流を納得させることができなかった上に、ヘイエルダールの多くの同僚たちにとってもコンティキ筏説は信じがたく思われた。一九四六年、ヘイエルダールはアメリカの有力な人類学者たちに自分の学説を支持してくれるよう申し入れた。彼らは馬鹿にした。一人がからかって言った。「いいとも、君が自分でペルーから南太平洋までバルサ材の筏で航海して、どのくらい遠いか見たらいい！」

ノルウェーの雪洞でキャンプし、グリーンランド・ドッグといっしょに山登りをしながら大きくなったヘイエルダールには、これは実行を提案されているように聞こえた。彼は泳げなかった。船に乗ったこともなければ、そこそこの時間を水上で過ごしたこともなかった（もし船に乗ったことがあれば「コンティキ号で大洋を横断することなんかできない」と言われたとわかったはずだと、のちに彼は言った）。だが彼は自説に確信を持っていた。どこをどう考えても、できないということは事実ではないと思われた。

彼は少人数の乗組員を集め、エクアドルでバルサ材を調達してペルーのカヤオの港へ向かった。そこで丸太九本からなる筏を造った。それには無線装置が艤装《ぎそう》され、この航海のもとになったKon-Tikiの文字が書かれた。彼は米軍を説得して寝袋、携帯食料、日焼け止めローション、缶詰、航海用無線装置などを提供させた。

一九四七年四月二八日、一艘のタグボートがヘイエルダールの小さな木製筏をペルー沿岸沖の爽快な海上に下ろした。[6] 筏上の乗組員、若きノルウェー人科学者たちは手回し発電機式無線送信機を使ってノルウェー大使館へ定期電報を送った。彼らの進み具合を追跡する記事が世界中の新聞に載った。ニューヨークタイムズ紙は七月七日に一行は「無事のよう」で、「筏がよじれたり、ギシギシ、ゴボゴボと音を立てているのはすべて筏がばらばらになろうとしている兆しだ」と気を揉むことはもうなくなった、と書いた。その翌日同紙は一行が「強風の中に取り込まれていた」と報じた。次の日に嵐は静まったが、乗組員たちは「すばらしい緑色のオウム、マオリを失い」、また「サメとマグロとイルカとの死闘があった」。乗組員たちがわずか数時間のうちに、筏を取り囲んでいたサメを七匹とマグロを二匹、水から引き上げ、タコが一匹筏に打ち寄せていた。

一〇一日間にわたって太平洋を漂流したすえ、筏、コンティキ号はとうとうフランス領ポリネシア諸島の一部であるトゥアモトゥの環礁に乗り上げた。一行は南アメリカの西海岸から海流と風に運ばれて六九〇〇キロを流されてきたのだ。まさに先史時代のポリネシアの移住者たちがしたというヘイエルダールの推測通りに。

ヘイエルダールはヨーロッパへ戻ってすぐにコンティキ号の旅に関する本を書いた[7]。本はものすごい人気を得た。出版社はこれを五三ヶ国語に翻訳した。三年後、ヘイエルダールはこの旅に関する映画を製作した。映画は一九五一年度アカデミー賞ベストドキュメンタリー部門を受賞した。多くの探検家がヘイエルダールの足跡を追い、自分たちの筏を造って、太平洋に植民した方法だと信じている風任せ波任せの漂流を再現しようとした。

ヘイエルダールのコンティキ説に対するもっとも目立った異論[8]、筏が太平洋上のでたらめなコースを漂流していては広大な海域に散らばっているシミのような陸地に出会いそうもない、という説に根拠がないことが実証された。

一九六三年、歴史家アンドリュー・シャープが、石器時代にアジアからポリネシアへの航海があったという大艦隊説に対する痛烈な批判を発表した。ポリネシア人のカヌーには竜骨も金属製留め具も、その他ヨーロッパの船を艤装するものも一切ない。つまりこの程度の舟がこの旅をするのはテクノロジーの面で可能性がないということだと、彼は書いている。大艦隊は、自信を持てない領土主張を正当化するために使われた現地人の伝説にすぎない。ハワイキは現実の場所ではなく、エデンの園やアトランティスのような神話的なところなのだ。昔の移動に関する現地の物語には、結局はアホウドリの背に乗る人や軽石に乗って漂う人のように明らかな欺瞞的要素が入っているのだ。彼はこう書いている。実情は明らかだ。先史時代にアジアから太平洋へ意図的に乗り込んだ移動などなかったのだ。

もし近代的ノウハウなしに地球の反対側まで進むのに成功した者がいるとしたら、それは単に偶発的事故によるものにすぎない。コンティキ号の冒険に魅了された何百万もの人々にとって、はるかなポリネシアへの入植という事件は終わった。コンティキ号は間違ってあそこに着いたのだ。

人種の起源論争

ペンシルヴェニア大学の人類学者でアメリカ自然人類学会の会長、カールトン・クーンはさらに自説を進めた。彼は先史時代の移動などまったくなかったと主張した。[9]

彼の持論によれば、人類は共通してアフリカに源を発したわけではない。彼は化石の記録から得られる断片的証拠を編み合わせ、一九六二年発行の著書『*The Origin of Races*（人種の起源）』で、各人種は別々に出現し別々に進化したのだと主張している。

現在では絶滅したホモ・エレクトスの集団が世界中に散らばり、五大陸のそれぞれで独立してゆっくりと現在のホモ・サピエンスに進化したのだとクーンは主張した。歴代の科学者が主張してきたように、五つの大陸の人種の身体がどのようにして生物学的に異なったかを、こうした別々の進化の旅路によって説明できる。「主な人種はそれぞれ時間の迷路を通って独自の通路を辿った」のだとクーンは書いている。何千年もの歩みを通して彼らは「異なる環境の必要性に合うようにさまざまな異なる型に作り上げ」られてきた。もしそうなら、現代の年代《イーラ》以前にいかなる移動の存在を示唆する理由もまったくない。

人種間に生物学的区別があるという科学的信念[10]はなおも蔓延していた。一九五〇年、民族間には生物学上の区別があるとしたナチの犯罪が発覚したあと、新設の国際連合の最高機関が、人種は生物学的根拠のないイデオロギー上の概念だと非難する声明を公式に発表した。しかしその機関が一流の科学者たちに声明への署名を依頼すると、彼らは尻込みした。反人種差別主義の大義に好意的な者たちですら気が進まなかったのだ。「よく知られているネグロイドの音楽的特性とインドのいくつかの人種における数学の才能だけは言っておかねばならない」とイギリスの霊長類学者、W・C・オスマン・ヒルが主張した。人種の生物学を捨て去ることは「現実よりも願望に基づいた思考だ」と別の者が言い添えた。進化生物学者ジュリアン・ハクスリーは「リズムが大好きな黒人の気質」と「閉じこもりがちなアメリカ先住民の気質」を指して、明らかに知的能力は人種によって違うと言った。「残念ながら、私は自分の名前をこの文書に載せたくありません」とハクスリーは付け加えた。その遺伝学における業績がダーウィンの自然選択説の復活に一役買った進化生物学者、テオドシウス・ドブジャンスキーもこの声明は言いすぎだと思った。結果的には、署名を求められた一〇六人の著名な人類学者と遺伝学者のうち八三人が断った。署名した人は「口先だけで賛意を示した」にすぎず、内心では酷評したのだとクーンは公言した。

人類の過去に関するクーンの持論は、科学者たちが生物学的事実の問題として受け入れている人種間の違いだけでなく、人種間の階層といういまだに強力な幻想[11]をも説明した。ある人種グループがほかの者よりも政治的、経済的および社会的資本をはるかに多く得てきたということは明白だ。クーンの持論はその結果を、ある人種グループに資源を気前よく与えた政治的、経済的および社会的政策によるものとはしないで、進化の歴史のせいにしたのだ。

ホモ・エレクトスからホモ・サピエンスに至る各人種特有の進化の歴史は、別々の場所で別々に起こったのであり、「それぞれが進化の尺度のそれなりのレベルに達した」のだとクーンは言った。コーカソイド――ヨーロッパの白人――はほかのどの人種よりも早くホモ・サピエンスになったのであり、そのことが「より進化している」理由なのだ。オーストラリアのアボリジニはつい最近人類になったばかりで、それゆえ政治権力が彼らを原始人として扱うのは正当なのだ。彼がコンゴイドと呼ぶアフリカの黒人はヨーロッパ人やアジア人と「同じ進化レベルから出発した」が、その後「五〇万年間足踏みをした」。彼らは非常に最近になって人類になったので、白人よりも二〇万年分進化が遅れているとクーンは書いた。

有力な科学者たちはこの本を賛美した。人類学者フレデリック・ハルスは、クーンの説は「きわめて推論的」ではあるが、「実に包括的だ」と指摘した。ハーバードの生物学者エルンスト・マイヤーはサイエンス誌上で、クーンの本は「大胆かつ創造的」であり、「科学の重要なテーマの中でも最たるものだ[12]」と褒め称えた。

人種の階層が現実に存在するという考え[13]が当時の科学思想の主流と矛盾しなかったため、クーン説に反対するドブジャンスキーのような科学者たちは、技術的根拠に基づいて異議を唱えた。クーンが化石化した遺体を自分の主張の根拠として用いたことをドブジャンスキーは指摘した。クーンの主張は生物学的相違を前提としていた。主流の考古学者たちは、先史時代は定住性だと想定していたので、非常に離れた場所で見つかった化石を動物学的に別物だと分類したのだ。たとえば彼らはインドネシアで見つかった古代の人類の遺体にピテカントロプス・エレクトス、中国で見つかったものにはシナントロプス・ペキネンシスと名づけた。互いに非常に離れた場所で見つかったため、これらが同一種である可能性がないかのように名づけられたのだ（実は、ピテカントロプス・エレクトスすなわちジャワ原人もシナントロプス・ペキネンシスすなわち北京原人も単一の放浪性の種、ホモ・エレクトスの標本であることがのちに明らかになった）。クーンはこうした化石を暗示性に富む述語とともに用いて、彼らの子孫が何千年も互いに孤立していた証拠だとした。これは、あるものが「美しい」と言われ、別のものが「きれい」だと言われたから、美しいものときれいなものは違う、と証明するようなものだった。

それに、クーンの説[14]は、進化について科学者たちが理解していることとは矛盾していた。もしホモ・エレクトスの各グループがそれぞれの大陸に孤立していて互いに別々に進化したなら、クーンの説が提唱するような完全に同じ種への進化などありそうもない。五つの別々の種に分かれそうなものだ。オーストラリアの有袋類とアジアの鳥類の両方がアヒルのようなくちばしを進化させたように、別の系統のものが同じ結果になるように進化する、いわゆる収斂《しゅうれん》進化は比較的まれだ。進化は同じ目的地へ容赦なく機関車を導く、どんなことがあっても変えられない線路ではなかった。クーンの説が成立するにはたった一つの非常に珍しい事例ではなく、若干の事例とそれがすべて同じ結果になっていることが必要だ。そうした出来事が起こる可能性は「無視できるくらい少ない」とドブジャンスキーは指摘した。

たとえ、もし孤立したホモ・エレクトスの五つの集団全部がいっしょにまったく同じ種に進化したとしても、クーンの説が正しければ、彼らはそれぞれ厳密に隔離されていなければならなかっただろう。もし動き回って交流し合えば、彼らの間に闘いや恋愛関係が起こるのは必定で、たとえばモンゴロイド―コンゴイドやコーカソイド―アボリジナルの子どもの世代ができ、その子どもたちの先祖の体の生物学的な違いは速やかに消えたことだろう。まったく同じ種に進化したにもかかわらず古代の人々はそうしなかったかのように振る舞い、まるで致命的な伝染病に感染したかのように自分たちの仲間のホモ・サピエンスと距離をとって別の場所にいたことになる。クーンは新たに進化したホモ・サピエンスが「放浪中には人種隔離を実践した」[15]と想像したに違いない。そうドブジャンスキーは素っ気なく指摘した。

公民権運動の活動家たちはクーンの説を人種差別主義者の空想だと非難した。[16]名誉毀損防止同盟は彼の主張を非難する小冊子を発行した。自然人類学の同僚たちは彼の仕事を咎《とが》めようと特別に会議を招集し、学会の会長辞任を強要した。一方人種差別主義者は、アフリカ人はかろうじて人類であり、アボリジニは原始人だとするクーンの意見に悦に入っていた。彼らはクーンの説を新聞や自分たちのパンフレットで拡散した。クーン自身はカールトン・パトナムのような主導的人種差別主義者と交流を続け、科学の面からの意見を提供していた。パトナムが著したアフリカ人の後進性に関する本は若きクー・クラックス・クラン〔KKK。アメリカの秘密組織で、白人至上主義団体〕の熱狂者、デイビッド・デュークを煽動した。

クーンは自分を非難する者たちを「パブロフの犬」だと言って無視した。彼はドブジャンスキーのことを鼻で笑っており、「名誉毀損のキャンペーン」をやっている「ぬいぐるみのロバ」だとした。支持者たちは、クーンのような「人種にかかわる真理」を語る専門家は「迫害」されていると言った。

分子時計が発見したこと

科学者たちが長い間抑圧されていた人類の移動の歴史を正常な姿に戻し、過去に移動はなく人種には階層があるという神話を封印するまでには、何十年もかかった。[17] そうなるまで、移動行動をほのめかす新しい発見は皆、古い範例《パラダイム》の中に押し込められていた。このことには、クーンの本が出版された翌年に亀裂が入り始めた。この年、ストックホルム大学の二人の生物学者がニワトリ胚の細胞を電子顕微鏡で観察していて、奇妙な繊維を見つけたのだ。

細胞のミトコンドリア——細胞のエネルギーを生み出すウジ虫状の構造物——の内部に詰め込まれたこれらの繊維は、細胞核の中でらせん状になっているものと同じDNAだと判明した。しかし生殖の過程で予測不能な方法でパートナーのDNAと混ざり、再集合する細胞核のDNAと違って、ミトコンドリア内のDNAはいわば単独の産物だ。これはわずか数十個の遺伝子を含み、母親から子どもへ母系を伝い、再集合に伴うごちゃまぜの混戦に影響を受けることなく、単独で世代から世代へ静かに旅してきた。その指令はただ定期的に起きる行き当たりばったりの突然変異によってのみ変化した。

これは、DNAの塩基配列の違いが、堆積層の深さや木の年輪の数のように、時の経過を表すということかもしれないと、カリフォルニア大学バークレー校のアラン・ウィルソンが気づいた。予想可能な速度で蓄積する遺伝子の変化は、いわばストップウォッチとして振る舞ったのだ。伝言ゲームのおしまいに壊れてしまった文言のように、遺伝子の変化は経過した世代の数を記録しているのだ。彼は一九七〇年代に、この洞察を用いて異なる生物種間の遺伝子の塩基配列とタンパク質を比較し始め、これら生物種の分岐時点を正確に指摘できるかどうか試した。

当時、こうした疑問は古生物学者や人類学者の守備範囲であって、そのために彼らは人工物のかけらや、化石や、その他の手がかりに基づいて太古の物語をつなぎ合わせることで全貌を知ろうとしていた。ウィルソンの「分子時計」方式は彼らの研究成果を打ち砕いてしまった。古生物学者たちは、チンパンジーとゴリラとヒトはおよそ一五〇〇万年前に分かれて進化してきたと結論づけていた。ウィルソンの研究によれば、わずか三〇〇万～五〇〇〇万年前に分かれたことが示唆された。

一九八〇年代後期、ウィルソンとバークレー校の同僚、レベッカ・キャンおよびマーク・ストーンキングは、近い祖先が別々の大陸に起源を持つ、妊娠中の女性数百人に胎盤を提供してくれるよう説得した。彼女たちの祖先が分かれてからどのくらいの期間別々に進化してきたかを知る目的でミトコンドリアDNAを調べるためだ[18]。研究者たちは胎盤を凍結し、ミキサーですり潰し、遠心分離機に数回かけ、純粋なミトコンドリアDNAを含む透明な液体を抽出した。

大方の専門家は、私たちの祖先が古代の移動によって別々の大陸に到達したか、あるいはクーンが主張したようにそこで出現したかにかかわらず、アフリカ、アジア、南北アメリカその他の人々は難攻不落の地理的境界の向こう側で、少なくとも一〇〇万年は別々に進化したと認めていた。
これはこのミトコンドリアDNAが証明したこととは違う。遺伝学者たちの分析によれば、人種的ならびに大陸的背景の異なる一四七人の女性たちは、二〇万年前というつい最近に共通の祖先を持っていた。それが事実なら、科学者たちが何世紀間も思い込んでいた長期間の隔離は存在しなかったのだ。世界中の人類はとても最近になって共通の祖先から興ったのだから、以前に信じられてきたよりもはるかに短期間で分化したに違いない。そして先史時代の間、誰が想像したよりずっと速くずっと大規模な様式で移動した。人類はわずか数十万年で地球上のあらゆる辺地にまで飛び出していったのだ。
自分のミトコンドリアDNAを娘から娘へと絶えることなく伝えた共通の祖先のことを、科学者たちは詩的に「ミトコンドリア・イヴ」と名づけた。ミトコンドリア・イヴは科学者が何十年間も突き止め損ねていた私たちの間にある明らかな生物学的区別を証明した。進化生物学者リチャード・ルウォンティンが一九七〇年代初期に立証したように、人種グループ間の変異が全遺伝子変異に占める割合は、人類全体を通して一五パーセント以下だった。ずっと多くの変異が人種間よりも個人間——同一人種だろうとそうでなかろうと——に存在した。[19]
人類が定住主義者だったという神話に何世紀も固執したあとだから、コメンテーターたちはアフリカからの大量移動という論を疑惑の目で見た。[20]評論家たちは、ウィルソンとその仲間が人類の過去の複雑さを解明する「訓練をしていなかっただけ」だと不満を唱えた。「アフリカ人移動者は地球上どこだろうと決して移住に成功することはなかった」と古人類学者アラン・G・ソーンとミルフォード・ウォルポフが一九九二年のサイエンティフィック・アメリカン誌の記事に書いている。

集団遺伝学者、ルイジ・ルーカ・カヴァッリ＝スフォルツァのような科学者の研究は、ミトコンドリア・イヴが示唆する移動の歴史を支持した。カヴァッリ＝スフォルツァは古代の脱出を「最近のアフリカからの」移動と呼んだ。とりわけ彼は、実際に私たち人類がほんの数十万年前にアフリカから出てきたことを証明する根拠として、頭蓋骨が変化した経緯、病原体、言語、文化がどのように変化したか、それにその他多くの考古学上の証拠と新たなＤＮＡの証拠を組み入れた。[21]

カヴァッリ＝スフォルツァの業績は、人類が共通してアフリカ起源だという事実を否応もなく大勢に受け入れさせた。だが彼の説は人類が定住主義者だというパラダイムにある主要綱領をそっくりそのまま残した。

近代以前の移動は例外的かつ一時的な状況下で起こったと彼は述べた。カヴァッリ＝スフォルツァの想像では、アフリカからの旅立ちは占領されていない領土という魅力を動機にした不住の土地への分散だった。私たちの最初期の先祖は巨大で誰にも占領されていない空間、「新しい、始原の環境」そして「処女地」である世界の中のアフリカで進化した。彼らは水溜まりが膨れ上がって空の容器を満たすようにアフリカから溢れ出た。入植者たちは新しい場所に定住しようとアフリカから出発して新しい居住地を建設した。それはさらなる新しい場所に定住してさらなる居住地を建設するさらなる入植者を生み出し、すべての新しい場所が人類の居住地になるまでこれが続いたという。

その時点で、先史時代の祖先に移動を強要するたった一つの歴史的条件は消えて移動の経過は自然に結論に達し、地勢や文化が移動に押しつける強力な障壁が再び立ち上がった。次に起こったことに対するカヴァッリ＝スフォルツァおよび彼の同僚たちの想定は、リンネ以来のほかの科学者たちのそれと同じものだった。すなわち、私たちの移動に対する天然の障壁を近代科学技術が人為的に低めてくれるまで、何千年も不動の状態が続いたというのだ。

この想定は彼自身の研究の中に取り込まれていた。カヴァッリ＝スフォルツァはＤＮＡを分析して人間集団間の歴史上の類縁関係を再現した。しかしアフリカを出たあとの先史時代の旅程を再現するのに世界中の人々のＤＮＡを無作為に横断的に採取することはなかった。そうではなく、特定の集団――現地の人々、とりわけ自分たち自身の言葉を話し、明確な地勢的境界内に住む人々――に焦点を合わせた。彼はその人たちが先祖の住みついた場所と同じところに太古以来留まっていると想像した。祖先たちに置き去りにされ、長い間定住している子孫たちの類縁性を測定することで、彼らの祖先がアフリカを出たあとの移動の物語をつなぎ合わせたのだ。[22]

彼の科学者チームに狙われた地域社会の方[23]は気に入らなかった。科学者に血液を調べられる被験者は、注射針で穴を開けられ、分類され、遺伝子銀行《ジーンバンク》にファイルされる「歴史的関心による分離株」以外の何物でもないだろうという思いから苦々しく感じられたのだ。中央アフリカ共和国で、カヴァッリ＝スフォルツァが地域の子どもから採血するときに、腹を立てたある農夫が「子どもたちから血を盗るならお前の血も盗ってやる」と警告し、斧を振りかざした。世界先住民族会議はカヴァッリ＝スフォルツァの仕事に「ヴァンパイア計画」とあだ名をつけた。ＮＧＯである第三世界ネットワークはこれを「完全に非倫理的で道徳を蹂躙する」ものだと称した。

カヴァッリ＝スフォルツァの同僚の中にも、彼の判断基準を満たした人間集団が、推定したようには孤立していない、あるいは定住していないかもしれないと言って、その戦略に異を唱える者がいた。そうした集団もまた貿易、交流、征服、文化的衝突など、それぞれ特有のさまざまな歴史的背景を背負って別々の場所から来た移住者の混合体かもしれない。換言すれば、ことによると出アフリカの移動後には何千年もの不動状態ではなく、さらに多くの移動が続いたのかもしれない。あたかも被験者の先祖には話すべき移動の歴史がないかのように血液サンプル抜き取りのために襲いかかるカヴァッリ＝スフォルツァの方法では、このことを完全に見過ごしたのだろう。

「私はとても悩んでいるんだ」[24]と、ある科学者がサイエンス誌の記者に言った。「あんなふうにサンプルを採れば結果を偏らせることになる」。カヴァッリ＝スフォルツァの方法は、別々の場所に住んでいる集団間の遺伝的関連を解明しようと（あるいはその集団自身の移動の歴史を尋ねようとさえ）せず、単にあらかじめ推定しただけだ。もしこうした集団が先祖と同じようにたまたま人種間交雑した人々で移動性であれば、彼の戦略は「弁護士は建築家と会計士のどっちに近い職業かと問う」のと同じくらい、紛らわしいものだと言っていいと、人類学者、ジョナサン・マークスがのちに書いている。

しかし若干の不満は別として、カヴァッリ＝スフォルツァの方法は有効とされていた。ダーウィンがアフリカ共通起源説を提案してから一世紀半後となる二一世紀の最初の一〇年間[25]で、科学にかかわる人々は出アフリカ近年説に寄ってきた。人類の過去に関するDNA関連技術が明らかにした新しい物語が、ドキュメンタリー映画、博物館の展示、雑誌の記事などによって普及された。多くが樹木の例えを使った。幹は古代のアフリカの人々で、そこから私たち皆が進化したのだ。アフリカから別の大陸へ出ていった各集団は、遠くへ伸びている枝として表された。

この例えが示唆したような、実際にアフリカの外へ分散したあとで移動が止まったという直接の証拠はなかった。移動した古代の細胞内の、移動を記録したかもしれないDNAのらせん構造は、何千年間も埋まっていた遺骸といっしょに朽ち果ててしまった。しかしたいていの人々は、アフリカを出た人々がそこに留まっていたと推定した。結局、枝はいっしょにもう一度伸びることはなかったということだ。

人種の境界を遺伝学に求める

人類の過去が孤立でも定住でもなかったことを示す手がかりは、二〇〇〇年のヒトゲノム・プロジェクトの結果に表れた。これは数十億ドルをかけたヒトゲノム解読計画だ。

塩基配列解析装置《シーケンサー》が私たちの間にあるいかなる遺伝子のいかなる違いを見つけることもまずなかった。解析の結果によれば、私たちのＤＮＡに配列している三〇億のヌクレオチドのわずか〇・一パーセントが個人間で異なっていた。男と女、背の低い人と高い人、赤毛と黒毛、舌を巻ける人と耳たぶが垂れている人と色覚障害のある人、皆がそれぞれのＤＮＡにほとんど同じヌクレオチド配列を共有していた。私たちが属する種が別々の枝に分かれることはまったくなかったのだ。ビル・クリントン大統領はこの結果を公表するホワイトハウスの式典で、人類は「人種にかかわりなく」九九・九パーセント同一だと宣言した。

相対的に言えば、私たちはいかなる遺伝子をも持っていないと結果が示している。アウグスト・ワイスマン主義の時代以来ずっと、[26] 科学者たちは遺伝の圧倒的な力を確信していた。分子遺伝学者はＤＮＡを、専断的厳命によるかのように私たちの身体の発生と機能を支配する主要分子として説明してきた。遺伝学者リチャード・ドーキンスは人体を、ＤＮＡのヌクレオチド配列によって製造された「たどたどしく歩くロボット」に例えたことがある。遺伝子は私たちの健康や行動についてこのように中心的役割を演じており、塩基配列を解読すればがんを治したり経済に大変革を起こしたりできると科学者たちは考えた。私たちの遺伝子配列は「私たちが『本当は』何者なのか」を教えてくれるだろうとジョナサン・マークスは回想している。

科学者たちは、ヒトゲノムには異なる別々の遺伝子が少なくとも一〇万個は含まれるだろうと予想した。体長がミリ単位の線虫におよそ二万個の遺伝子があることがわかっていた。多くの人が想像するような方法で遺伝子が私たちの身体や行動を支配するならば、きわめて複雑なホモ・サピエンスには間違いなくずっと多くの遺伝子があるだろうと彼らは想像した。しかしプロジェクトが進行するにつれ、当初のヒトゲノム中の遺伝子数の見積もりを調整し直さなければならなくなった。二〇〇一年、ヒトゲノムには一〇万個ではなくひょっとしたら三万個の遺伝子があるかもしれないと予想した。最終的に、ヒトゲノム・プロジェクトの塩基配列決定によって明らかになった遺伝子数を解析した研究者たちは、わずか二万個であることを発見した。これは未進化の虫とほぼ同数だ。[27] 私たちが気づいている自分たちの間のいかなる相違点も、どんな単純な様式であれ私たちの生命体で遺伝暗号となって世代から世代へと受け継がれたはずはない。私たちはこの相違を綴《つづ》るだけの遺伝子を持っていないのだ。

「こんなに少数の遺伝子が物事をこれほど複雑にできるとは誰も想像できなかった[28]」と言った者がいる。ヒトとマウスを分けるのに遺伝子が一〇個もいらないとその同僚が言い添えた。

私たちの仲間である霊長類の遺伝的性質を研究すると、[29] 私たちと彼らの生物学的境界がさらにあいまいなものとなった。エルンスト・マイヤーは、集団と集団の生物学的変化の境目がはっきりしていて、それぞれのグループの形質の組み合わせがほかのグループのそれと明瞭に識別できる種と、変化が連続的でいつの間にか次第に変わっていく種とを区別した。チンパンジーとミツバチは前者のタイプだ。私たちの遺伝子は私たちが後者であることを示した。

霊長類学者は、チンパンジーは閉鎖したグループ内で生活しており、たとえ生息域が重なっていてもほかのグループとは交配しないことを発見した。[30] これが彼らの遺伝に反映した。チンパンジー、ゴリラ、ボノボはすべて私たちよりも種内に遺伝的多様性を持っている。遺伝学者は、チンパンジーの二つの集団間の遺伝的距離が、別の大陸に住んでいる人間同士の遺伝的距離よりも四倍大きいことを発見した。チンパンジーは各集団が隔離されていることでそれぞれに差異が生じた。しかし、私たちははるかに数が多く、彼らよりも広範囲に分散したにもかかわらず、同じことが起こらなかった。移動と交配の歴史がそのわけを教えてくれる。

新たな遺伝学的証拠に直面しながらも、多くの科学者は依然として、リンネが唱えた私たちを隔てる境界という神話からどうしても離れられないと感じていた。[31] 初期の世代の人種科学者などは、人種間の境界はまだ発見されていないかもしれないので、科学者はただただ熱心にそれを探さなければならないと感じていた。たとえば二〇〇二年発表のある研究では、集団遺伝学者たちが自分たち自身の人種の種類を自己申告して、人種的偏見を避けようと決めた。彼らは人種間の生物学的断層線が存在し、それをコンピューターが「客観的に」見つけることができると考えて、一〇五二人のいろいろな人々から得たデータをSTRUCTUREと呼ばれるコンピュータープログラムに投入し、その人たちの間にある遺伝的境界を見つけるよう求めた。遺伝学の証拠が示唆したように、移動によって人々の間の変異パターンが絶え間なく作られ、またグラデーションができたので、このことはいわばコンピュータープログラムに夕日の色の数を分析するよう求めるようなものだった。結果はプログラムが見つけるように言われた数次第だった。もし研究者が三グループを要求すれば、STRUCTUREはデータを「ヨーロッパ出身者」「アフリカ出身者」「東アジア、オセアニア、南北アメリカ出身者」というように人種に基づかない、意味のないグループに分類するだろう。六グループを要求するとソフトウェアはデータを各大陸出身者に加えて、北西パキスタンの山間渓谷に住むカラシュと呼ばれる人々で構成される別の一グループを分類するだろう。データを別々の二〇グループに分類することだってできる。そんな精度にもかかわらず、データを五グループに分けるよう命じられたソフトウェアが五大陸を提案すると、研究者たちは勝利を宣言した。ニューヨークタイムズ紙のインタビューで、この研究の指導的著者、マーカス・フェルドマンは、これによって人種に対する一般概念が確認されたと言った。

ほかの科学者たちが同意した。インペリアルカレッジの進化発生生物学者アルマン・マリー・ルロワはニューヨークタイムズ紙の特別記事面で「この効果的な研究に注目してください。確かに人種が存在することを遺伝学のデータが示したのです」とコメントした[32]。STRUCTUREは一般に使われている意味で「人種についたレッテルを知っていたわけではない」。しかし「人類の太古の祖先の分裂に関して抱かれてきた一般的直感と驚くほど見事に一致している」とハーバードの遺伝学者、デイヴィッド・ライクが付け加えた。

ライクの「人種」の概念は旧来の用法を超えたニュアンスを含んでいた。彼にとって人種は遺伝的に結びついた人間集団を言い、リンネが肌の色と起因した大陸によって定義したような大雑把な寄せ集めではない。それにもかかわらず彼は、二〇一八年のタイムズ紙の特別記事面でその区別を削除した。「遺伝上の先祖が異なることがたまたま今日の人種構成概念の多くと関連することは事実だ」と書いた。

人種グループ間にリンネ流の生物学的相違があるという神話[33]が医療の専門家を誘惑し続けた。たとえば二〇一六年のある研究で、白人医学生の半数が、黒人の皮膚は白人の皮膚より厚いと主張した。医療専門家が黒人の痛みを的確に評価できないことに関連するこの誤った信念は、白人女性よりも三ないし四倍高い黒人女性の妊娠関連死亡率とかかわりがあるようだ。別の科学者たちは、人種の分類が生物学的関連の有無を無視した科学上の都合でできたものであることを発見した。たとえば医療遺伝学の研究では、朝鮮人、モンゴル人、スリランカ人を「アジア人」、モロッコ人、ノルウェー人、ギリシャ人を「白人」などと地理的および遺伝的に別種の集団として分類し続けた。これはまさに何世紀も前にリンネが推奨したやり方だ。

同様にヒトの遺伝的変異を描いた地図[34]では、各大陸に住む人々を不連続性が一目でわかる、隔離された存在として描写した。カヴァッリ＝スフォルツァと同僚たちが二〇〇九年にプロスワン誌の論文で発表したその手の地図の一つでは、アフリカ人集団を赤い点、南北アメリカ人の集団をピンクの点、ヨーロッパ人の集団を緑の点、アジア人の集団をオレンジ色の点で表した。似たような地図がカヴァッリ＝スフォルツァの著書の表紙にも顔を出した。

これら色鮮やかな識別図は、データセット間にある現実の類縁関係よりも人種のカテゴリーに適合していた。ヨーロッパやアジアに住んでいる人々の体内にある一連の遺伝子は、アフリカに住む人々の遺伝子とは、こうした地図が示唆するように異なってはいなかった。別の大陸に入植しようと最初にアフリカを出た人々は完全にアフリカ人集団の小団体《サブセット》からなっていたから、彼らの子孫の遺伝子はアフリカの人々にある遺伝子のサブセットだったのだ。別の人間集団に存在する一連の遺伝子をもっと的確に図示したものは、アフリカ大陸をあらゆる色彩を使って色づけたもので、ただし無作為に色を選び、またヨーロッパやアジアやその他の大陸と部分的に重複する色彩を用いたものかもしれない。

生物学的人種と人種の序列という神話を信奉していた人々は自分たちの信念を支援するに足る科学的証拠を見出した。ヒトゲノム・プロジェクトからあまねく引用されているある統計が、人間は「人種にかかわらず」九九・九パーセント同一であると指摘した。このことは〇・一パーセントの遺伝子の違いが人種グループを特徴づけることを意味しなかった。個人間の違いは、実際には人種間の境界に対応して分類されなかったのだ。しかし、この言い回しは以下の可能性を残していた。私たちがＤＮＡの九八・七パーセントをチンパンジーと、九〇パーセントをマウスと共有しているとなれば、人種間の〇・一パーセントの違いは必ずしも無意味ではない。あるオブザーバーが人種学者ドロシー・ロバーツに次のように指摘した。「イヌとオオカミとは遺伝子レベルではほとんど同じです。しかしイヌとオオカミの違いはきわめて大きい[35]」

通俗的白人至上主義のウェブサイト、ＶＤＡＲＥに載ったものも含めて、カヴァッリ＝スフォルツァの色分けした地図は、反移民および白人至上主義の評論家たちに喜色満面で支持された[36]。あるＶＤＡＲＥの書き手は「要するに、彼の数値演算のすべてが時代遅れのストローム・サーモンドに紙ナプキンとクレヨンの箱を与え、世界の人種地図を描かせて手に入れたような地図を作り上げたのだ」と、悪名高い人種差別支持派のサウスカロライナ選出上院議員を引き合いに出して言及した。カヴァッリ＝スフォルツァと同僚たちは「一九世紀の帝国主義者の……偏見を大幅に追認した」のだと締めくくった。別のＶＤＡＲＥ支持者はサンディエゴ・トリビューン紙にきわめて明快な絵を描いた。各人種はボウルの中のフルーツ片のようにほかのものとはっきり区別されていた。「あなたにはどんなふうに見える?」とその書き手は思わせぶりに尋ねた。

人種の生物学を認識しそこなった政策[37]は「偽科学」だと、別の白人至上主義ウェブサイト、デイリー・ストーマーが述べた。「科学はわれわれの味方だ」とある白人至上主義団体の創設者が言い添えた。遺伝学の専門家を気取った者までいた。たとえば二〇一九年の初め、ジョンズ・ホプキンズ大学で医学の学位を取ったアンディー・ハリス下院議員は「研究用に解読されたゲノムの数」を討議するためにある支持者といっしょに集会を開いた。この人物は遺伝学を学んだことはなかった。白人至上主義団体の資金調達係だった。

国連がヒトの生物学における人種の概念を正式に非難するよう要求した二〇一〇年頃、この分野の専門家たちは遺伝学研究への政治的関与から身を引いた。「自分たちにはこうした複雑で緊張を伴う話題について、ヒトの相違の生物学として一般聴衆に情報を伝える能力はないと、彼らの学問分野の頂点にいる遺伝学者の多くが言う」とニューヨークタイムズ紙の記事に書かれている。さらに同紙は、アメリカ人類遺伝学会のある創立委員が遺伝学研究の政治的悪用に関する討論者団を編成しようとしたところ、彼女は「牽引《けんいん》力のある研究者をほとんど見つけることができなかった」とも報じた。たとえば、デイヴィッド・ライクはこの問題で公開討論をリードしてほしいという彼女の誘いを断っている。

加えて、人種間には堅固な境界があるという考えは、大衆の心に埋め込まれた大方の歴史観にぴたりと当てはまった。私たち人間集団の歴史を表す樹木の図を見た人なら誰でも知っているように、各大陸の人種はほかの人種とはかかわりなく、自らの運命に向かって別々の大枝を旅したのだ。これこそがDNA革命が明かしたことだ――少なくとも遺伝学者が錐体骨《すいたいこつ》を手に入れるまでは。

古代人のDNAが明かした真実

錐体骨を表す英語petrousは「石のようで硬い」ことを表すラテン語のpetrousに由来している。[38] これは頭骨の一部で、迷路状に並んでいる内耳の組織を包んでいて、振動を音に変換してくれるものだ。哺乳類の体ではもっとも硬く稠密な骨だ。

これはまたわずかなDNAを、分解する力から何万年ものあいだ保護してきたものだ。このことは、古代の遺骸を調査していた遺伝学者たちが二〇一四年頃、錐体骨を含む骨片を少しばかり分析していたときに偶然見つけた事実だ。それ以前彼らは、重い骨には無傷のDNAがもっとも残りやすいという説をもとに、古いDNAを探すために大腿骨《だいたいこつ》や脛骨《けいこつ》を粉末にすることにこだわるのが普通だった。その結果、氷の下や深い洞窟にあったものは別として、調査した遺骸の骨からは古代のDNAをほとんど見つけることができないでいた。

錐体骨の発見は古遺伝学に革命を起こした。その骨質の渦巻きの内部には、ある古遺伝学者が呼んだところの古代DNAの「母なる宝庫」[39]がある。二〇一〇年、五人の古代人のゲノムが発表された。二〇一六年までに三〇〇人、二〇一七年までには三〇〇〇人のゲノムが明るみに出た。古遺伝学者の研究室から猛烈な勢いで出てくる新しいデータを移動の歴史に関する私たちの知識に組み込む作業は、まだ途に就いたばかりだ。しかしとりわけスウェーデンのスバンテ・ペーボやハーバードのデイヴィッド・ライクのような古遺伝学者は、カヴァッリ＝スフォルツァその他が現代人のＤＮＡから外挿したものよりもはるかに複雑な古代の移動の経緯をすでに明かしている。

アフリカを出てからの旅路は巨大な無人の空間に拡散させるハンマー投げのようなものだった。しかし、私たちの祖先がアフリカを出たときには、すでに別の人々が住んでいる土地へ入り込んだのだ、ということを古代のＤＮＡから得た新たなデータが示した。今では絶滅したこれら古代の人々は、およそ一八〇万年前にアフリカを出て私たちより先にそこに着いていたのだ。私たちの祖先が彼らに出会ったとき、移動者ならすることをそこら中でしていた。すなわち、現地人との間に子どもをもうけたのだ。つまり彼らのＤＮＡ断片が私たちのそれに入る交配措置だ。ヨーロッパとアジアの現代人が持つＤＮＡのおよそ二パーセントが、ネアンデルタール人との移動中の出会いにまで遡り、同じくらいの割合で現在ニューギニアおよびオーストラリアに住む人々のＤＮＡが、遺伝子解析によって発見された古代の人類であるデニソワ人にまで遡る。高地での生存を可能にするデニソワ人の遺伝子はチベットに住む人々のＤＮＡ中にも存在する。

ユーラシアに到着した古代人も南北アメリカに到着した古代人[40]もそこにじっとしてはいなかったと、古代のＤＮＡが示している。ある者はアフリカへ舞い戻り、東部および南部アフリカにいる現代の子孫たちにユーラシア人の遺伝子を付与した。またある者は中央アジア、近東、アンダマン諸島由来の古代の移住者の流れを合わせてインドへ移動した。そしてそのすべてが背後に遺伝子の指紋を残していった。東南アジアに到着した古代の移住者は、のちにマダガスカルへ向かった。南北アメリカへ移動した人たちは移動を再開し、ヨーロッパへ向かって出発した。

地理的障壁――外洋、山岳地帯――が彼らの漂泊を妨げることはなかった。現代のナビゲーション・テクノロジーがないことだって問題ではなかった。古代の移動者たちには地上最果ての地といえども気にならなかったし、一度ならず到達に成功していた。彼らは一万五〇〇〇年前に人を寄せつけないチベット高原へ移動したのだと、科学者たちは何年間も考えていた。しかし新しいDNA分析によれば[41]、六万二〇〇〇年前にも移動していたのだ。

疑うことを知らぬ人々が、気まぐれな事故によって太平洋上のはるか遠くの島々に置いていかれたわけではない[42]。古代の人々は太平洋の島々に定住しようと長い間固く決心していたので、旅に必要な航行や技術上の難題があるにもかかわらず、ジェームズ・クックが到達する前に別個の三波にわたって渡航に成功していたと、考古学、言語学および遺伝学の証拠が示している。

広範囲の人々に遺伝的関連性が認められるパターンから、ほかにも予想外の旅路があったことが示唆される。スウェーデン南部に埋まっていた五〇〇〇年前の農夫の遺骸が、今日の地中海のキプロスとサルデーニャに住む人々と遺伝的に関連があることが明らかになった。今日のアメリカ先住民が北東シベリアのチュクチ族の人々と遺伝子を共有していることが明らかになった。このことは、彼らの祖先がアジアからアメリカへ移動したあとに再び戻ったことを示唆している。古代人はこのような範囲を行ったり来たりうろついていて、彼らの子孫――たとえば西ヨーロッパ人――が見かけ上きわめて均一だからといって、誰かが好んでいたような長期の隔離と分化などを主張することはできない。マディソン・グラントたちのような評論家が想像した均一な集団としての祖先は決して存在しなかった。数グループの遺伝的に異なった人々がその地域へ移動してきて、さまざまに混ざり合い、互いに融合した。古遺伝学者はつなぎ合わせられる事物に基づいて、暗色の皮膚を持った狩猟採集民と、暗色の瞳と中等度の皮膚の色の農民、それに明るい色の髪を持つもう一つの農民グループとを西ヨーロッパ人に含めた。今日の西ヨーロッパ人はそれ以外の人々と同様、人種間交雑の子孫なのだ。

換言すれば、過去は「現在よりも単純だということではない」とライクは指摘している。私たちは、はるかな過去に一度移動して、長期の典型的な不動状態を経て、現代というつい最近になってもう一度移動しているわけではない。常に移動者だったのだ。[43]

分かれた枝によって各大陸の人間集団を表す樹木のイメージは、各大陸の人間集団が遠方へ着いてほかの集団とは別々に進化して分かれたことを示唆した。しかし遺伝学者はそのような分岐の証拠を見つけてはいない。今日の各大陸の人間集団および人種にある外見上の均質性――北ヨーロッパ人の同じような皮膚の色調、東アジア人の直毛――は変わることのなかった祖先の長きにわたる断絶なき血統の帰結ではなく、進行中の移動と分化と再度の混合の一時的な結果なのだ。

二本の木の枝が風でこすれ合い、ゆっくりと樹皮層が剝がれ、その下で成長している組織の層同士がくっつき始めることがある。結合した枝が太くなり傷口の周りの樹皮が成長すると、この枝はほかのすべての枝と同じように正常な枝となる。以前には別々の枝の循環系で脈打っていた免疫戦士、微生物、栄養などが今や、融合して一個の生理的実体となった枝を通って流れる。植物学者はこの過程を「吻合《ふんごう》（inosculation）」と呼ぶ。[44]ラテン語の「小さな口」に由来する語だ。このことは同一の樹木の枝同士でも別の樹木の枝との間でも起こる。

枝が幹から出たあとにもう一度融合して、編んだように入り組んだ姿の木は、流量が増えたり減ったり、離れたり再びくっついたりしてくねる川に似ている。

もし私たちの過去が木ならば、それはこの特別な種類の木だ。私たちの祖先は移動し、出会い、結合し、そして再び移動した。今日、私たちは同じことを続けているのだ。

リンネは私たちの種をホモ・サピエンスと名づけた。ラテン語で「賢い人」を意味する。もっとぴったり

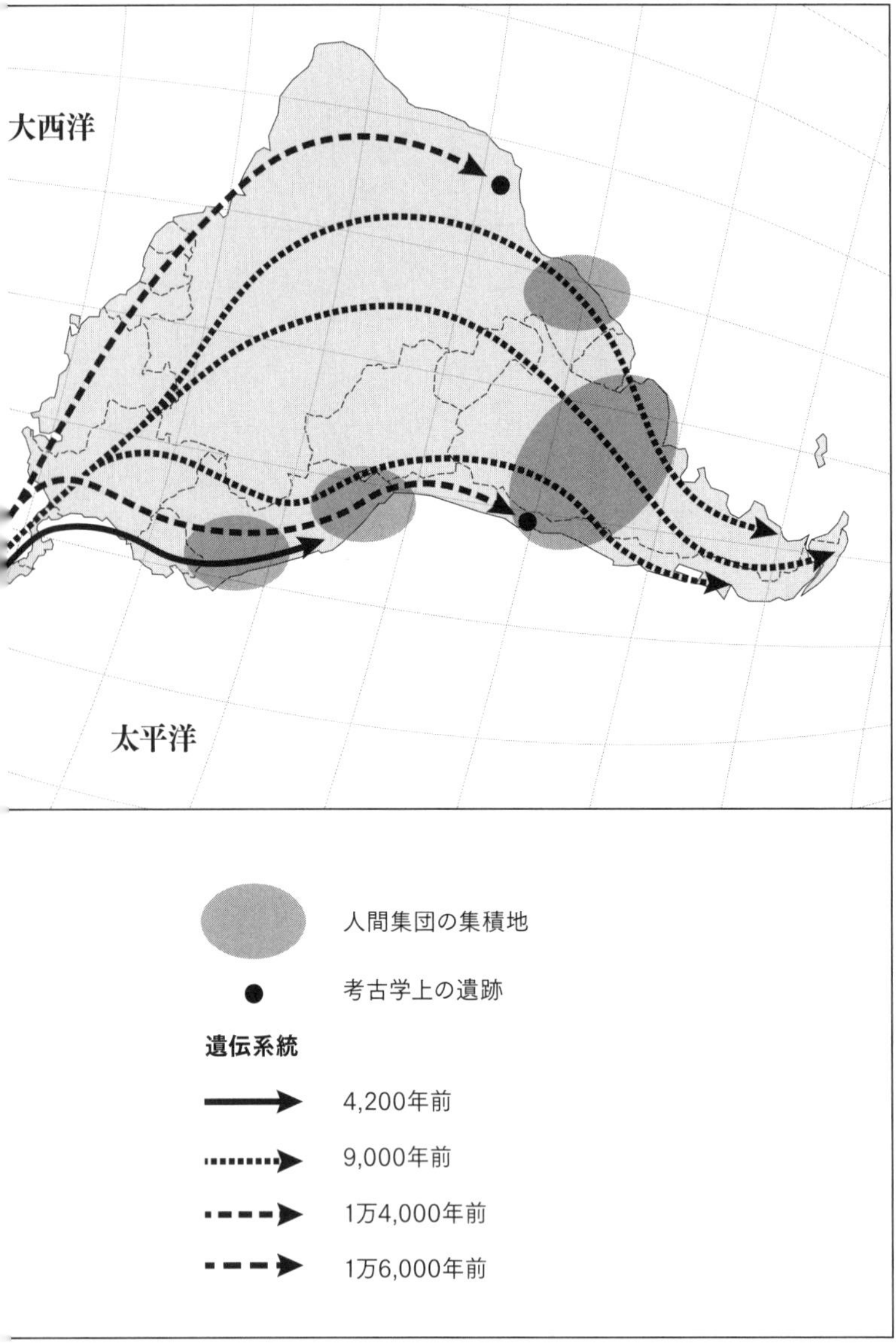
大西洋
太平洋
人間集団の集積地
考古学上の遺跡
遺伝系統
4,200年前
9,000年前
1万4,000年前
1万6,000年前

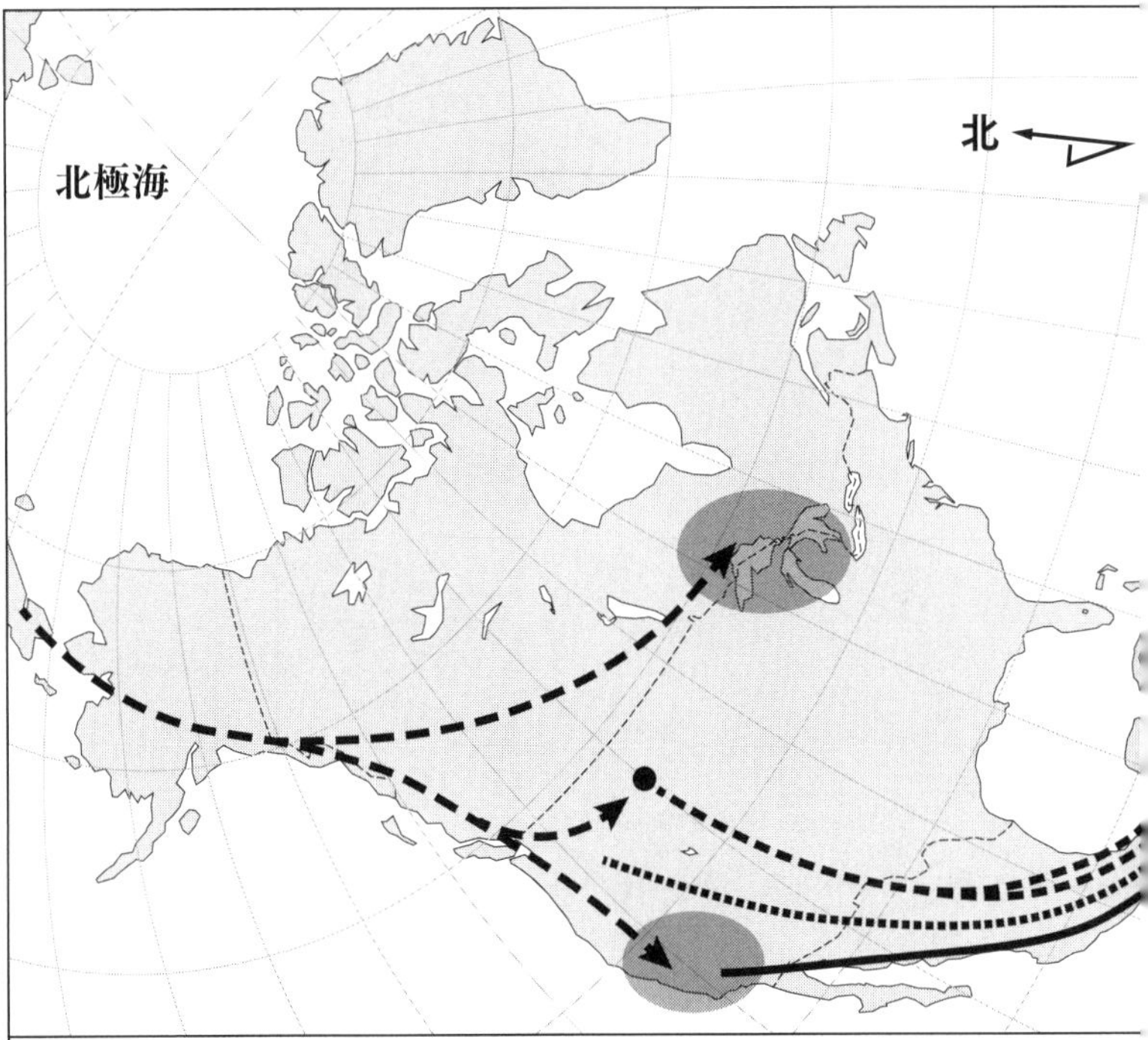

南北アメリカ大陸への入植

2014年に錐体骨中の古代のDNAが発見されるまで、集団遺伝学は先史時代の人類の移動は不住の地への１回きりの分散で、その後近代の輸送機関が地理学的移動障壁を克服するまで長い不動の期間があったと述べていた。古代のDNAから得た新しいデータによれば、ほぼ絶え間のない移動の歴史があったことが示唆される。この地図は先史時代に南北アメリカへ複数回の移動の波があったことを表す。

出典：Cosimo Posth et al., “Reconstructing the Deep Population History of Central and South America,” *Cell* 175, no. 5（November 2018）：1185–97.e22.

した名前はホモ・ミグラティオ〔移動する人〕だったのかもしれない。

ミクロネシアの伝統的航海技術

ピウス・マウ・ピアイルックは、半分水に浸かって大きくなった。彼はミクロネシアの、サタワル島と呼ばれるココナツの木が生える面積わずか一平方キロのシミのような島で生まれ、子どもの頃は潮だまりで遊び、四歳で帆走を覚えた。友人たちは、彼の背中で波打つ筋肉はタイマイの甲羅を思わせると言った。

彼は太平洋の紺色の水を切るように進む一九メートルの二重船側カヌー、「ホークレア」の低い舳先《へさき》を見渡した。「ホークレア」は、ジェームズ・クック船長の乗組員が一八世紀に描いた伝統的なポリネシアの舟の絵と同じ形に作られていた。ピアイルックはこれを使って、ポリネシアに人々を植民させた古代の移住を再現しようとした。

言語学、考古学および古代のＤＮＡの証拠[45]が、有史以前に東南アジアから太平洋へ人々が少なくとも個別に三回移動したことを示している。まず、中国から台湾およびフィリピンへ渡った。次にバヌアツおよびサモアへ到達する外洋を進んだ。最後にハワイやイースター島などのもっとも遠方のポリネシアの島々に到達した。ペルーから来たのでもなければ偶然来たわけでもない。

人類学者ベン・フィニーは、何千年にも及ぶ有史以前のポリネシアへの移動では、五〇万人以上の移動者が海で命を落としただろうと推定した。しかしそれにもかかわらずホモ・ミグラティオは前進を強行した。今では専門家たちは、彼らの移動を「まず間違いなく、人類のあらゆる海洋渡航の中でもっとも広大で野心的な洋上の分散」だとあまねく認識していると[46]、二〇一六年の米国科学アカデミー紀要のある論文に書かれている。

ハワイ－タヒチ間の四三〇〇キロに及ぶ外洋を渡るホークレアの航海には、異なる二つの貿易風帯、無風のドルドラム〔赤道無風帯〕および、絶えずコース外へ舟を押しやる赤道海流と反流の中を航行する必要があったことだろう。ピアイルックと乗組員は、ハリケーンや台風や、風速一五メートルに及ぶ風の吹きすさぶスコールをかわし、噴煙と炎を吐き出す活火山のそばを通り、ボートを破壊する暗礁に囲まれたことだろう。

航海に出ようという現代の船乗りは最新の航海補助機器を装備して出発する。無風時に備えた強力なエンジン、景色に特色のない大洋のコース上で進路を維持するGPS装置と航路図作成器、助けを呼ぶための衛星携帯電話とその他遠距離通信装置などだ。たとえこれらすべてを備えても何の保証もない。二〇一七年に企てたある渡航中[47]に、二人の船乗りがスコールに出くわしてエンジンが止まり、マストが壊れた。二人は五ヶ月間洋上をさまよった。ようやく助けられたのは、当然だが何千キロも漂流したあとだった。

ピアイルックは海図もいかなる種類の近代的器具も使おうとしなかった。古代の移動者が用いたかもしれない伝統的航海技術だけを頼りにしたのだ。

「ポリネシア航法」には速さ、距離、位置などを把握するために星、海のうねり、行動的観察の利用などを取り入れる。これによって船乗りは、たとえ風や海流や波が前後左右に打ちつけようとも外洋上の自分たちの舟の位置を突き止めることができる。これには太陽と月と星々の位置と、陸地からの距離によって変わる鳥や魚の微妙な変化を毎日何千回も観察する必要があった。ときどきピアイルックはカヌーの底で横になり海のうねりを全身で感じ取った。こうすることで目に見えない遠方の陸塊を感知することができた。

ポリネシア航法を身につけるにはきわめて長い時間を要する。ピアイルックは祖父と父から教わっていた。太平洋に割り込んできたヘイエルダールその他のヨーロッパ人はこの航法を知らなかった。その理由の一つに、ある意味で宗教的な慣行であるこの方法を、実践者が部外者に教えることを禁じられていたことがある。

一九七六年から二〇〇九年にかけて、ホークレアは伝統的なポリネシア航法を使って九回の航海を成し遂げた。[48] ハワイからタヒチへの旅程を三四日間で完遂したのだ。

しかし、コンティキ号が完全に役立たずだったわけではない。ヘイエルダールはサツマイモに関しては正しかった。サツマイモはアメリカ大陸から来ていたのだ。だが、ペルーからポリネシアへ偶然漂流した人々がこの植物を持ってきたわけではない。

このイモは自分で太平洋を越えたのだ。[49] クック船長の乗組員がポリネシアで採集し、ロンドンの自然史博物館に保管されていた葉のDNAを含めたサツマイモDNAの調査によって、ポリネシアのサツマイモがおよそ一一万一〇〇〇年前、人類がポリネシアに到達するよりも一万年前に、アメリカ大陸のサツマイモとは別個に進化し始めたことが二〇一八年にわかった。水に浮かんで旅をしたか、あるいは鳥に運ばれたかであることはまず間違いない。

人間の移動は例外的なものではない。長期の隔離によって私たちの種が別々の人種に分化したのではない。航海の技は何も、西洋から来た「白い神々」だけの領分ではない。大洋をカヌーで渡ることはできるのだ。

そして、人類だけが大陸と大洋を飛び越えて地上を移動しているのではない。植物も動物も移動するのだ。

第8章　野蛮な外来者？

渡り鳥とアシ

とある一〇月の朝の、夜明け一時間前。野球帽をかぶった二、三〇人のバードウォッチャーがフリースのセーターの上で双眼鏡を揺らしながら、ニュージャージー州ケープメイ半島の狭い水路の岸辺にある草深い低湿地に着いた。

一〇〇万羽にも及ぶ鳥――ハヤブサ、アシボソハイタカ、フタオビチドリという千鳥、純白のコブハクチョウ、海に飛び込むシロカツオドリ、そしてとりわけ北極地方のツンドラ地帯で孵化したクロトウゾクカモメ――が例年の移動で南へ向かうのが、この岬の幅の狭い半島沿いで見つけられる。寒冷前線のせいで鳥たちが大勢集まり、上空を横切って何時間も流れる鳥の川ができることもある。

バードウォッチャーたちはこの壮観を享受するためにとんでもない時間に起きていた。彼らは野生生物の移動の玄人だ。しかし彼らでさえ、自然の秩序は移動を選ばれた少数者だけのものにしているという意見に、反射的に肩入れをする。

夜明けの空の濃い青色に地平線の細いオレンジ色の線がにじみ出る。バードウォッチャーたちは双眼鏡で空を念入りに調べる。突然誰かが大声で叫ぶ。何かを見つけたのだ。「ハシボソキツツキだ！」。皆は素早く彼が指している空のあたりを向いて、彼が同定した移動中のキツツキを見つけようと双眼鏡のピントを調整する。私の素人目には、頭上高く飛び過ぎてゆくハシボソキツツキは子どもの描いた風景画にある「鳥」を表す黒いクレヨンのチェックマークに見えなくもないのだが、ほかの人たちは畏敬と喜びのささやきを発している。

ちょっと間を置いて、クロガモという海ガモが長い列になって水面上を低く飛んでいるのを誰かが見つける。「そこらじゅうにいるぞ！」。彼は誇らしげに空中にこぶしを突き上げて叫ぶ。その後、ほっぺたを赤くし、風で髪を乱した一行が軽食を摂るために宴会広間へ引き上げると、誰かが海外の観測所のことを話す。そこでは鳥たちが集団になって人間の腰の高さを通り過ぎるので、彼らの喘ぎがわかるという。

しかしこのバードウォッチャーたちが渡り途中の鳥の壮観に魅了されているほどには、彼らが不適切だと見なす生き物が移動するときには人を魅了しない。アシ属のアシは水路の縁やそのそばにある断崖に丈の高い植生となってぎっしりと並んでいる。化石の記録によれば、アシ属は少なくとも四万年前からアメリカに存在している。一九世紀初頭に、形態的には同一だがもっと旺盛に成長するヨーロッパの株がやってきた。このアシは根深く強力に成長し、マコモやガマなどの湿地性植物種と置き換わったのだが、その生息地で有効な生態学的機能を果たしもする。汚れた水を濾過して浄化し、アシ屋根、かご、釣り竿、ヤスなど、またエジプトではシプシと呼ばれるクラリネット様の楽器に利用できる材料を提供しているのだ。茎を乾燥して粉に挽き、食用にすることもできる。

朝の海岸の観察会が終わったあと、一行はアシ属の植生のそばを通り過ぎる。もっとも優れた専門家ですら、このアシ属が引き起こす特有の被害を一つとして指摘することはできない。しかし彼らは外来性だということと人目を引いて繁茂していることをもとに、主義としてこのアシを非難する。

「あれは侵略性なのよ」。一人の女性が私に説明する。「恥さらしだわ」。皆はこれに同意してぶつぶつ言う。「どれだけたくさんシードヘッド〔種子をつけた頭状花〕をつけてるか見て」。一人が嫌悪感を込めて言う。「根絶はとても大変なの」。もし彼女らが礼儀を重んじていなければ、アシにつばを吐きかけていたところだ。

このアシ属はまさに今、水を濾過してこの地の野生生物をサポートしているのだ。キクイタダキという鳴鳥が茂みの中をかき回す音が聞こえる。隣にいる女性が、鳥は「何か土着のものに恩恵を受けているのでしょうね」[1]と、私に言う。

新たな学説――大陸移動と分断分布

リンネは自分の分類法で、まず野生生物種を地理上の場所に関連づけたのであり、生物種がどこに起源を発するのか、今日の生息地へは移動してきたのか、移動したのならどうやって、という疑問を掘り下げはしなかった。彼にとって生物種は、どこであれ彼がそれを見つけた場所に事実上所属していた。各生物種をその場所に置いてあの構想を銘記し、そのやり方で自分の分類体系に則《のっと》り命名したのだ。

ダーウィンの進化論はリンネの構想に対して早くから異議を唱えていた。すべての生物種は共通の起源に発するという彼の概念には、過去のある時点で、たとえ地理的な障壁を乗り越えてでも現在の生息地に辿り着くために、生物種が地上全域を移動したという事実が必要だった。大海を泳ぎ渡ることができないサルが旧世界同様新世界全体に分散した。トカゲは地球上至るところの辺地に到着した。移動しない野生生物――甲虫、樹木、軟体動物など――が彼らの共通の起点から、登攀《とうはん》不可能な山々、居住不可能な砂漠、越えられない海の向こう側へ自らを放った。

ダーウィンは、生物種を遠方まで分散させるコンティキ型の偶然の機会が連続したのだろうと想像した。少しばかりの泥に包まれたタネが、鳥が長距離移動に飛び立つ前に足指の間にくっついたり、羽毛の表面を覆ったりするかもしれない。小さな貝類の殻が、嵐で海へ押し流される前に甲虫の足に取りついたり鞘翅《しょうし》の内側に付着したりするかもしれない。コンブの生えた沿岸の海底をあさっている齧歯類が、筏に乗ったまま大波に運ばれて遠方の浜辺に着くかもしれない。時を経て、十分な数のこうした偶然の長距離旅行によって生物種が山や海や砂漠を越えて分散し、きわめて遠方の岸辺にまでも置かれたのかもしれないと、彼は書いた。

ダーウィンはこの雄壮な旅の直接の証拠を持たなかったが、生物種がこうした旅程を生き延びられることを実証する実験を行った。彼は八七種の植物のタネを瓶に入った塩水に漬け、数ヶ月後に取り出して発芽するかどうかを見た。また、アヒルの足を入手して水槽の中にぶら下げ、淡水性巻き貝の孵化幼生がこれにしっかりとくっつくかどうかをテストした。タネを魚の胃に押し込み、その魚をワシやコウノトリやペリカンなどの鳥に食べさせ、その後苦心して鳥の糞からタネを取り出して発芽させた。

彼の発見によれば、全植物中の一四パーセントが、およそ一六〇〇キロの旅に絶えられるだけの丈夫なタネを作ることが示唆された。

彼は、島嶼部には独特の生物種の組み合わせがあることもこれを示唆していると考えた。陸生動物は理論的には大陸塊を歩いて分散することができるだろうが、遠く離れた島々には海上の長距離移動によってのみ到達できるだろう。実際、島嶼部にはいかにも長距離の旅を生き抜きそうな生物種が棲んでいる、と彼は書き留めている。たとえば、ニュージーランドにはコンティキ号への同乗に容易に耐えうる植物や昆虫が多く、そうでない哺乳類や爬虫類はいない。

一八九二年、ダーウィンが思い描いた、どちらかというと偶然にできた乗り物を監視員たちが見つけた。高さ九メートルの生木が何本も生えた広さ八〇〇平方メートルの浮島が、アメリカ北東部の海岸から漂い出たのだ。彼らは数ヶ月後、北東におよそ二〇〇〇キロのところでもう一度これを見つけた。もしどこかの海岸に着く前にばらばらにならなければ、こうした浮島はタネ、昆虫その他の生き物をまとめてどこか遠くの海岸へ運びながら、ダーウィンが示唆したある程度長距離を経た定着を促したのかもしれない。

それでも科学者たちはダーウィンの長距離分散説を受け入れなかった。予測不能の、無計画なやり方で天然の境界をものともせず地上を動き回る野生生物というものは、生物定住惑星という神話を冒瀆するものだった。野生種の広範な分布という事実と彼らが共通の起源を持つことを一致させるのは難しかったが、分布が広いからといって定住主義者のパラダイムを放棄して、試験も予測もできない行き当たりばったりで予測不能の出来事について憶測することを正当化しなかった。

境界で仕切られた世界と矛盾しない限り、多くの人はもっと空想的な説を受け入れることだっていとわない。あるポピュラーな説では、野生種は共通の起点から現在の分布地まで、今は消えてしまったがかつては大陸から島へ、さらに別の島へと次々につながっていた陸橋を歩いて旅したと仮定している。マニアが想像しているようなそんな陸橋がかつて存在したという「理にかなった地理学上の証拠」はなかった[2]と、進化生物学者のアラン・デケイロスが指摘している。それでも、一九世紀の著述家たちは地図上に、「海洋の両側に近縁の生物種が見られるところならどこだろうと手当たり次第に」空想上の陸橋を描いた。そうした地図の一つでは、アフリカ南東部からインドに架かるおよそ四八〇〇キロの水没した陸橋を推定している。別の地図では西アフリカを南アメリカ東海岸につなげた。ゾウの群れがそこを通ってシエラレオネから大西洋を越えて、およそ数日間のうちにブラジルへまっすぐに駆け込んだのかもしれないというのだ。

二〇世紀のほとんどの期間、リンネの定住説とダーウィンの学説の対立は実質的に決着を見ることはなかった。最終的に、この争いを解決する生物地理学の学説が一九七〇年代に現れた。これはその後数十年間にわたって移動の歴史と可能性の息の根を止めることになる。

かつて大陸はすべてつながっていて一個の統一体だったという考えは、ドイツの気象学者、アルフレッド・ウェゲナーが初めて提唱したもので、彼は大陸の形がジグソーパズルのピースのように互いにぴったり合うことに気づいていた。大陸は何か謎の経過を経て分離し、その断片が現在の位置まで漂流してきたに違いないと彼は言った。

彼の論を誰もが信じるまでに何十年かが過ぎた。大きな固い岩のかたまりを引き剝がし、大陸を何千キロも動き回らせるほど強力な力が地球上にあるとは知られていなかったことが主な理由だ。彼は説得力のある証拠を見つけられぬまま、一九三〇年にトナカイの皮に覆われてグリーンランドの雪に埋もれ非業の死を遂げていた。しかし一九六〇年代に、大陸漂移を説明するに十分足る地質学的な力を科学者たちが発見した。プレートテクトニクス説は現在ではあらゆる初歩地質学の課程で教えられている。

プレートテクトニクスは、定住性の世界において生物種がどうやって地球全体に分散したか[3]ということをも解決した。

何億年もの間、各大陸は互いに融合して一つになっており、世界の生物種は一個の連続的な地塊を共有することができた。このことが野生生物の共通起源と生物学的共通性を説明する。その後この超大陸はばらばらになり——現在も続いている過程であり、今日ではプリマスロック〔清教徒が上陸の第一歩を記したとされる、マサチューセッツ州にある岩〕を一六二〇年にあった場所よりもおよそ一五メートル西方へ押しやっている——世界中の生物種が別々の方向へ運ばれたに違いない。このことが生物がばらばらに分布していることを説明した。生物地理学者はこれを「分断分布」と呼ぶ。

分断分布は過去の植物相や動物相の地理的境界を越えた、混沌として予想不能な移動を想定する必要をなくした。いかなる身体的移動も、一匹として筋肉を動かすことも毛皮を波立たせることもなく何百万年か前に起こったのだ。

野生生物は大洋も、山並みも、砂漠も、その他いかなる地理的障壁をも、自らの力で越えはしなかった。軟体動物、カエル、巻き貝などが棲んでいた池や、盆地や、峡谷の地下深くで、地殻構造上の殻板《テクトニックプレート》が、年間およそ一〇〇ミリという感知できない速さで何十億年もの間、そこに棲んでいるものたちに知られることなく移動した。実際には、どこへだろうと動いたものはまったくいなかった――テクトニックプレートが彼らのために動いたのだ。

生物地理学者たちは、長い間考え続けてきた生物種の分布に関する謎を説明する手がかりを、地質学上の歴史の中に探し始めた[4]。明らかに共通の祖先を持つ飛べない鳥たちがオーストラリア、南アメリカ、それにアフリカという遠く離れた大陸に棲んでいた。どうやってこんなに広範囲に分散したのだろうか。彼らの共通の祖先はこれら三大陸がつながっていたときにそこに棲みついたのだ。北アメリカに棲んでいた有蹄反芻《はんすう》動物はそこでムースやカリブーに進化した。ちょうどアジアに棲んでいたものがヘラジカやトナカイに進化したように。たぶん、彼らの共通の祖先も二つの大陸がつながっていたときに棲みついたのだろう。有袋類はインドやアフリカではどこにも見られない。なぜだろう。インドやアフリカは有袋類の祖先が乗り込む前に超大陸から漂い出たらしい。

生物地理学者は、地理学的力がどのようにして生物種を分布させたかについてすべてを詳細に解き明かすことはできなかった。しかし彼らはできると確信していた。どのように生物種が移動したかを説明するのに、地質学的変化をいくつでも使えるかもしれない。山脈形成、これは一つの生物種をゆっくりと二つに分ける。海水面が下降して陸橋ができると、かつて島流し状態だった生物種が新天地に入植できる。

分断分布は「慣性の生物学バージョン」を復活させたと、[5]デケイロスが述べた。生物地理学者は、ダーウィンが想像した偶然の遠距離分散はときたま起こったかもしれないと認めるが、その遠距離分散では生物種がどこに所属してどうやってそこへ来たかの筋の通った移動の説明になっていないとした。生物地理学者ゲイリー・ネルソンは、ダーウィンの遠距離分散説を「ありそうもない、まれで、神秘的で、奇跡的な科学」と呼んだ。この概念はまさしく「有害で、実りのない、浅はかな」もので、「批判精神を害する」と、動物学者ラール・ブルンダンが言い添えた。

遠距離航海を実現性のある歴史の学説だと信じる少数の生物地理学者ども[6]はさらに「運のいい人間」が「空を飛べるようになる」と言い出すかもしれないと、古生物学者ポール・マザは書いた。生物種が地球上を動き回るという物語では、生物地理学者は行き当たりばったりの遠距離跳躍を皆無とは言わないが、付け足し程度のものと見なした。こうした不運な出来事は「九分通り、あるいは大方が無作為定義による」もので「それゆえ興味の湧かない」ものだと、二〇〇六年発行の生物地理学ジャーナルに発表されたある論文が指摘した。

生物地理学者は歴史における遠距離移動の役割のみならず、野生生物種が初めて来た場所を無事に旅することができたかどうかも疑問視した。ほとんどの動物はできなかったと批評家たちは主張した。ある二〇一四年の論文で、フィレンツェ大学の古生態学者が、カリフォルニア沿岸のおよそ六〇キロ沖合で、嵐で漂流したコンブのベッドの上に浮かんでいるところを発見された小さなジャックウサギのことを書いている。海上で数日過ごし、このウサちゃんは脱水と高温にさらされたため、半死状態だった。この生き物はカリフォルニアとチャンネル諸島の間の二〇キロを越えることすらなかった。越えたジャックウサギは一匹もいなかった。[7]

ハワイの外来生物

分断分布を信奉する生物地理学者が構想した自然の歴史では、生物種の移動は非常に遅く、受動的で、それと気づかないほどのものなので、能動的で長距離の野生生物の移動は自然界や歴史の中では何の役割も果たさないかもしれない。このことは、チャールズ・サザーランド・エルトンが第二次大戦後の外来種の侵入を警告してから多くの人が知るようになった事実を強調した。すなわち、境界を越えて新天地に入った植物、動物およびその他の生き物は不法侵入者、侵略者であり、自然界の秩序を脅かすよそ者であるというものだ。

アメリカ政府は、アルド・レオポルドの息子で動物学者のA・スターカー・レオポルドなどの自然保護論者の忠告に留意した一九六〇年代以来、人々のオアシスとしての役割を持つ国立公園を、外来の国境往来種の破壊から守るべく明確に管理してきた。[8]レオポルドは、国民の国立公園を「維持するか、必要とあれば……最初のヨーロッパの来訪者が見た生態学的景観を再現する」ことを奨励した。これはおそらく、長い生物不動説の時代が終わったのではないかと彼が気づいたときであっただろう。

一九九九年、政府はこうした保護を国全体に広げた。[9]当時の大統領、ビル・クリントンが連邦侵略種審議会を設立したときだった。同会は「種子、卵、胞子、その他生物性の物質」が「当該生態系において自生ではない外来生物」を撃退することを課した。二〇〇一年九月一一日のテロ攻撃の後、侵略性生物に対して国家を防御することは新設の国土安全保障省の特権職務の一つとなり、天然の境界を警備する業務が国家安全保障の基盤だと正式に記載された。
国中の環境保護意識のある人々が、何年にもわたって自分たちの庭から外来性の植物を一掃し、土着植物同好会に参加して絶滅の危機にある土着種の大義を擁護し、ニュージャージーの水路に沿って生えるアシ属のような外来植物を反射的にあざけった。一九八〇年代には科学者たちがこの活動に参加した。新たに三つの学問の小分野――保全生物学、復元生物学、侵入生物学――が生まれた。[10] すべて国境往来性野生生物が引き起こした被害を追跡することを目的としたものだった。
猛攻撃のペースときたら「先例がないよ」と、ある環境保護論者が言った。[11] すでにここ五〇〇年にわたって新来の生物が地球の不凍表面のおよそ三パーセントを支配するに至った。多くの国ではこうした植物が定住植物相の二〇パーセントあるいはそれ以上を構成した。カリフォルニア、イングランド、ルイジアナおよびシカゴは「ドイツ」スズメバチ、「アフリカ」マイマイ、「中国」カニ、「ヨーロッパ」ムールガイなどの侵入を受けてきたと、ある著名な侵入生物学者が警告した。
「外来の殺し屋」「よそ者の侵入」「野生化した未来」といった見出しを載せた本の中に、著者たちは動き回っている野生生物に対抗する事例を並べ立てる。[12]
たとえば、「天敵解放仮説（ＥＲＨ、enemy-release hypothesis）」によれば、侵入者は、危険なまでに不公平な利点を自らに与えるという在来の生物ができない方法で、在来の捕食者を回避し、逆に在来の捕食者ができない方法で在来生物を捕食した。ハワイでは、在来生物は「七〇〇〇万年以上、島の『恵み深い環境』で進化しながら比較的隔離されて生きてきた」。これら在来の住人はどこかから来たとげや、鋭いひづめや、毒素分泌能や肉食嗜好を持った「外来性の、競争好きな」生物の猛攻撃によって荒廃させられた。[13]
侵入生物学者は、在来生物との置き換わり達成の指標として侵入生物の発育を指摘した。アルゼンチンアリは本来の生息地よりも侵入した地域で大きく成長すると、スタンフォードの二人の生物学者が侵入生物の進化的影響を概略したある論文に書いている。ヨーロッパから北米西海岸へ来たショウジョウバエが、たった二〇年で進化して翅の大きさが変わり、分布域を南カリフォルニアからブリティッシュコロンビアまで広げた。

土地の生物と交配した新来生物は、よそ者の細胞組織によって土地の生物を汚染するという不安を高めた。マガモとニュージーランドマミジロカルガモが、ハワイガモとフロリダブチガモが、日本のシカとイギリスのアカシカが交雑した。異種交配は「かなり存在する」[14]と、スタンフォードの生物学者たちが米国科学アカデミー紀要の二〇〇一年の論文に書いた。

イギリスでアメリカのハイイロリスが在来のキタリスに置き換わったように、外来種は在来種の生態学的役割を奪い、自分たちの仲間の到来を助長した。いわば連鎖移動だ。一九五八年に出版され二〇〇〇年に復刊されたエルトンの著書の新たな序文によれば、外来種は他の外来生物と「協力関係」を築いた。結果として、もしある外来種が現れればたちまちほかの外来生物が多数になりそうなのだ。たとえば二枚貝のカワホトトギスガイはホザキノフサモの到来を可能にした。これは水中に生える羽毛のような顕花植物だ。カリフォルニア南部の乾燥した丘陵地帯で、乾いた土の中に地衣類やコケが作ったデリケートな外皮を、移入されたウシのひづめが破壊した。これは在来の蝶、チェッカースポットが食草にしている在来の植物の生育地を損なったのだ。代わりに外来植物が盛んに育ってチェッカースポットを絶滅の危機に追いやった。[15]

一九世紀にロシアから北アメリカへやってきて五大湖へ広がったカワホトトギスガイのような侵入者は、送水管を詰まらせ、在来の貝類に付着して十分な食料摂取を妨げる。侵入生物学者は、これが在来貝類の個体群を崩壊させるのではないかと疑った。ヨーロッパからやってきた、高い草丈で人目を引く紫色の花をつけるエゾミソハギは、在来のガマに取って代わりその地の野生生物に危害を与えた。地方自治体はこれを抑制しようとして何百万ドルも費やした。

ある侵入生物学者が、地球上を自由に移動する野生生物種は生態系の大部分を破壊するだろうと算定した。陸生動物の数は六五パーセント、陸生鳥類は四七パーセント、蝶類は三五パーセント、そして海生動物は五八パーセント減るだろう。このような評価を基礎に、専門家たちは新たな外来生物はアメリカの生物多様性に対する二番目に大きな脅威だと述べた[16]。侵入生物学者たちは生物の侵入にかかる正味の経費を一兆四〇〇〇億ドル、すなわち世界経済の五パーセントの金額だと計算した。外来生物は「環境黙示録の非情な騎士」なのだとハーバード大学の生態学者E・O・ウィルソンが警告した。

生態学者は、意図的なものであれ誤ったものであれ、利害を考慮すれば動物移動説を促進することはとてもよこしまで危険なことだと考えたので、たとえそれが自分たちを救うことであっても、移動する生物という考えを拒絶した。チェッカースポットの運命を心配していたカミーユ・パーメザンはある学会で、絶滅の危機に直面したどこかのチェッカースポットの個体群が移動していることを示唆した[17]。同業の生態学者たちは激怒した。彼女は、ほかならぬその考えが恐怖と情動で彼らを打ちのめしたことを思い起こす。「彼らは彼女が自然をもてあそぶ神を演じているといって非難した。彼女の研究方法が新たな問題の連鎖すべての出発点になった」と、ガーディアン誌がその後の騒動に関して伝えた。

もし移動中の生物が引き起こす脅威に関する侵入生物学者やその他の科学者の懸念が、人間の移動者について明言された懸念と同じように聞こえるならば、それは実際に存在したのだ。必要とされる是正措置も似たようなものだった。国境がゆるむことはなかった。新来者に対する歓迎も融合の緩和もなかった。不法侵入者は根絶されるべきだった[18]。これは「胸の悪くなる必要性」だったと、生態学者でアルド・レオポルド財団の科学アドバイザー、スタンリー・テンプルが一九九〇年に書いている。

半ズボンを履いて斧とスコップを携えた科学者の一団が世界最大の火山、マウナロア山麓の木々が絡まるジャングルの中の道を縫うように通り抜けた。この火山はハワイ列島最大の島、ハワイ島全体にその裾を伸ばしている。「オヒア」の木の炎のような花の下、この濃密で多湿な森の中では古代の生物地理学的境界が侵され続けてきた。[19] 巻き毛のレベッカ・オスタータグと背が高く引き締まった体のスーザン・コーデルが率いる寄せ集めの植物学者グループは、これをなんとかしようと企てていた。

自力でハワイ島に辿り着いたおよそ一二〇〇種の動植物は特殊な連中で、周期的に島中に流れる灼熱《しゃくねつ》の溶岩に耐えられる独特の性質を持っていた。〔人間の恋人同士に嫉妬して殺してしまった火山の女神が、反省して彼らをオヒアの幹と花に変えたという伝説のある〕オヒアは、できたての溶岩流を含めて、あらゆる種類の土に耐えられるかもしれない。この植物も他のハワイ土着の生物も、大陸の無秩序状態から隔離されて生きてきたのだ。

しかしその後人間が、ブタやイヌやネズミや新しい病気など、全世界に分布するよそ者を連れてやってきた。人間はプエルトリコからアマガエルを、ネズミ対策にマングースを、庭で育てるために観賞植物を持ってきた。鳥はその実を食べ、糞の中のタネをまき散らした。タネは熱帯ハワイの太陽の下、すぐに花を咲かせた。この島はたちまち、島の栄養を吸い取り陽光を奪う一筋縄ではいかない新来者に壊滅させられた。

オスタータグとコーデルが知っている、マウナロアの山腹に張りついている植物相のおよそ半分は、非在来のよそ者だった。当分、オヒアの古木は林冠層を優位に占めたままだが、それはいつまでも続くというわけではないだろう。二〇一〇年、この島の象徴であるオヒアの木を弱らせている見慣れないカビに、農民たちが気づいた。これが何なのかを正確に知る者はいなかったが、たいていの人はこれも外来のよそ者だろうと想像した。間もなくこれはオヒアの木を殺すだろう。そうなったときには、オヒアの木は完全によそ者に取って代わられるだろう。下部にあった若木や苗木はよそ者といっしょに密生した。ハワイの在来の生物が何千年も前に築いた森の生態系は消滅するだろう。

植物学者たちはジャングルに一〇〇平方メートルの小区画を四つ作った。数ヶ月間に及ぶ過酷な労働という厳しい体験を経て、彼らはその区画内で見つけることができた移入植物を残らず駆除した。低木やシダ類を引っ張って、岩だらけの地面から根っこを剝がした。上から降ってくるかもしれないタネをことごとく捕らえるために、巨大なじょうごを設置した。彼らは区画から、非在来植物の組織の気配を見つけられる限り除き清めたのだ。

動物の移動を追いかける

侵入生物との闘いから、汎世界な貿易や旅行によるこれら生物の新しい生息地への移動は、歴史的にも生態学的にも異常なことだと思われた。しかし科学者たちは蝶がどんなに遠くまで飛べるか、オオカミが山岳地帯を乗り越えられるかどうか、ワニが海流の中を泳ぐかどうかを、実際には知らなかった。二〇一五年のサイエンス誌上に載った論文が書いているように、何世紀もの間、動物の移動を追跡することは行き当たりばったりの仕事とされ、「生態学研究の隅」へ追いやられてきた。[20] 実験的手法では、意図したものであれ、必然的にそうなったものであれ、動物が地上を歩き回る規模を実際に捉えることはめったにできなかったのだ。

イギリス軍がレーダーで鳥の移動を偶然発見したように、多くのドラマティックで長距離の移動は偶然に発見された。[21] たとえばヨーロッパの観察者たちは、明らかにアフリカ風の槍が脇腹を貫通したコウノトリを偶然見つけてから、コウノトリがアフリカで越冬することに合点した。何千羽もの鳥が気まぐれな吹雪のせいで空中にいられなくなったあげくに海中にいるのを鳥類学者が偶然見つけるまで、一九世紀の科学者は毎年何千キロも移動するアメリカキンメフクロウというフクロウを、誰かが書いたように、「中部および北部州の普遍的かつ継続的生息動物」だと考えていた。

オオカバマダラが北アメリカからメキシコまで移動するという、今ではよく知られていることですら、偶然見つかったのだ。一九三〇年代にトロント大学の動物学者、フレデリック・アーカートとノラ・アーカートが、オオカバマダラが毎冬いなくなって、春になると長旅でもしたかのように翅をボロボロにして再び現れることに気づいた。二人は「どうかカナダのトロント大学動物学科へお送りください」と書いた小さな札を蝶の翅に貼りつけ始めた。何十年か経っても、戻ってきたのはほんの少数だった。多くはトロントの南方の地点から届いたが、それが蝶の飛翔を示すのか、単にそよ風でかき寄せられただけなのかわからなかった。この二人の動物学者が一九七五年にメキシコへ旅行しなければ、この謎は謎のままだっただろう。中西部ミチョアカン州の山々をハイキング中、二人は木々を覆っている何百万というオオカバマダラを目にした。羽ばたきからは滝のような音がした。蝶たちがとまったある松の枝が二人の目の前で大きな音を立てて折れ、一匹の蝶の翅に貼られた小さな紙の札が、それが北方由来であることを示した。[22]

一九世紀の鳥類学者、ジョン・ジェームズ・オーデュボンがしたように鳥の足に糸を結んだり、または二〇世紀の蝶類研究家、ポール・エーリックがしたようにマジックインキで蝶の翅に点々を描いたりする、よく知られた「標識再捕法」が科学者たちにはあった。プラスチックのＩＤタグ、染料、塗料などを使う者、あるいはカメラを設置してたまたま通りかかった動物の写真を撮る者もいた。個々の動物に印をつけたあとで再捕獲すると、少なくともその移動が大まかには推測できるだろう。しかし、小刻みに動く対象に印をつけても、標識再捕法では、おそらく移動するだろうと思ったところをその対象が移動したことを確認できるだけである。もし点々を描かれた蝶、あるいは足に糸を結ばれた鳥が再捕獲を逃れたら、科学者は想像力を好きなだけ使って何が起こったかを決めることができた。

たとえば、ある研究でエーリックは一八五四匹の蝶に印をつけて放し、数日後に戻ってきて蝶を探した。彼は印のついた蝶が九七四匹、まさに自分が印をつけた元の場所でひらひら飛んでいるのを見つけた。残りの八八四匹は再捕獲を逃れた。その蝶たちは彼が探していた場所外へ移動したのだろう。しかし彼は皆死んだのだと想定した。チェッカースポットは「驚くほど放浪願望を欠いている」[23]と結論を下した。

ネコの首輪につけた鈴のような、移動したらわかる信号を発するタグで動物に印をつけると、先入観を持って確認するという窮地に陥らないで済んだが、別の問題を招いた。タグは動物には重いかもしれず、彼らの行動を妨害するかもしれない。また、タグは高価だった。動物一匹にタグをつけるのに「三五〇〇ドルかかる」と、ある動物追跡科学者が回顧する。[24]「いちばん強靱な個体にタグをつけ」て最大の効果を期待する。電池には寿命があるから、しばらくするとタグは信号を送るのをやめてしまい、見つける術がないタグ装着動物がどこへ行ったか、科学者にはわからずじまいになるだろう。

一日に一回程度だけ音が出るようにプログラムして、タグのエネルギーを節約しようとした者もいた。そうすると動物移動の最低限の輪郭しか得られなかった。しかし、タグの重量と、費用と、エネルギー需要の間でクロスチェック〔二つ以上の異なる方法や観点、資料などによりチェックを行うこと。方法論的複眼〕しても、どんなデータを得るにも、やはりどうしても受信機で信号を捉えながら動物を追いかけ回さなければならない。初期の研究では、小さくピューンとかビーッとか鳴る発信音を記録するために、タグをつけた鳥を自動車で追いかけたり、軽飛行機を操縦して鳥の後ろをゆっくり飛んだりした。「私たちは物理的にゾウの近くへ行かなければならなかった」[25]とある動物追跡者が思い起こす。「空を飛び、ゾウが視界に入るまで飛行機の両側についたアンテナで探した。それから、自分たちが地図上のどこにいるかを景色から判断して、そこに小さなバッテンをつけた。そういうものだったよ」

米軍にははるかに優れたシステムがある。[26]ロシアの人工衛星「スプートニク」の軌道が近づいたり遠ざかったりすると、それが発した無線信号が強くなったり弱くなったりすることに、マサチューセッツ工科大学の科学者たちが気づいた。そこで軍は信号を発する衛星を宇宙へ送ることにした。一九九〇年代には軍の衛星の全地球測位システム（ＧＰＳ）が間断なく信号を発し、また衛星が非常に多かったので地上どこからでも、また一日のうちいつでも、少なくとも四個の衛星を検知することができた。理論上、ＧＰＳタグを支給された動物は地上どこへ行こうと追跡可能で、受信機を持って追いかけ回す必要などない。しかし敵の測位能力の助力になることを恐れた国防省は、意図的に敵の検知精度を落とそうと、信号に予測不能で不安定な振動の揺らぎを差し込んだ。ＧＰＳの信号は軍が所有する受信機でしか正確に翻訳できなかった。誰もが役に立たない誤った結果を得た。

それゆえ科学者にとっても、それ以外の人々と同様、動物の移動はほとんど未知のままだった。周囲に棲んでいる動物たちですら、私たちの目に見えることなく方々を忍び歩き、這い回り、突進していたのだ。時には彼らが残していった、通過をほのめかすかすかな痕跡――雪中のわずかな足跡、茂みの中の放棄された巣――に気づいて驚くこともあった。しかし通常は、シカやキツネのような人間の住まいの近くに棲む普通の動物だとしても、野生動物と出会うことは驚きと喜びにひたる機会だった。

数週間前、私は自宅の私道でアカギツネを見た。一対のキツネが近所へ移ってきたと聞いていたので、これは驚くべきことではなかった。しかし数ヶ月間郊外の一区画を共有していたのに、私は彼らの消息に気づいていなかったのだ。あの光景にショックを受けて凍りついた。

大海を渡る生物たち

インド洋に浮かぶ二六〇〇平方キロにも満たない火山島、レユニオンの砂浜の一〇〇〇メートル以上高みにある霧の深い森全体に、長い、曲がったハイランドタマリンドの木[27]が、バレエのストレッチをするように弧を描いている。この木は材として、魚獲り用のカヌーや家の屋根を作るのに使われる。現地の人々はこれを見つけるため、あたかも魔法にかけられた森の一部のような霧の中からほのかに見える奇妙にねじれた枝が目にとまるまで、傾斜のきつい火山の山腹をおよそ一〇〇〇メートル登る。

この世のものとは思えないハイランドタマリンドの木には、驚くほどそっくりな別の木がある。それはサンゴ礁に囲まれた火山島に同じように生えている。コアの木がそれで、ハワイ島の火山の斜面に厚く積もった火山灰の中に生えていて、その花からくすんだ青色の蝶が蜜を吸っているのが見られる。ハワイの人々はコアの木をウクレレやサーフボードに利用する。

この二種の類似性には、何世紀もの間植物学者たちが戸惑っていた[28]。一方が他方のタネをまくことができたかもしれない移動という考えを科学者が持てない以上、ハワイのコアとレユニオン島のハイランドタマリンドが祖先を共有するなど不可能だと思えた。一万八〇〇〇キロの海洋を隔てた二つの島には、地理的にも地質的にも何のつながりもなかった。これらの島は、地上にある二つの小さな陸地が離れられる限り遠くへ、互いに離れていたのだ。二つの島を結びつける海流も、風の流れも、渡り鳥もなかった。たとえタネがどうにか海を渡ったとしても、生きてその旅を全うしたとは考えにくい。タネは殻が薄く、浮くことさえできないのだ。海辺で育つこともない。

植物学者たちはコアとハイランドドタマリンドの類似性に対して、ともに納得のいかない説明を二つ選んだ。[29] もしかすると二つの木にはまったく何の関係もないのかもしれない。その場合、これらの木はどういうわけか、まるで関係があるかのようにそっくりの姿に進化したのだろう。あるいは、ひょっとして人間の移動者が拾ってあちこちへ動かしたのかもしれない。もっとも、誰が、いつ、なぜそうしたかは誰にも言えなかったが。

過去の生物地理学にはこうした決着のつかない事柄が満載だった。生物地理学者たちは、地質学上の出来事と化石の根拠に基づいた生物の分布を結びつけることで、受動的で知覚できないほどの移動という物語を縫い合わせた。それが不可能になると、定住性の世界という自分たちの枠組内で意味をなす、似たような物語を持ち出した。

その後分子生物学者たちが、人類の移動のタイミングと規模に関する観念をひっくり返したのと同じ、分子時計法を用いてこうした物語の検証を始めた。

二〇一四年のネイチャー誌の論文で、コアとハイランドドタマリンドの遺伝的関係に関する研究成果が報告された。ハイランドドタマリンドはコアの直接の系統を引くことがわかった。実際レユニオン島のタマリンドの中には、タマリンド同士よりもコアに縁戚関係の深いものがある。そして両者をつないだタネは、一四〇万年前、人類すら進化する前に、ハワイとレユニオン島の間の壮大な旅を成し遂げたのだ。

遺伝学上の証拠は、コアの木はどうにかして一万八〇〇〇キロの大洋を旅してレユニオン島にコロニーを形成したことを意味する。コアの旅路は記録上最長の単独分散現象である。また、分子生物学の研究成果が示唆することはこれ一つではない。

分断分布説は、サルが新世界ザルと旧世界ザルに分かれたのは大西洋が開いたせいで、サルはゆっくりと受動的に二つの系統に分かれたのだとする。[30] しかし分子生物学者の成果によれば、大西洋が出現して三〇〇〇万年経たあとまでサルの系統は分岐しなかったのだ。サルたちが受動的に分かれたはずはない。彼らの祖先は大洋を越えたに違いない。

分断分布説ではパナマ地峡を通ったはずの南米の齧歯類は、地質学上の力が二つのアメリカ大陸をつなぐ陸橋を形成する何年も前に到着していた。齧歯類たちは困難を克服して海を渡ったに違いない。

分断分布論者は、オーストラリアから南米南部を、インドからマダガスカルを分離したゴンドワナ大陸の地質学的崩壊が、以前には連続的であった植物種を徐々に分離したのだと推定した。しかしそれでは植物種が互いに分かれた時期に符合しなかった。ある植物学者が「分断分布パラダイムの最後の大きな喘ぎ」と呼んだ二〇〇四年の影響力の大きい研究によれば、植物もテクトニックプレートで運ばれたわけではなかった。自ら移動したのだ。

分子生物学の研究成果は、太古に長距離移動が多数あったことを示唆した。旅するには大西洋を越えることが必要だった時代に、サルたちは旧世界から新世界へ辿り着いた。ポリネシアのサツマイモは、人間がポリネシアへ運んだ時代よりも何万年も前にアメリカのサツマイモと分かれ、自力で太平洋にコロニーを形成した。齧歯類はいかなる陸路もできないうちに北米から南米へ飛び出した。地理的障害をものともしないこの類いの非地質学的移動は、まさにダーウィンが語っていた、どちらかと言うと起こりそうもない、希有の、謎めいた移動だった。

コアの木の旅路は「大まぐれ」だったかもしれないとデケイロスが論評した。「しかし、あれは最近の多くの生物地理学研究によるメッセージの一部だ。大まぐれは起こるのだ[31]」

明らかになった移動の実際

新しい分子生物学の技術が動物たちの過去の移動を正常な姿に戻したように、ほかの新たな科学技術は、現代における動物たちの移動の仕方に関する科学者たちの観念を変容させた。それを可能にした動物追跡の革命は、二〇〇〇年五月一日の午前〇時を二、三分過ぎたときに始まった。それは、国防省がGPS衛星の信号に振動の揺らぎを加えるのをやめて[32]、受信機を持っている世界中の誰もが妨害を受けないように信号を流したときだった（国防省は敵を阻むために信号を選択的に遮断する方法を見つけ出していたのだ）。

八〇億ドルのGPS技術産業が興り、新製品をブリザードのような勢いで発表した。その中には太陽駆動のGPSタグもあった。これは非常に小さく軽いので、クマの赤ちゃんの毛で覆われた耳や、ウミガメのつるつるした甲羅に取りつけることができた。このタグのおかげで、かつては検出できなかった動物の移動を、全領域で生涯にわたって、リアルタイムで、継続して追跡できるようになった[33]。ドイツ・バイエルンの農場で育った鳥類学者、マーティン・ウィケルスキーのような動物を追跡する科学者は、南米まではるばると飛ぶツバメに驚嘆していて、放浪性の研究対象――ツル、トンボ、アブラヨタカその他――に、すぐにこの新しいタグを用意した。新しいGPSのデータは、新たにソーシャルメディアにつながった世界中の人々の観察で膨れ上がった。ホエールウォッチャーはアイスランドにいるホエールウォッチャーと観察情報を交換した。バードウォッチャーは何百万という鳥の目撃情報をスマートフォンのアプリケーションを通してアップロードした。二〇一六年には、三〇万人以上のバードウォッチャーが世界中の一一八〇万回の鳥の目撃情報をそうしたアプリケーションであるeBirdに記録した。

結果はすばらしいものだった。「見るたびにまったく驚くべき新情報を得られるんだ……おかげで知識がひっくり返されるよ[34]」とウィケルスキーは言う。

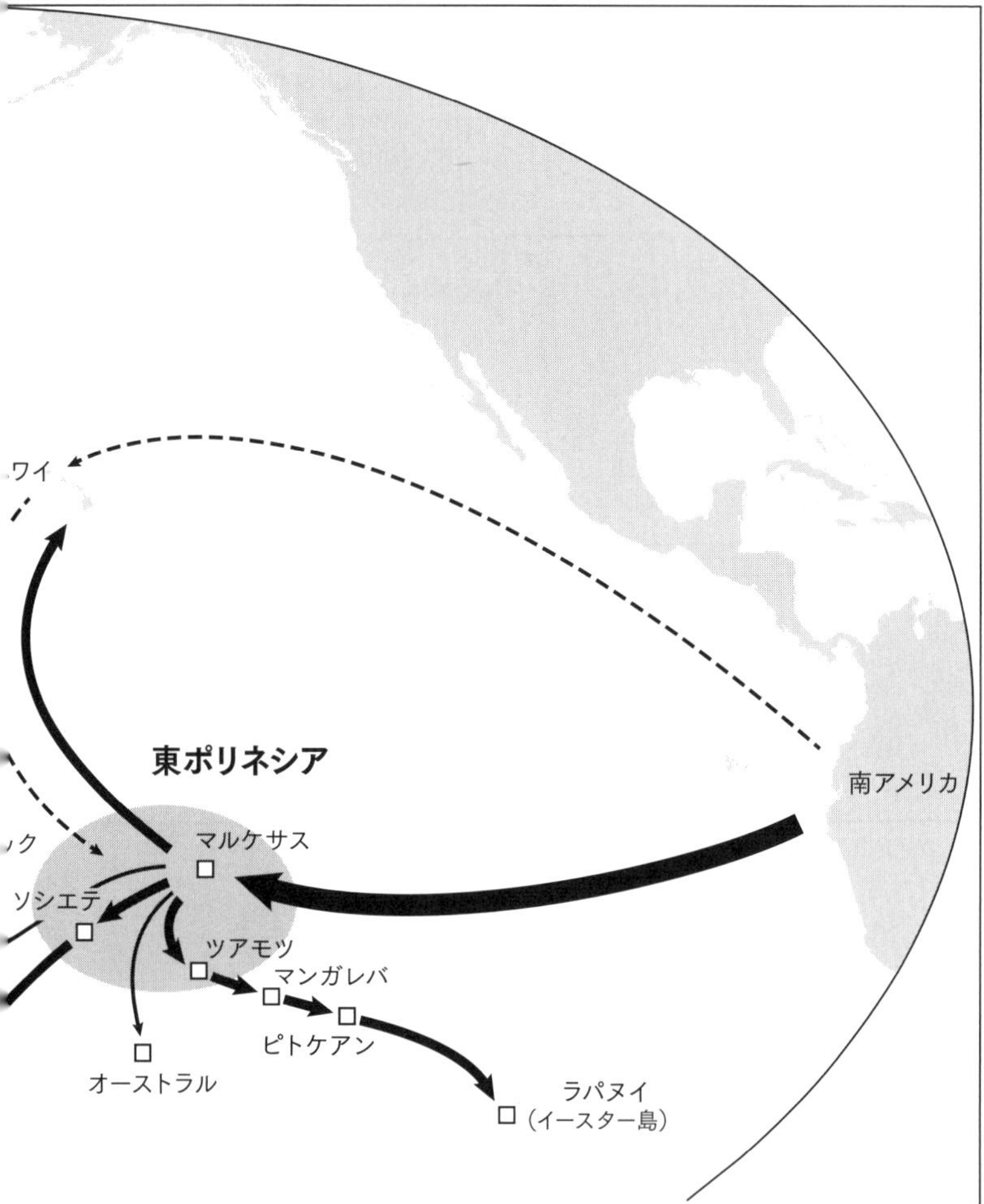

出典：Caroline Roullier et al., “Historical Collections Reveal Patterns of Diffusion of Sweet Potato in Oceania Obscured by Modern Plant Movements and Recombination,” *Proceedings of the National Academy of Sciences* 110, no. 6 (February 2013)；Douglas E. Yen, *The Sweet Potato in Oceania：An Essay in Ethnobotany* (Honolulu：Bishop Museum Press, 1974)；Karl Rensch, “Polynesian Plant Names：Linguistic Analysis and Ethnobotany, Expectations and Limitations,” in Islands, *Plants, and Polynesians：An Introduction to Polynesian Ethnobotany：Proceedings of a Symposium*, ed. Paul Alan Cox and Sandra Anne Banack (Portland：Dioscorides Press, 1991).

サツマイモの遠距離旅行

20世紀の生物地理学者は、生物の積極的な移動ではなく地質学的な力が植物や動物を世界中の現在の分布域へ分散させたのだと仮定した。分子生物学的技術によれば、動植物ははるかな昔に遠距離旅行の主役を引き受けたことが示唆される。この地図はサツマイモが両アメリカ大陸からポリネシアへ遠距離旅行したことを表す。

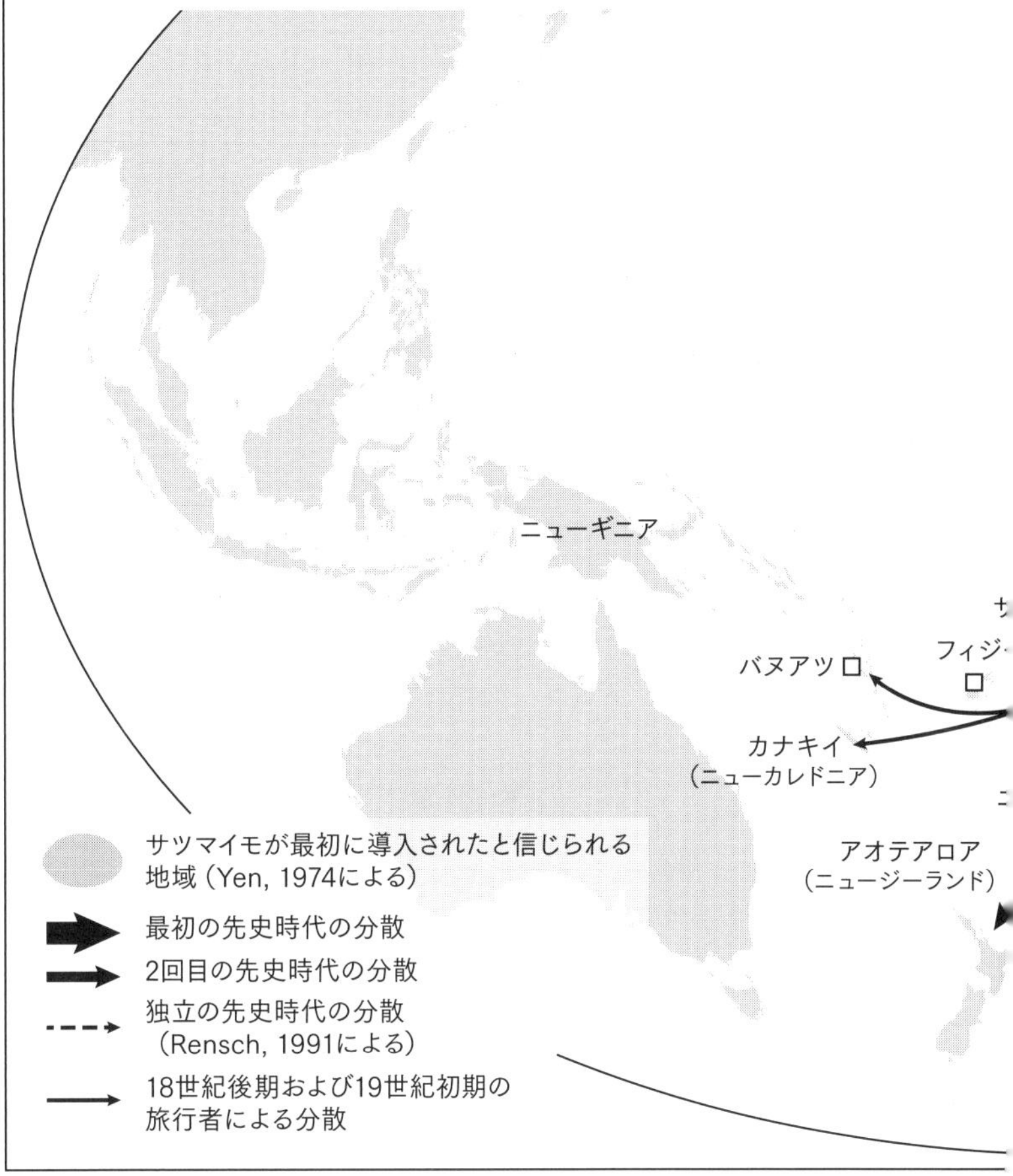

キョクアジサシは七万九〇〇キロの移動を記録した。従来の推定値のおよそ二倍の長さだ。数年後、アジサシがさらにその三分の一遠くまで旅したことが別のタグ付け実験で見つかった。ペルーのアマゾン地方に棲むジャガーは、カメラトラップを用いた研究をもとに、その行動範囲がおよそマンハッタン島のサイズ（約六〇平方キロ）だと科学者たちが推定していたのだが、それより一〇倍広い範囲を歩き回っていた。追跡調査によると、シマウマが周年移動で五〇〇キロの旅をした。これは記録上最長の陸上移動だ。海洋旅行を避けると考えられていたオーストラリアのイリエワニが、海流に乗って三〇〇キロ以上海中を泳いだ。トンボが一日に何百キロも飛んで、アメリカ東部から南アメリカまで移動した。ハワイ沿岸水域の定住動物だと想定されていたイタチザメが、何千キロも海中の旅に出ることがわかった。サメの分布の局地化度に関する科学者たちの仮説は「完全に間違っていた」とハワイ海洋生物研究所のサメ研究者が言った。

衛星で追跡したある格別に壮大な旅路では、イタリアのトリエステで首輪をつけられた一匹のオオカミが、凍結した川、六メートルの積雪、高さ二六〇〇メートルの峠などを越え、オーストリアまでの一〇〇〇キロを四ヶ月間休みなく早足で駆け抜けた。

野生動物は、科学者が彼らのために定めた境界の外を頻繁に歩き回る。[35] エチオピアのキリンは、彼らを保護するために特別に設計された公園の境界の外側でほとんどの時間を過ごす。インド洋のチャゴス諸島のアオウミガメは、彼らを収容するために設定した海洋保護域の境界を越えて泳ぐ。ベネズエラのエルグアチャロ国立公園にある石灰岩洞窟内の鳥の四〇パーセントは境界の外側でねぐらにつき、餌をあさる。ケニア国内に限って移動すると思われていたゾウが国境を越えてタンザニアへ迷い込む。

彼らの移動は単純ではない。科学者がより広範囲を追跡すればするほど、その複雑さを発見することになる。夏には高いところへ、冬には低いところへ移動すると科学者が考えていたヒマラヤのジュケイという鮮やかな赤色のキジが、冬に高所へも低所へも移動すること、またまるっきりどこかほかの場所へ移動するものもいることがわかった。二四時間ごとに位置をチェックして、アナグマの地中の巣穴の地図を作った生物学者が、チェックした頻度に正比例して巣穴をより多く見つけた。三秒ごとに動きをチェックしてさえ、アナグマが動きやすいように作った迷路のような通路を暴くには十分ではなかった。正確に捉えるために、毎秒一〇回のサンプリングをしなければならなかった。

動物の移動の生理的容易さは過小評価されてきた。フロリダに置かれた東南アジアのニシキヘビが、数ヶ月後には自分たちを解放するのにふさわしい場所へ戻っていった。フロリダ沼沢地での直通で迅速な二〇キロ以上の旅だ。一匹のヒョウが、通行不可能だと科学者たちが思っていた町や都市や車道を迂回《うかい》しながら、アフリカ南部の三ヶ国を首尾よく通り抜けた。ヒマラヤを飛び越えたインドガンは海水面から六〇〇〇メートル以上の高さまで昇ったが、それは追い風があと押ししてくれる昼間ではなく、夜間に、向かい風に逆らってのことだった。研究者たちはこれを「地上もっとも極端な移動」と称した。

定住の世界という神話は、野生生物の移動能力には必ず限界があるので、遠くまで及ぶ移動は人間が介在して初めて可能だと見なした。実際には、複雑で洗練された方法で移動する彼らの能力は私たちのそれを上回るのだ。

以前には遺伝子によってロボットのように支配されていると片付けられていた移動は、環境およびお互いからの微妙なヒントに反応する、各個体間のダイナミックな相互作用の結果だとわかった。その移動が、特定の時期に南へ向かうように遺伝子に指示されたためだと考えられていた鳴鳥は、環境中の微妙な因子と互いから受け取るヒントに応じて移動のタイミングと方向を調整する。ズグロアメリカムシクイは海や大陸の上を急降下する風のハイウェイネットワークに便乗して空中の複雑なルートを辿る。リーダーのあとをロボットのようについていくと考えられていたヒヒは、通路の分かれ目で積極的に決断を下す。二匹のヒヒが別の方向へ向かうと、ついてきたものたちは経路について折り合いをつけ、二つのコースのうち一つを決める。風に乗って受動的に運ばれると思われているクモでさえ、[36]積極的に植物のてっぺんに登って絹のような糸をつけ、風が強まるのを待つ。

生態学者イアン・クージンは、昆虫、鳥、その他の動物の大量移動を引き合いに出しながら「現代のテクノロジーなしで人類がこれを達成しようとすることは考えられないだろう」[37]と書いた。

かつて生物学研究の片隅に追いやられていた動物移動の研究はその中心へ移った。二〇〇六年、科学者の一グループが新たな取り組みのアウトラインを描くため、エルサレムのイスラエル高等研究所に集まった。そこでは動物の行動と生態系の機能の中心的特色の一つとして移動を据えることになっていた。彼らはこの新分野を「移動生態学」と呼んだ。[38]翌年、ウィケルスキーと同僚たちは「ムーブバンク」を始動した。これは科学者たちが動物追跡のデータを共有できる公的データベースだ。動物追跡者たちが毎日およそ一〇〇万件のデータポイントを追加した。

二〇一八年二月のある朝、科学者の小グループが、重たく黒いパーカーと耳当て付きのふわふわした帽子を身につけて、カザフスタンの雪に覆われた平らな大草原の外れに立った。氷点下の風が彼らの剥き出しの顔面にひびを切らせ、赤くした。彼らは地平線を見守った。そこではロシアのソユーズロケットが荒涼とした二月の空に向かって発進しようとしていた。細身の白い円筒が離陸すると、その後に天空の大きな裂け目のような炎が燃え立った。彼らは足を踏みならし、互いに腕を振り回し、歓喜の叫びを上げた。

時速二万七〇〇〇キロで国際宇宙ステーションへ向けて疾駆するロケットは、二〇〇キログラムのアンテナを搭載していた。数日後に、ステーションにいる二人のロシア人宇宙飛行士が、ステーションの外部にアンテナを据えつける間、何ヶ月もかけて訓練してきた五時間かかる宇宙遊泳を開始することになっていた。そしてこの科学者たちがそのアンテナを使って、地球全域における野生生物の移動の規模と速度に関する人知を新たな段階[39]へ進めるのだ。

　アンテナは軌道を一周するごとに地表を一六回スキャンし、親指の爪サイズの太陽駆動タグから来るデータを拾うだろう。タグは世界中の生態学者が魚の背、鳥の足、哺乳類の耳の裏などに取りつけたものだ。科学者たちは好きなときにタグを調整したり設定し直したりできるだろう。まず、タグは周囲の気温や湿度や気圧はもとより、位置特定の記録とともに、動物の定位に関するデータに組み込まれた行動の手がかりを送り続ける。衛星をもとにしたこの新しいシステムは「宇宙を利用した動物研究のための国際協力（the International Cooperation for Animal Research Using Space)」、すなわちＩＣＡＲＵＳと呼ばれる。これは入り組んだクモの巣状の動物追跡を、ダイナミックな地球全域でリアルタイムで明らかにする、いわば「動物のインターネット」だと描写されてきた。

　生物学的経過に対する移動生態学者の見識が、個々の動物の追跡の寄せ集めであることを考慮すれば、多くの動物を一斉に追跡すればより奥深い見識が得られると、ウィケルスキーは予測した。不連続な空の断片を見ても、宇宙飛行士は宇宙を理解できない。宇宙全体を同時に見渡す望遠鏡のネットワークを設置して初めて理解が可能になる。移動生態学者はＩＣＡＲＵＳを通して同様の革命的理解を果たすことを望んでいる。「私たちは世界中の動物全体のネットワークを一つの大きな情報システムとして見ています。これは今まで未開発だったものです[40]」と彼は言った。

　ウィケルスキーは白い大きな水玉模様のついた黒のニット帽をかぶり、首にはこぎれいな厚手のニットマフラーをつけていた。強いハグを一通りしたあと、皆はお祝いのウォッカを一杯やるためにそこを立ち去った。

新来者と生物多様性――ハワイのその後

過去と現在の動物移動に関するデータが蓄積されるにつれて、生態学者たちは移動中に境界を越える生き物が引き起こす損害についての自分たちの仮説を再検討し始めた。[41]

移動中の生物が引き起こす生態学的ハルマゲドンを予想していた侵入生物学者たちは、そのほとんどが破壊的ではない野生生物の移動の規模と速さを過小評価していた。ある分析によれば、新たに移入した生物の一〇パーセントだけが新天地に定着し、さらにその一〇パーセントが在来種を脅かすことができるほどに繁栄することがわかった。新来生物すべてが当然有害だといって非難することは、一パーセントかそれ以下のものが犯した犯罪のゆえに、彼ら全部を咎めることだ。

何百万年も隔てられていた地中海と紅海をスエズ運河が人工的につないだとき、二五〇種以上の生物が一方から他方へ移動した。一世紀後の科学的査定によると、これらの生物の移動の結果、アステリナ・ギボサ(*Asterina gibbosa*)というヒトデの絶滅が一件あるだけだった。北海へ八〇種の海洋生物を、バルト海へ七〇種を移入した結果、双方での絶滅はゼロだった。[42]

置き換わりは侵入生物学者が予想した規模では起こらないから、新来者の到着は生物多様性を増やすことになる。[43] 民衆が誤解するかもしれないという理由でネイチャー誌に掲載を拒否された論文で、カナダの生態学者マーク・ヴェレンドは、新来の野生生物は一般に局所および地域レベルで生物種の数を増やすことを発見したと報告した。四〇〇年にわたって野生生物に国境を開放してきたアメリカ本土では、生物多様性が一八パーセント増加した。

　侵入生物学者は移動中の野生生物が引き起こす負担を計上するに当たって、新来者が引き起こした損害だけでなく、将来的にかかる彼らを一掃する費用までも含めていた。また、野生移入生物による経済的利益を除外した。世界的食料供給に貢献する移入植物の利益、八〇〇〇億ドルのみを等式のプラス側に算入したのだ。

　植物学者ケン・トムソンが移入生物による打撃を定住生物のそれと比較したところ[44]、「ほとんどすべての点で同じである」ことを見出した。目立った新来者の中には、生物学的に予想された侵入さえ達成できないものもいた。カワホトトギスガイは、新来者の食欲以外にも数々の難題に直面している土着の貝類を衰退させるといって非難されるべきではない。そしてこの貝は地域の生態系を混乱させるほかに、水の濾過と、魚や水鳥に餌を供給することで生態系に貢献してもいる。「もしカワホトトギスガイが土着のものならば、民衆のとびきりの敵として中傷を受けるのではなく、環境のヒーローとして称賛されるに足るあらゆる理由がある」とトムソンは書いている。

　カナダの研究者たちがエゾミゾハギのある区域とない区域を比較したところ、この植物は土着の生物の多様性を減らしもしないし、置き換わりもしないことがわかった[45]。「繰り返し報告されているような、エゾミゾハギが『湿地帯を破壊』、あるいは『生物学的砂漠を形成』する証拠がないのは確かだ」と、二〇一〇年のある総括書が結論を下した。トムソンは、移入生物の最大の罪は目立って繁栄していることだと書いている。そんなものですら長続きはしない。しばらく居続けた場所で衰退する傾向があるのだ。

「生物を『土着』と『よそ者』に分けることは自然保護を組織化する原理の一つ」だが、「この二元論の正当性は次第に疑問視されてきている」と二〇〇七年のある総括書に書かれた。生物は動き回っており、「土着」とか「よそ者」とかいう単純な分類などすべて裏切ってしまうと、トムソンは言う。著書『外来種のウソ・ホントを科学する』の中でトムソンは動物地図上で中東の「土着動物」と描写してラクダの事例を書いている。しかし北米で進化して最大の多様性を獲得したラクダ科は、現在では南米でもっとも多様であり野生ではオーストラリアだけにいる。

侵入生物学を批判するトムソンたちは、差し迫った問題としての地域の生物の置き換わりを無視することはない。たとえば遠隔地の島嶼では、移入生物はすでに定住していた生物と劇的に置き換わるという影響を与えることがある。しかしたとえそのような場所であっても、地域を崩壊させ、侵害するのは移入生物だけではない。土着生物だってするのだ。[46]

マウナロア山沿いのジャングルで森の一区画から侵略的移入植物を取り除く努力は惨めにも失敗した。レベッカ・オスタータグとスーザン・コーデルが四年間にわたって試みたが効果はなかった。たとえこの植物学者たちが外来の草を取り除き、上から降ってくるよそ者のタネをすべて捕らえても、移入植物は絶えず戻ってきていたのだ。移入植物の目に見えないタネや胞子がそこら中の地面にたかる。小さな区画の一つを外来種の汚染から守り続けるためだけに、一週間に四〇時間の重労働を要した。「まったく手に負えなかったわ」、オスタータグが言った。

移動中の生物の侵入を止めることはできないことがわかった。結局オスタータグは諦めた。「すべて従来のシステムに戻すことなんて完全に非現実的ね[47]」と言った。

だが、それは無駄だというだけではなかった。不必要のように思われた。オスタータグとコーデルは、ハワイの土着生物は、必ずしもほかの生物以上に生態学的に機能してはいないのだと実感するに至った。オスターグがハワイの土着生物の特性をグラフで図示したときには、これらは皆隅っこに集まっていた。従来の現地の生態系は「調和的ではなかった」のだとオスタータグは言う。ポテトサラダだけ持ってピクニックに行くようなものだった。生態学上の機能を果たすグループ全体が欠けていた。両生類も、哺乳類も、爬虫類もおらず、植物ではショウガがなかった。これらは皆ハワイの過酷な条件下で生き延びなければならなかったから、ハワイ土着の生物種は特殊なグループだった。それゆえ、あとから来た新来者は彼らのやり方で繁栄した。彼らが一筋縄ではいかない強欲なよそ者だったわけではない。土着種が空けておいた生態学的空き地を満たしたのだ。

私がハワイに着く数日前に、ハワイのオヒアの木を殺していたカビが同定された。その振る舞いをもとに、ほとんどの科学者はこの殺し屋を外部からの侵入者だと推定した。しかしこのカビはハワイ以外のどこにも見つからないことが判明した。告白した者も認めた者もいなかったが、この殺し屋は「土着性」としか呼べないだろう。

オスタータグとコーデルは、土着種と外来種がともに生存するやり方を考慮した新たな実験を考案した。[48] 森から新来者を取り除いたり完全に乗っ取らせたりするのでなく、森の一区間を新参者と古顔、土着種と外来種、双方からなる、混合した多様な群落を再建することを目指したのだ。二人はどこから、あるいはいつ来たかではなく、その特性や生態系にどんな貢献ができるかによって、育てる植物を選んだ。実験的混成生態系を作り上げるのに三年を費やした。私が訪れたときには、木々が高さ六メートル以上に成長していて、林冠が閉じ始めていた。林床が日陰に覆われ、新しい実生《みしょう》に光が届かず、新来者の成長速度は遅れていた。混交林が自己持続性森林へと成熟した兆しだった。

森の外の方へ進みながら私は彼女らに、もともとの森はどんな姿だったのかと尋ねた。オスタータグもコーデルも、土着種が外来種より生態学的に優れているとはもう主張しなかった。しかし古顔に対する二人の親愛の情は今でも明らかだ。

金色のわっか型のイヤリングをつけ、頭に留めたサングラスで髪を後ろへ流しているコーデルが、外来種が来る前のジャングルをどのように想像しているかを語る。オヒアその他の土着の木々が太古のハワイの森の上層を優占していて、その林冠から林床へ、ツル性の植物が垂れ下がっていたでしょうねと、彼女は言う。地面そのものは木生シダの青々とした木立で覆われていただろうと話してくれる。

私は足元のシダを見下ろす。シダは単独で、あるいは小さな茂みになって林床で発芽し、森全体に分散している。シダはまだここにいると私はコーデルに言う。

「そうねえ」と言葉を伸ばしながら彼女は言う。「でも残念ながらこれは土着種じゃないの」

外来種だというほかに何かまずいことがあるのかと私は尋ねる。

「わからない。難しい質問ね。というのは、自然保護を始めたときには土着じゃないものはみんなだめだと言ってたものよ。でももうそんなふうには考えていない。このプロジェクトには本当に物の見方をひっくり返されたわ」。彼女は思案する。「つまり、これは私たちの人生なの。ここは世界の中で私たちがいるところなのよ！　そして私たちは科学者だわ。これを研究するのが面白いとは思わない？」

彼女は自分自身を説得しようとしているようだ。そう思う。

彼女はシダを見下ろす。「それにこれがたくさんあるときれいね。ほら」

花粉が示す太古の移動

コロンビアのフンサは、海抜およそ二四〇〇メートルのところにある、アンデス山中の小さな町だ。そこは今では台地が横たわっているが、更新世中には湖の底だった。一九八九年、地質学者ルーカス・ローレンスと彼のチームが町のすぐ外側に移動式削岩機を置いて、岩盤に届くまでおよそ六〇〇メートルの細い穴を掘り下げた。

彼らが掘り出した堆積地質試料《コア》は、この地域に何百万年も棲んでいた生物種の記録を意味した。動物たちの遺骸はずっと前に消滅していたが、植物が落とした花粉、この地域に生えた高木、草本、低木は時を経てその堆積層の中に折り重なって固まった。

野生生物を土着と外来に分ける馬鹿らしさ[49]を述べたケン・トムソンの本に、二〇一三年のローレンスと彼のチームの論文のことがさりげなく書いてあったおかげで、彼らの発見したものについて学ぶことができた。私の知る限りではその発見は、たびたび広まった外来の動植物に関する心配ほど多くの聴衆に届くことはなかった。ローレンスの研究に関する雑誌記事やラジオの番組は存在しなかった。しかし私はこれに誘われて生物学史をちょっと覗き、衝撃を受けて深く心を動かされた。

花粉は気候変動と移動の変遷を明らかにした。自然環境が変容するにつれ、新たな生物種が移動して出入りした。沼沢林の木、オオフタバムグラ、イトスギ様の低木、ヒース、薬草などの花粉があった。パナマ地峡が持ち上がったとき、南北アメリカ大陸間に解放的な移動の流れが起こり、カシの木の花粉がやってきた。

ローレンスと彼の同僚が発見した生物種のタイプならびにその組み合わせは、決して反復されることはなかった。それぞれの瞬間にこのコロンビアの土地の一ヶ所に棲んでいた生物種は、混成の共同体に住む完璧な新来者であり、その前後にそこにいた生息者には認識できないものだっただろう。堆積コアの層はそれぞれただ一つの「凍れる瞬間」を、遺物たちが「長くてダイナミックな、ほとんど立て続けの再編の過程」[50]に書き記したものなのだ。

気候による支配は定まらなかった。大地からの噴出はそのゆっくりした動きを速めたり遅らせたりした。海水面は上がったり下がったりした。サルたちは大洋を渡った。シダ類はハワイにコロニーを作った。コアの木はレユニオン島に子孫を作った。ホモ・ミグラティオはアジアをあとにして、星に導かれてカヌーで太平洋へ漕ぎ出した。

変化があるたびに移動中の生物種に新たな好機が開けた。そうした好機が到来すれば移動が起こった。だから自然は常に境界を越える。それも正当な理由で。

第9章　移動を引き起こすものと移動が引き起こすもの

森の中の国境

国境を越えるクマを見たのは、もの悲しげな一〇月の夕べにもう少しで陽が沈む頃だった。私たちの歩く古い材木運搬道路は金属製の門で通行が遮断されていて、昔は砂利が敷いてあったようだ。今はコケでできた柔らかいカーペットに、明るい色のセージから濃い暗褐色へとたそがれの影が落ち、その表面に淡い金色のとがった草藪でめりはりのついたつづれ織りが描かれている。狭い道に沿って並ぶバーモント州北部の森の木々は、冬に備えてずっと前に葉を落とした灰色の裸木となって立っている。しかし熱帯からの移住者であるブナはそうではなく、樹冠に葉をいくらか留めている。マリーゴールド色の葉はそよ風の中で優しく震え、灰色の森に光を振りまいている。幹にはひっかき傷がついている。これは、移住してきたこの木の脂肪の多い実に惹かれて何百キロも彼方からクマがやってきた証拠だ。この木の実は、長い冬眠の間クマを養ってくれる。

道は森に覆われた谷へゆるやかに下りていく。周りはくすんだ色の低い丘だ。足元のどこかで、見えない線がこの森の一方をバーモント州のグリーン山脈に、他方をケベック州のサットン山脈に分けている。たとえそこに近づいても標識はない。森はなだらかに起伏した丘の彼方へ途切れることなく広がっている。

　しかしこの見えない線のせいで、この森には、樹木に合わせて灰色と褐色のペンキを塗った、電池駆動の隠しカメラが仕掛けてある。クマがこれを壊すこともある。とりわけ、これを設置した国境の役人が森へ行く途中で朝食のサンドイッチを食べようと立ち止まったりすればだ。クマは、ソーセージの脂で濡れた役人の指が装置につけていった匂いを嗅ぎつけて我慢できなくなる。壊されなかった装置を、数キロ南方にある人里離れた極寒の施設に駐在する国境監視員たちが監視する。彼らの目的は自動車と麻薬密輸業者の不法な動きを見つけることだ。ほとんどの場合、彼らのカメラは野生動物の動きを捉える。動物たちが一日におよそ二〇〇回、シャッターを作動させるのだ。

　一時間ばかりハイキングしたところで、物影から国境監視隊の大きな白いヴァンが現れた。堅苦しい制服に身を包んだ童顔の役人が二人、私たちの旅程について礼儀正しくも厳めしい尋問をする。私たちがただの観察者であって移住者でないことを理解すると、彼らの体内の緊張はほとんど一瞬にして解けた。彼らは隠しカメラで撮った野生動物の動画について、楽しそうに私たちとおしゃべりをした。気に入った映像を個人のコレクションに保存するためにダウンロードするのだと言う。あとで見るつもりだ。そのポートレート(静止画)――この状況下ではいささか怪しげに見える私と、私のガイドである野生動物追跡者、ジェフ・パーソンズのそれとは別に――は美しく忘れられないものだ。通り過ぎるシカの大きな褐色の瞳、もじゃもじゃのクマの尻、ボブキャットのしなやかな胴体などが画面に詰め込まれている。隠しカメラはめったに見られないビロードをまとった美女、ヤマネコまで撮っていた。

　この地全体を移動する動物の通路は[1]、国境監視カメラでは捉えられない海および空の通路と平行して走っている。数百キロ東方の水中ではホホジロザメがアメリカからカナダの水域へ滑るように泳ぎ入り、また戻り、アメリカ沿岸を巡視している。セミクジラは出産場であるフロリダ沿岸あたりから餌場であるノヴァスコシアのファンディ湾までの長い水中通路を切り開く。オサガメは熱帯の繁殖地から、雲のように群がるクラゲを追ってはるか北の水域まで行く。空では南へ向かうオオカバマダラが、カリブ海に浮かぶイスパニョーラ島の冬の別荘からカナダ南部の夏の別荘まで行く途中のミサゴやノドグロルリアメリカムシクイと入れ違う。

ようやく国境監視員は去っていき、私たちはハイキングを続ける。丘の麓で、材木運搬道路の両側に東から西へ森を切り開いて走る、広がりすぎて幅一メートルになった小道に出くわす。これはアメリカとカナダの国境だ。自然環境を自分たちの権力下にある別々の区画に切り分けようという二大強国の企てが、森を貫通するこの狭く暗い通路にはっきりと示されていた。丘の彼方に日が沈む頃、私たちはしばらくそこに立ち止まってから駐車しておいた車を見つけようと元の場所へ向かって登った。丘の頂上に着いたとき、国境をもう一度見ようと振り返った。薄明かりの中、小さなクマが国境を越えてぶらついているのがかろうじて見えた。

環境変化が引き起こす移動

移動するものを自殺志願のゾンビであり見境のない侵入者だと片付けてしまったエルトンたちのような生物学者は、移動者の行動自体を実際に調査することもしなければ、それがどうやって進化しうるかをいささかも考えはしなかった。何が生き物を駆り立てて、[2] 生まれた場所から新たな地域へ移動させるのだろう。移動者は、知り尽くしている心地よいふるさととの住みかをあとにして、未知の世界に向かって出発する。彼らは移動しないでふるさとに留まる同胞からの援助を断念する。そこまでしても、生きるに適した地がまったく見つからないかもしれない。

それでも、とにかくやるのだ。

ヒゲクジラは極北の豊かな餌場から熱帯の暖水域へ何千キロも移動する。動物プランクトンは光の変動に合わせて深部と表層の間を垂直に移動する。森林は氷河の前進と後退とともに何千年もの間移動する。ジャングルだらけのハワイでは、小さなハゼ科の魚が太平洋の外洋から生誕地である滝のてっぺんまで戻る移動をする。この旅路には海流に逆らって淡水に泳ぎ入ることと、崖をよじ登ることが必要だ。そのため、腹側にある吸盤を使う。

人類の場合、移動の起源と生態学上の役割は論争に包まれ続けている。しかし生物学者たちが、その起源が動物にあるという明快な考えを押し進めてきた。

ヒュー・ディングルなどの移動の専門家は、移動は環境変化に対する適応反応として進化したというのがもっとも考えられると言う。生活が環境変化の衝撃を受けにくい生物種よりも、依存する資源が環境の変化に直接影響を受ける生物種の方で移動行動がより起こりやすい。たとえば、浅い水溜まりや特定の季節だけに現れる池に棲む節足動物は、森や塩水性湿地のような比較的安定した環境に棲むものよりも移動しがちだ。不規則な降雨のあるところに棲む、あるいは果実や花などのように局地的に分布する食料を常食する動物の方が、高山のツンドラや深い湖のような比較的安定したところに棲むものよりも移動しがちだ[8]。深い湖では翅さえ持たない昆虫の割合が異常に多い。森の辺縁部や樹冠に棲む動物は内部に棲むものよりも移動しがちだ。特定の季節にしか得られない果実を常食する鳥は、季節に左右されない昆虫を常食する森の内部にいる鳥よりも移動する傾向がある。寒気や降雨にさらされる樹木をねぐらにするコウモリは、自然の力から守ってくれる洞窟をねぐらにするコウモリよりも多く移動する。

種内においてすら、環境変化の影響を直接受ける生息地に棲む個体は、そうでない個体よりも余計に移動する。[3] たとえばオジロジカの移動は森の中のなわばりの大きさと相関関係がある。状況の変化の影響を受けやすい小さななわばりに棲むシカは、大きななわばりに棲むシカよりも頻繁に移動する。

環境変化の影響を受けやすい生息地に棲む生き物にとって、生存は二つの戦略のどちらかに依存する。すなわち、休眠して状況の変化が後退するのを待つか、それとも自身が移動するかである。移動が可能な生き物はその代価にもかかわらず、何度も繰り返し移動を選択してきた。ディングルは移動行動の出現を予測する公式をまとめ上げた。移動行動の出現は新世代を生み出すのに要する時間と環境の安定性との割合で決まる。もしその割合が一以下ならば――もし、たとえば次世代を生み出すのに二年かかり、しかし生息地が、たとえば春の間だけ存在する池だったら――移動が起こる見込みがある。[4]

それゆえ、地球の傾きのせいで北半球が太陽から遠ざかり、影が長くなり昼が短くなると、あらゆる動物が移動の準備をする。[5] 体内で生理的変化が起こり、ホルモンが急増し、神経系が動員される。汁液を吸うフトモモアリマキが翅の生えた特殊な形態のものを生み出す。移動間際のサケは、プロラクチンやコルチゾールなどのホルモンの急増を経験する。ウナギの稚魚は海水よりも淡水を好む透明型へと変態する。移動性の鳥や昆虫は、体重の五〇パーセント以上となる備蓄脂肪を溜め込み、植物はタネに頑丈な殻を作る。タネの中に入れる脂肪の割合は、タネが旅をしそうな距離に対応している。

旅立ちのときが近づくと、そわそわし始める。[6] 鳥かごに閉じ込められた渡り鳥は、繰り返しかごの一方の側へ向かって羽ばたき、止まり木から飛び上がって一方の側に衝突するだろう。どちらの側かはかごが向いている方向次第だ。いずれにせよ鳥の移動経路に一致した側だ。科学者はこの興奮を「Zugunruhe」と名づけた。「移動に起因する落ち着きのなさ」を表すドイツ語である。これはホルモンによるものだ。春にスズメの生殖巣を除去すると落ち着きのなさは静まるだろう。渡り鳥は去勢してもやはり移動をするだろう。しかし別の方向へだ。

移住の旅は、木から木へ飛んだり洞窟から別の洞窟へ移ったりする日常の移動の単純な延長ではない。移住性の飛翔がそれとどこか違っていることは、上昇速度や到達高度から、鳥が飛び立ってすぐにわかる。渡りの途中、鳥の行動と体の機能は根本的に変化している。普段の移動中とは違って、渡りの間には体の成長と発達が止まる。彼らは魅力的な餌や繁殖地のそばを通るときに、普段なら反応するようなその刺激を無視する。

しかし、移動は生理的変化に駆り立てられるとはいえ、必ずしも体に染み込んでいる固定した旅程や遺伝子に暗号化された設計図が、同じときに決まった方向へ生き物を押しやるわけではない。移動に必要な生理的状態は柔軟かつダイナミックでもありうる。たとえば、移動性アリマキの翅を動かす筋肉は、移動が終わったあとでは崩壊し始め、タンパク質は繁殖に転用される。あらかじめ決められた内なるプログラムではなく、私たちの脈打つ地球の震えに対する動物の感受性が彼らの行動と移動を駆り立てるのだ。

環境の混乱に対する野生動物の感受性は伝説になっている[7]。動物は環境が崩壊する気配を、人間が感知する数時間あるいは数日前に感じているらしいという逸話は古代にまで遡る。大プリニウスは地震の前に鳥が落ち着かなくなることを述べている。紀元前三八七年のローマで、ケルト軍が侵入してくるのを睡眠中の住人が気づく前にガチョウが気づき、ガーガー鳴いて猛攻撃が差し迫っていることを教えた。一九七五年、中国は海城《ハイチョン》市郊外で、マグニチュード七・三の地震に先立ってヘビが冬眠穴から出てきて冬の寒さで凍え死んだ。二〇〇四年にはスリランカのゾウたちが、津波が海岸へ押し寄せる数時間前に内陸へ逃げ、本能的に彼らに従ったものたちの命を水の壁から救った。

シチリアのエトナ山の斜面に棲むヤギが二〇一二年のある冬の日に感知した信号のことははっきりとはわからないままだ。だからその信号を感知した知覚のメカニズムもはっきりしない。しかしそれが何であれ、またどうやってそれを感じたのであれ、人間が発明したどんな機械が感知したよりもずっと早く、より高感度で感じたのだ。ヤギたちに発信器付きの首輪をつけた動物追跡者たちが、この火山の斜面全体で餌を食べ、眠り、うろつく彼らの放浪を記録するデータの流れを九ヶ月にわたって観察し続けた。追跡者たちはヤギの動きのパターンが劇的に変わった瞬間を観察していた。ヤギたちに突発的挙動を起こさせた出来事は、六時間後に火山が爆発し、一二時間以上にわたって火口から溶岩を吐き出し、空中七キロの高さまで火山灰を噴射したときに明らかになった。

移動と遺伝的多様性——チェッカースポットの再出現

移動の生態学上の役目は移動者自体を生存させることだけではない。野生の移動者は生態系全体における植物性の足場を作る。彼らは植物が育つ場所とその広さに合わせて花粉やタネをまき散らし、実生が親木の陰でしおれることのないように開けた生息地へ確実に到達させる。動物が供給してくれる輸送は植物の生存にとってきわめて重要なので、多くの植物は自分のタネを動物があちこちへ運んでくれるよう誘う巧妙な方法を進化させてきた。そばを通る哺乳類の毛にくっついてヒッチハイクするように、タネをネバネバする粘液で覆ったり、カギや、トゲや、カエシを周りに作ったりする。自分のイヌが草の実だらけになったことがある人ならわかるだろう。アリをひきつける脂肪を少々含むタネを作るものがいる。アリはそのタネを運んで地面に埋め、植物の助けになってくれる。また、タネの周りに香りの良い果肉を作り、鳥がその果実を食べてタネを糞にして飛行経路全体にまき散らすよう誘うものもいる。

九〇パーセント以上の熱帯雨林の樹木の生存は、タネをまき散らす移動中の鳥やその他の動物次第だと、植物学者は言う。ＧＰＳの追跡調査によると、〔利益を得るだけで与えない〕居候だと悪口を言われる動物でさえ地表にどっさりタネをまいていることがわかった。一九世紀の博物学者、アレクサンダー・フォン・フンボルトは、穴居性グアチャロス（guácharos）、すなわちアブラヨタカが暗いねぐらの中で果実を食べる習性を記し、これを居候だとして否定した。暗いねぐらではタネが発芽することなく忘れ去られてしまうからだ。実際には、彼らはベネズエラの森中を飛びながら夜を過ごし、その途中にタネを散らしている。「おそらく彼らは雨林の多様性の多くを担っているだろう」[8]と、鳥類学者マーティン・ウィケルスキーは言う。

　野生の移動者は孤立した集団に遺伝子を運び、救命的はたらきのある遺伝的多様性を持ち込む。孤立した小さな集団では、命にかかわる欠陥のある遺伝情報や、病気に対する脆弱《ぜいじゃく》性を亢進するような、かつて集団内では効果が希釈されていた遺伝子が濃縮される。近縁カップルの交配が増えるにつれ、遺伝的均質性が進行し、病気や災害に対して抵抗する集団の能力が低下していく。生態学者たちが、ミシガン州スペリオル湖内のロイヤル島という島にいるオオカミの群れで劇的な効果を目にした。[9]このオオカミたちは皆、一九四九年の特別寒さの厳しい冬、この島と湖岸との間の水路が凍結して歩いて渡れたときにここへ来た一対のつがいの子孫だ。それ以来この集団は島流し状態になり、次第に近親交配をすることになっていった。二〇一二年にはロイヤル島のオオカミの五八パーセントに先天的脊椎変形があった。これに比べてほかの集団ではわずか一パーセントだった。多くに目の異常があり、片目が明らかにくすんでいてひょっとすると視力がないかもしれなかった。雌オオカミが一匹巣穴で死んだ。子宮内に死んだ七匹の仔がいて、生きている仔が一匹母親のそばでキーキー鳴いていた。生態学者たちがこんな状況を目にしたことは一度もなかった。

　この個体群の唯一の希望、それは移入者だった。一九九七年、一匹の雄オオカミがこの島に辿り着いた。

この移入者による気付けの一杯が、遺伝的な回復を起こし、それだけで生態系を変容させた。一世代のうちに移入者の遺伝子がこのオオカミの群れの五六パーセントに潜み込んだ。島のオオカミの数が増えた。オオカミが狩っていたヘラジカの数が減った。ヘラジカが踏みつけていた森が回復した。ただ一匹の移入者が「その後一〇ないし一五年間、この群れを救った」と、生態学者、ロルフ・ピーターソンが言った。

森林で行った若干の大規模実験によって立証されたように、移動中の動物という気前の良い贈り物を奪われた孤立生息地は悪化するが、動物の移動を容易にする生息地は繁栄する。[10] 実験の一つでは、生態学者たちがサウスカロライナのサバンナ川沿いにあるマツの老樹林で五〇ヘクタールの区画をいくつか、木を除き、地面が露出するまで植被を焼いてきれいにした。区画の一つを真ん中に、残りをその周りに配置した。各区画を取り囲む濃密な森はそれらの周りに、互いを分断するいわば境界を形成した。それから回廊を作ることで境界に穴をあけた。中央の区画と別の一区画との間の植被を取り払うことで二五メートルの小道を一本つけたのだ。その後、植物、昆虫、花粉などがどのように中央区画から接続区画および非接続区画へ広がるかを追跡した。中央区画で蝶に印をつけ、鳥が常食する実のなる低木に蛍光パウダーを浴びせた。また周辺区画に植えた雌株のヒイラギの茂みの受粉に必要な雄株のヒイラギの茂みを中央区画に植えた。そうして、連続区画および非連続区画を訪れ、印のついた蝶の数、蛍光色のついたタネの入った鳥の糞の量、ヒイラギの茂みの雌株に生った実の数をかぞえた。

境界を開け放し通路の草木を取り除くと、蝶やタネや花粉が連続区画へ、少なくとも非連続区画の二倍の速さで広がった。研究が終わる頃には連続区画は一面が花や果実や蝶で覆われた。

移動するものたちがチェッカースポットを救った。

出典：Danielle Fisher, “Eastern Wildway Map Presents Vision for an Ecologically-Connected North America,” Wildlands Network (blog), October 22, 2019.

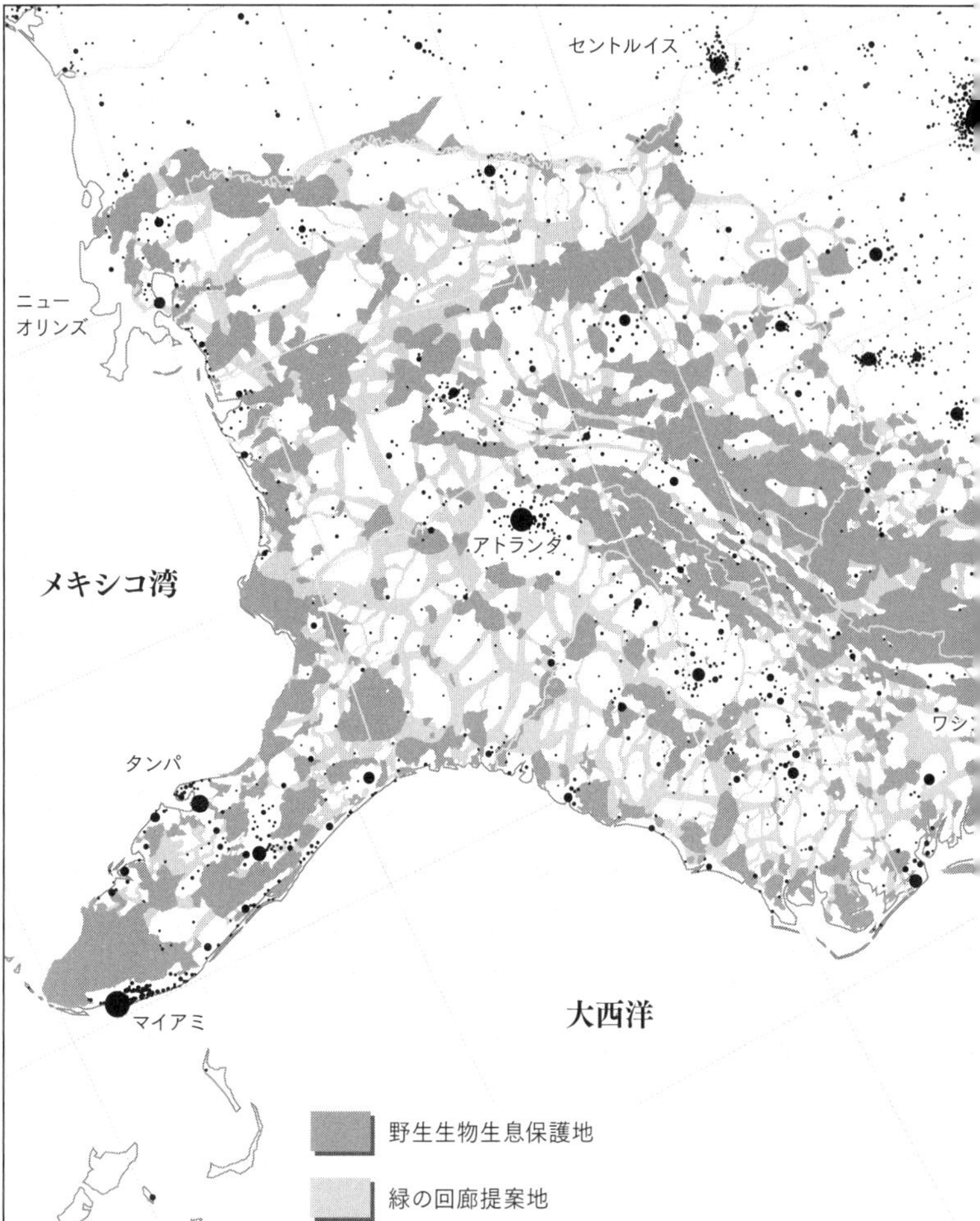

20世紀初めの生物学者のほとんどは、動物の移動と生存のための移動の役割を理解していなかった。この地図は、人間の開発によってばらばらにされた生息地を通って、野生生物が生き残りのための移動ができるように提案された「緑の回廊」を表す。

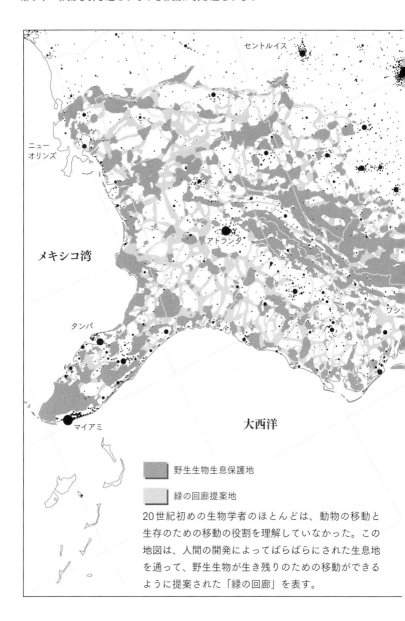

サンタクララ盆地の南端、ポール・エーリックがチェッカースポットを調査したところからわずか数十キロ離れたところに、コヨーテリッジと呼ばれる未開発の丘の連なりが広がっている。コヨーテリッジは申し分のない蝶の生息地だ。数千平方キロに及ぶ蝶にやさしい区画は、日なた、日陰、各種の土、豊富な野の花などがさまざまに混ざったところで、薄茶色のにこ毛で覆われた仔牛たちとやさしい目をした母ウシたちまでもが、蝶が好む食草と張り合っている草を食んでいる。もし一方の側の条件が悪化すれば、ここに棲む蝶たちは簡単に他方へ移動することができる。移動の途中で彼らの通行を妨げるハイウェイは一マイルもなく、ショッピングモールもない。条件が良ければ、集団の遺伝的多様性すべてに加えて現地への遺伝的適応性を磨くことができる。[11]

エーリックと彼の学生たちはここに棲んでいる蝶のことを知らなかった。蝶類学者は蝶の収集家たちの歴史的記録に長い間頼ってきたのだが、収集家たちがこのすばらしい丘陵地帯へ思い切って足を踏み入れることはまったくなかった。自分の収集を満たすだけの標本を見つけると、探すのをやめてしまったのだ。しかしコヨーテリッジに棲むチェッカースポット――それに移動による別のなわばりとの結びつき――が、エーリックやカミーユ・パーメザンが調査した個体群に命綱を提供したのだ。

三五年の間に、パーメザンと同僚たちがチェックした区画のうちおよそ一三パーセントの区画でチェッカースポットが再び現れた。『ワーオ！　クールだわ！』って感じだった」とパーメザンは言う。七年前にコロニーが完全に崩壊したアリゾナの牧場に彼らが再び現れた。どういうわけか蝶の先駆者が出現したのだ。[12]手ごわい、棲むに適さない何キロものなわばりに打ち勝って、新たなふさわしい居住地を探し当て、新しいコロニーを確立したのだ。

彼らが生き残ったことは「相当なパラドックス」だとある蝶類学者がエコロジー誌の論文に書いた。エーリックたちは、蝶やその他の「小さく、か弱い昆虫」の移動を偶然で生態学的には意味がないこととして退けたと、移動を研究したある著名な昆虫学者が書いた。エーリックは、五〇メートルないし一〇〇メートルといえども、区画間を移動するチェッカースポットはわずか三パーセントだと計算した。しかし少なくともある調査では、放された場所から一〇キロ近く離れたところで生物学者がチェッカースポットを再捕獲した。

まさに何が彼らの移動を引き起こしたかがわからないままになっている。[13]ひょっとしたら大勢いる中で起こった偶然の結果かもしれない。個体数の急増が引き起こされると、ことに植物が豊かに茂った条件下では旅行熱に見舞われた珍しい蝶が出現する可能性が高まるのか、あるいは冒険好きでもないものが、そよ風に吹かれてうまく新しい生息地に置かれたのかもしれない。しかし蝶の移動衝動は食料欠乏に対する反応でもあっただろう。暗示的だが、栄養不良を経験したイモムシは栄養十分なイモムシに比べて、飛翔筋肉への投資を増やす。アリやシロアリでは、資源減少の信号は旅行に備えた有翅型の出現を誘発する。

私がコヨーテリッジを訪れている朝、太陽は薄い雲の毛布を通して人を日焼けさせようとムキになっており、湿っぽい風が絶えずノートのページをパタパタさせ、髪の束を顔へ飛ばしてくる。この天候にもかかわらず、それでも「サウンド・オブ・ミュージック」の一シーンのように見える。背丈の低い草や野の花が丘の上の広い草地を包み、そこへ明るいオレンジ色の地衣類で覆われた蛇紋岩の露頭が散らばって、目に入る限り次から次へと割り込んでいる。シリコンバレーのスプロールへ続くハイウェイの雑音はほとんど聞こえない。遠くにディアブロ山脈がぼんやりと見え、ヘラジカとシカの群れが彼方に点在している。

チェッカースポットの小さな群れが私の足の周りをひらひら飛ぶ。そこら中にいる。移動するものたちが群れの間を突進し、絹のようなか弱い糸で群れを遠くの生息地に結びつける。

なぜ人間は移動するのか？

科学者たちは間接的データの蓄積によって、動物の移動の起源と生態学的役割とを明らかにしてきた。彼らは雪を頂いた山を歩くオオカミに、どこへ、そしてなぜ行くのかと問うことはできない。だが、移動に対する人類の強いあこがれは直接調べられる。

私は、移動している人々に会えば必ず同じ質問をする。アセンズ郊外の使われなくなった競技場でキャンプしている男たちや女たちが、疥癬《かいせん》の流行に悩まされながら汚い公共の浴室、とはいうものの深さ数センチしかないよどんだ水の中に立って衣類と子どもたちを洗っている。彼らはパキスタンからやってきたのだ。息子といっしょにボルティモアに上陸したその女性は、三歳になる娘と両親をエリトリアの農場に置いてきた。私の父は、ムンバイの息が詰まる長屋《テネメント》をあとにして五〇年以上経つというのに、いまだに自分が育ったそこを懐かしがっている。義父は戦後のイギリスをあとにしたが、何の回想も持たない。私は皆に尋ねた。どうして故郷を出たのかと。

「最初に電話をもらったとき、不安だったんだよ」。ボストン郊外の小さなレンガ造りのビルの一階にある狭苦しいオフィスで会ったとき、一人の移住者がそう言った。「折り返して電話したくはなかったんだ。俺が来るなんてありえない」と、そのときのことを思い出しながら言った。とにかく彼は四五分間運転して私に会いにやってきた。

しかしハイチからボストンへ移動してきたその男性は、私が聞こうとしたことに答えられないと言う。彼をアメリカへ入国させた文書が今や疑わしいのだ。彼は自分の旅路を説明する段になって、自分が移動した前後の生活の印象以上のことを多く語ろうとはしなかった。

アフガニスタンの首都カブールから来た少年は、私が尋ねると今にも泣き出しそうになった。電気工学を学びたくて、カブールの専門学校入学を出願するつもりだったという。「誰だって自分の国を離れたくはない」と言う。でも「あそこでは誰もが危険に向き合ってるんだ。歩けば爆弾の爆発がある」。少年がタリバンに入隊させられることを恐れて、家族はすべてを売り払って、彼をタリバンの勢力圏外のみならず、はるばるヨーロッパまで徒歩で、遠い親族に伴わせて送り出した。両親と姉を残して出発したのは八年生のときだった。しかしなぜ彼なのか。なぜそのときなのか。なぜほかの人たちではないのか。私は知りたかった。彼は答えられなかった。

ハイチの農場を発ってカナダ・モントリオール郊外の冷え冷えとしたフラット式アパートへ来た男性は、私が質問すると神経質に笑った。「僕が誰かに殴られることはわかってる」、と私に言う。「僕を殺すんだ」。これに続く私の質問のどれにも彼は答えられない。私はどう考えていいかわからない。しかし彼の将来がこのなぜという特別な質問にどう答えるか次第だということはわかっている。もし出入国管理局が考える正当な理由で国を出たことを彼らに納得させることができれば、この男性は滞在することができる。もし渡航理由が正当なものでないと管理局が考えれば、強制出国させられるだろう。ご都合主義の移民「相談役」は彼のような移民に数百ドルもふっかける。移民が移動する理由を知ろうとする当局の要求は政治の風向き次第で変化するのだが、お前たちの混乱した話を当局を魅了する説明に作り上げる手助けをする義務はないのだと言って脅すのだ。

私たちは移動者に対してなぜ移動するのかと問うことはできるが、それは彼らにとって必ずしも答えられることではない。少なくとも私たちが期待するような率直で単純なやり方では。この質問は、人間の移動は何か単一の理由で説明できるものと決めてかかっている。この仮定は、移動している人々のことを私たちがどのように語るかを規定する。私たちは彼らを「経済移民」とか「政治難民」とか評する。合法的身分を怪しんで「よそ者」や「不法入国者」と見なす者もいる。私たちは国境を越えて移動する際の方向性によって「移入者」あるいは「移出者」と定義し、国境内の同じような、もしくはもっと複雑で長期の移動を表に出さない。

しかし私たちが本当にわかっていることは、彼らが移動している人々だということだけだ。

数ある移動生物の中でもホモ・サピエンスは最たるものだ。それなのに、私たちがなぜ今のように動き回っているかについて統一見解はほとんどない。遠い昔には私たちはいつも絶えることなく移動していたことが発見され、過去に一度だけ人の住まない土地に惹かれて移動したという説がひっくり返されたが、重要な疑問はそっくりそのまま残った。なぜだ。なぜ酸素の欠乏で人を苦しませるチベット高原へ危険を冒して行ったのか、あるいはアウトリガー付きのカヌーに乗って太平洋の波間に向かって出発したのか。なぜアフリカにある生活の安定という慰めを捨てたのか。アフリカには今日に至るも食料、水その他の資源が豊富だというのに。

野生の移動者が演ずる生態学的役割はこれまで十分裏づけされてきたが、人間の移動の動機や影響力ははっきりせず不明確なままだ。[14] 多くの通俗的な説によれば、人間の移動の起源は非移動行動の中にあるという。あたかも移動が本質的に偶然の出来事で、別の目標を探求する際の副産物であるかのようだ。たとえば、考古学者J・デズモンド・クラークは、私たちの最初の移動は単に移動する野生動物を追いかけたことが理由で始まったという説を立てた。私たちの遠い先祖はヌーやアンテロープの群れを狩っていて、季節ごとに長距離を移動したのだと彼は指摘した。人間は槍を手に、腹を空かせて群れを追った。追跡する距離は絶えずどんどん遠くへ延び、その結果人間は偶然に移動者になった、という。

実際、近代では人間の移動は野生動物の移動の跡を追い続けている。一七世紀に、フランスから来た人々がフェルトの帽子などに使う毛皮獣を探し求めて北アメリカまで移動し、カナダにニューフランスという植民地を作り上げた。一八世紀終盤には、北大西洋のアゾレス諸島から来た人々が捕鯨目的でクジラを追ってニューイングランドまで移動し、マサチューセッツにポルトガル人の生活共同体を作り上げた。私たちの暮らしが動物の毛皮と肉に依存していたから、私たちは動物と同調して移動したのだ。[15]

私たちの暮らしは今では動物とその移動に直接依存してはいないが、それでもやはり、かつて動物たちが提供してくれた経済手段を確保するために依然として私たちは移動する。たいていの移動者は、仕事や経済的保障を欲することが自分たちの移動の動機だと的確に説明することができた。[16] 自国内にあるあらゆる苦難のすえに、ハイチから来た男性は看護師に、カブールから来た少年はエンジニアになりたいと望んだ。そして彼らの労働は彼らのもっとも重大な影響力の一つであって、移動した国の経済に何十億ドルも追加しているのだ。きわめて多くの人々が本国の親族や友人に金を送っているので、移住者の労働は彼らがあとにした国々にも何十億ドルかを追加していることになる。国際的移動者は毎年五〇〇〇億ドル以上を母国へ送っている。国境を越えた富の恒常的再配分である。国によっては、海外に住む移動者からのこうしたいわゆる送金は、GDPのかなりの割合になる。世界銀行のデータによれば、送金はレバノン、ネパール、モルドバのGDPの二〇パーセント前後を占めるという。

それでもなお、私たちの移動パターンが、ただ仕事探しの結果として定義されるはずはない。新古典派の経済学者たちが彼我の賃金の違いに基づき、ある計算式を用いて移動の起こりやすさを計算した。

$$ER(O)ffl[PI(t)P_2(t)YO(t)-P_3(t)Yo(t)]ertd-C(o)$$

である。移動のような混乱した人間の活動の確率というよりも核分裂の速度を計算する方法に見える。で、この公式は実際には役に立たなかった。[17]

気候変動と移動

人間の移動の起源に関するほかのポピュラーな諸説[18]では、何らかの宇宙的気候変動が、私たちがアフリカを出る最初の衝動を引き起こしたと想定する。移動を自暴自棄の行動だと考える人は、これを突然で悲惨な出来事だと思い込む。たとえば七万四〇〇〇年前のインドネシアのトバ山の爆発で、空が何千年間も火山灰で覆われ、地球規模で気温が下がっていた。もしかしたら、シッダールタ・ムカジーが自著の大衆向け遺伝学史で述べているように、長期にわたる火山性の冬の時代が「新たな食料と土地への捨てばちな探索を促進した」のかもしれない。

移動によって将来の気候変動に対処することは、大災害に強いられて移動することと同じようにギリギリの運試しだ。[19] 白書や新聞記事には国家安全保障および外交政策の専門家たちが、気候変動の混乱がどのように移動に影響するかについて予測を発表している。食料と水の不足によって不安定状態が導かれ、その結果、移動者は行動を強いられ、そのことでさらなる不安定状態が導かれる。壊滅的氾濫や砂漠の拡大が起これば地域社会全体は荷物をまとめて出ていかざるを得ないだろう。海水面上昇は何千軒もの住宅を浸水させ、住人は逃げ出さざるを得なくなるだろう。地理学者ロバート・マクレマンが述べたように、環境安全評論家ノーマン・マイヤーズなどの専門家たちは、気候変動の各「単位」を移動の単位に変換することで、二一世紀中葉までに気候変動によって二億人の環境難民の大群が生じ、住みかと食料を求めて地上を探し回るだろうと見積もった。移動は「気候変動のもっとも危険な影響の一つで、地球温暖化のもっとも劇的な帰結だ」と、気候変動に関する政府間パネルが記した。気候に影響を受けたこうした移動は文明の崩壊をも引き起こしかねない。彼らの所見によれば、これは以前に起こったことだという。

しかしひょっとすると、移動は難局ではなくチャンスがあるときに定着するのかもしれない。[20] 私たちの祖先は悪条件から逃げることを渋っているときより、動き回っていたときに良い条件を利用した可能性がある。地球の軌道は数万年のタイムスケールで揺れ、回転は楕円から円のコースへと切り替わる。こうした軌道の変化は地球に当たる太陽光の強さと角度を変え、それゆえ時を経て地球の気候を変える。このような気候の揺れは、たとえば北アフリカの通り抜け不能の砂漠をサバンナ様の緑の回廊に変え、そこを人間が移動したかもしれない。ちょうど、蝶や雲みたいに浮かぶ花粉がサバンナ川に沿って森を横切ったように。暗示的なのだが、軌道性気候変動が人間のアフリカからの移動の傾向に符合することを、ハワイ大学が発見した。

移動者を阻む政策

人がなぜ移動するかについて私たちが不安や混乱を抱くので、私たちが承認した各種の法律が効力を持つことになる。移住が許されるのかどうか、またどんな条件下で許されるのかを規制する法律だ。入ってくる社会にも出ていく社会にも強力な経済的影響を与えるというのに、移住者の求職活動が国境を越える正当な理由だと見なされるのは限られた時と場所でのみだ。アメリカのようなところでは、浮動性の労働力から利益を得る雇用者にもそれを脅威と感じる労働者にも、矛盾する政策が提供される。政治的緊張状態から矛盾した結果——入国を許可されるが同時にそのことで非難を受ける新来者の流れ——が生じる。

苦難から逃避するための移動の正当性に対する当局の態度も、同様にころころ変わる。氷河の融解と海水面上昇は、太平洋のキリバス、メキシコ湾のジャン・チャールズ島、それにアラスカ沖のシシュマレフなど、多くの低地の町や村を居住不能にしている。さらに畑が乾ききり、あるいは穀物が欠乏したせいで多くの

人類の入植パターンと将来の気候変動

世界中の人間集団は将来、打ち続く気候変動に直面するだろう。そうした変動が来たるべき移動の時代をどのように形作るかはまだわからない。

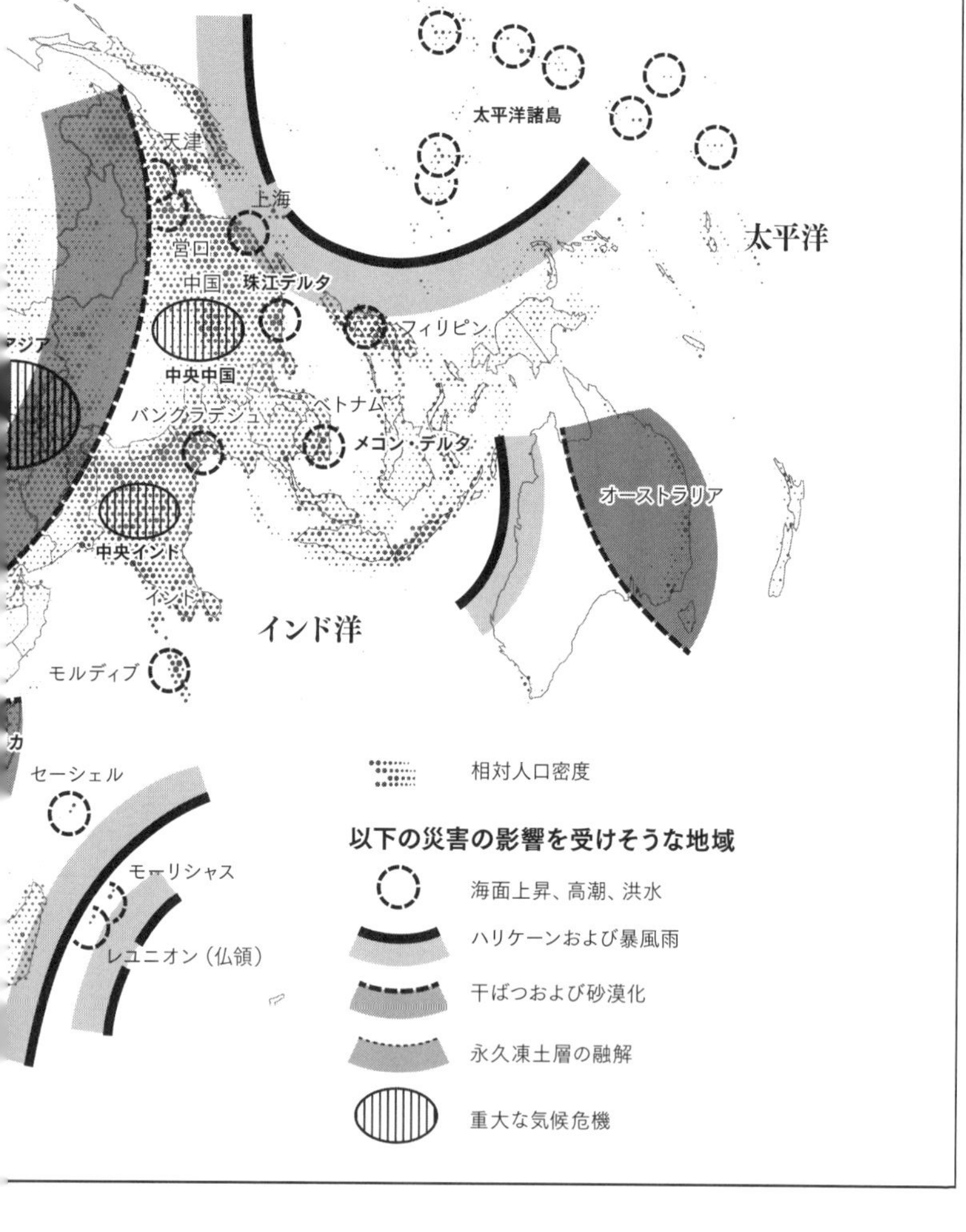

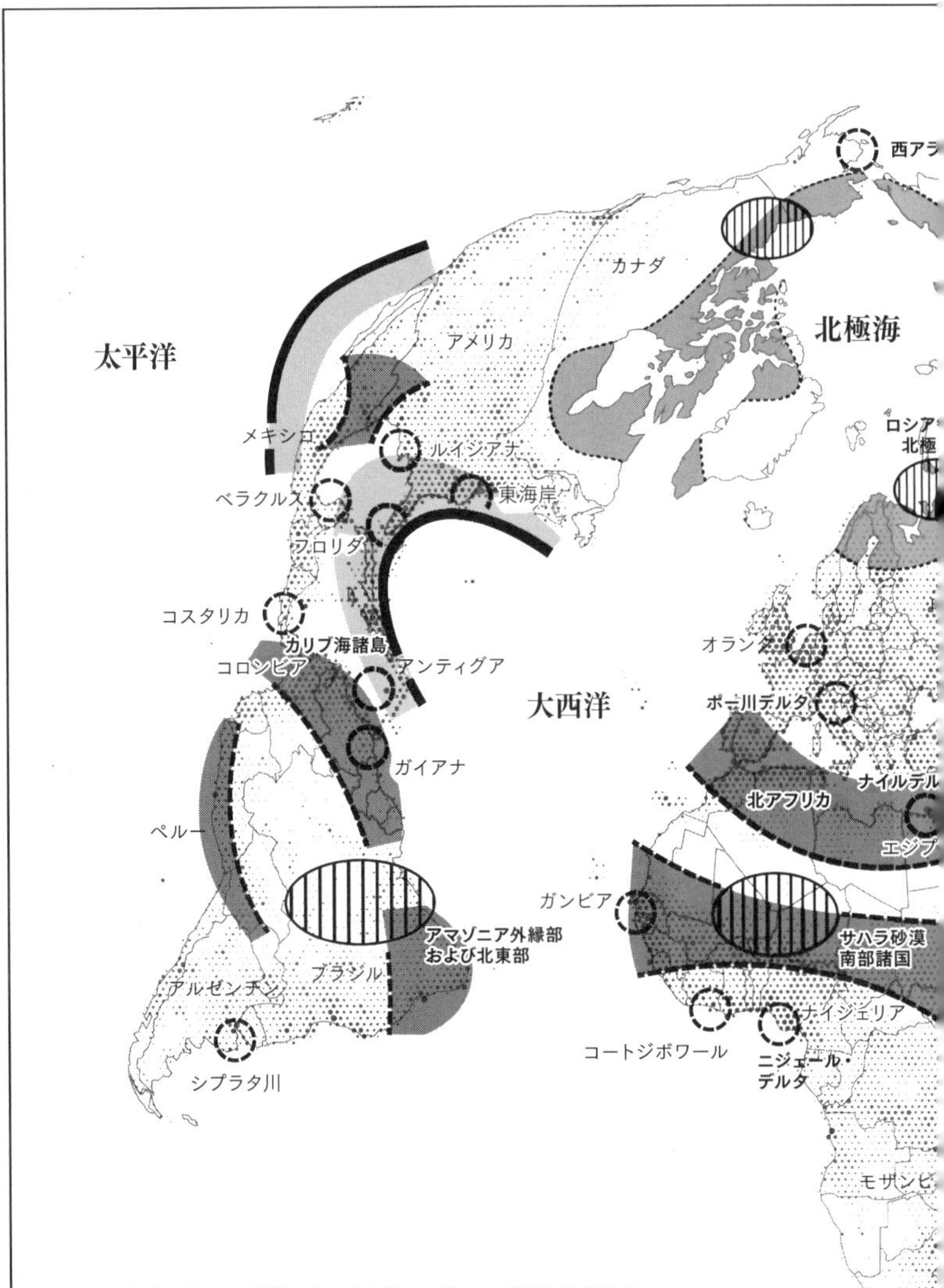

出典：気候変動に関する政府間パネルより集めたデータ／世界気象機関／Daria Mokhnacheva, *The Atlas of Environmental Migration* (London and New York：Routledge), 2017／国連環境計画／

人々が移動を余儀なくされてきた。これは科学者が長い間予言してきた気候変動がもたらす多くの結果の一つだ。大部分の人は自分たちが気候変動のせいで退去したとは決して言わない。とはいえ、まず間違いなくそうなのだ。世界中のすべての国のうち、ニュージーランドだけが、この理由ゆえに生じた移動者に国境を越えさせるという考えを検討してきた。[21] アメリカは、災害や武装闘争を逃れる人々は、国家の「一時保護資格」プログラムのもとに入国できる。しかし彼らの住居や地域社会がどんなに恒久的に損害を受けていたとしても、滞在期間には制限がある。

一九五一年の国連難民条約に署名した一四四ヶ国が、特定の虐待と弾圧から逃れている移動者だけに保護を申し出た。この定義では難民とは、国家の迫害、つまりナチが行った種類の虐待を逃れる人種的、宗教的あるいは社会的集団のメンバーなのだが、そもそもこの会議立案の動機となったのがナチの犯罪なのだ。ほかの方法——貧困や環境破壊による苦難、あるいはたとえば、彼らの共同体の治安維持や子どもたちの教育をしようとしない破綻した国家による虐待——によって受ける苦難や虐待を逃れるために国境を越えて移動する人々には資格がない。[22] 彼らが日常会話で言う「難民」という言葉の意味に完全に適合しているというのに。

ナチ型の迫害から逃れている人々が移動の途中で保護を申請できる国を経由してきたなら、その人々に対してさえ入国を拒否できるよう、互いに協定に署名した国々がある。こうした「安全な第三国」協定によれば、たとえばアメリカを通ってカナダへ向かう、あるいはたとえばギリシャを通ってイギリスへ向かう移動者は、当局が強制的に送り返すことができる。たとえ彼らが国際法が認可した類いの虐待から逃れていたとしてもだ。二〇一九年夏、ドナルド・トランプ政権はグアテマラのような貧困で不安定な国々にも、応じなければ壊滅的な関税をかけると脅して「安全な第三国」協定を強制した。こうした協定の論法によれば、移動者が本当に死に物狂いで、そして本当に最初の申請の機会でのみ、国家の迫害を逃れ、入国を認められる正当な理由となる。そうでないものは正当な理由ではなかった。そうした人々は送り返された。[23]

私が話を聞く移動者たちはこれをすべて知っている。彼らが私に本当のことを話していないとは思わない。だが汚れた水が砂を通って濾過されたように、彼らの話から私が知りたい部分が抜けてしまっているに違いない。

小さい頃、私は多くの子どもたちと同じように、何にでも「なぜ」という質問をする癖があった。たとえば飛行機はなぜ飛ぶのかと聞き、何であれ大人が与えてくれた答えに満足することを拒んで、絶えずもっと詳しく説明してくれとせがんでいた。家族内でよく語られた話の一つにこんなものがある。叔父が私を外へ連れ出して空を指さし、行ったり来たりする際限のない質疑応答を不意に終わらせたのだ。そのとき私は一〇回ばかり立て続けになぜと聞いていたらしい。うんざりして「空が見えるかい」と、叔父は私に聞いた。「とても高いんだ。そして君は飛べない。それが理由さ」

換言すれば、必ずしも簡単な説明では片付かない現象もあるということだ。移動という問題では、人々がなぜ移動するかと尋ねることは、質問そのもの以上に、私たちと、移動者と移動に関する私たちの期待と恐れを暴くのだということを私は実感するようになった。地理学者リチャード・ブラックは、「移動は支障もしくは規範から外れた例外として見られ、説明の必要なもの」という定住主義者の言を引き、移動には単一の説明があるべきだという考えは、「定住主義者の概念に根ざしている」[24]と示唆している。

移動が進化を促す

私たちがなぜ移動するのか、もし理由がいくつかあるとすればそのどれを合法的で受容可能だと見なすべきかについては、混乱したままだが、移動は野生生物のように私たちの体内に暗号化されていることを示唆する強力な証拠がある。[25]

私たちはエトナ山のヤギのように火山の爆発を感知することはできないかもしれないが、人体も敏感で環境の変化によく反応する。私たちの比較的ささやかな遺伝子数——線虫類とほぼ同数——は私たち同士の小幅な機能的、発生的、形態的違いを発現しない。私たちの遺伝子は環境との相互関係において動的に機能するからだ。遺伝子はアルファベットの文字のようなもので、そのパターンと文脈次第で多様な意味を表現できるのだ。

私たちの体には多くの選択肢が備わっていて、環境の多様性に適合する成果を生み出している。一八〇以上の別々の遺伝子が私たちの身長に影響を与える。少なくとも八つの遺伝子変異が、それぞれ皮膚細胞にさまざまな量の色素を産生するよう指示して、皮膚の色に影響を与える。優生学の原理とは著しく違っていて、こうした遺伝子変異はすべてアフリカ由来であり、今日の皮膚の黒い人々でも皮膚の白い人々でもゲノム内に存在するのだ。

遺伝子頻度[26]〔集団においてそれぞれの対立遺伝子が含まれる割合〕、ほかの遺伝子の存否、遺伝子の周囲の微小環境が遺伝子発現のされ方を劇的に変える。たとえば温度が、遺伝子が発現される度合いや、そもそも発現されるのかどうかを変えうる。ショウジョウバエでは、特定の温度で特定の遺伝子が発現される。ほかの温度では発現されない。イモムシでは、照射する光の色が翅の色を決める遺伝子の発現のされ方を変える。赤色光のもとで飼育されると濃い色になり、緑色光では黒ずみ、青色光では淡い色になる。サバクトビバッタは周囲の個体群の密度次第で、定住型から移動型へと発育する。ダフニア（Daphnia）という半透明の甲殻類〔ミジンコ〕は、周囲に捕食者の化学的痕跡を感知するかどうかで違う形態の子孫を産む。防御ヘルメット様の構造があるものとないものだ。

私たちを取り巻く環境は私たちがどのように発生するかをも定める。私たちは母親の子宮内で手足をばたつかせたり転げ回ったりして、その動きのパターンが指紋の独特な溝と隆起を両手に刻み込む。[27] そうしている間に、それが母親が吸い込んだ空気中の化学物質であろうと摂取したその土地の食品の種類や量であろうと、外部環境由来の信号が母親の体を通って私たちの体へ染み込む。私たちの体はこうした信号に応答して細胞が機能するよう、遺伝子が指示する道程を変え、発生の経過を変化させる。

これが起きるメカニズムの一つがメチル化と呼ばれる作用だ。遺伝子には周囲にメチル基という分子の小グループがあって、遺伝子をオンにしたりオフにしたりするスイッチのような働きをする。これは続いてほかの遺伝子のオン・オフに影響を及ぼし、相互作用のカスケードを誘発する。母親が飢餓や汚染物質摂取などを経験するといった外部環境がきっかけとなってこの作用が起こる。

たとえば、第二次大戦中のオランダでは、一時的な飢饉の時期に妊娠していた女性から生まれた人々には、飢饉の前後に生まれた同性の兄弟姉妹とは違う遺伝子のメチル化パターンがある。彼らの体は母親経由で送られた飢饉の信号を吸収し、[28] その結果として変容した。「オランダの飢餓の冬」を子宮内で経験した人々は血中のトリグリセリド値と低密度リポタンパクコレステロール値が高く、糖尿病と統合失調症を患う率が高くて、飢饉の前後に生まれた人よりも死亡率が一〇パーセント高いというリスクがあることを研究者たちが発見した。

出生後でさえ環境条件は私たちの体の発達を方向づける。[29] たとえば、私たちは出生時には皆同じ数の汗腺を持っている。しかし生まれてから三年の間に経験する周囲の温度が、この腺のいくつかが機能するようになるかを左右し、残りの人生での熱に耐える能力を改変する。もし最初の数年間の気候が蒸し暑ければ、私たちは機能する汗腺をより多く持ち、より熱に耐えられるよう体が備えられるだろう。もし蒸し暑くなければ、そうならないだろう。

人々がアフリカから展開し、異なる気候、食物、病原体のある新たな環境へ入っていったとき、私たちの体はそれに応じて適合した。それまでなかった遺伝的変異体が広がって、進入した居住地特有の微生物から逃れて生き延びられるようにしてくれた。マラリア媒介蚊に遭遇した人々は、マラリアの食欲から自分たちを守る遺伝的変異体によって適応した。コレラが潜むガンジス川デルタ周辺に住んだ人々は[30]、この病気で死ぬリスクを減らす適応を進化させた。世界のこうした場所に住む人々にはO型の血液型は少ない。O型の人にはコレラの致命的影響が大きいのだ。

北国の弱々しい日光のせいで[31]ビタミンD欠乏症になり、女性の産道が狭まって、出産時に母体も新生児もともに命を落とすリスクが高まる脅威に人間がさらされ始めたとき、日光からビタミンDを吸収する能力を増やす変異遺伝子が激増した。この環境への適応はヨーロッパ、北アジアその他に住む薄い色調の皮膚を持つ人々の間に共通して見られる。

寒い地域へ移動した人々[32]は高い代謝率と、熱の損失を減らすずんぐりした体を得た。極地周辺の北アメリカおよびシベリア出身の人々は、ほかの地域の人々よりも代謝率が高い。内陸イヌイットの人々の代謝率は、今日に至るまで非イヌイットのそれより一九パーセントも高い。肉の消化を助ける遺伝子は、おそらく動物の肉に依存して暮らす人々の中に広まったのだろう。植物の脂質を速やかに転換する遺伝子は、私自身のインドの祖先のようなビーガン食に特化した人々に広まった。乳糖の消化を助ける遺伝子は、成人期を通じてミルクに依存する人々に広まった。白人民族主義者は、自分たちのミルク消化能力を自尊心の要点の一つだと考え、これみよがしに何ガロンもがぶ飲みする行事を開いているが、実際にはそのような遺伝子は日常的に畜産を営む、ヨーロッパ人以外の多くの人々に存在する。スーダンのウシの番をする人々やベドウィンとして知られる中東および北アフリカのラクダの番をする遊牧民がそうだ。

酸素の希薄なチベット高原の生活が妊娠高血圧腎症で妊婦を死に至らしめたときには、高地の危機に耐えさせてくれる遺伝子が出現して広まった。今日もチベット出身の人々は、[33]酸素検知EGLNおよび転写因子EPAS1のような遺伝子を高頻度で持っている。これらは血中ヘモグロビン濃度の低下に関連していて、高地の生活に必要なものだ。

移動中に遭遇する環境条件に体が適応することを考えると、[34]私たちが病気のリスクを高める遺伝子を持っている理由を説明しやすくなる。普通、私たちを病気にしそうな遺伝子は世代を経ると絶滅する。そのような遺伝子を持っていない人々が、持っている人々より多く子孫を残すからだ。ところが今日、多様な種類の遺伝子が病気のリスクを高めていて、ほとんどの病気や健康状態には遺伝的要素が多少はあるのだ。

こうした遺伝子には消えずに残るものがある。移住当時の環境で祖先たちが生き残る手助けをしてくれたからだ。たとえば、ヨーロッパ人の五〇パーセント以上、アジア人によっては人口の九〇パーセントにまで存在するGDF5遺伝子の突然変異は、関節炎にかかるリスクを増加させる。これをマウスに挿入すると、さらにもう一つの影響を示す。すなわち、この突然変異が骨の長さを縮めており、研究者たちはこれが低身長症に関連しているようだと結論づけた。低身長症は放熱を減らすので、この突然変異は私たちの祖先が北方へ移動した際に遭遇した寒冷や凍傷から身を守るために生じたのだと、研究者たちは仮定した。今日、炎症を促進させ心臓病や関節炎のような慢性炎症性疾患のリスクを高める遺伝子が現れ、蔓延しているのは、これらがたびたび起こる食料不足や感染から私たちを助けてくれたからかもしれない。私たちにフェニルケトン尿症――病院で行われる通常の新生児検診の検査項目――という病気のリスクを負わせる遺伝子の変異もまた、病原性真菌から私たちの命を守ってくれるのかもしれない。この変異は湿気が多く真菌の多いスコットランドに住む人々により一般的だ。腎臓病のリスクを増やす遺伝子の変異も、ツェツェバエが媒介する睡眠病の流行から人々を守る助けになっているのかもしれない。腎臓病を高頻度に発症する人々が、比較的新しい祖先をアフリカ、すなわちツェツェバエと睡眠病が潜むところに持つ人々だということは暗示的だ。

私たちの遺伝子と行動の間にある複雑で遠回りの経路を考慮すれば、移動推進の原因として、いかなる一個あるいは一グループの遺伝子をも決定的に指摘することなどできそうにない。遺伝子が単一の形質を指示することはめったにない。ことに移動のような複雑な行動を指示することはない。たとえ単一の遺伝子が単一の形質をコード化する場合であっても、直接的なやり方ではなく、環境や別の遺伝子によるスイッチや合図に応答してその形質を発現する。それでもなお、同時に、世界中を移動した私たちの歴史を考えてみれば、人類の移動傾向の背後に遺伝的要素がないとは考えにくい。今までに有力な候補が一つ発見されている。[35] DRD4－7R＋である。遺伝学者たちが一九九九年、人間集団中のこの遺伝子頻度が、住んでいる場所とアフリカとの距離に相関があり、もっとも遠くまで移動した集団で頻度が高いことを発見したのだ。この遺伝子は遊牧民でより一般的であり、新しい経験への開放性、注意欠陥障害、集中的創造力の噴出などと関連していた。

私たちの体は決して固定されておらず、流動的なのだ。[36] その形、大きさ、色、それに気候変動に耐える能力は、厳格な設計図に何世代にもわたって固定されているわけではない。私たちはその場の変わりゆく状況次第で、別の姿かたちや生理機能を選んで、従来のものを捨てる。換言すれば、私たちの体は「現地の生態学的状態に対する実質的な『遺伝的拘禁を逃れる』ために進化してきた」と人類学者のジェイ・T・ストックとJ・C・K・ウェルズが書いている。

このような環境の変わりやすさが、静的で変化のない環境に棲む動かない生き物を進化させることはない。移動する生き物を進化させるのだ。

私たちの体はそうなるように作られている。

移住者がもたらすもの

蝶やオオカミと同様、人間の移動も移入先の生態系を変化させる。[37] 移動しようと決めた人々は、スーパーの通路を見回したり、駅の周りをうろついたりして見つかるような、任意の代表的な人々ではない。お金であろうと、技能であろうと、人間関係であろうと、あるいはスタミナであろうと、移動には力の源泉が必要だ。たとえば非常に貧しいというように源泉を欠く者は簡単に移動にとりかかることはできない。また、源泉が土地の所有権、貴族の血統、肩書きなどに由来する者もできない。彼らには富と地位があるが、それを持ち運べるわけではないからだ。

そうではなく、移動者は多くの銀行預金や土地や立派な肩書きを持たないが、健康や技能や教育、それに別の場所にいる人々との社会的つながりに恵まれている傾向があると、社会科学者が発見した。彼らの源泉は携行可能だ。換言すれば、彼らはある程度は、人口統計学的に言って「うまくいった共同体の基盤」たる人々だと、マクレマンは記している。彼らは移動しない仲間たちよりも若く学歴のある、中流クラスの労働者であり、中間的経済発展期にある社会から、より歓呼して迎えられそうな人々なのだ。彼らはより健康でもある。公衆衛生の専門家は、彼らが言うところの「健康移動効果」、すなわち移動を経験することで進入した土地の人々よりも死亡率が低くなることを立証してきた。先住者に比べて劣悪な新来者の生活条件や医療利用の困難さ、そしてほどんどの人が貧しい国からやってきたことを考えると、ことに衝撃的だ。ある研究によると、アメリカ、カナダ、イギリスおよびオーストラリアへの移民は慢性疾患と病的肥満のある割合がその土地生まれの人々に比べて低かった。ほとんどの人々において喫煙量も少なかった。

彼らの移動はその永続的推進力で社会的現象を作り上げる。彼らは段階的なやり方で移動する。地方から都市へ、都市から国境を越え、近くの田舎から遠くの田舎へ、時には生涯のうちに、また時には四世代をかけてカナダからメキシコへ移動するオオカバマダラのように複数世代をかけて移動する。

先駆者が移動すればほかの者のついていく道が開ける。先駆者が到着するとほかの者たちの移動コストが抑えられて、移住者の社会的ネットワークが強力になる。私の両親のように、ムンバイからやってくる前にアメリカに一人の知り合いもいなかった先駆的移住者は、私のいとこや叔父や、叔母たち、それに彼らの友人たちまでも呼び寄せる手助けをし、寝る場所、職を見つけるための助言、マンゴーピクルスや細長い青唐辛子の入った油壺が買える特殊食品店への送迎を提供した。送金その他の支援は、絹の糸のようにははかないものとはいえ、立ち去ってきたところへ自分たちをつなぎ止めてくれるものだった。

移住者は新しい文化的習慣、調理法、生活法、思考法を自分たちが加わった社会にもたらし、ちょうどロイヤル島のオオカミやコヨーテリッジの蝶のように島の住人に新奇なものを吹き込む。そして受け入れ側の社会が阻止しない限り、彼らはたちまち現地の人と一体化する。たとえ新来者と彼らが引き起こす経済的ならびに文化的混乱に非難と激しい怒りが向けられようと、われらが交雑社会は移住者を速やかに同化することができるし、実際に同化する。移住者と現地人とを識別する社会的、経済的および衛生的指標——生まれる赤ん坊の数、仕事の種類、教育達成レベル、罹患する病気——は一世代のうちに一つにまとまる。アメリカの移民についてのある研究[38]では、経済学者が識別できた移民と現地の人との違いは一世代のうちに消滅した。

次なる大移動

今後数年以内の移民の到来は、たとえ新来者たちがその地にふさわしいものを精神や肉体に付け加えたとしても、地域社会にとって間違いなく破壊的なものになるだろう。[39]過去には、集団の遺伝子パターンで証明されているように、人類の移動は西から東への方が南から北へよりも速やかに流れた。新時代では温暖化中のわれらが惑星の温度勾配に沿って南から北へ流れるように循環パターンのスイッチが入りそうだ。ペースはもっと速まるだろう。移動は世紀や千年紀でなく、何年、何十年の単位で進展するだろう。

しかし次なる大移動は、北方から吹きつけ来る寒冷前線のように阻止不能の物理現象として進展することはないだろう。環境破壊と移動の影響との間には直接の等式はない。[40]洪水や暴風雨のような突然で壊滅的に起こる環境破壊が、巨大な移動効果を引き起こすと予想されるかもしれないが、そんなことはない。逆に、移動と突然の洪水や暴風雨との関係を扱った研究では、両者に弱い相関しかないことがわかった。一般的に、このような状況で人々は一時的に、そう遠くはないところへ移動し、時が過ぎればもとの場所へ戻って生活を立て直す。

それとわかる移動増加を引き起こす環境変化の一つが干ばつだ。[41]たとえば、サハラ砂漠以南の三六ヶ国の三〇年間のデータを研究したところ、降雨量不足と田舎から市街地への移動の増加との間に相関関係が発見された。別の研究では、干ばつを経験した地域社会の数が一〇パーセント増加したことと、移動中の人々の数が一〇パーセント増加したこととの間に相関関係があることが発見された。現代のもっとも顕著な移動のいくつかは干ばつのあとに生じている。一九三〇年代の黄塵地帯〔砂嵐の被害を受けたアメリカ中南部の乾燥平原地帯〕のせいで平原各州から二〇〇万人以上の人々が移動した。彼らを追い払うためにアリゾナとの州境を閉鎖する保安官に公然と反抗してカリフォルニアで再入植するために、何十万人もが自分たちの小屋をあとにした。中央アメリカの太平洋岸に沿ってグアテマラ西部からコスタリカ北部までの干ばつと、グアテマラ、エルサルバドル、ホンジュラスから移動してアメリカ南部の国境へ集まる人々の増加が同時に始まった。

ゆっくり始まる環境破壊の方が急速に始まるものよりも移動を起こさせる検知可能な徴候が多いということは示唆に富んでいる。壊滅的な効果を一度に浴びせる暴風雨や洪水と違って、干ばつは時が経つにつれて徐々に展開する。まず雨をあてにできなくなる。次に断続的に水不足になる。それから水不足の年が連続的にやってくる。火山爆発の前のエトナ山のヤギや津波が来る前のスリランカのゾウのように、農民や漁民の息子や娘が徴候に気づいて、動き出すときが来たことを理解する。この場合移動は、最後の望みをかけた大災害からの逃避や、人騒がせな誰かが予想した岩棚を行くゾンビの行進ではない。それは環境にあるかすかな手がかりに対して、その微妙な意味合いを大いにくみ取る、順応性のある応答なのだ。

これは政治にも左右される。たとえばシリアからの大量脱出[42]は記録上最悪の干ばつの一つに引き続いて起こった。この間、穀物が生育せず、家畜の群れは死んだ。その結果食料の価格は高騰し、おかげで田舎の人々が群れをなして都市へ行かざるをえなくなった。二〇〇二年から二〇一〇年までの間、シリアの諸都市が農村部からの新来者を一五〇万人吸収し、都市部の民衆が五〇パーセント増えた。多くの人が間に合わせの入植地に群がった。そこには樹立された支配体制の腐敗と怠慢に対する政治的な不安があった。危険な内戦がこれに続いた。そのせいで移動のうねりが起こった。

しかし干ばつだけが、シリアから人々が逃げ出した原因ではなかった[43]。政権による食料価格の安定化および食料援助の失敗が同程度にその役割を果たした。十分な住宅供給と雇用が都市にないこと、それに戦争を引き起こすことになった不安状態に対する政府の残忍な反応もまた、その役割を果たしたのだ。干ばつが移動にまったく影響しない地域がどこかにあるかもしれない。アメリカでは、温度と乾燥度の上昇は農業収益に大きな衝撃を与えそうもない。経済システムの回復力のおかげでこうした気候変動が農業収益にあまり影響しないからだ。

暴風雨がひどくなったり、海水面が上昇したり、雨量が不足したりしたとき、荷物をまとめて立ち去ることが唯一の選択肢というわけではない[44]。そうしないで、人々が荒天に耐えうる住宅に住み、状況の変化のもとで食料育成ができることを保証しようと社会が決意するかもしれない。人々の定住能力を強化するために、集落パターン、建築基準法規、農業の慣行のすべてを変えてもいい。だから居住地改善の行動を起こすきっかけは環境崩壊そのものでありうる。

普通は紛争と移動に先立つものだと考えられる水不足はまた、国境を挟んだ両側の人々の間に何百という合意を作らせた。中にはそうでなければ両政府が紛争に至るものもあった。中世の数世紀にあった小氷期の、生活に不向きな気象によってヨーロッパは封建制を放棄して啓蒙運動へ先駆けたと、歴史家フィリップ・ブロームは書いている。砂漠化に対応して、アフリカ連合は手始めに「大緑地壁《グレート・グリーン・ウォール》」と名づけた干ばつ抵抗性の農場と森林を、大陸を横断する八〇〇〇キロの経路にモザイク状に建設する活動を始めた。

私のように自分の人生を場違いだと感じて生きている者にとって、過去数十年間に現れてきた自然に対するヘラクレイトス的見方は矛盾した帰属意識を与えるものだ。私は数年前に地元の産地直売所で二人の女性とすれ違ったときに感じた嫉妬の痛みを思い出す。スカーフを被り長いガウンを着た一人が、ジーンズとセーターを身につけて、この直売所で手に入るトマトとレタスの種類を説明しながら自信たっぷりに前を闊歩《かっぽ》するもう一人の中年女性のあとをためらいがちについて歩いていた。私の街の難民再入植計画を考えると、最初の女性は新来者で、二番目はその女性が異文化に同化するのを手助けするボランティアだと思われた。

内輪の人間の文化的知識を暗黙のうちに認めてこの種の援助を与えるという考えが即座に私の心に訴えた（めったにないことだが、誰かに道や何かを尋ねられたら私だって気負い立つ）。しかし私はボランティアをしようという考えをただちに押し潰す。異文化に同化したがっている外国からの新来者で、私のような非主流アメリカ人に案内を望む者はいないだろう。このようなボランティアの仕事は私がやめたいくつもの別の文化的活動と結びつくだろう。地元チームを応援することや、自分の街や都市を自慢することなどだ。

しかし人類史を広い視野で見て私が理解することになったのは、アフリカの各地域外のあらゆる居住地では、私たちは全員移住者だということだ。継続居住した世代の数をもとに現地人とよそ者との間に線を引くことは、結局は恣意的なことなのだ。ドナルド・トランプだって私と同じく移民の子だ。彼の母親は一九三〇年、スコットランドのアウター・ヘブリディーズ諸島のゲール語を話す故郷から、イギリスの定期客船に乗ってニューヨーク市へ移住し、そこで召使いとしての職を得た。彼女の息子や同じような連中は自分たちの移民としての歴史を、体が大きくなって合わなくなった皮膚のように脱ぎ捨て、顧みることもなく移民と現地人との境界を飛び越えた。しかし、彼らの土着性は私のそれと同様に暫定的なものなのだ。

移住は人類の副次的経験ではなく中心的経験だと言えば、大方が不快に思うだろうとはわかっている。安定性を求めるように教えられてきた私たちは、不動の自然とその中にある私たちが永続的に存在する場所が本当の姿だと感じる。しかし科学の発見によれば、移住は規則の例外ではないことが明らかになった。私たちは至るところで移動してきた。そしてその理由を説明し、またそれを抜き出して架空の停滞状態を復活させるために逆転できるような単一の因子などない。

そのことを受け入れると、新たなやり方で自分を見ることができた。ほかの皆のように、地上に自分の居場所を持つ権利があるとするやり方だ。もし質問したい人がいたなら、今では私は自分のことをアメリカ人と呼ぼう。話を面倒にする余計な形容詞抜きで。そして、新来の難民にボランティアとして奉仕できるだけの文化的知識を持ったボルティモア人とも呼ぼう。

過去七〇〇〇年間の人類の移動は、地球の平均気温の幅がわずか〇・五度という世界的に安定した気候のもとで展開した。それが今変わってきた。産業革命以来平均地球温度は〇・八度上がり、より長期の干ばつ、より激しい暴風雨、より壊滅的な森林火災を引き起こしている。私たちの世代が定住地に求める安定性が損なわれたとき、これまで以上に多くの人が移住を検討する段階に入るだろう。

しかし次なる大移動が見え始めると、問うべき適切な質問は人々がなぜ移動するかではない。移動は、この変転きわまりない惑星を共有するほかの野生生物の生物学と歴史とともに、人間のそれらに根ざした自然の力である。地上の生命の長い歴史を通して、利益は損失を上回ってきたのだ。

問うべき価値のある質問は、私たちはこれについて何をしようとしているかである。

第10章　壁

辿り着いた居住者たち

二人の移住者はイラクを出発した。確かなことはわかりかねるが、親族が同伴したのは間違いないだろう。その親族が目的地に着いたかどうかもわからない。この二人の移住者が、私がいるところからそれほど遠くないところで旅を終えたことはわかっている。私は陽光にきらめく青きエーゲ海を見渡すギリシャのレスボス島の丘の頂きに立っている。

私がいるのは地元の教会にある墓地の片隅だ。墓石と文字の刻まれた大理石の石版がぎっしり並ぶ列の中にある、死んだ二人の墓に島の住人たちが印をつける。しなやかなネコたちがまちまちな無気力さを見せながら石造物の上をぶらつく。何ヶ月か前、この移住者たちの遺体がこの丘の下にある海岸の一つに打ち寄せられたのだ。土地の人たちはその遺体を、ブーゲンビリアが並ぶ急勾配の小道を通って、ここにいる白髪交じりのクリストスという名の墓掘り人のところまで運び上げた。

それまでも彼はこうした遺体を多数受け取ってきた。[1] 最初、島の人たちは彼に対して難題を投げかけた。というのは墓地は島のキリスト教徒のために取ってあり、彼は移住者のことをあまり知らなかったが、間違いなくイスラム教徒だろうとわかっていたからだ。彼の解決策は、墓地内にいわば強制居住地区《ゲットー》を確立することだった。墓地の薄汚い周辺部に埋めたのだ。そこは墓地の仕事人たちが作業中に出したゴミが山となった、草ぼうぼうの場所だ。

　私が訪れたとき、移住者たちの墓はできたてで、遺体が安置された箇所は大理石のかけら二、三個で印がつけられていた。移住者たちの名前を知る者などいなかったので、墓掘り人が黒ペンキを少し使って、当て推量の年齢をそのかけらに手書きした。地元の誰かが親戚や友人の威厳のある墓にお参りしたあとで立ち寄って同情し、ピンクのプラスチックの花でできた花束と、薬屋の陳列棚で見かけるような動物のぬいぐるみを二つ置いていった。そのおもちゃは大理石のかけらの上に置かれ、かけらに書かれたはっきりしない碑文は、泥の中に半分埋まっていた。

　その男の子は五歳くらいだった。連れは七歳くらい。二人の子どもは暴力のはびこる国境をいくつも越え、戦争で荒廃した国々を通って一六〇〇キロ以上の彼方から辿り着いた。しかし当局の通関手続き港で通行を阻まれ、地中海を三〇キロも行かないで死んだのだ。

　別の移住者は青と白のアメリカン・イーグル社製のポロシャツを着て、アメリカの南方のどこかから北へ向かう旅に出た。彼はテキサスとメキシコの境界に沿って蛇行する幅広の浅い川、リオ・グランデを渡って辿り着いた。彼を殺したのはその先の砂漠だった。彼の体はメスキート〔マメ科の低木植物〕やサボテンと違って、脱水を引き起こす砂漠の熱に対処することができなかったのだ。

　砂漠で死んだ移住者たちの遺骸は簡単に消えてしまう。[2]テキサスの国境地方の九〇パーセント以上は個人の農場で、それがとても広大なので何年間も人が訪れることのない土地が何ヶ所もある。最大のものはロードアイランド州〔三一〇〇平方キロ〕ほどの大きさがある。そして砂漠は人間の肉体をたちまち代謝する。砂漠で死んだ移住者の体は、一日のうちに見た目ではそれとわからなくなってしまう。コヨーテが肉を剝ぎ取る。ハゲワシが目玉をくり抜く。残されて太陽に漂白された骨は、トゲだらけのサボテンに取り込まれるか、ラットの巣に引きずり込まれてそのカルシウムがこの動物の門歯を磨くことになる。

予想に反して、誰かがポロシャツを着た若者の遺骸を砂漠が消化する前に見つけた。[3] 地元の役人がその遺骸を死体保管所まで輸送した。州法では、彼のような身元不明の遺骸はＤＮＡ鑑定のためのサンプルを取らねばならず、本人特定支援のためにＦＢＩを呼ばなければならない。しかし彼が終末を迎えたアメリカで五番目に貧困な、人里離れた南テキサスの田舎には、それを全部する予算も行政の意思もなかった。移住者は決まって南テキサスで死んだ。アメリカ国境警備隊は一九九八年以来、リオ・グランデ・バレーで一五〇〇人の移住者の死亡を数えてきた。地方機関が扱うには多すぎる数だ。死体保管所では一人の病理学者がその若者の衣類を脱がせ、犯罪の痕跡がないかを検査するために胸を切り開いた。その後縫い合わせた体と、衣類を詰めた小さな医療用ごみ袋を黒い遺体袋に入れてファスナーを閉めた。

死体保管所を管理している役人はファスナーを閉めた黒い袋を車に積み、町のはずれの埃だらけの砂利道を走って、親族の所有するむやみに広がった綿花畑へ向かった。彼はクリスマスの明かりで飾られた今にも崩れそうな平屋を通り過ぎた。そこでは遠縁の縁者が一人、日課になっている一リットルのウイスキーを呑みながら腰掛けていた。隣の平屋を囲むがたがたの垣根のそばを通り過ぎた。この家は持ち主が放棄したもので、密航業者たちが移住者を一時的に住まわせたり、国境を越えて無断販売する薬物を保管したりするのに使っている。最後に彼は、切り開かれた空き地に優美な影を落としている高い木のそばに車を停めた。

彼の親族は何代にもわたって自分たちの遺体を、碑銘を刻んだ御影石とともに何エーカーもある綿花畑に囲まれたここに並べて埋葬してきた。何年もの間、彼は印のついた墓と墓の間に穴を掘り、死体保管所を経てきた名無しの遺体たちをもそこへ投げ捨ててきた。ホームレスの人々、まだ薄っぺらな患者衣を着て医療用チューブにつながれたままの病院の患者、砂漠で死んだり川で溺死したりした移住者たちだ。彼は遺体を発泡スチロールの容器に入れたこともあれば、田舎の葬儀場から持ってきた残り物の棺に入れたこともある。青と白のポロシャツを着た移住者などは黒い死体袋に入れたままにした。「ジェーン・ドゥ〔身元不明または名前を伏せている女性の仮名〕」とか「ジョン・ドゥ〔同じく男性の仮名〕」とか読める紙の名札で墓に印をつけたこともある。それをあとで草刈りをした庭師がなぎ倒した。彼にはほかに選択肢がなかった。公共の墓地はなく、私立墓地の顧客は愛する人を身元不明の遺体のそばに埋葬したがらなかったのだ。

そのときから、私がポロシャツを着た移住者を見た日までに一〇年が過ぎた。空には雲一つなく、いつも同じ方角から吹く強い風が吹いていた。一人の法人類学者が、綿花畑の墓地にある身元不明者の墓を掘り出して遺体の身元を明らかにしようと基金を立ち上げて、学生ボランティアのチームを呼び寄せた。彼らはつるはしとスコップを携え、こっそりと地下に隠された遺体のありかを示すかもしれない、地面のちょっとしたくぼみを探した。死体保管所の役人は記録もつけず、地図も描いていなかった。人類学者が一つ見つけると、彼らはパワーショベルと雇っておいた操縦手を呼び寄せた。操縦手はシャベルの先端が棺か袋をこするまで慎重に地面を掘った。チームは一週間かけて墓標のない遺体をおよそ二ダース掘り起こした。

若者の遺体を包んだポリ袋を彼らが墓から持ち上げたとき、彼の胸郭が見えた。袋はもろくなって、脱水して平たくなった遺体にべったりくっついていた。彼らは袋を運び、木陰の乾いてとげとげした草の上にそっと下ろした。ナイフで袋を切り開くために二、三人がマスクと手袋を身につけた。遺体の身元を明かすには何年とは言わないまでも、何ヶ月かはかかるだろう。骨からＤＮＡを抽出して分析し、その塩基配列を公用データベースに登録し、その上で行方不明者の親族を待って不明者を見つけなければならないだろう。

彼らが最初にすべきことは、遺体の性別と年齢を突き止めることだった。[4] もしそれができたとしたら、その遺体が病院に見捨てられた患者なのか、世間から忘れ去られたホームレスなのか、砂漠で道に迷った、あるいは川で溺れた移住者なのかを区別するかなりの判断材料を得たことだろう。しかしそれだけでも何時間もかかる。遺体の多くは半分液体、半分固体の状態で墓標のない墓から引き上げられたのだ。

一行は悪臭を避けて風上に身を置いた。パワーショベルは私たちの後ろの地面を探りながら絶え間なくブンブン音を立てていた。

リーダーの法人類学者は袋の内容物をとても慎重に調査した。汚れた生地の切れ端と、黒土のベッドに寝かされた骸骨にべったり貼りついた腐敗中の組織だ。彼は骸骨の首の湾曲部に収まっている医療用ごみ袋を引き出した。これはこの遺骸の内臓に違いないと、検死中につぶやいた。

しかしこの若者の首の湾曲部に収まっていた医療用ごみ袋には腎臓も心臓も、内臓は入っていなかった。その代わりに死んだ男の衣類、ポロシャツとチューブソックス〔かかとのない伸縮性に富んだ靴下〕が片方入っていた。この衣類は彼が誰であるか確定する、少なくともアウトラインの決め手として十分だった。彼は国境を越えて新生活を始めようと望んだ一人の若者だった。そしてアメリカとメキシコの国境の北方五〇キロにある南テキサスの綿花畑にまでは辿り着いたのだ。

生存を妨げる障壁

地球表面のおよそ三・六パーセントのところでは、地理的障壁によって野生生物の移動が妨げられている。[5] 実質的には、ポロシャツを着た若者が国境地方の砂漠で妨げられたのと同じだ。オーストラリア沿岸沖のグレートバリアリーフの北端にある小さな無人島、ブランブルケイに棲んでいたネズミ、ブランブルケイ・メロミスを例に挙げてみよう。絶えず押し寄せる嵐がますます激しくなり、島の植物が全滅した。しかしほかの離島や山頂部に棲む陸生生物と違って、ブランブルケイ・メロミスには行くところがなかった。この齧歯類の数は減少した。二〇〇二年にはこの島にはわずか一〇匹しか残っていなかった。二〇〇九年にある漁師が一匹見つけたが、二〇一六年に科学者たちがこの島を調査したときには一匹も見つからなかった。

二〇一九年、オーストラリアの当局はこの島の植生の九七パーセントが壊滅し、メロミス・ルビコーラ(*Melomys rubicola*)、すなわちブランブルケイ・メロミスが公式に絶滅したと宣言した。これは気候変動によって全滅したことがわかる最初の哺乳類だった。これが最後ではないと専門家たちの意見が一致した。

野生生物の移動に対するもっと強力な障壁は私たち人間だ。これまでに都市、町、農場、それにスプロール化する産業用施設などが、地球の陸地面積の半分以上を飲み込んできた。私たちはそれ以外の居住可能地の二二パーセントを最近のわずか数十年で変容させた。一九九二年から二〇一五年までの衛星画像を見ると、それがおもに森林を伐採して農場に変えたことによるものだとわかる。環境に対する私たちの巨大な影響力[6]があまりに多くの野生生物の生存を不可能にしているので、毎日一五〇種の生物が絶滅していると推定される。絶滅の背景となる変化が一〇〇〇倍にまでスピードアップしているのだ。[7]

生育地をまったく失うことのなかった生物種は、人類が美観を損ねた自然環境を通って移動しなければならない。ルイジアナの広葉樹林沼沢地にいるアメリカクロクマは、別の個体群に会うには幹線道路を横切らなければならない。新たなつながいの相手を見つけるために幹線道路に侵入し車にぶつかる代わりに、近間のグループの個体とつがい始め、次第に近親交配になっている。ロサンゼルスの周囲の山中に棲むピューマは、同種の他個体に会うには高速道路を二本渡らなければならない。そのうちの一本は猛スピードの車が走る八車線道路だ。科学者がＧＰＳ首輪をつけたピューマでそこを渡れたものはいなかった。四頭が渡ろうとして死に、五頭が引き返し、一頭が警官に撃たれた。鳥は飛行中に産業用の建造物に激突する。ワシントンＤ．Ｃ．のサーグッド・マーシャル連邦司法ビルのせいで毎週半ダースかそこらの鳥が死ぬといったふうに、それぞれのビルが日々鳥を殴り倒して死骸にしている。蝶は移動中に電灯におびき寄せられてコースを外れ、死んでひらひらと地面に落ちる。

二〇一八年のサイエンス誌のある論文で、ＧＰＳ装置をつけた五七種の哺乳動物の地上全域における移動が分析され、「人間活動の環境に対する影響指標」に従って評価を受けた。この指標には人口密度、建造物のある土地、道路、夜間の照明その他に関するデータが組み込まれている。ニューヨーク市は五〇点を獲得した一方で、ブラジルの大湿原パンタナールはゼロ点だった。人間の影響が大きければ大きいほど動物の移動が束縛されることを、[8]研究者たちは見出した。影響力が最大の場所での動物たちの移動距離は、人間の影響がほとんどないか皆無の場所のわずか三分の一だけだった。

次に起こる大移動では、地理上および産業発展による意図せざる障害物に加えて、意図的な障害を乗り越えなければならない。

二〇〇一年以前には、およそ二〇〇の国民国家の領土、領海の範囲を限定する二〇に満たない見えざる境界があって、柵や壁で物理的に印がつけられていた。動物、風、海流、波などはその想像上の境界線を越えて自由に通過することができた。[9]

二〇一五年、国境の壁建設の先例のない急増が始まった。二〇一九年には新設の壁、柵および門が六〇ヶ所以上の国境に建設され、世界中の四〇億以上の人々の移動を妨げた。今日、史上いかなる時代にも増して多数の境界が壁や柵で強化されている。

チュニジアはリビアとの国境に沿って砂丘の壁と水を満たした掘り割りを建設した。インドとミャンマーはそれぞれバングラデシュとの国境に柵をめぐらした。イスラエルは有刺鉄線、接触センサー、赤外線カメラおよび動作検知器で自国を取り囲んだ。ハンガリーが囚人を使ってクロアチアとの国境に沿って建設した柵は、それに触るような向こう見ずな移住者には誰であろうと電気ショックをくらわす。警備官は催涙ガス缶を手にその柵をパトロールする。

オーストリアはスロベニアとの国境に沿って柵を建設した。イギリスは自国をフランスと分かつ海峡に加えてもう一つの境界を作ることを計画している。ノルウェーはロシアとの国境を要塞化した。アメリカでは、南の国境を作っている高さおよそ五メートルで長さ何百キロものコンクリートと鋼鉄の壁を、かつてなく高く、長く、さらに堅固な壁、ことによると総延長三二〇〇キロの国境に拡張すると、トランプ大統領が主張した。

壁には必ずしも彼らの言うように難攻不落の障害物としての機能があるわけではない[10]。たとえばある研究で、アメリカ－メキシコ間の国境にカメラトラップを設置し、開放区間を通過する人間と野生動物の移動を追跡し、国境の壁で遮断された区間を通過する彼らの移動と比較した。壁はピューマとハナグマを妨げるのに効果があった。政府が環境規制による支持率アップを諦めて提案した、アメリカ－メキシコ間の国境の壁は、保全生物学者たちによれば、両側に棲む九三種の生物の大部分の生命維持のための移動を危機にさらすという。しかし国境を開放した区域と閉鎖した区域の比較研究では、壁は人間の移動にはまったく効果がなかった。国境を越えるかどうかは壁をよじ登るかどうかということであり、人々はお構いなしに移動を続けている〔なおこの二国間の国境の壁は、本書の原著刊行後の二〇二一年に建設の中止が発表された〕。

たとえ移動を阻止できないまでも、国境の障害物は実質上人々の進路をそらす。小川の中の大きな岩の周りを流れる水のように、移動中の人々は障害物を迂回するために障害物がないときよりも大きく遠回りをする。ヨーロッパの国境のある役人は、移動を阻止することは「まるで風船を押し潰すようなものだ。ルートを一つ閉ざせば人の流れは別のルートで増える」[11]と言った。

だがすべての移動ルートが同じわけではない。移動中の人々はもっとも安全で最短のルートをまず選ぶ。ルートが閉ざされると、人々はより危険にさらされた領域へ進路を変更するだろう。砂漠のより奥地へ入り、より荒れた水域へボートを浮かべ、より高い山地を登るようになる。より多く密航業者を雇うようになるだろう。移動は続いているが、より命がけのスタイルで続くのだ。[12]

二〇一五年から二〇一八年にかけてヨーロッパの役人たちが、ヨーロッパの保護を求めた人々が地中海を渡るのを妨げるために、多様な防壁を建設した。渡った人の数は一〇〇万人以上から一五万人以下に減った。だが移動ルートの激烈さは急激に増大した。移住者たちはさらに容赦のない密航業者のいいなりになって、もっと荒れた水域へ危険を冒して入った。彼らを援助する救難作業はより得がたいものとなった。二〇一五年には、ヨーロッパへの海上ルートで到着した移住者二六九人につき一人が死んだ。二〇一八年には到着者五一人につき一人が死んだ。[13]

ヨーロッパへ行く陸上ルートの厳重な取り締まりにも同様の効果があった。二〇一六年、欧州連合(EU)の役人たちが、ヨーロッパへ行くためにニジェール北部からリビアへ入った西アフリカからの移住者を標的にした。密航業者が逮捕され、輸送手段は没収された。ニジェール–リビア間の国境に到着した二〇〇〇人以上の移住者は強制送還された。ニジェールを越えてリビアへ入って移動する移住者の流れは激減した。EUの役人たちはすばらしい結果にご満悦だった。

しかし人々の流れは西方の海上と東方の砂漠へと、単に移っただけだった。[14] 毎月推定六〇〇〇人が西アフリカからヨーロッパに向かって陸路を、ただしニジェールからチャドを越えて進んだ。新規のルートではサハラ砂漠のより遠方の地域に身をさらすことになった。彼らの車は気温四三度で故障した。警官や兵士に出会う恐怖から、密航業者は移住者を置き去りにして脱水で死ぬに任せた。二〇一七年の最初の八ヶ月間で、密航業者たちは一〇〇〇人以上の移住者をサハラ砂漠で見捨てた。そしてこれは、取り残された移住者のうちの生存して発見された人の数にすぎない。国際救護員たちは、砂漠で見捨てられて脱水で死んだ移住者の数は「救出された人の数を上回りそうだ」と推定した。西アフリカからの移住者にはさらに西へ向かって海へ出た者もいる。スペイン領カナリア諸島の黒砂や白砂のビーチに着く移住者は二〇一七年から二〇一八年までに四倍になった。この旅のために何十人もの船客を木製ボートに乗せた一六〇〇キロの外洋渡航を請け合う者もいた。

一九九三年から二〇一七年までに全部で三万三〇〇〇人がヨーロッパへ移住しようとして死んだ。[15] 一九九八年から二〇一八年までの間に、アメリカ－メキシコ間の国境を越えてアメリカへ入ろうとして二万二〇〇〇人という大勢の人が死んだ可能性がある。[16]

おそらく実数ははるかに多いだろう。[17]「一人見つけたなら、おそらく五人見つけ損なっているだろうと言っていたものだ」と南テキサスのある法執行官が言った。

ギリシャの難民キャンプにて

グーラム・ハクヤールは同僚の一人が殺害されたあと、妻と四人の子どもといっしょにアフガニスタンのヘラート州をあとにして、ようやくヨーロッパに到着した。彼はドイツ語の教科書を一冊無事に持ち込むことさえできた。これはドイツでの新生活に備えて、山を越え海を渡る長旅の中を一家が大切に携えてきたも

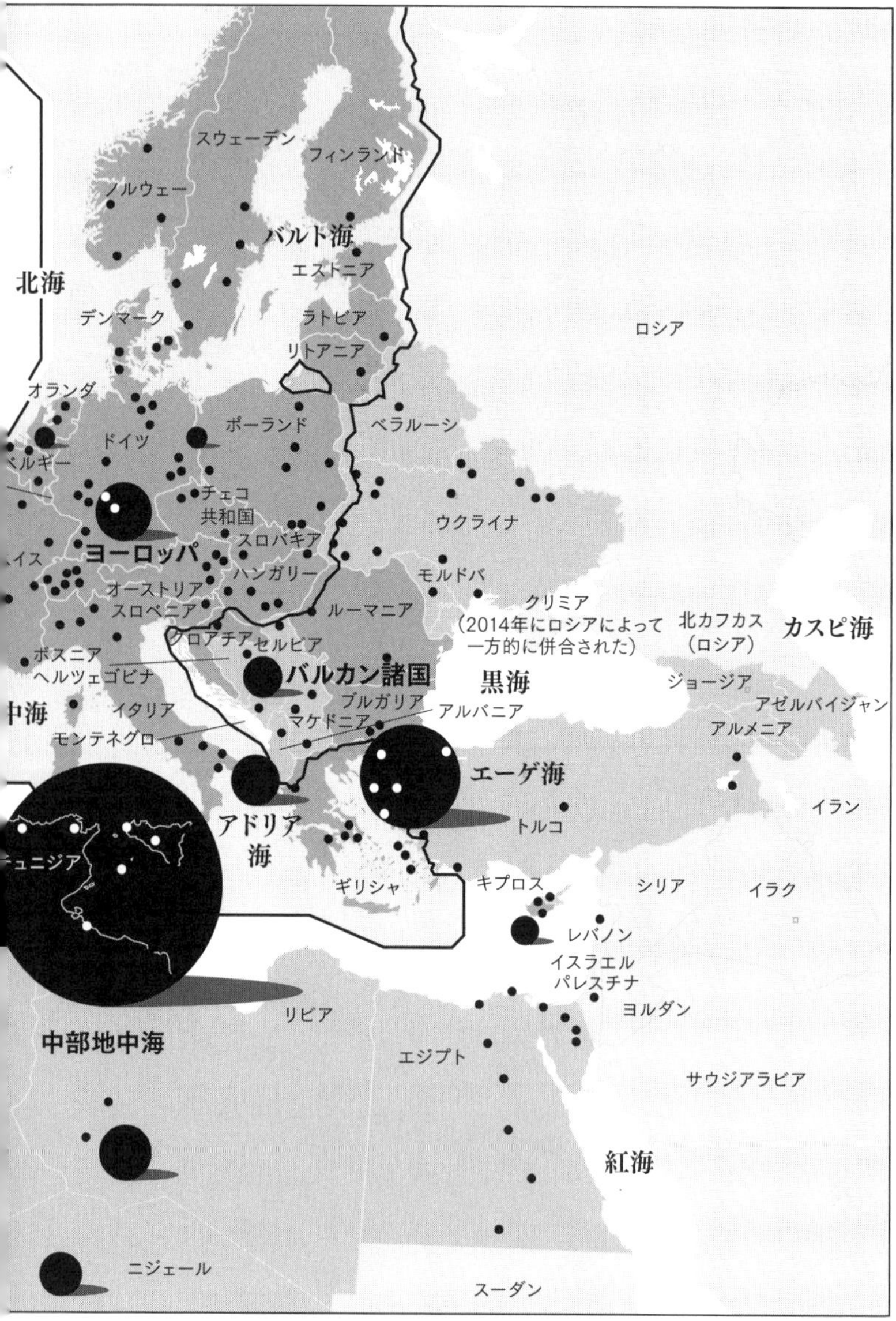
スウェーデン
フィンランド
ノルウェー
バルト海
北海
エストニア
デンマーク
ラトビア
ロシア
リトアニア
オランダ
ベラルーシ
ポーランド
ドイツ
ベルギー
チェコ
共和国
ウクライナ
スロバキア
ヨーロッパ
モルドバ
ハンガリー
オーストリア
スロベニア
ルーマニア
クリミア
（2014年にロシアによって
一方的に併合された）
北カフカス
（ロシア）
カスピ海
クロアチア
セルビア
ボスニア
ヘルツェゴビナ
バルカン諸国
黒海
ジョージア
ブルガリア
アゼルバイジャン
イタリア
アルバニア
マケドニア
アルメニア
モンテネグロ
エーゲ海
イラン
アドリア
海
トルコ
チュニジア
ギリシャ
キプロス
シリア
イラク
レバノン
イスラエル
パレスチナ
ヨルダン
リビア
中部地中海
エジプト
サウジアラビア
紅海
ニジェール
スーダン

移住者の死亡

EUとイギリス

移住者のキャンプ留置を承諾した国家

移住者のヨーロッパ到達を阻害するために
EUから資金を受け取った国家

今日、歴史上のいかなる時代よりも境界が壁や柵で強化されている。障壁は移動を思い留まらせる一方、実際の移動経路をそらす。しばしばより命がけの地域へとそらすのだ。1998年から2018年までに、アメリカ－メキシコ間の国境を越えてアメリカへ入ろうとして2万2,000人もの人々が死んだ可能性がある。この地図に表すように、1992年から2019年までに、ヨーロッパへ移住しようとして3万6,000人以上が死んだ。円の大きさは死者数に比例している。点は収容センターおよびキャンプを表す。線で囲んだ領域は、移住者を撃退しようとヨーロッパの役人が警備しているところだ。

出典：“The Fatal Policies of Fortress Europe-List of Death”s, United for Intercultural Action, April 1, 2019 (online resource); Migreurop network.

のだ。

彼らが向かう北と西の方向には、一九八五年以来国境を開放している二ダース以上の国々を擁する三〇〇万平方キロのヨーロッパ大陸が横たわっている。ギリシャやイタリアなどヨーロッパ南縁の国々に上陸したハクヤールのような移住者の流れは、検問所の尋問書のことで国境の役人に煩わされることなく北への旅を続け、大陸のさらに裕福なところへ向かった。そこでは保護を申請したり職や住居や縁故を手に入れたりできた。

しかしハクヤール一家が地中海を渡って辿り着いたときには、国境は閉ざされていた。何十万人もの新来者に直面して、ヨーロッパの各政府は国境開放協定に関して気が変わったのだ[18]。二〇一六年にはオーストリア、デンマーク、フランス、ドイツ、ノルウェーおよびスウェーデンの周縁に役人たちが国境検問所を建設した。EUは国境に接する国々——リビア、チュニジア、モロッコ、トルコおよびエジプト——に報酬を払って、移住者がヨーロッパへ到着する前にその移動を妨げて送り返させた。

国境閉鎖によって何万人もの移住者がヨーロッパの南部諸国に閉じ込められた。何千人かがギリシャの各港や北部国境地帯に沿ったキャンプで、自分たちが通過できるだけの隙間が国境にできるかもしれないと期待しながら泥と雨の中で生活をした。週単位のそうした生活が月単位へと長引くと、自分たちの赤ん坊を海へ投げ入れると脅す死に物狂いの移住者の映像を記者たちが記録した。首をつった者もいた[19]。不穏な見出しが何週間か続いたすえ、とうとうギリシャ軍が国境および港湾部にある移住者たちのにわか仕立てのキャンプ地を完全に取り壊した。兵士たちは移住者をかき集めてバスに乗せ、大急ぎで建てた軍が管理するキャンプ地へ降ろした。そこはヨーロッパの政策立案者が彼らをどう扱うか決めるまで公衆の視線が遮られるところだった。

ハクヤール一家は、八〇〇人の人々といっしょにアテネから車で三時間の、国内でもっとも暑くもっとも乾燥したところにある砂利敷きの駐車場に建設された軍管理のキャンプ地へ行くはめになった。兵士たちはキャンバス地のテントを供給してくれたが、夜ごとヘビとサソリの訪問を受けて彼らはおびえた。一家はほとんどの日々を自前のテントの中に潜んで過ごした。ほかのテントと違って空調式だ。外では、兵士たちの世話を受けている移住者たちが、頭が混乱し、トラウマを受け、陽にさらされて弱りきっていた。ハクヤールにもキャンプに閉じ込められたほかの誰にも、保護申請の仕方を教えてくれる者はいなかった。いつまでここに置かれるのかを教えてくれる者もいなかった。ボランティアの医師たち[20]は自殺率や急性精神疾患の発病が急増することを警戒した。

「ここで頭がおかしくならなかった人なんか一人も見たことがない」と、ハクヤールのキャンプ仲間の一人で、カブールから妻と四人の子どもたちと逃げてきた男がぼやいた。「うちのちっちゃい娘でさえ『パパ、ここよりアフガニスタンの方がいいわ』って言うんだ」とハクヤールが言い添えた。

軍が管理するキャンプから逃げ出した移住者もいた。アテネで、ある活動家のグループが廃校になっていた校舎を臨時の共同住居に変えた。教室ではシリアとアフガニスタンから来てギリシャで足止めを食った家族が、古い生徒用の机の間に毛布で壁を作り床で寝ることができた。そこがキャンプよりずいぶん居心地が良いというわけではなかった。地元の精神科医が週に二回ボランティアとしてやってきて、傷んだ机と椅子が少しある玄関ホールの突き当たりの教室で医学的アドバイスを施してくれた。彼の善意による医学的アドバイスは、移住者たちが患っているさまざまな慢性病に見合ったものではなかった。私が立ち寄ったある日の夕方のこと、動悸《どうき》、喘息《ぜんそく》、それに進行中の水ぼうそうの大発生によって顔に生じた奇妙で厄介な赤い発疹《ほっしん》などのことを訴えながら、男や女や子どもたちが絶え間のない人の流れとなってうろつき回っていた。その精神科医には寄贈を受けたわずかな医薬品の支給以外には何もなかった。彼は平静さを失いがちになっており、ボランティアの女性にあまり激しく怒鳴ったので、その女性が泣きながら部屋を飛び出したことがあった。

ハクヤールは軍の管理するキャンプのあるテントの中で、仮設学校を始めた。そこではキャンプに住む数十人の子どもたちが、少なくとも教育を受けるふりはできた。親たちは寝ている赤ん坊のそばからヘビをたたき出すために一晩中起きていてへとへとだった。見捨てられ無視されたという無力感および、よどんだ空気中に漂うドアの閉まりの悪い仮設トイレの臭いと闘いながら、日陰一つないところに立てた暑苦しいテントの中でときどき思い出したように休んだ。一方、子どもたちはただ一冊の本のページをぱらぱらとめくっていた。今とは違う未来に希望を託して、ハクヤールが何百キロという山々や海洋[21]を運んできたドイツ語の教科書だ。

政府の言い分

ギリシャには、うっかり国境の内側に打ち上げられた移住者たちの要望に人道的に対応できるだけの資源が比較的少ない、と主張することはできる。ギリシャは二〇〇八年以来、経済危機から抜け出せないでいた。公立病院は長期の研修医に対する支給品すら不足しており、突然流れ込んできた人々を放っておいた。この国の移民拘留キャンプの状態があまりにも劣悪だったので、二〇一一年にヨーロッパ人権裁判所はそれを拷問に等しい扱いだと裁定した。[22]

一部の政治的リーダーたちにとっては、貧窮もまた政治的な事柄だった。

彼らの粗雑な論法では、自分たちの社会の気前の良い公共サービスが誘引剤として働いているというのだ。[23]

それが事実ではないという証拠はいっぱいある。もしそうなら、貧困国家から来た人々は自分たちが行ける豊かな国へ絶えず移動し続けるはずだ。そうはしない。たとえばニジェールから来た人々は六倍豊かなナイジェリアへ自由に移動できる。ルーマニアからの人々はこれまた六倍豊かなスウェーデンへ自由に移動できる。ニジェールもルーマニアも、その結果人口が減ることはなかった。実際には、世界の移住者の大部分はある発展途上国から別の発展途上国へ移動する。つまり入手可能な公共サービスがあまり違わない国家間を移動するのだ。

それにもかかわらず、社会の富を与えなければ人々が移住を思いとどまるだろうという考えから、ヨーロッパの多くの国は、地元民なら無料で入手できるサービスから公式査証を保有しない人々を閉め出している。[24] EU内の六ヶ国では、不法滞在の移住者には緊急医療に限って受診資格が与えられている。ほかの一二ヶ国では、一次医療および二次医療から除外されている。公式査証のない移住者の子どもたちはワクチン接種のような基本的予防処置すら提供されない。

その結果、移住先の社会の人々よりも優れていた移住者の健康状態は着実にむしばまれていった。[25] イラクを逃げ出してオランダへ行くはめになった人々に関するある調査では、精神疾患と身体の慢性的軽症疾患はオランダに滞在している時間の長さに直接関係して増加したことがわかった。これは論文発表待機中だ。

二〇一九年には、アメリカでトランプ政権の抑止政策が権利剥奪の範囲を超えて、意図的に心的外傷という苦痛を与えた。[26] たとえば、二〇一八年に実施された「ゼロ・トレランス」と呼ばれた政策は、保護を申請する資格のある移住者を、まず非正規に国境を越えたという軽犯罪で起訴することを要求した。こうした起訴は次に、貧困や暴力から逃れて飛行機でやってきた移住者と、彼らが連れてきた子どもたちが別に拘留され、大人たちは裁判所へ向かうことを意味する。移民局の役人は二三〇〇人以上の子どもたちを金網フェンスで囲ったキャンプ地に入れた。そこでは母乳育児中の子どももおむつをつけたよちよち歩きの子どもも、自分で自分の面倒を見なければならなかったことだろう。

入国管理法違反のかどで子どもを投獄するのはアメリカだけではない。一〇〇ヶ国以上の国々もやっている。しかしかくも無頓着に家族の分断や子どもの拘留を実施している国はまずない。移民収容施設では、当局は子どもたちを親の両腕から物理的にもぎ取った。自分たちの要求を申請する順番を待っていた女性たちは、写真を撮る間しばらく子どもと離すと言われてだまされ、戻ってきたら子どもたちが消えていた。たとえ裁判所でうまくいって国外退去とならなくても——訴訟手続き中に合法的表現ができず、あるいは自分たちの言葉を話す者さえめったにいないとなれば、これは離れ業だ——政府は子どもたちとの再会を保証できなかった。ある者は何百キロもの彼方へ送られ、ある者は強制送還されていた。親類に預けられた者もいた。子どもたちの行方の追跡をいかなる組織的な方法でも継続しなかったと政府の役人が認めたことが、漏洩したeメールでわかった。「いや、親の（子どもとの）つながりのことは何も知らない。外国人親の人数リストはあるが、彼らと子どもたちをつなぐ方法はないのだ」とある役人が別の役人に書き送った。

批判的な人々は、収容施設の不衛生ですし詰めの状態と、そこにいる不潔で病気にかかり、心的外傷を負った子どもたちのことを指摘[27]し、この政策を州が主導する誘拐と児童虐待だと言って訴えた。しかしトランプ大統領は、親を子どもから離せば移民たちが思い留まるだろうと主張した。「親子が分断されると思えばやってこない」と説明したのだ。だが政府自身のデータはその逆を示唆している。アメリカ—メキシコ国境で実施される前には「ゼロ・トレランス」政策はテキサス州エルパソ近くの国境に沿って延びていた。これが始まった二〇一七年七月と終わった同年一一月との間に、国境を越えようとして捕まった家族の数は減りはしなかった。逆に六四パーセント増えたのだ。

さらに北へ

半ダース以上の国々とダリエン・ギャップの未開地を通ってきたジャン＝ピエールの死をものともしない旅は、フロリダ州オーランドで終わるはずだった。移民法廷にある何十万という残務と、それを処理するのに必要な裁判官その他を雇うのを政府が拒否したおかげで[28]、彼が約束されていた保護の審問はおそらく何年間も開かれないだろうと思われた。しかし一家が定住を始める前に、もう一度立ち退くべきだと思わせるうわさがそれとなく聞こえてきた。

トランプ政権は、保護を要請する移住者の権利を妨害する政策[29]を法制化したのだ。南側の国境沿いでは、「略式退去命令」として知られる政策によって、避難を求める人々が裁判官に審理してもらえる資格があるかないかを決定し、不正あるいは欺瞞と見なした者を、独断、即決で国外退去させる権限が国境の役人に与えられた。「調節《メータリング》」という名で知られるいま一つの政策のもとで、国境の役人は受け取る保護申請書の数を勝手に制限し、申請書提出をむりやり何週間も待たせることまでした。「移民保護プロトコル」の名で知られる政策では、移住者はアメリカ国内ではなくメキシコで、時には何年間も保護審査を待つよう求められた。アメリカによる何億ドルもの対外援助を解消するという脅迫のもとに協定された相互取り決めによって、エルサルバドル、グアテマラ、ホンジュラスを経由し、そこで最初に申請しなかった者には何人《なんぴと》であれ、アメリカは保護要請を拒否できることだろう。

移住者を標的にしたその他の政策はすでに国内に定着した。[30]ジャン＝ピエールよりもはるかに長くアメリカに住んでいた移住者たちが姿を消し始めた。オハイオ州では、連邦移民局の役人たちがある実業家を捕まえてヨルダンへ強制送還した。彼はアメリカにおよそ四〇年住み、四人の娘を育て上げていた。彼は背負った衣類とポケットの数百ドル以外は何も持たずに国を離れた。コネティカット州では、あるカップルを逮捕して中国へ強制送還した。彼らはアメリカに二〇年近く住んでおり、地元でネイルサロンを営んでいた。五歳と一五歳の息子たちを残して行かなければならなかった。アイオワ州では、三歳から住んでいた一人のティーンエイジャーがメキシコへ強制送還された。彼は到着後間もなく殺害された。

トランプ以前の政権が過去に国内居住の移住者を逮捕して強制送還したときには、何よりもまず犯罪者を標的にしていた。一年間で逮捕された国内在住の移住者の数は四〇パーセント跳ね上がった。大部分には犯罪の自覚はまったくなかった。唯一の違反は有効な移民査証を持たないことだった。

合法的な移民や市民権を得た者でさえ犠牲になった。新たな「生活保護」制度のもとでトランプ政権は、フード・スタンプや住宅援助などの公共サービスを受ける合法的移民を有罪とし、永住権の申請を拒否すると宣告した。証明書が不完全だと発覚した市民は市民権剝奪の対象となるだろう[31]。

ハイチから来た人々は特に厳密な審査の対象だった。ホワイトハウスの役人たちは、ドミニカ共和国が数十万人のハイチ人を追い出すのを満足げに見ていた[32]。二〇一三年、ドミニカ共和国政府の法廷が、出生時に両親が国民であったことを証明できない者は今後すべて外国人と見なし、国外追放の対象となると裁定した。突然、一撃でもって *jus soli* すなわち出生地主義——出生地の国の市民権を得る権利——を数十万人に対して撤回したのだ。そのほとんどが隣国ハイチ出身の人々だった。トランプ政権の連邦移民局のトップの一人がこの新しい政策の「明快さ」を称賛した。トランプ政権も出生地主義の廃止を望んでいるのだ。トランプは選挙遊説でそう断言した。

ドミニカ共和国は二〇一五年、ハイチ人をまとめて追放し始めた。二〇一八年には八万人を追い出していた。その多くは国境沿いでその場しのぎの不潔なキャンプ生活を送るはめになった。

トランプ政権がハイチ人の移民としての地位を廃止する前から、もうハイチ人の居住地は無人になっていた。[33]ハイチ人の教会は見捨てられた。サンディエゴのハイチ・メソジスト・ミニストリーの礼拝には二〇〇人が参列していたものだ。しかし二〇一七年の夏にはわずか三〇人かそこらが残っただけだった。ハイチ人を車で診療所に送迎していた社会奉仕活動家が行ってみると、彼らの家は打ち捨てられていた。のちに彼らはカナダから聖書の文言を受け取った。

移住者たちは北へ向かって流れた。[34]二〇一七年春から二〇一八年春までに、二万人以上がカナダで保護を求めようとアメリカを逃れた。彼らは遠くへは行けなかった。国境検問所では、カナダ当局が彼らを、逃げてきたアメリカ移民局の役人に引き渡すことがよくあった。「安全な第三国」協定では、最初の申請の機会でのみ入国が認められる可能性があるので、カナダで最初の保護申請をするためにアメリカで申請していなかった場合――それが虚しい努力であることは明らかだったとしても――、カナダは彼らの主張を聞きはしないだろう。いったんアメリカ移民当局の管理下に戻れば、逃走移住者たちは分断されて投獄され、国外退去させられる。アメリカの役人たちは、カナダの保護を求めようとしたあるハイチ人家族の父親を田舎の郡刑務所へ送った。彼らは妊娠中の妻と小さな子どもたちを、新たに出獄した人々が使う崩れかけたホテルへ送った。「あの人たちは移動手段もお金もなく、何をすればよいかもわからないで、このホテルにいるためにお金を払い続けているの」と、この動転している一家を助けようとした地元の女性が言った。孤立状態に置かれた子どもたちには、底冷えするニューヨーク州北部で過ごすための薄っぺらい靴下が二足しかない。

保護を求めるほかの人たちは恐怖に駆られ、自らの悲運を避けようと、国境の無防備な地域の多くを覆っている、雪の積もった森林に入っていった。カナダ越境を拒否されたある男性は、気温がマイナス九度に落ち込む中、アメリカ―カナダ間の森の中を九時間さまよっていた。翌朝、ほとんど意識を失った彼を警官が見つけた。薄氷を突き破って凍てつく川に落ちていたのだ。両脚は腫れ上がり、その皮膚は水ぶくれだらけだった。警官たちは彼を病院へ連れていき、手錠でベッドにつないだ。その後回復すると、彼を難民収容所へ追い払った。いまだに森の夢を見るのだと彼は言う。夢の中では目覚めているときとは違って、「僕は叫んでいて、助けてくれる人はどこにもいないんだ」[35]と言った。

ジャン＝ピエール一家はアメリカ国内で保護を得ることをあきらめ、ニューヨーク州プラッツバーグ行きのバスに乗った。そこからタクシーで同州シャンプレーンにある活気のない宅地の路地、ロクサム・ロードへ行った。見た目からはわからないだろうが、カナダとの国境がこの道路と交差しているのだ。ぶち馬が固まって物憂げに干し草を食んでいるくたびれた農場二つを過ぎておよそ一・六キロ行くと、まるで行き止まりのように道は終わる。はるか向こうに巨岩が数個、幅一・五メートルの溝が一本、草で覆われた小さな空き地が一面ある。アメリカとカナダの間にあるのは空き地だけだ。空き地に遮られたこの田舎道はそのことを気にもかけていない。草で覆われた空き地のあとは元と同じ道に戻り、それまでと変わらず農地を通って淡々と続く。

二〇一七年の夏の間、タクシーが絶え間なくやってきて、定員いっぱいに乗ってきた保護を求める人々とあわてて詰め込んだ彼らの荷物とを吐き出し、静かな田舎道を、どちらかというとジョン・F・ケネディ国際空港の外のような景色に変えた。ここで国境を越えることは厳密には違法だ。しかし公式の入国箇所と違って、カナダの管理官はロクサム・ロードから入国した人々の要求に決着をつける。国境を越える人々の数が増えると、カナダの国境管理官は新来者を処理するため、草の生えた空き地に白いテントを組み立てた。いったん国境を踏み越えると、彼らはお役所仕事の恩義にあずかる。役人たちは彼らの要求に耳を貸さねばならず、それには何週間も何ヶ月もかかるのだ。彼らはもと来た道へ戻ることはできないだろう。たとえ数歩たりとも。大急ぎでアメリカを逃れてきた一家が、ロクサム・ロードまで乗ってきたタクシーのそばに手荷物を置き忘れた。数歩戻ったところだ。彼らはそれを置いていき、鞄の中の衣類以外何もない新生活に入らざるを得なかった。[36]

ジャン＝ピエール一家もそうした人たちの中にあった。[37] 一家はロクサム・ロードのテントの中で手続きを受けながら二四時間を過ごした。その後カナダの管理官が彼らをバスで、モントリオールにある昔のオリンピックスタジアムに一時しのぎに建てた収容施設へ運んだ。彼らはそこに二週間留まった。私が会ったとき、彼はモントリオールの町はずれの荒れ果てたアパートの一階にある、一室だけのフラットを見つけていた。そこで一家三人が、自分たちの運命を決めるであろう裁判官による審問を待ち受けていた。

壁の上の方にあるたった一つの窓に褐色の毛布が取りつけられていて、窓から入る弱い光を遮っていた。シングルベッド一台がほの暗い部屋の多くを占め、小さなテーブルと二脚の折りたたみ椅子のスペースを残すのみだった。そのテーブルでジャン＝ピエールが私の質問に対して不満たらたらで答えたのだ。

彼の旅はまだ終わっていなかった。彼の保護訴訟を援助している地元のボランティアが、裁判官は彼に滞在許可を与えそうもないと、あとで私に言う。難民認定は難民にもっともふさわしいだけでなく、国家の寛大な行為に感謝する者が受けるのだ。万策尽きているにもかかわらず、ジャン＝ピエールは感謝に満ちた難民の役割を演じはしないだろう。あまりにも怒り、また意気消沈しているのだ。

外国人恐怖症

過去が定住性だったという神話が消えると、[38] 以前にはあいまいだった疑問が湧き上がる。なぜ人々は移動するかではなく、彼らの移動がなぜ恐怖を抱かせるのかである。

移動が起こると必ず外国人恐怖症という反応が起こるわけではない。どこであれ、見慣れない集団同士がぶつかるから外国人恐怖症が湧き上がるわけではないことを、社会科学者たちが発見している。新来者の割合が高いところに多いわけではない。新来者がいることに非常に脅威を覚えている、経済的に困窮している人々から湧き上がるわけでもない（たとえば、ドナルド・トランプに投票した人々のもっとも一貫した立場は、外国人に対する敵対心に非を認めないことだが、彼らは平均一万六〇〇〇ドルという、居住する州の中央値を上回る額を稼いでいる）。

ある研究の示唆するところによれば、外国人恐怖症の噴出[39]は社会特有の地政学的歴史に関連しているという。また、外国人への恐怖に火をつけるのは居住地のパターンがどんなものか、とりわけ区別された集団同士の相対的な大きさと差別の程度であると提案する研究もある。その上、外国人恐怖症の噴出は外国人憎悪への抑制が減ることに由来すると推測する研究もある。たとえば、企業による移民労働の需要の増減などだ。有力な関係者に移民の労働力が必要になれば外国人恐怖症は減少し、そうでなければはびこる。

二〇一六年にドナルド・トランプに投票した郡や州を、任意の二集団が人種や出自国家が異なる確率、すなわち「多様性指数」と呼ばれる算定基準で分析した示唆に富む研究がある[40]。その土地以外で生まれた人々が急速に流入している地域の住人が、反移民政治家に最大の支持を与えていることがわかったのだ。トランプが勝った州が特に住人構成に多様性があったわけではない。これらの州の多様性は国全体の平均よりも低く、五〇州中、下位二〇州にランク付けされていた。しかしトランプが勝った郡では低い多様性指数が変化し、あっという間に国の平均の二倍にまで上がっている。

比較的均一だったが新たに多様化した郡が、とりわけ外国人恐怖症的物言いを受け入れるようになるのはなぜだろう。考えうる説明の一つは、新来者の新たな流入によって強いられる負担[41]を彼らが認識していることだ。どんな変遷であれ、初期の頃は普通苦労がつきものだ。そして新来者が、ことに予想外だったり大人数で来たりした場合には、地域社会の吸収容量を大きく超えてしまい、在来者の利益に対して新来者の利益を競争させることになる。しかしたいていのところではそのような影響は一時的のようだ。ほとんどの地域社会は新来者を受け入れるべく心を開くことができるし、またそうする。ほかのものもたくさんあるが、ただちに新来者を吸収するための空いた住居と仕事の欠員が十分にある。二〇〇七年と二〇一七年の間に、アメリカ全郡の八〇パーセントから労働年齢の成人がいなくなったのだ。

　考えうるもう一つの説明は、入植地の独特の様式に対する印象とかかわりがある。[42] 新来者の流入は、比較的均一な場所では多様な場所よりも目立つ。もしほかの場所よりも流入ペースが速ければ、さらにもっと人目を引く。

　目立つことは反移民感情が生じる基本的条件を満たす。外国人恐怖症がはびこるためには、在来者が移住者と区別できなければならない。インサイダーとアウトサイダーの線引きを意識させる社会心理学の実験では、被験者はたちまちインサイダー〔自分側にいる被験者〕ときずなを深め、アウトサイダー〔その外側にいる被験者〕を拒絶することだろう。彼らはインサイダーがアウトサイダーより正しいと判断するだろう。そして、インサイダーには概して肯定的な特質があり、アウトサイダーには否定的特質があると評するだろう。また、自分たち同士の違いには気づくが、外側の人たちのそれには気づかないだろう。

　インサイダーとアウトサイダーを分ける線は、一方の側と他方の側の人々が共有する関心事や重要な特徴と必ずしも正確に対応するとは限らない。境界を意識すると、そんなことはお構いなしに偏見が引き起こされる。社会心理学の実験では、被験者たちはコイン投げ、着ているTシャツの色、アイスクリームの風味の好みといった気まぐれな理由をもとにグループ分けされた。これが何らかの違いを生じることはない。被験者はインサイダーを贔屓し、アウトサイダーを差別するだろう。

逆に、そうさせるような方針と状況が重ならない限り、在来者と移住者との線引きはあいまいになりうる。[43] 新来者に関する社会的パニックが起きても起きなくても、新来者はやってきて速やかに地域の住民の中に溶け込む。在来性も移住性も生き物の恒久的状態ではない。こういうものは光と影の縞《しま》のように私たちの上を通り過ぎる。サハラ以南のアフリカ以外に住んでいる私たち全員には――そしてサハラ以南に住んでいる人にも同じく――ともに多少の期間、移動していた歴史がある。アメリカではほぼ三分の一の人々が、国際的移動行動をしてから一世代を経ていない。毎年、一四パーセントの人々が境界を越えて異なる法、異なる習慣、異なる方言の州へと、国内のある地域から別の地域へ移動する。中にはニューヨーク市とセロッコのカサブランカ、あるいはスペインのカルタヘナなどの遠距離を行き来する人もいる。

絶えず起こっている私たちの移動がたまにしか大衆の意識に上らないことが、外国人恐怖症が散発的にしか起こらない理由かもしれない。トランプが勝った郡では、特有の定住パターンができ、視覚的には背の高いエゾミソハギの頂上についた明るい紫色の花と同じ効果が移住者に起こった。これが、インサイダーとアウトサイダーの境界線を引き上げ、移住者を在来者と区別する人々の意識を強めた。国境の壁の光景と移住者に対する遮断政策の無慈悲さには同じ効果があった。檻に閉じ込められた移住者の子どもたち、国境沿いでキャンプしたり廃墟と化したオリンピックスタジアムに詰め込まれたりしている移住者の映像は、見ている人皆にとって、在来者と外国人との違いを表す太く鮮やかな境界線を描いているのだ。移住者と在来者との区別を強調するこのような嫌な光景がなければ、移住は血管を通る血液の循環のように、私たちの意識に上ることなく起こる。それ自体で私たちに注意を喚起しているかもしれない在来者と移住者の区別は、無視できるところまで消えゆくのだ。

暴走する免疫防御手段

もし人口統計学上の気まぐれや外部の人に対する偏見と惨状から、次なる大移動を阻止する外国人恐怖症的政策と実践が起こるのだとしても、まだ疑問が湧き上がる。どうして私たちはグループの区別に敏感で、外部の人をすぐにでも遠ざけようとするのか、である。

ある説では、この傾向は免疫応答として進化したのかもしれないという。[44] 外部の人々は職を奪ったり、罪を犯したり、私たちと簡単に見分けがついたりはしないかもしれない。しかし現代医学のなかった時代には、彼らは潜在的な生物学的リスクを確かにもたらした。新たな病原体を運んだのだ。

以前にその病原体に出会ったことのない集団と親しくなった人々が、病原体をそこへ持ち込んだときに起こった例を歴史は満載している。一五世紀、ヨーロッパ人は、何世紀も自分たちとともに生きてきた天然痘および麻疹《ましん》ウイルスをアメリカ先住民の中へ持ち込み始めた。その後数十年を経てアメリカ先住民の集団はほとんど崩壊した。古代ローマのマラリアは「ローマは剣で防げなければ熱病で防ぐことができた」とローマ人が言い習わしたように、外敵に対して致命的脅威をもたらした。

示唆に富むことだが、自民族中心主義者や外国人恐怖症的傾向は、環境内の病原体の存在およびそれに対する私たちの認識に相関している。[45] 熱帯地方のように病原体の多い場所では、人々は病原体による負荷が軽微な寒冷地や温帯地方よりも数多くの民族集団を形成する。より感染症にかかりやすいと感じている人々は、あまり感じていない人々よりも外国人恐怖症的および自民族中心主義的態度を表す。実験的研究では、新型インフルエンザの情報を与えて病原体に対する被験者の認識を高めるだけで、外国人恐怖症的衝動を活性化できる。そのように知らされると、被験者はより外国人恐怖症的および自民族中心主義的心情を表すのだ。

しかし、もし外国人恐怖症がいわば免疫防御手段として進化したとしても、それは未熟なものだ。発熱は古くからある、[46] 原始的で、ほとんどすべての脊椎動物ならびに一部の無脊椎動物までもが私たちと共有している非特異的免疫防御手段だ。場合によってはこれは侵入性微生物の複製を弱めるための助けとなる。体が侵入性微生物の存在を感知すると、血液が当該箇所へ急行して免疫システムを作動させ、侵入者に敵対する、焼けつくような高熱環境を作り出す。しかし同時にこの熱ストレスは体そのものの組織を破壊する。時には、免疫防御手段として始まったものが自己破壊反応に変わり、発作、精神錯乱、虚脱などを引き起こすことがある。外国人恐怖症も同様に原始的で非特異的で、潜在的に自己破壊的だ。

人々が別のグループの人々に対して外国人恐怖症的恐怖を表す方法の一つに、そのグループの人数と欲望を誇張することがある。二〇一八年のある研究では、EU二八ヶ国中一九ヶ国の人々が、自国内の移住者の割合を実際の二倍またはそれ以上に多く見積もっていたことがわかった。[47] EUのほかの国々よりも移住者が不釣り合いに少ないブルガリア、ポーランド、ルーマニアの人々は、自国内の移住者の数を実際の八倍以上に目算した。別の研究では世論調査員が、在来者と比較して移住者がどれほど政府の支援を受けているかと人々に尋ねた。フランスのほぼ二五パーセント、スウェーデンのおよそ二〇パーセント、アメリカの一四パーセントの人々が、移住者は在来者の二倍の政府援助を受けていると見積もった——いずれの国においてもこれは事実ではない。

手の施しようがない発熱と同様、こうした頭に血が上った見方は想像上の脅威の本質とは関係がない。事実にはお構いなしにこうした見方を続ける。[48] 過大に見積もっている人々に移住者の人口に関する適切な情報を提供しても「移住に対する態度に影響することはない」と二〇一九年の論文が報告した。到着した移住者の数ならびに地域共同体が彼らを吸収する能力は、人々の移住者に対する否定的反応がいったん起こってしまえば、その反応の大きさに影響を与えることはまずない。「移住者のことを思わせるだけで、再配分に関する強い否定的な反応が起きるのだ」と、ある世論調査員がコメントした。

もしも外国人恐怖症という発熱が免疫防御手段として進化したのなら、ことによるとこれは、かつては私たちの防御を手助けしたのかもしれない。これはもはやその目的では役に立ってはいない。私たちがよそ者を遠ざけようと遠ざけまいと、病原体から身を守るのに必要な見識と科学技術を現代医学が提供してくれるのだ。それでもなお、よそ者を疑う性癖の痕跡が私たちの精神の奥深くに巣くって居残っている。政治家が「私たち」と「彼ら」の間にある境界をただ指し示すだけで、その熱を利用することがありうるのだ。

結び　安全な移動

二年前、私は東ボルティモアの荒れ果てた地域に建つアパートの二階の狭苦しい一室で、ソフィアとマリアムに会った。地元のNGO事務所が子どもたち共々、この二人の女性を住まわせたところだ。私は地方難民事務所の新人ボランティアとして、援助が必要な難民家族に関するファイルの山を手渡されていた。ファイルを一つ取るように言われ、私は彼女らを選んだのだ。私たちは携帯電話でつながった地元の通訳を通して話し合った。マリアムは徒歩でエリトリアから逃れ、国境を越えたばかりのところにある難民キャンプに着いた。エリトリアの軍事政権の迫害を逃れ、ほとんどの時間をいくぶん漫然とうろついて過ごした。彼女はほっそりしていて、ふざけたがり、よく笑う。だが難民キャンプの生活は、彼女を社会の生産的活動から締め出した。彼女が学校へ行くことはなかった。仕事に就いていなかった。キャンプにいた頃のおもな思い出は希望者が集まってするサッカーだと答えた。

ソフィアがエリトリアを出たあとの経路は北へ向かってカーブを描いた。彼女はスーダンからカイロへの道をとり、そこでは社会の片隅でぎりぎりの生活をした。首にかけた鎖にぶら下がる小さな十字架は彼女がよそ者だという印であり、エジプト社会の主流から彼女を締め出すものだった。彼女はホテルの掃除をする仕事を得た。しかし重いものを持ち上げる仕事で背中を傷めた上、手術の失敗のせいで健康を失い働けなくなってしまった。さらにもう一つの不運が襲った。カイロで出会った逃亡中のエリトリア人の恋人との間にできた幼い息子は左の腎臓にがん性腫瘍があると医者が診断したのだ。

しかし、マリアムとソフィアには安定した将来への道があった。[1] カイロおよび難民キャンプ在住のエリトリア人は、国連難民機関の地方事務所を通して難民資格を申請できたのだ。難民機関は彼らの顔をスキャンし、指紋と経歴データを採取した。係官が容認できると判断すれば、どこか別の国へ彼らの事案を紹介してくれるかもしれない。その国は彼らの経歴と素性を独自に審査した上、無害で適格だと判断するかもしれない。彼らは自分たちの家庭を作り日々の営みを開始できる場所まで移動することが許されるかもしれない。毎年、この機関は難民だと承認したおよそ二六〇〇万人のうち、約一〇万人を再定住させている。

マリアムもソフィアも申請した。

二人は難民認定を受けるまでおよそ一〇年待った。国連難民機関は二人の申請を受理し、アメリカ難民再定住事業の係官に二人の事案を紹介した。その事業はその後の居住を許可してくれた。二人はそれぞれに、荷物をまとめ、新居へ移るため飛行機に乗ったのだ。

仕事を見つけたいと二人は言った。子どもたちに教育を受けさせたかったのだ。背が高く、母親の膝の上で用心深さを見せるソフィアの息子は、純真で態度が真面目だ。マリアムの娘は正反対で、顔をしかめて大げさな表現をし、私の持ち物を触り、うまく取り入って私の膝の上に乗ってくる。

カーペットを敷いた床にいっしょに座って彼女たちの今後の見通しについて思案していると、マリアムが船内調理室のような自分たちの小さなキッチンからきらきら輝いているイチゴ、小さなリンゴの薄切り、それにオレンジの薄切りを載せたお皿を持ってきた。エリトリアの発酵させた平べったいパン、インジェラと、その上にスパイスの利いたレンズ豆とカレー味のジャガイモを盛った大皿の周りに、子どもたちがひもじそうに寄り集まった。

マリアムとソフィアはでたらめな英単語を二、三知っているだけだった。言葉を使う仕事をする技能はなかった。二人は指導者たちから「けだもの」「厄介者」、あるいはもっとひどい呼び方をされる社会の難民だった。そしてとても貧困に苦しみ、人種によってとても厳しく序列をつける街の黒人女性だった。貧しい黒人居住区に住むことは余命を三〇年縮めるのと同義だった[2]。彼女たちは二人のよちよち歩きの子の面倒を見なければならなかった。車の運転はできなかった。誰が雇うだろうか。たとえ誰かができたとしても、二人はどうやって職を得ることができるだろうか。

彼女らには支援を頼れる家族がほとんどいなかった。子どもの父親たちは何千キロも彼方に住んでいた。マリアムのパートナーはドイツに再定住していた。ソフィアの方はスウェーデンだ。若い女性の写真が、額に入れられ小さな棚の上に置かれていた。エリトリアに住んでいるソフィアの娘だ。ソフィアがエリトリアをあとにしたとき、その娘はよちよち歩きの子どもだった。今ではティーンエイジャーだ。ソフィアは何年も会っていない。森の中を通る高速道路のように、国境は彼女の家族を断ち切り、大陸を越えてばらばらに分解してしまったのだ。

先日、一二月のとある夕刻に、クリスマスの明かりを見にボルティモアの繁華街へ二人を連れていった。車を停めたあと、氷点下の気候の中を数ブロック歩かなければならなかった。その間二人は、教会で特別な食事を摂り、近所を訪問して回って祝うエリトリアのクリスマスの様子を話してくれた。そのあと、私が二人に見せようと連れてきたアメリカの過剰な電飾が目に入ってきた。特にこのブロックでは、地域の人々がピカピカ光るイルミネーションを、窓やポーチや屋根から、並んだ家々の間や狭い通りを横切らせて向かい合った家々をつないでいた。小さな前庭には、巨大な電飾付きのキャンディケインや、まるまる太った腕を揺り動かしているプラスチック製の雪だるまや、ビールの空き缶と古いホイールキャップでこしらえた彫刻のようなクリスマスツリーを詰め込み、ツリーの下にはピカピカの包装紙の贈り物が置かれていた。サンタクロースの衣装を着た女性が、この壮観を眺めに集まってきた観客にクッキーを手渡していた。通りの端では子ども用防寒着を着た赤ん坊をおんぶしたカップルたちが、フェルト製のトナカイの衣装を着た男性の隣に立って写真を撮ろうと列を作っていた。

アパートへ戻る途中、車の中で二人は言葉少なだった。「きれいよ」、ようやくソフィアがうなずきながら言った。「アメリカのクリスマスは」と。私はどう言ったらよいかわからなかった。甘ったるい赤と白の豪華絢爛《けんらん》ショーが私の未熟な文化的センスを刺激した。あれが彼女にとって意味があったとは想像もできなかった――私にとってはまるで意味をなさなかった。私は暖房を強めた。マリエルのつま先はかじかんでいた。黒い薄っぺらなスニーカーの下に靴下も履いていなかったからだ。

数キロ先の彼女たちの地区へ着くまで、私たちは無言で車を走らせた。二人が仕事を見つけるには数ヶ月かかった。マリアムはある産業用のコインランドリーで夜間の仕事をしている。ソフィアはカフェテリアの掃除をしている。私道に入っていくと彼女たちの住むビルが暗がりから現れた。

その夜の珍奇さ、将来の不確実さ、思いも寄らない目的地へ自分を連れてきた旅路の不安定さにもかかわらず、ソフィアは自分のビルの光景を見上げ、まるで予期していなかったかのように自分自身に向かってそっとつぶやいた。「わが家だわ」

移住者たちが横切ってずたずたになった自然環境は、人々と野生生物、両方のために回復できる。

孤立した公園や保護区の境界を延ばすのではなく、私有地、牧場、農場、公園をつなぎ合わせて、動物たちが安全に移動できる広く長い回廊にしようという新たな自然保護活動が行われている。[3] たとえばイエローストーン・ユーコン・イニシアティヴは、カナダ北部から一三〇万平方キロ以上南方へ延ばし、その区域全体で野生生物が移動しやすいように管理すべく、何百もの保護団体を集めた。同様の野心的プロジェクトが、メキシコからアルゼンチンまで一四ヶ国の数百万平方キロに及ぶジャガーの生息地を保護しようと計画している。自然保護論者たちは少なくとも世界の二〇ヶ所の保護すべき地域を特定してきた。それにはタンザニアのイースタン・アーク山地やブラジルの大西洋岸森林が含まれる。これらの地では同様な緑の回廊によって、ばらばらになっている保護区を野生生物が自由に動き回れる二〇〇〇平方キロ以上の連続した森林につなぎ合わせることができるかもしれない。

野生生物のために作られた新たなインフラによって、彼らは人間が作った障害物を越えて移動しやすくなるだろう。カナダではグリズリー、クズリ、ヘラジカがトランス・カナダ・ハイウェイの上と下に架けた野生生物用の橋を通って歩いている。オランダではシカ、イノシシ、アナグマが、彼らのために特別にデザインされた六〇〇の回廊のおかげで、線路、工業団地、複合スポーツ施設を横切って移動している。モンタナ州ではアメリカクロクマ、コヨーテ、ボブキャット、ピューマが州間高速道路を越えて建設された四〇以上の横断構造物を通って歩いている。ほかの場所では自然保護論者たちがカエル用のトンネル、リス用の橋、魚類用の階段式魚道を作ってきた。彼らは鳥や蝶が頭上を過ぎるときにくつろげるように、緑溢れる生きた屋根を取りつけた。こうした活動は一体となって、広大な地域を包含する野生生物用の境界のない回廊を作り上げ、野生生物用の州間ネットワークを創出できるだろう。

移動の能力が万能薬でないのは言うまでもない。[4] 生息域が消滅して分布域を移す生物種は、危険にさらされることが少なくなるよりもむしろ多くなる。ロシアでは、ハーレムを作れないタイヘイヨウセイウチの雄たちが、海氷が融けたので今では遠方の岩礁海岸まで泳いで集団を作っている。二〇一七年夏、巨大な生き物が岩だらけの崖のてっぺんに登ってへとへとになり下の海岸に落ちて死ぬのを、野生生物の映画製作者たちが観察した。分布域を移すことに成功したものたちは「侵略者」として非難されるかもしれない。望まれざる侵入者として非難されてきた野生生物には、ベトナムや中国からやってきてハワイにうまく定着し、今は絶滅の危機にある淡水ガメ、カリフォルニアやメキシコで絶滅の危機にあってオーストラリアやニュージーランドに辿り着いたモントレーパイン、カナリア諸島に着いた絶滅危惧のバーバリシープ、カリフォルニアで絶滅する前にはアメリカ西部全般に分布していたスズキ目の魚、サクラメントパーチなどがいる。

それでも、現在極地へ向かって、また高地へ向かって移動中の何千もの生物種にとっては、移動は気候が混乱する新時代で生き延びる最善の試みなのかもしれない。

同様に人々が地上を安全に移動する世界を夢見ることができる。気候が変動したり生計が立ちゆかなくなったとき、移動しようとしている人々が国境監視員に追い立てられたり、海に沈んだり、砂漠で死んだりするリスクを負わなければならないことはない。現在武器を携行した監視員や有刺鉄線や境界壁だらけの境界は、もっと穏やかでもっと通過しやすく、たとえばマサチューセッツ州とニューヨーク州、あるいはフランスとドイツの境界のようにできるかもしれない。安全で、秩序ある、正規移動のための「国連グローバル・コンパクト[5]」などの構想では可能な枠組みを提案している。この協定では、新たな生計を模索している移住者のためのより合法的な経路を創設するよう、各国に呼びかけている。各国が移住者に関するデータを収集、かつ共有し、移住が整然と秩序立って行われるよう、移住者に身分証明書を与えるよう求めている。これには移住者があとにした地へ資金や支援を送りやすくする方法も含まれている。また、移住者の拘留を逆戻りの第一段階ではなく、最終的方策への指標に変えるよう呼びかけている。

この協定が想定する通過可能な境界が、新入者が現地の法律や習慣に従う責任を免除したり、現地の文化の特殊性を消し去ったりすることはないだろう。むしろ、移動を安全な威厳ある、そして人道にかなったものにするだろう。一九四ヶ国の国連加盟国のうちの一六三ヶ国がこの自発的、非拘束的協定を採用している。二〇一九年、ポルトガルが自国の移民政策にこれを取り入れた。

人間の移動を妨げる武装国境[6]は、今日では神聖不可侵なものではない。これは私たちの文化や歴史にとって必須のものではないのだ。ヨーロッパの人々が自国の周りに国境を引き始めたのはほんの数百年前のことだ。インドとパキスタンの国境を策定したイギリスの法律家はわずか数週間で区画した。大いに争われたアメリカとメキシコの国境でさえ、数十年前まではほとんど通過可能だったのだ。歴史全体を通して、たいていは王国や帝国はあいまいな国境を持ったまま興亡し、文化や人は次代へと徐々に変化していった。国境が開いたり閉じたりしたのではない。まったく存在しなかったのだ。

もし、転変常ならず資源が不均衡に分布するダイナミックな惑星上で生活するのに不可欠なものとして移動を受け入れるならば、私たちが進むべき道はいくらでもある。とにかく移動は否応なしに同じ割合で続くだろう。ソフィアやジャン＝ピエールやハクヤールのような人々は移動し続けるだろう。私たちはこれを大災害とする考え方を続けることができる。あるいは、私たちの移動の歴史と、自然界における蝶や鳥のような移動者としての私たちの立場を取り戻すこともできる。移動を難局からその逆、解決へと転換させることができるのだ。

私たちは突き刺すような日差しの強い日に、メキシコはティフアナ市のわだちのできた未舗装路を、壁を探しながら車を走らせている。

粋に塗装された外観と窓の外の陽気な植木箱を備えた家々の並ぶティフアナのほかの地域とは違って、メキシコとアメリカの国境の壁に隣接したこの地域には不吉な気配がある。家々はシャッターを下ろしている。この地域は麻薬密売組織のボスたちが殺した死体を酸で溶かすところとして悪名高い。壁はそれ自体が死を表現している。[7] 壁には手描きの十字架が何百も散在している。そこを乗り越えそこなった命を記録しようと地元の人々が描き残したものだ。

私は壁の反対側を見ようと古タイヤの山によじ登る。このぐらつく足場からは、東から西へ何キロも進んで、谷へ下ったあと彼方の丘の頂を越えて消えてゆく壁の長さが見て取れる。その前面に立てられた背の高い石版が見える。アメリカの大統領が建設しようと計画した新しい国境の壁の試作モデルで、ストーンヘンジの狂気じみたバージョンのように南に向かって一列に並んでいる。

壁はあたり一面の山地に溶け込んで無意味なものになっている。山々は北アメリカ大陸の西海岸をメキシコ南部からアラスカ北部まで何千マイルも延びて、数ある野生生物の中でもとりわけビッグホーン、ピューマ、チェッカースポットが気候変動に伴って北方へ、あるいは高地へ移動するための天然の通路を形作っている。国境とその防壁があって、何世紀も侵入者だと非難され、異常な国境往来者だと恐れられても、お構いなしに移住者はやはりやってくる。

どこか遠いところでチェッカースポットが蛹《さなぎ》から羽化する。オレンジ色とクリーム色と黒の斑点のある繊細な翅が羽ばたき始める。私が見上げている波型の金属の壁は、彼らが常食している砂漠性植物や花々の上、わずか一八〇センチないし二四〇センチの高さしかない。チェッカースポットは彼らが常食している砂漠性植物や花々の上、地上近くわずか一八〇から二四〇センチの高さを旅する。

時至れば、彼らの華奢な体は空中へ舞い上がるのだ。

謝辞

本書のアイディアの種子《タネ》は、ギリシャはアテネの狭苦しいオフィスで座っていたときに、心の内に宿った。そのオフィスで国境なき医師団の医療手術支援の指導者、アポストロス・ヴェイジスに、当時私が難民「危機」と呼んでいたものについてインタビューしたのだ。彼は私の未熟な質問の中にはまり込んでいる思い込み一つひとつを辛抱強く、しかし理路整然と暴いて撃墜した。私はこのことで彼のおかげをこうむっている。移動と移動する者たちに関する私のアイディアの遠回りした再構成が最終的に本書になった。ピューリッツァー危機報道センターが、ギリシャの保護要請者に関する報告とヴェイジスへのインタビューをさせてくれた。その支援はきわめて多くのジャーナリストにとって計り知れないほど貴重なものだ。私はそうしたジャーナリストの一員であることに誇りを持っている。

私はヒマラヤ山脈に包まれた狭く深い谷間で、氷河から融けた川水の轟音を聞き、ヒマラヤスギが少しずつ山を登るのをじっと見つめながら本書の案を書いた。私は、移動する世界の心底ハラハラするドラマを見ることや、それに取り組む緊急性を望んだはずではなかった。ジーチカ・ニガムとリテシ・シャルマには、親切なもてなしと、私の健康を案じて卵プラタ〔インドの平たいパン〕とチャイをいつも提供してくださったことに感謝します。

本書を書くために私は、生物地理学や保全生物学から遺伝学、人類学、科学史に至るまで、広範な分野の学者の専門的意見を引き出した。カミーユ・パーメザンの移動中の生物種に関する仕事はとりわけ重要だった。彼女は時間を惜しまず自分が発見したことを説明し、ほかの学者の研究を私に教え、また初めてチェッカースポットを観察するための手配を助けてくださった。アメリカ魚類野生生物局のスプリング・ストラーム、デイヴ・フォークナー、アリソン・アンダーソンは、クリークサイド地球観測センターのスチュー・ワイスと同様、蝶を追跡する昆虫学の専門技術を教えてくださった。バーモント州ではジェフ・パーソンズに北部国境地帯のツアーを案内していただき、ボストンでは、パーディス・サベティと彼女の同僚がヒト多様性の複雑さを解読する彼女らの研究を説明してくださった。ハワイでは、レベッカ・オスタータグとスーザン・コーデルが土着と外来の区別を超える革新的な研究を話してくださった。テキサス州では、法人類学者のケイト・スプラドリーとティム・ゴッチャが印のついていない移住者の墓の発掘に当たり、私にタグ付けをさせてくださった。皆様に感謝します。

どこへ行っても、収容所や難民キャンプに閉じ込められた、また逃亡を強いられた移住者を目にした。彼らはひっそりと暮らすことを強要されていたにもかかわらず、私に話しかけることをいとわなかった。私は彼らの旅路を思って謙虚な気持ちになり、私を受け入れてくださったことに感謝する。シリア・アメリカ医療協会、世界の医療団、モントリオールのフランツ・アンデレ、それにボストンのPastor Dieufort J. "Keke" Fleurissaintなどの英雄的援助グループと活動家たちは、交流とそれを可能にする通訳を手配してくれた。

進んで私に話してくださった学者のほんの一部の名前だけを挙げる。マーク・A・デイヴィス、ジョナサン・マークス、ウォーウィック・アンダーソン、ニルス・クリスチャン・ステンセス、ペーダー・アンカー、ヒュー・ディングル、アラン・デケイロス、マーティン・ウィケルスキーなどはことに寛大で協力的な方々だった。この中にはリース・ジョーンズ、ベッツイ・ハートマン、マシュー・チューその他とともに、初期の原稿の手直しと重宝な提案をしてくださった人たちもいる。

アンソニー・アルノーヴァは何年にもわたって、何くれとなく仕事を支援してくださった。ミシェル・マークリーは自身の深遠な見識を提供してくださった。私はこの人たちを友人と呼ぶことを誇りに思う。セリアとイアン・バードウェル＝ジョーンズは、ハワイの火山の麓に建てた美しいお宅で私をもてなしてくださった。フィリップ・リヴイエール・オヴ・ヴィジョンカルトはフィリップ・レカチェヴィッチとともに、本書中の地図をデザインしたのみならず、重要な編集上の意見の提供もしてくださった。二人は私が依頼した以上の仕事をしてくださった。私の代理人のシャルロッテ・シーディと、ブルームズベリー社の編集者、ナンシー・ミラーとそのチームは本書ができあがるまで一貫して支援してくださった。皆さん全員に感謝します。

本書を最初に書き始めたとき、私は今日の政治下における反移民科学の根拠を深く掘り返して摘発するつもりだった。二〇一六年の選挙がこうした思惑をひっくり返した。反移民的物言いおよび政策が私たちの政治の最前線へ波のように押し寄せた。私が必要とした根拠が毎日ニュースに出てきたようだった。本書を書くことが技術的には易しくなったが、精神的にはつらいものになった。

私を支援する活動家の友人や支持者たちの輪が大きくなり、暗闇の中に光を見つけることができた。私自身の移動者と越境者の血を引く一族としての意識も光を見た。いつも聞いてくれ、すべてを理解してくれ、私が考えに詰まったときセーリングに連れていってくれたマーク。優雅さとふれあいと優しさの、いわば手本であるザキールとクシ。これらの性質は、私たちが作った気候崩壊の世界を受け継ぐ者に必要なものだ。そして、私の両親。新生活を営むために大海を渡り、順応性と勇気がどんなものかを教えてくれた。

訳者あとがき

訳者にとってソニア・シャーの著書の翻訳は二冊目である。前著「The Fever, how malaria has ruled humankind for 500,000 years」(邦題『人類五〇万年の闘い――マラリア全史』太田出版)を訳出して、彼女の真実追究に対する驚異的なエネルギーと、常に弱者の側に立つ姿勢にすっかり魅了された。本書でもそれらは遺憾なく発揮されている。

旧約聖書によれば、神は天地創造三日目に植物を、五日目に魚と鳥を、六日目に獣と昆虫と人間(アダム)を作った。神は無謬なのだからその被造物も完全無欠であらねばならない。人々はそう考えた。しかしそれだけでは終わらなかった。生き物とその生息地との関係も神聖にして不可侵だと考えた人々がいた。なぜなら、全能の神はもっともふさわしい場所にその生き物を住まわせたに違いないからだ。そしてその当然の帰結として、生き物は移動せず、もし移動すればそれは神の意志に逆らう不吉な行ないだと考えた。この考えは近代科学が勃興し始めても、いやそれ以後も欧米を中心に根強く生き残った。

二名法を考案したカール・フォン・リンネもそれを疑わなかった一人であり、それをもとに、つまり採集された地に基づいて生物の命名・分類を行った。しかしすでに大航海時代が始まっており、世界各地から珍奇な動植物や人間がどんどんヨーロッパへ持ち込まれていた。これらは地球上のはるか僻遠の地からもたらされたものだ。ヨーロッパの近くにあったに違いないエデンの園のあたりで、神はすべての生き物を作ったのだから、そんな遠くの地に生き物がいることに説明がつかなかった。生き物は移動しないのだから。

そして悩みのタネがもう一つあった。ヨーロッパ人とはかなり見かけの違う人間があちこちで発見されたのだ。人類はみなアダムの子孫だと教会は言う。しかしリンネの言う通り種《しゅ》は不変なのだから、最初からこんな妙な姿だった人間を自分たちヨーロッパ人の兄弟だと言えるのか。また、動植物と同様、そんな遠隔地になぜいるのか？　ひょっとしたら移動したのか？

しかし、もし生き物がそんなに遠くまで移動したのならどんな手段で？　すべての種は共通の祖先から分かれたとするダーウィンは、生物は自ら徒歩や飛翔によって移動し、それでは越えられない海洋などでは、風や海流に乗り、あるいは鳥の足にくっついて移動したのだと考えた。適切な生息地に到達するにはきわめて公算の低い偶然に頼る手段であったろうが、繰り返し行われることで可能だとした。

この考えは簡単には受け入れられず、生物移動の問題が紛糾していたところへ、明快な解答を与える新説が登場した。各大陸はもともと巨大な一個の陸塊であったが、分かれて現在の姿になったとする大陸移動説をウェゲナーが提唱したのだ。そこで、生物たちは自ら移動することなく、分裂して移動する大陸に乗っているだけで現在の地に分布したのだとする説が生まれ、ダーウィン説を完全に打ち砕いた、かに見えた。

しかしその後、分子生物学の発展を見、分子時計を用いて計測すると、南米のサルは大西洋がアフリカ大陸と南米大陸を分けたずっとあとになってアフリカのサルと遺伝的に分かれたことが判明した。つまり、南米のサルたちは移動中の大陸にただ乗りしたわけではなかった。彼らは自ら移動したのだ。

また、機器の発達や機会の増加に伴い、生物たちが驚くほど遠方へ移動するという報告が多数寄せられた。

そして、生き物たちは現在動き回っているだけでなく、地球上に起こった気候や地殻の変動に対応して絶えず移動していたことがわかった。

さらに、遺伝子解析によって多くのことが明らかになった。たとえば、人類は絶えず移動して離合集散を繰り返し、きわめて均一な単一種になったことが認められた。これまで各人種を亜種や別種とする論があり、それが容易に人類の序列、そして差別を導き、奴隷制や植民地政策を正当化するもとになった。また、アメリカ合衆国への移民が人種によって制限を受ける根拠になった。

第二次大戦中、ナチ政権はユダヤ人抹殺に飽き足らず、ドイツ国内から外来植物を一掃するよう通達を出した。植物の民族浄化だと言って嘲ることはできない。生物の移動を否とする考えは、二〇世紀の終わり頃からエコロジー運動の中枢に座を占めるようになり、侵入生物学なる学問が誕生して多くの国々で外来生物への非難が唱えられた。アメリカでは二〇〇一年九月一一日のテロ以降、侵略生物までをも警戒することになった。我が国でも外来生物による被害とその根絶が喧伝されて今日に至っている。

しかし移動する生物による損害を生態学者たちが再検討したところ、新たに侵入した生物種の一〇パーセントだけが新天地に定着し、さらにその内の一〇パーセントだけが在来種を脅かすほどに繁栄することがわかった。多くの新来種は無害であり、彼らは生物多様性に寄与しているという。また環境に負荷を与えているとしても、それは在来種と同等のものだという。「土着」と「よそ者」という二元論は実情に合わないことがわかったのだ。

野生生物の移動は高山や大洋による自然障壁だけでなく、人類による都市や高速道路などによって妨げられている。彼らの移動は、たとえばつがいの相手を得るなど、種の存続に不可欠なものだ。現在いくつかの国では、生息地を広げるのではなく、既存の生息地同士を人間の手でつなぎ、彼らがより広く移動できるよう整える試みがなされている。

現代の人類の移動は、戦争、弾圧、飢餓、あるいは貧困などから逃れる難民によるものが中心であろう。こういう事象は歴史上枚挙にいとまがなかったが、現代のそれとの違いは移動先に障壁があるかないかである。一八二ページの図にあるように第二次大戦後、世界の至るところに膨大な数の障壁が建設され、難民の移動を阻んでいる。

アジア、アフリカ、中東で発生した難民たちは、旅の途上で命を落とす者も多く、目的地にたどり着いたとしても恐ろしい本国送還や、収容所あるいは市民生活での差別と迫害が待っている。こうした残酷な仕打ちは欧米諸国のみの行いではない。我が国の難民認定率の低さは国際社会の非難を受けるレベルであり、収容施設における非人道性はたびたび報じられている通りだ。小松左京の名作『日本沈没』では、国土を失った日本人が世界の国々へ散って生き延びることに希望を託されるが、このような政策を持った国の人間が容易に受け入れられるだろうか。

人々が移動を望むとき、その先に武器を携行した国境警備員や、壁や、暑熱の砂漠や、貧弱なボートで渡らねばならない海が立ちはだかってはいけないし、移入先で差別や迫害を受けてはならない。なぜなら、ヒトも動植物もこれまで移動を繰り返してきて、現在もそうしている。それが本来の有りようなのだから。科学はそう結論づけている。

なお、本文中ポリネシアの青年が伝統的技法のみで太平洋を航海するくだりでは、一九七一年に公開されたフォルコ・クイリチ監督の映画「遙かなる青い海」の同じシーンを思い起こした。この美しい映画はDVDまたはブルーレイで入手可能だ。

本書訳出に当たっては築地書館の黒田智美氏に大いに助けていただきました。さまざまなミスの訂正から引用文献の確認まで、きめ細かな氏のご尽力がなければ本書を世に出すことはできなかったでしょう。末尾ながら深謝いたします。

夏野徹也

Hovenden, eds., *The Gendered Cyborg: A Reader*. London: Routledge, 2000.
Schmidt, Benjamin. *Inventing Exoticism: Geography, Globalism, and Europe's Early Modern World*. Philadelphia: University of Pennsylvania Press, 2015.
Shapiro, Harry Lionel. *The Pitcairn Islanders* (formerly *The Heritage of the Bounty*). New York: Simon and Schuster, 1968.
Sloan, Phillip. "The Gaze of Natural History." In Christopher Fox, Roy Porter, and Robert Wokler, eds., *Inventing Human Science: Eighteenth-Century Domains*. Berkeley: University of California Press, 1995.
Smethurst, P. *Travel Writing and the Natural World, 1768–1840*. London: Palgrave Macmillan, 2012.
Smith, Dylan. "Bannon: Killing of BP Agent Brian Terry Helped Elect Trump." *Tucson Sentinel*, November 18, 2017.
Social Contract. "A Tribute to Dr. John H. Tanton." YouTube, September 28, 2016, https://www.youtube.com/watch?v=cc2aMO80akQ
Spiro, Jonathan Peter. *Defending the Master Race: Conservation, Eugenics, and the Legacy of Madison Grant*. Burlington: University of Vermont Press, 2009.
Stenseth, Nils Christian, and Rolf Anker Ims, eds. *The Biology of Lemmings*. London: Academic Press for the Linnean Society of London, 1993.
Sussman, Robert Wald. *The Myth of Race: The Troubling Persistence of an Unscientific Idea*. Cambridge, MA: Harvard University Press, 2014.
Switek, Brian. "The Tragedy of Saartje Baartman." *Science Blogs*, February 27, 2009.
Tanton, John H. "International Migration as an Obstacle to Achieving World Stability." *Ecologist* 6 (1976): 221–27.
Taylor, Adam. "Who Is Nils Bildt? Swedish 'National Security Adviser' Interviewed by Fox News Is a Mystery to Swedes." *Washington Post*, February 25, 2017.
Thompson, Ken. *Where Do Camels Belong?: The Story and Science of Invasive Species*. Vancouver, BC: Greystone Books, 2014.（ケン・トムソン『外来種のウソ・ホントを科学する』屋代通子訳　築地書館　2017）
Turner, Tom. "The Vindication of a Public Scholar." *Earth Island Journal*, Summer 2009.
Warren, Charles R. "Perspectives on the 'Alien' Versus 'Native' Species Debate: A Critique of Concepts, Language and Practice." *Progress in Human Geography* 31, no. 4 (2007): 427–46.
Zeidel, Robert F. *Immigrants, Progressives and Exclusion Politics: The Dillingham Commission, 1900–1927*. DeKalb: Northern Illinois University Press, 2004.
Zenderland, Leila. *Measuring Minds: Henry Herbert Goddard and the Origins of American Intelligence Testing*. New York: Cambridge University Press, 1998.

Circumstances Remain Murky." *Washington Post*, November 20, 2017.

Mukherjee, Siddhartha. *The Gene: An Intimate History*. New York: Scribner, 2016.（シッダールタ・ムカジー『遺伝子——親密なる人類史　上・下』田中文訳　早川書房　2021）

Nathan, Debbie. "How the Border Patrol Faked Statistics Showing a 73 Percent Rise in Assaults Against Agents." *Intercept*, April 23, 2018.

Nicholls, Henry. "The Truth About Norwegian Lemmings." BBC Earth, November 21, 2014.

Normandin, Sebastian, and Sean A. Valles. "How a Network of Conservationists and Population Control Activists Created the Contemporary U.S. Anti-Immigration Movement." *Endeavour* 39, no. 2 (2015): 95–105.

Nowrasteh, Alex. "Deaths of Border Patrol Agents Don't Argue for a Longer Mexico Border Wall." *Newsweek*, November 28, 2017.

Osborn, Henry Fairfield. "Lo, the Poor Nordic!" (letter to the editor). *New York Times*, April 8, 1924.

Pierpont, Claudia Roth. "The Measure of America: How a Rebel Anthropologist Waged War on Racism." *New Yorker*, March 8, 2004.

Provine, William B. "Geneticists and the Biology of Race Crossing." *Science* 182, no. 4114 (1973): 790–96.

Queiroz, Alan de. *The Monkey's Voyage: How Improbable Journeys Shaped the History of Life*. New York: Basic Books, 2014.（アラン・デケイロス『サルは大西洋を渡った——奇跡的な航海が生んだ進化史』柴田裕之＋林美佐子訳　みすず書房　2017）

Ramsden, Edmund. "Confronting the Stigma of Perfection: Genetic Demography, Diversity and the Quest for a Democratic Eugenics in the Post-War United States." London School of Economics, August 2006.

Ramsden, Edmund, and Jon Adams. "Escaping the Laboratory: The Rodent Experiments of John B. Calhoun and Their Cultural Influence." *Journal of Social History*, Spring 2009.

Ramsden, Edmund, and Duncan Wilson. "The Suicidal Animal: Science and the Nature of Self-Destruction." *Past and Present*, August 2014, 201–42.

Reed, Brian. "Fear and Loathing in Homer and Rockville, Act One: Fear." *This American Life*, July 21, 2017.

Reich, David. *Who We Are and How We Got Here: Ancient DNA and the New Science of the Human Past*. New York: Pantheon, 2018.

Ritz, John-David, and Aretha Bergdahl. "People in Sweden's Alleged 'No-Go Zones' Talk About What It's Like to Live There." *Vice*, November 2, 2016.

Rivas, Jorge. "DHS Ignored Its Own Staff's Findings Before Ending Humanitarian Program for Haitians." *Splinter*, April 17, 2018.

Roberts, Dorothy. *Fatal Invention: How Science, Politics, and Big Business Re-Create Race in the Twenty-First Century*. New York: New Press, 2012.

Roberts, Leslie. "How to Sample the World's Genetic Diversity." *Science*, August 28, 1992.

Robertson, Thomas. *The Malthusian Moment: Global Population Growth and the Birth of American Environmentalism*. New Brunswick, NJ: Rutgers University Press, 2012.

Rohe, John F. *Mary Lou and John Tanton: A Journey into American Conservation; Biography of Mary Lou and John Tanton*. Washington, D.C.: FAIR Horizon Press, 2002, https://www.johntanton.org/docs/book_tanton_biography_jr.pdf.

Schiebinger, Londa. *Nature's Body: Gender in the Making of Modern Science*. Boston: Beacon Press, 1993.（ロンダ・シービンガー『女性を弄ぶ博物学——リンネはなぜ乳房にこだわったのか？』小川眞里子＋財部香枝訳　工作舎　1996）

——. "Taxonomy for Human Beings." In Gill Kirkup, Linda Janes, Kathryn Woodward, and Fiona

Holton, Graham E. L. "Heyerdahl's Kon Tiki Theory and the Denial of the Indigenous Past." *Anthropological Forum* 14, no. 2 (2004).

Horowitz, Daniel. *The Anxieties of Affluence: Critiques of American Consumer Culture, 1939–1979*. Amherst: University of Massachusetts Press, 2004.

Jablonski, Nina G. *Living Color: The Biological and Social Meaning of Skin Color*. Berkeley: University of California Press, 2012.

Jones, Reece, ed. *Open Borders: In Defense of Free Movement*. Athens: University of Georgia Press, 2019.

Kessler, Rebecca. "The Most Extreme Migration on Earth?" *Science*, June 7, 2011.

Kirkbride, Hilary. "What Are the Public Health Benefits of Screening Migrants for Infectious Diseases?" European Congress of Clinical Microbiology and Infectious Diseases, Amsterdam, April 12, 2016.

Koerner, Lisbet. *Linnaeus: Nature and Nation*. Cambridge, MA: Harvard University Press, 1999.

Lalami, Laila. "Who Is to Blame for the Cologne Sex Attacks?" *Nation*, March 10, 2016.

Lam, Katherine. "Border Patrol Agent Appeared to Be Ambushed by Illegal Immigrants, Bashed with Rocks Before Death." Fox News, November 21, 2017.

Laughlin, H. Hamilton. *The Second International Exhibition of Eugenics Held September 22 to October 22, 1921, in Connection with the Second International Congress of Eugenics in the American Museum of Natural History, New York*: ... Baltimore: Williams & Wilkins, 1923.

Lewis, David. *We, the Navigators: The Ancient Art of Landfinding in the Pacific*. Honolulu: University of Hawaii Press, 1994.

Lim, May, Richard Metzler, and Yaneer Bar-Yam. "Global Pattern Formation and Ethnic/Cultural Violence." *Science* 317, no. 5844 (2007): 1540–44.

Lindkvist, Hugo. "Swedish Police Featured in Fox News Segment: Filmmaker Is a Madman." *Dagens Nyheter*, February 26, 2017.

Lindström, Jan, et al. "From Arctic Lemmings to Adaptive Dynamics: Charles Elton's Legacy in Population Ecology." *Biological Reviews* 76, no. 1 (2001): 129–58.

Mann, Charles C. "The Book That Incited a Worldwide Fear of Overpopulation." *Smithsonian*, January 2018.

Marks, Jonathan. *Human Biodiversity: Genes, Race, and History*. New York: Aldine De Gruyter, 1995.

Marris, Emma. "Tree Hitched a Ride to Island." *Nature*, June 18, 2014.

Massin, Benoit. "From Virchow to Fischer: Physical Anthropology and 'Modern Race Theories' in Wilhelmine Germany." In George Stocking, ed., *Volksgeist As Method and Ethic: Essays on Boasian Ethnography and the German Anthropological Tradition*. Madison: University of Wisconsin Press, 1988.

Mavroudi, Elizabeth, and Caroline Nagel. *Global Migration: Patterns, Processes, and Politics*. London: Routledge, 2016.

McAllister, Edward, and Alessandra Prentice. "African Migrants Turn to Deadly Ocean Route as Options Narrow." Reuters, December 3, 2018.

McLeman, Robert A. *Climate and Human Migration: Past Experiences, Future Challenges*. New York: Cambridge University Press, 2013.

Montagu, Ashley. "What Is Remarkable About Varieties of Man Is Likenesses, Not Differences." *Current Anthropology*, October 1963.

Mooney, H. A., and E. E. Cleland. "The Evolutionary Impact of Invasive Species." *Proceedings of the National Academy of Sciences* 98, no. 10 (2001): 5446–51.

Moore, Robert, Lindsey Bever, and Nick Miroff. "A Border Patrol Agent Is Dead in Texas, but the

Penguin, 2004.（チャールズ・R・ダーウィン『人間の進化と性淘汰　1・2』長谷川眞理子訳　文一総合出版　2000）
Davenport, Charles B. *Heredity in Relation to Eugenics*. New York: Henry Holt, 1911.（ダヴェンポート『人種改良学』中瀬古六郎＋吉村大次郎訳　大日本文明協会事務所　1914）
Davenport, Charles B., et al., eds. *Eugenics in Race and State*, vol. 2, *Scientific Papers of the Second International Congress of Eugenics, Held at the American Museum of Natural History,* September 22–28, 1921. Baltimore: Williams & Wilkins, 1923.
DeParle, Jason. "The Anti-Immigration Crusader." *New York Times*, April 17, 2011.
Desrochers, Pierre, and Christine Hoffbauer. "The Postwar Intellectual Roots of *The Population Bomb*: Fairfield Osborn's Our Plundered Planet and William Vogt's *Road to Survival* in Retrospect." *Electronic Journal of Sustainable Development* 1, no. 3（2009）.
Dingle, Hugh. Migration: *The Biology of Life on the Move*. New York: Oxford University Press, 1996.
Dobzhansky, Theodosius. "Possibility That *Homo sapiens* Evolved Independently 5 Times Is Vanishingly Small." *Current Anthropology*, October 1963.
Ehrlich, Paul. Interview by WOI-TV, April 24, 1970, YouTube, https://www.youtube.com/watch?v=YZWiRalkXxg
——. *The Population Bomb*. Cutchogue, NY: Buccaneer Books, 1968.（ポール・R・エーリック『人口爆弾』宮川毅訳　河出書房新社　1974）
Ehrlich, Paul R., and John P. Holdren. "Impact of Population Growth." *Science*, March 26, 1971.
Elton, Charles S. *The Ecology of Invasions by Animals and Plants*. 1958; reprinted Chicago: University of Chicago Press, 2000.（チャールズ・S・エルトン『侵略の生態学』川那部浩哉ほか訳　思索社　1988）
——. "Periodic Fluctuations in the Numbers of Animals: Their Causes and Effects." *Journal of Experimental Biology* 2, no. 1（1924）: 119–63.
Fausto-Sterling, Anne. "Gender, Race, and Nation: The Comparative Anatomy of 'Hottentot' Women in Europe, 1815–1817." In Jennifer Terry and Jacqueline Urla, eds., *Deviant Bodies: Critical Perspectives on Difference in Science and Popular Culture*. Bloomington: Indiana University Press, 1995.
Finney, Ben. "Myth, Experiment, and the Reinvention of Polynesian Voyaging." *American Anthropologist* 93, no. 2（1991）: 383–404.
Frangsmyr, Tore, ed. *Linnaeus: The Man and His Work*. Berkeley: University of California Press, 1983.
Gelb, Steven A., Garland E. Allen, Andrew Futterman, and Barry Mehler. "Rewriting Mental Testing History: The View from *The American Psychologist*." *Sage Race Relations Abstracts* 11（May 1986）.
Gocha, Timothy, Katherine Spradley, and Ryan Strand. "Bodies in Limbo: Issues in Identification and Repatriation of Migrant Remains in South Texas." In Krista Latham and Alyson J. O'Daniel, eds., *Sociopolitics of Migrant Death and Repatriation: Perspectives from Forensic Science*. Cham, Switzerland: Springer, 2018.
Gould, Stephen Jay. *The Flamingo's Smile: Reflections in Natural History*. New York: W. W. Norton, 1987.
Gutiérrez, Elena R. *Fertile Matters: The Politics of Mexican-American Origin Women's Reproduction*. Austin: University of Texas Press, 2008.
Harmon, Amy. "Why White Supremacists Are Chugging Milk（And Why Geneticists Are Alarmed）." *New York Times*, October 17, 2018.
Hartmann, Betsy. *The America Syndrome: Apocalypse, War, and Our Call to Greatness*. New York: Seven Stories Press, 2017.

参考文献

Aaronson, Trevor. "Trump Administration Skews Terror Data to Justify Anti-Muslim Travel Ban." *Intercept*, January 16, 2018.

Anderson, Warwick. "Hybridity, Race, and Science: The Voyage of the *Zaca*, 1934–1935." *Isis* 103, no. 2 (2012): 229–53.

——. "Racial Hybridity, Physical Anthropology, and Human Biology in the Colonial Laboratories of the United States." *Current Anthropology* 53, no. S5 (April 2012): S95–S107.

Anker, Peder. *Imperial Ecology: Environmental Order in the British Empire, 1895–1945*. Cambridge, MA: Harvard University Press, 2009.

Bashford, Alison. *Global Population: History, Geopolitics, and Life on Earth*. New York: Columbia University Press, 2014.

Bendyshe, T. "The History of Anthropology: On the Anthropology of Linnaeus—1735–1776." In *Memoirs Read Before the Anthropological Society of London* (London: Trübner and Co., 1865).

Benton-Cohen, Katherine. *Inventing the Immigration Problem: The Dillingham Commission and Its Legacy*. Cambridge, MA: Harvard University Press, 2018.

Black, Edwin. *War Against the Weak: Eugenics and America's Campaign to Create a Master Race*. Washington, D.C.: Dialog Press, 2003.（エドウィン・ブラック『弱者に仕掛けた戦争——アメリカ優生学運動の歴史』貴堂嘉之監訳　西川美樹訳　人文書院　2022）

Blunt, Wilfrid. *Linnaeus: The Compleat Naturalist*. London: Francis Lincoln, 2004.

Broberg, Gunnar. "Anthropomorpha." In Frank Spencer, ed., *History of Physical Anthropology*. London: Routledge, 1996.

——. "*Homo sapiens*: Linnaeus's Classification of Man." In Tore Frangsmyr, ed., *Linnaeus: The Man and His Work*. Berkeley: University of California Press, 1983.

Chamberlin, J. Edward, and Sander L. Gilman, eds. *Degeneration: The Dark Side of Progress*. New York: Columbia University Press, 1985.

Cheshire, James, and Oliver Uberti. *Where the Animals Go: Tracking Wildlife with Technology in 50 Maps and Graphics*. New York: W. W. Norton, 2016.

Chew, Matthew K. "Ending with Elton: Preludes to Invasion Biology." PhD diss., Arizona State University, December 2006.

Chitty, Dennis. *Do Lemmings Commit Suicide?: Beautiful Hypotheses and Ugly Facts*. New York: Oxford University Press, 1996.

Crawford, Michael H., and Benjamin C. Campbell, eds. *Causes and Consequences of Human Migration: An Evolutionary Perspective*. New York: Cambridge University Press, 2012.

Crotch, W. Duppa. "Further Remarks on the Lemming." *Zoological Journal of the Linnean Society* 13, no. 67 (1877): 157–60.

Crowcroft, Peter. *Elton's Ecologists: A History of the Bureau of Animal Population*. Chicago: University of Chicago Press, 1991.

Curran, Andrew S. *The Anatomy of Blackness: Science and Slavery in an Age of Enlightenment*. Baltimore: Johns Hopkins University Press, 2011.

D'Antonio, Michael. "Trump's Move to End DACA Has Roots in America's Long, Shameful History of Eugenics." *Los Angeles Times*, September 14, 2017.

Darwin, Charles. *The Descent of Man, and Selection in Relation to Sex*. 1871; reprinted New York:

45 C. L. Fincher and R. Thornhill, "Parasite-stress Promotes In-Group Assortative Sociality: The Cases of Strong Family Ties and Heightened Religiosity," *Behavioral and Brain Sciences* 35, no. 2 (2012): 61–79; Sunasir Dutta and Hayagreeva Rao, "Infectious Diseases, Contamination Rumors and Ethnic Violence: Regimental Mutinies in the Bengal Native Army in 1857 India," *Organizational Behavior and Human Decision Processes* 129 (2015): 36–47.

46 Elspeth V. Best and Mark D. Schwartz, "Fever," *Evolution, Medicine and Public Health* 2014, no. 1 (2014): 92; Peter Nalin, "What Causes a Fever?" *Scientific American*, November 21, 2005.

47 Directorate General for Communication, "Special Barometer 469: Integration of Immigrants in the European Union," European Commission, April 2018.

48 Daniel J. Hopkins, John Sides, and Jack Citrin, "The Muted Consequences of Correct Information About Immigration," *Journal of Politics* 81, no. 1 (2019): 315–20; Eduardo Porter and Karl Russell, "Migrants Are on the Rise Around the World, and Myths About Them Are Shaping Attitudes," *New York Times*, June 20, 2018.

結び　安全な移動

1 "Refugee Resettlement Facts," UNHCR, February 2019, https://www.unhcr.org/en-us/resettlement-in-the-united-states.html.

2 Andrea K. Walker, "Baltimoreans Are as Healthy as Their Neighborhoods," *Baltimore Sun*, November 12, 2012.

3 "Our Progress," Yellowstone to Yukon Conservation Initiative, n.d., https://y2y.net/vision/our-progress/our-progress; "Man-made Corridors," Conservation Corridor, n.d., https://conservationcorridor.org/corridors-in-conservation/man-made-corridors/; Tony Hiss, "Can the World Really Set Aside Half of the Planet for Wildlife?" Smithsonian, September 2014.

4 Ed Yong, "The Disturbing Walrus Scene in *Our Planet*," *Atlantic*, April 8, 2019; Michael P. Marchetti and Tag Engstrom, "The Conservation Paradox of Endangered and Invasive Species," *Conservation Biology* 30, no. 2 (2016): 434–37.

5 これが拘束力のない自発的なものだという事実があるにもかかわらず、アメリカ、オーストラリア、ブラジル、それに多くの東欧の国々では右翼の大衆迎合主義指導者や政府がコンパクトから撤退した。Frey Lindsay, "Opposition to the Global Compact for Migration Is Just Sound and Fury," *Forbes*, November 13, 2018; "Portugal Approves Plan to Implement Global Compact on Migration," *Famagusta Gazette*, August 2, 2019; Lex Rieffel, "The Global Compact on Migration: Dead on Arrival?" Brookings Institution, December 12, 2018; Edith M. Lederer, "UN General Assembly Endorses Global Migration Accord," Associated Press, December 19, 2018.

6 Jones, *Open Borders*; John Washington, "What Would an 'Open Borders' World Actually Look Like?" *Nation*, April 24, 2019.

7 Matthew Suarez, interview by author, March 6, 2018.

Dickerson et al., "Migrants at the Border: Here's Why There's No Clear End to Chaos," *New York Times*, November 26, 2018; Andrea Pitzer, "Trump's 'Migrant Protection Protocols' Hurt the People They're Supposed to Help," *Washington Post*, July 18, 2019; Migration Policy Institute, "Top 10 Migration Issues of 2019."

30 Jomana Karadsheh and Kareem Khadder, " 'Pillar of the Community' Deported from US After 39 Years to a Land He Barely Knows," CNN, February 9, 2018; Jenna DeAngelis, "Simsbury Business Owners Who Are Facing Deportation to China, Speak Out," FOX 61, February 6, 2018; Michelle Goldberg, "First They Came for the Migrants," *New York Times*, June 11, 2018.

31 Aaron Rupar, "Why the Trump Administration Is Going After Low-Income Immigrants, Explained by an Expert," *Vox*, August 12, 2019; Seth Freed Wessler, "Is Denaturalization the Next Front in the Trump Administration's War on Immigration?" *New York Times Magazine*, December 19, 2018.

32 Zach Hindin and Mario Ariza, "When Nativism Becomes Normal," *Atlantic*, May 23, 2016; Jonathan M. Katz, "What Happened When a Nation Erased Birth-Right Citizenship," *Atlantic*, November 12, 2018.

33 Geralde Gabeau, interview by author, October 24, 2017; Cindy Carcamo, "In San Diego, Haitians Watch Community Countrymen Leave for Canada," *Los Angeles Times*, August 27, 2017.

34 Michelle Ouellette, interview by author, October 5, 2017; Catherine Tunney, "How the Safe Third Country Agreement Is Changing Both Sides of the Border," CBC News, April 1, 2017.

35 Eric Taillefer, interview by author, October 2, 2017; Jonathan Montpetit, "Mamadou's Nightmare: One Man's Brush with Crossing U.S.-Quebec Border," CBC News, March 13, 2017.

36 Catherine Solyom, "Canadian Government, Others Discouraging Haitians in U.S. from Seeking Asylum Here," *Montreal Gazette*, August 14, 2017; Taillefer interview; Katherine Wilton, "Montreal Schools Preparing for Hundreds of Asylum Seekers," *Montreal Gazette*, August 22, 2017.

37 "Jean-Pierre," interview by author, October 26, 2017.

38 Lim, Metzler, and Bar-Yam, "Global Pattern Formation"; David Norman Smith and Eric Hanley, "The Anger Games: Who Voted for Donald Trump in the 2016 Election, and Why?" *Critical Sociology* 44, no. 2 (2018): 195–212.

39 Wesley Hiers, Thomas Soehl, and Andreas Wimmer, "National Trauma and the Fear of Foreigners: How Past Geopolitical Threat Heightens Anti-Immigration Sentiment Today," *Social Forces* 96, no. 1 (2017): 361–88; Lim, Metzler, and Bar-Yam, "Global Pattern Formation"; Margaret E. Peters, "Why Did Republicans Become So Opposed to Immigration? Hint: It's Not Because There's More Nativism," *Washington Post*, January 30, 2018.

40 Thomas Edsall, "How Immigration Foiled Hillary," *New York Times*, October 5, 2017.

41 Adam Ozimek, Kenan Fikri, and John Lettieri, "From Managing Decline to Building the Future: Could a Heartland Visa Help Struggling Regions?" Economic Innovation Group, April 2019.

42 Jablonski, *Living Color*; Charles Stagnor, Rajiv Jhangiani, and Hammond Tarry, "Ingroup Favoritism and Prejudice," *Principles of Social Psychology*, 1st international ed., 2019, https://opentextbc.ca/socialpsychology/.

43 Jie Zong, Jeanne Batalova, and Micayla Burrows, "Frequently Requested Statistics on Immigrants and Immigration in the United States," Migration Policy Institute, March 14, 2019; Michael B. Sauter, "Population Migration: These Are the Cities Americans Are Abandoning the Most," *USA Today*, September 18, 2018.

44 Alfred W. Crosby, "Virgin Soil Epidemics as a Factor in the Aboriginal Depopulation in America," *William and Mary Quarterly* 33, no. 2 (1976): 289–99; Sonia Shah, *The Fever: How Malaria Has Ruled Humankind for 500,000 Years* (New York: Farrar, Straus and Giroux, 2010), 65.

See U.S. Border Patrol, "Southwest Border Sectors: Southwest Border Deaths by Fiscal Year," at https://www.cbp.gov/sites/default/files/assets/documents/2019-Mar/bp-southwest-border-sector-deaths-fy1998-fy2018.pdf. Experts agree this is an underestimate. A 2018 investigation by *USA Today* reporters estimates that the true number of deaths is between 25 and 300 percent higher. Rob O'Dell, Daniel González, and Jill Castellano, " 'Mass Disaster' Grows at the U.S.-Mexico Border, But Washington Doesn't Seem to Care," in "The Wall: Unknown Stories, Unintended Consequences," *USA Today* Network special report, 2018, https://www.usatoday.com/border-wall/.

17 Manny Fernandez, "A Path to America, Marked by More and More Bodies," *New York Times*, May 4, 2017.

18 "Schengen: Controversial EU Free Movement Deal Explained," BBC, April 24, 2016; Piro Rexhepi, "Europe Wrote the Book on Demonising Refugees, Long Before Trump Read It," *Guardian*, February 21, 2017.

19 Lizzie Dearden, "Syrian Asylum Seeker 'Hangs Himself ' in Greece Amid Warnings Over Suicide Attempts by Trapped Refugees," *Independent*, March 28, 2017.

20 Doctors Without Borders members, interview by author, June 12, 2016.

21 Ghulam Haqyar, interview by author, June 12, 2016.

22 Court of Justice of the European Union, "According to Advocate General Trstenjak, Asylum Seekers May Not Be Transferred to Other Member States If They Could There Face a Serious Breach of the Fundamental Rights Which They Are Guaranteed Under the Charter of Fundamental Rights," Press Release, September 22, 2011

23 "The Truth About Migration," *New Scientist*, April 6, 2016.

24 Sarah Spencer and Vanessa Hughes, "Outside and In: Legal Entitlements to Health Care and Education for Migrants with Irregular Status in Europe," COMPAS: Centre on Migration, Policy & Society, University of Oxford, July 2015; Michele LeVoy and Alyna C. Smith, "PICUM: A Platform for Advancing Undocumented Migrants' Rights, Including Equal Access to Health Services," *Public Health Aspects of Migration in Europe*, WHO Newsletters, no. 8, March 2016; Marianne Mollmann, "A New Low: Stealing Family Heirlooms in Exchange for Protection," *Physicians for Human Rights*, December 16, 2015.

25 Cornelis J. Laban et al., "The Impact of a Long Asylum Procedure on Quality of Life, Disability and Physical Health in Iraqi Asylum Seekers in the Netherlands," *Social Psychiatry and Psychiatric Epidemiology* 43, no. 7 (2008): 507–15.

26 Laura C. N. Wood, "Impact of Punitive Immigration Policies, Parent-Child Separation and Child Detention on the Mental Health and Development of Children," *BMJ Paediatrics Open* 2, no. 1 (2018); Dara Lind, "A New York Courtroom Gave Every Detained Immigrant a Lawyer. The Results Were Staggering," *Vox*, November 9, 2017; Michelle Brané and Margo Schlanger, "This Is What's Really Happening to Kids at the Border," *Washington Post*, May 30, 2018; Jacob Soboroff, "Emails Show Trump Admin Had 'No Way to Link' Separated Migrant Children to Parents," NBC News, May 1, 2019.

27 David Shepardson, "Trump Says Family Separations Deter Illegal Immigration," Reuters, October 13, 2018; Dara Lind, "Trump's DHS Is Using an Extremely Dubious Statistic to Justify Splitting Up Families at the Border," *Vox*, May 8, 2018.

28 Brittany Shoot, "Federal Government Shutdown Could More Than Double Wait Time for Immigration Cases," *Fortune*, January 11, 2019; Brett Samuels, "Trump Rejects Calls for More Immigration Judges: 'We Have to Have a Real Border, Not Judges,' " *Hill*, June 19, 2018.

29 American Immigration Council, "A Primer on Expedited Removal," July 22, 2019; Caitlin

44 "Water Is 'Catalyst' for Cooperation, Not Conflict, UN Chief Tells Security Council," *UN News*, June 6, 2017; Philipp Blom, *Nature's Mutiny: How the Little Ice Age of the Long Seventeenth Century Transformed the West and Shaped the Present* (New York: W. W. Norton, 2017); John Lanchester, "How the Little Ice Age Changed History," *New Yorker*, April 1, 2019; United Nations Convention to Combat Desertification, "The Great Green Wall Initiative," https://www.unccd.int/actions/great-green-wall-initiative.

第10章　壁

1 Christos Mavrakidis, interview by author, June 2016.
2 Gocha, Spradley, and Strand, "Bodies in Limbo"; Manny Fernandez, "A Path to America, Marked by More and More Bodies," *New York Times*, May 4, 2017.
3 Kate Spradley and Eddie Canales, interview by author, January 8, 2018; Mark Reagan and Lorenzo Zazueta-Castro, "Death of a Dream: Hundreds of Migrants Have Died Crossing Into Valley," *Monitor* (McAllen, Tex.), July 28, 2019.
4 Gocha, Spradley, and Strand, "Bodies in Limbo."
5 Michael T. Burrows et al., "Geographical Limits to Species-Range Shifts Are Suggested by Climate Velocity," *Nature* 507, no. 7493 (2014): 492; John R. Platt, "Climate Change Claims Its First Mammal Extinction," *Scientific American*, March 21, 2019.
6 Michael Miller, "New UC Map Shows Why People Flee," *UC News*, November 15, 2018; Stuart L. Pimm et al., "The Biodiversity of Species and Their Rates of Extinction, Distribution, and Protection," *Science* 344, no. 6187 (2014): 1246752.
7 Ken Wells, "Wildlife Crossings Get a Whole New Look," *Wall Street Journal*, June 20, 2017; "World's Largest Wildlife Corridor to Be Built in California," Ecowatch, September 27, 2015; Gabe Bullard, "Animals Like Green Space in Cities—And That's a Problem," *National Geographic*, April 20, 2016; Eliza Barclay and Sarah Frostenson, "The Ecological Disaster That Is Trump's Border Wall: A Visual Guide," *Vox*, February 5, 2019.
8 Marlee A. Tucker et al., "Moving in the Anthropocene: Global Reductions in Terrestrial Mammalian Movements," *Science* 359, no. 6374 (2018): 466–69.
9 Elisabeth Vallet, "Border Walls and the Illusion of Deterrence," in Jones, *Open Borders*; see also Samuel Granados et al., "Raising Barriers: A New Age of Walls: Episode 1," Washington Post, October 12, 2016; David Frye, *Walls: A History of Civilization in Blood and Brick* (New York: Scribner, 2018), 238.
10 Noah Greenwald et al., "A Wall in the Wild: The Disastrous Impacts of Trump's Border Wall on Wildlife," Center for Biological Diversity, May 2017; Jamie W. McCallum, J. Marcus Rowcliffe, and Innes C. Cuthill, "Conservation on International Boundaries: The Impact of Security Barriers on Selected Terrestrial Mammals in Four Protected Areas in Arizona, USA," *Plos one* 9, no. 4 (2014): e93679.
11 McAllister and Prentice, "African Migrants Turn to Deadly Ocean Route."
12 See Reece Jones, *Violent Borders: Refugees and the Right to Move* (London: Verso, 2016).
13 UNHCR, "Desperate Journeys: Refugees and Migrants Arriving in Europe and at Europe's Borders," January-December 2018.
14 Joe Penney, "Why More Migrants Are Dying in the Sahara," *New York Times*, August 22, 2017; McAllister and Prentice, "African Migrants Turn to Deadly Ocean Route."
15 Alan Cowell, "German Newspaper Catalogs 33,293 Who Died Trying to Enter Europe," *New York Times*, November 13, 2017.
16 The official number of deaths counted by U.S. Border Patrol between 1998 and 2018 is 7,505.

Selection on a Regulatory Insertion–Deletion Polymorphism in FADS2 Influences Apparent Endogenous Synthesis of Arachidonic Acid," *Molecular Biology and Evolution* 33, no. 7 (2016): 1726–39; Harmon, "Why White Supremacists"; Pascale Gerbault et al., "Evolution of Lactase Persistence: An Example of Human Niche Construction," *Philosophical Transactions of the Royal Society B: Biological Sciences* 366, no. 1566 (2011): 863–77.

33 Mark Aldenderfer, "Peopling the Tibetan Plateau: Migrants, Genes and Genetic Adaptations," in Crawford and Campbell, *Causes and Consequences*.

34 Aneri Pattani, "They Were Shorter and at Risk for Arthritis, But They Survived an Ice Age," *New York Times*, July 6, 2017; Jacob J. E. Koopman et al., "An Emerging Epidemic of Noncommunicable Diseases in Developing Populations Due to a Triple Evolutionary Mismatch," *American Journal of Tropical Medicine and Hygiene* (2016): 1189-92; Isabelle C. Withrock et al., "Genetic Diseases Conferring Resistance to Infectious Diseases," *Genes and Diseases* 2, no. 3 (2015): 247–54; G. Genovese et al., "Association of Trypanolytic ApoL1 Variants with Kidney Disease in African Americans," *Science* 329 (2010): 841–45.

35 Benjamin C. Campbell and Lindsay Barone, "Evolutionary Basis of Human Migration," in Crawford and Campbell, *Causes and Consequences*.

36 Jonathon C. K. Wells and Jay T. Stock, "The Biology of Human Migration: The Ape that Won't Commit?" in Crawford and Campbell, *Causes and Consequences*.

37 McLeman, *Climate and Human Migration*; Nagel, *Global Migration*, 95; David P. Lindstrom and Adriana López Ramírez, "Pioneers and Followers: Migrant Selectivity and the Development of US Migration Streams in Latin America," *Annals of the American Academy of Political and Social Science* 630, no. 1 (2010): 53–77; Alexander Domnich et al., "The 'Healthy Immigrant' Effect: Does It Exist in Europe Today?," *Italian Journal of Public Health* 9, no. 3 (2012); Steven Kennedy et al., "The Healthy Immigrant Effect: Patterns and Evidence from Four Countries," *Journal of International Migration and Integration* 16, no. 2 (2015): 317–32.

38 See, e.g., National Academies of Sciences, Engineering, and Medicine, and Committee on Population, *The Integration of Immigrants Into American Society* (National Academies Press, 2016); Francine D. Blau et al., "The Transmission of Women's Fertility, Human Capital, and Work Orientation Across Immigrant Generations," *Journal of Population Economics* 26, no. 2 (2013): 405–35.

39 Sohini Ramachandran and Noah A. Rosenberg, "A Test of the Influence of Continental Axes of Orientation on Patterns of Human Gene Flow," *American Journal of Physical Anthropology* 146, no. 4 (2011): 515–29.

40 McLeman, *Climate and Human Migration*.

41 Richard Black et al., "The Effect of Environmental Change on Human Migration," *Global Environmental Change*, December 2011; Etienne Piguet, Antoine Pécoud, and Paul de Guchteneire, "Introduction: Migration and Climate Change," in Etienne Piguet et al., eds., *Migration and Climate Change* (New York: Cambridge University Press, 2011), 9; McLeman, *Climate and Human Migration*; Dina Ionesco, Daria Mokhnacheva, and François Gemenne, *The Atlas of Environmental Migration* (London: Routledge, 2016); Anastasia Moloney, "Two Million Risk Hunger After Drought in Central America," Reuters, September 7, 2018; Lauren Markham, "The Caravan Is a Climate Change Story," Sierra, November 9, 2018.

42 Colin P. Kelley et al., "Climate Change in the Fertile Crescent and Implications of the Recent Syrian Drought," *Proceedings of the National Academy of Sciences* 112, no. 11 (2015): 3241–46.

43 Helene Bie Lilleor and Kathleen Van den Broeck, "Economic Drivers of Migration and Climate Change in LDCs," *Global Environmental Change* 21S (2011), s70–81.

Organization on Migration Global Migration Data Analysis Centre, https://migrationdataportal.org/themes/remittances#key-trends.

17 Douglas S. Massey et al., "Theories of International Migration: A Review and Appraisal," *Population and Development Review* 19, no. 3 (1993): 431–66.

18 See, e.g., Crawford and Campbell, *Causes and Consequences*; Mukherjee, *Gene*, 339.

19 McLeman, *Climate and Human Migration*; Etienne Piguet, "From 'Primitive Migration' to 'Climate Refugees': The Curious Fate of the Natural Environment in Migration Studies," *Annals of the Association of American Geographers* 103 (2013): 148–62; Issie Lapowsky, "How Climate Change Became a National Security Problem," *Wired*, October 20, 2015; Peter B. DeMenocal, "Cultural Responses to Climate Change During the Late Holocene," *Science* 292, no. 5517 (2001): 667–73.

20 Axel Timmermann and Tobias Friedrich, "Late Pleistocene Climate Drivers of Early Human Migration," *Nature* 538, no. 7623 (2016): 92.

21 Charlotte Edmond, "5 Places Relocating People Because of Climate Change," World Economic Forum, June 29, 2017; Charles Anderson, "New Zealand Considers Creating Climate Change Refugee Visas," *Guardian*, October 31, 2017.

22 Karen Musalo, "Systematic Plan to Narrow Humanitarian Protection: A New Era of US Asylum Policy," 15th Annual Immigration Law and Policy Conference, Georgetown University Law Center, Washington, D.C., October 1, 2018.

23 Lauren Carasik, "Trump's Safe Third Country Agreement with Guatemala Is a Lie," *Foreign Policy*, July 30, 2019.

24 Richard Black et al., "The Effect of Environmental Change on Human Migration," *Global Environmental Change*, December 2011.

25 Jonathan K. Pritchard, "How We Are Evolving," *Scientific American*, December 7, 2012; Carl Zimmer, "Genes for Skin Color Rebut Dated Notions of Race, Researchers Say," *New York Times*, October 12, 2017.

26 D. Peter Snustad and Michael J. Simmons, *Principles of Genetics*, 6th ed. (Hoboken, NJ: John Wiley & Sons, 2012); I. Lobo, "Environmental Influences on Gene Expression," *Nature Education* 1, no. 1 (2008): 39; Patrick Bateson et al., "Developmental Plasticity and Human Health," *Nature* 430, no. 6998 (2004): 419.

27 Michael Kücken and Alan C. Newell, "Fingerprint Formation," *Journal of Theoretical Biology* 235, no. 1 (2005): 71–83.

28 Carl Zimmer, "The Famine Ended 70 Years Ago, But Dutch Genes Still Bear Scars," *New York Times*, January 31, 2018; Peter Ekamper et al., "Independent and Additive Association of Prenatal Famine Exposure and Intermediary Life Conditions with Adult Mortality Between Age 18–63 Years," *Social Science and Medicine* 119 (2014): 232–39.

29 David J. P. Barker, "The Origins of the Developmental Origins Theory," *Journal of Internal Medicine* 261, no. 5 (2007): 412–17.

30 J. B. Harris et al. "Susceptibility to Vibrio cholerae Infection in a Cohort of Household Contacts of Patients with Cholera in Bangladesh," *PLOS Neglected Tropical Diseases* 2 (2008): e221.

31 A. W. C. Yuen and N. G. Jablonski, "Vitamin D: In the Evolution of Human Skin Colour," *Medical Hypotheses* 74, no. 1 (2010): 39–44.

32 William R. Leonard et al., "Climatic Influences on Basal Metabolic Rates Among Circumpolar Populations," *American Journal of Human Biology* 14, no. 5 (2002): 609–20; Caleb E. Finch and Craig B. Stanford, "Meat-adaptive Genes and the Evolution of Slower Aging in Humans," *Quarterly Review of Biology* 79, no. 1 (2004): 3–50; Kumar S. D. Kothapalli et al., "Positive

49 Thompson, *Where Do Camels Belong?* 2.
50 Vladimir Torres et al., "Astronomical Tuning of Long Pollen Records Reveals the Dynamic History of Montane Biomes and Lake Levels in the Tropical High Andes During the Quaternary," *Quaternary Science Reviews* 63 (2013): 59–72.

第9章　移動を引き起こすものと移動が引き起こすもの

1 Jeff Parsons, interview by author, October 25, 2017; Scott A. Sherrill-Mix, Michael C. James, and Ransom A. Myers, "Migration Cues and Timing in Leatherback Sea Turtles," *Behavioral Ecology* 19, no. 2 (2007): 231–36; R. T. Holmes et al., "Black-throated Blue Warbler (*Setophaga caerulescens*)," in P. G. Rodewald, ed., *The Birds of North America* (Ithaca, NY: Cornell Lab of Ornithology, 2017), https://doi.org/10.2173/bna.btbwar.03.
2 Dingle, *Migration*, 252, 420.
3 Allison K. Shaw and Iain D. Couzin, "Migration or Residency? The Evolution of Movement Behavior and Information Usage in Seasonal Environments," *American Naturalist* 181, no. 1 (2012): 114–24.
4 Dingle, *Migration*, 22.
5 Dingle, *Migration*, 157; Christopher G. Guglielmo, "Obese Super Athletes: Fat-Fueled Migration in Birds and Bats," *Journal of Experimental Biology* 221, suppl. 1 (2018): jeb165753.
6 Dingle, *Migration*, 138–39.
7 Elke Maier, "A Four-Legged Early-Warning System," ICARUS: Global Monitoring with Animals, https://www.icarus.mpg.de/11706/a-four-legged-early-warning-system.
8 Martin Wikelski, interview by author, September 7, 2017; Richard A. Holland, et al., "The Secret Life of Oilbirds: New Insights into the Movement Ecology of a Unique Avian Frugivore," *PLOS One* 4, no. 12 (2009): e8264.
9 Christine Mlot, "Are Isle Royale's Wolves Chasing Extinction?" *Science*, May 24, 2013.
10 Joshua J. Tewksbury et al., "Corridors Affect Plants, Animals, and Their Interactions in Fragmented Landscapes," *Proceedings of the National Academy of Sciences* 99, no. 20 (2002): 12923–26.
11 Stu Weiss, interview by author, March 7, 2018.
12 Camille Parmesan, interview by author, January 7, 2018; GrrlScientist, "The Evolutionary Trap That Wiped Out Thousands of Butterflies," Forbes, May 9, 2018; J. S. Kennedy, "Migration, Behavioral and Ecological," in Mary Ann Rankin and Donald E. Wohlschlag, eds., *Contributions in Marine Science*, vol. 27 *Supplement* (1985); Paul R. Ehrlich et al., "Extinction, Reduction, Stability and Increase: The Responses of Checkerspot Butterfly (Euphydryas) Populations to the California Drought," *Oecologia* 46, no. 1 (1980): 101–5; Susan Harrison, "Long-Distance Dispersal and Colonization in the Bay Checkerspot Butterfly, *Euphydryas editha bayensis*," *Ecology* 70, no. 5 (1989): 1236–43, www.jstor.org/stable/1938181.
13 Marjo Saastamoinen et al., "Predictive Adaptive Responses: Condition-Dependent Impact of Adult Nutrition and Flight in the Tropical Butterfly *Bicyclus anynana*," *American Naturalist* 176, no. 6 (2010): 686–98; Dingle, *Migration*, 61.
14 Jablonski, *Living Color*, 42.
15 Timothy P. Foran, "Economic Activities: Fur Trade," Virtual Museum of New France, Canadian Museum of History, https://www.historymuseum.ca/virtual-museum-of-new-france/economic-activities/fur-trade/; Marc Larocque, "Whaling, Overpopulation of Azores Led to Portuguese Immigration to SouthCoast," *Herald News* (Fall River, MA), June 10, 2012.
16 Mavroudi and Nagel, *Global Migration*, 99; "Remittances," Migration Data Portal, International

20 Roland Kays et al., "Terrestrial Animal Tracking as an Eye on Life and Planet," *Science* 348, no. 6240 (2015): aaa2478.
21 "The Worldwide Migration Pattern Of White Storks: Differences and Consequences," Max Planck Institute for Ornithology; "Saw-whet owl migration," Ned Smith Center for Nature and Art.
22 Bernd Heinrich, *The Homing Instinct: Meaning and Mystery in Animal Migration* (Boston: Mariner Books, 2015), 45.
23 Paul R. Ehrlich, "Intrinsic Barriers to Dispersal in Checkerspot Butterfly," *Science*, July 14, 1961.
24 Martin Wikelski, interview by author, September 7, 2017.
25 Cheshire and Uberti, *Where the Animals Go*, 36.
26 Mark Sullivan, "A Brief History of GPS," TechHive, August 9, 2012, https://www.pcworld.com/article/2000276/a-brief-history-of-gps.html.
27 Jean-Jacques Segalen, "Acacia heterophylla," Dave's Garden, February 15, 2016, https://davesgarden.com/guides/articles/acacia-heterophylla.
28 Johannes J. Le Roux et al., "Relatedness Defies Biogeography: The Tale of Two Island Endemics (*Acacia heterophylla* and *A. koa*)," *New Phytologist* 204, no. 1 (2014): 230–42; "Botanists Solve Tree Mystery," IOL.co.za, June 27, 2014.
29 Marris, "Tree Hitched a Ride."
30 Queiroz, *Monkey's Voyage*, 166–67, 212–13, 293.
31 Marris, "Tree Hitched a ride."
32 "Frequently Asked Questions About Selective Availability: Updated October 2001," GPS.gov, https://www.gps.gov/systems/gps/modernization/sa/faq/.
33 Cheshire and Uberti, *Where the Animals Go*.
34 Wikelski interview.
35 Cheshire and Uberti, *Where the Animals Go*; Queiroz, *Monkey's Voyage*, 148; Wikelski interview; Roland Kays et al., "Terrestrial Animal Tracking as an Eye on Life and Planet," *Science* 348, no. 6240 (2015): aaa2478; Kessler, "Most Extreme Migration?"
36 Dingle, *Migration*, 62.
37 Iain Couzin, interview by author, August 25, 2017.
38 Cheshire and Uberti, *Where the Animals Go*.
39 "Ears for Icarus: Russian Rocket Delivers Antenna for Animal Tracking System to the International Space Station," Max-Planck-Gesellschaft, February 13, 2018, https://www.mpg.de/11939385/ears-for-icarus.
40 Wikelski interview.
41 Warren, "Perspectives on 'Alien.' "
42 Mooney and Cleland, "Evolutionary Impact."
43 Mark Vellend et al., "Global Meta-Analysis Reveals No Net Change in Local-Scale Plant Biodiversity Over Time," *Proceedings of the National Academy of Sciences* 110, no. 48 (2013): 19456–59; Thompson, *Where Do Camels Belong?* 108.
44 Mooney and Cleland, "Evolutionary Impact"; Jessica Gurevitch and Dianna K. Padilla, "Are Invasive Species a Major Cause of Extinctions?" *Trends in Ecology and Evolution* 19, no. 9 (2004): 470–74; Thompson, *Where Do Camels Belong?* 78, 119.
45 Claude Lavoie, "Should We Care About Purple Loosestrife? The History of an Invasive Plant in North America," *Biological Invasions* 12, no. 7 (2010): 1967–99.
46 Thompson, *Where Do Camels Belong?* 46, 195–96.
47 Ostertag interview.
48 Ostertag interview.

47 “Two Women Sailing from Hawaii to Tahiti Are Rescued After Five Months Lost in the Pacific,” *Los Angeles Times*, October 27, 2017.
48 Lewis, *We, the Navigators*.
49 Carl Zimmer, “All by Itself, the Humble Sweet Potato Colonized the World,” *New York Times*, April 12, 2018.

第8章 野蛮な外来者？

1 Cape May Fall Festival, Cape May, NJ, October 21, 2017; Kristin Saltonstall, “Cryptic Invasion by a Non-Native Genotype of the Common Reed, *Phragmites australis*, into North America,” *Proceedings of the National Academy of Sciences* 99, no. 4 (2002): 2445–49.
2 Queiroz, Monkey’s Voyage, 26, 42, 112.
3 Thompson, *Where Do Camels Belong?* 28; Queiroz, *Monkey’s Voyage*, 41.
4 Florian Maderspacher, “Evolution: Flight of the Ratites,” *Current Biology* 27, no. 3 (2017): R110–R113; Thompson, *Where Do Camels Belong?* 12.
5 Queiroz, *Monkey’s Voyage*, 65, 86, 234.
6 Paul P. A. Mazza, “Pushing Your Luck,” review of *Monkey’s Voyage, BioScience*, May 2014; Robert H. Cowie and Brenden S. Holland, “Dispersal Is Fundamental to Biogeography and the Evolution of Biodiversity on Oceanic Islands,” *Journal of Biogeography* 33 (2006): 193–98.
7 John H. Prescott, “Rafting of Jack Rabbit on Kelp,” *Journal of Mammalogy* 40, no. 3 (1959): 443–44.
8 Alfred Runte, *National Parks: The American Experience* (Lincoln, NE: University of Nebraska Press, 1997), 179.
9 “Executive Order 13112–1. Definitions,” US Department of Agriculture National Invasive Species InformationCenter, https://www.invasivespeciesinfo.gov/executive-order-13112-section-1-definitions.
10 Mark Davis, “Defining Nature. Competing Perspectives: Between Nativism and Ecological Novelty,” *Mètode Science Studies Journal—Annual Review* 9 (2019).
11 Mooney and Cleland, “Evolutionary Impact”; Chew, “Ending with Elton.”
12 Warren, “Perspectives on ‘Alien.’ ”
13 “Invasive Species,” Hawaii Invasive Species Council, http://dlnr.hawaii.gov/hisc/info/.
14 Mooney and Cleland, “Evolutionary Impact.”
15 Rudi Mattoni et al., “The Endangered Quino Checkerspot Butterfly, *Euphydryas editha quino* (Lepidoptera: Nymphalidae),” *Journal of Research on the Lepidoptera* 34 (1997): 99–118, 1995.
16 Mooney and Cleland, “Evolutionary Impact”; Thompson, *Where Do Camels Belong?* 46, 108, 195–96; Warren, “Perspectives on ‘Alien.’ ”
17 “G2: Animal Rescue: How Can We Save Some of Our Most Charismatic Animals from Extinction Due to Climate Change? One US Biologist, Camille Parmesan, Has a Radical Suggestion: Just Pick Them Up and Move Them,” *Guardian*, February 12, 2010.
18 Stanley A. Temple, “The Nasty Necessity: Eradicating Exotics,” *Conservation Biology* 4, no. 2 (1990): 113–15.
19 Rebecca Ostertag, interview by author, February 20, 2018; Rebecca Ostertag et al., “Ecosystem and Restoration Consequences of Invasive Woody Species Removal in Hawaiian Lowland Wet Forest,” *Ecosystems* 12, no. 3 (2009): 503–15; “Two New Species of Fungi that Kill ‘Ōō Trees Get Hawaiian Names,” *University of Hawai’i News*, April 16, 2018, https://www.hawaii.edu/news/2018/04/16/ohia-killing-fungi-get-hawaiian-names/.

26 Marks, *Human Biodiversity*, 174; Roberts, *Fatal Invention*.

27 Steven Rose, "How to Get Another Thorax," *London Review of Books*, September 8, 2016.

28 Jyoti Madhusoodanan, "Human Gene Set Shrinks Again," *Scientist*, July 8, 2014.

29 *Roberts*, Fatal Invention.

30 Wolfgang Enard and Svante Pääbo, "Comparative Primate Genomics," *Annual Review of Genomics and Human Genetics* 5 (2004): 351–78.

31 Jonathan Marks, "Ten Facts about Human Variation," in M. Muehlenbein, ed., *Human Evolutionary Biology* (Cambridge: Cambridge University Press, 2010); Nicholas Wade, "Gene Study Identifies 5 Main Human Populations, Linking Them to Geography," *New York Times*, December 20, 2002.

32 Armand Marie Leroi, "A Family Tree in Every Gene," *New York Times*, March 14, 2005; Reich, *Who We Are*, xii; David Reich, "How Genetics Is Changing Our Understanding of 'Race,' " *New York Times*, March 23, 2018.

33 Kelly M. Hoffman et al., "Racial Bias in Pain Assessment and Treatment Recommendations, and False Beliefs About Biological Differences Between Blacks and Whites," *Proceedings of the National Academy of Sciences* 113, no. 16 (2016): 4296–301; Alexandria Wilkins, Victoria Efetevbia, and Esther Gross, "Reducing Implicit Bias, Raising Quality of Care May Reduce High Maternal Mortality Rates for Black Women," *Child Trends*, April 25, 2019.

34 David López Herráez et al., "Genetic Variation and Recent Positive Selection in Worldwide Human Populations: Evidence from Nearly 1 Million SNPs," *PLOS One* 4, no. 11 (2009): e7888.

35 Roberts, *Fatal Invention*, 51.

36 Steve Sailer, "Cavalli-Sforza's Ink Cloud," Vdare.com, May 24, 2000; Samuel Francis, "The Truth About a Forbidden Subject," *San Diego Union-Tribune*, June 8, 2000.

37 Harmon, "Why White Supremacists"; Will Sommer, "GOP Congressmen Meet with Accused Holocaust Denier Chuck Johnson," *Daily Beast*, January 16, 2019.

38 Morten Rasmussen et al., "The Genome of a Late Pleistocene Human from a Clovis Burial Site in Western Montana," *Nature* 506, no. 7487 (2014): 225; Ron Pinhasi et al., "Optimal Ancient DNA Yields from the Inner Ear Part of the Human Petrous Bone," *PLOS One* 10, no. 6 (2015): e0129102.

39 Reich, *Who We Are*.

40 Joseph K. Pickrell and David Reich, "Toward a New History and Geography of Human Genes Informed by Ancient DNA," *Trends in Genetics* 30, no. 9 (2014): 377–89.

41 Jane Qui, "The Surprisingly Early Settlement of the Tibetan Plateau," *Scientific American*, March 1, 2017.

42 Reich, *Who We Are*, 201–3.

43 Henry Nicholls, "Ancient Swedish Farmer Came from the Mediterranean," *Nature*, April 26, 2012; Reich, *Who We Are*, xiv–xxii, 96.

44 Peter C. Simms, "The Only Love Honored by the Gods—Inosculation," Garden of Gods and Monsters, September 12, 2014, https://gardenofgodsandmonsters.wordpress.com/2014/09/12/the-only-love-honored-by-the-gods-inosculation/.

45 Ann Gibbons, " 'Game-changing' Study Suggests First Polynesians Voyaged All the Way from East Asia," *Science*, October 3, 2016.

46 Finney, "Myth, Experiment"; Álvaro Montenegro, Richard T. Callaghan, and Scott M. Fitzpatrick, "Using Seafaring Simulations and Shortest-Hop Trajectories to Model the Prehistoric Colonization of Remote Oceania," *Proceedings of the National Academy of Sciences* 113, no. 45 (2016): 12685–90.

2 Lewis, *We, the Navigators*.

3 S. H. Riesenberg, foreword to Lewis, *We, the Navigators*.

4 Holton, "Heyerdahl's Kon Tiki Theory"; Ben Finney, "Founding the Polynesian Voyaging Society," *From Sea to Space* (Palmerston North, NZ: Massey University, 1992).

5 "About Thor Heyerdahl," Kon-Tiki Museum, https://www.kon-tiki.no/thor-heyerdahl/; "Kon-Tiki (1947)," Kon-Tiki Museum, https://www.kon-tiki.no/expeditions/kon-tiki-expedition/; John Noble Wilford, "Thor Heyerdahl Dies at 87; His Voyage on Kon-Tiki Argued for Ancient Mariners," *New York Times*, April 19, 2002.

6 "Scientists Meet Storm," *New York Times*, July 8, 1947; Thor Heyerdahl, "Kon-tiki Men Feel Safe, 6 Weeks Out," *New York Times*, July 7, 1947; "Parrot Vanishes as Gale Whips Kon-Tiki Raft," *New York Times*, July 9, 1947.

7 Holton, "Heyerdahl's Kon Tiki Theory."

8 Finney, "Myth, Experiment."

9 Montagu, "What Is Remarkable."

10 Marcos Chor Maio and Ricardo Ventura Santos, "Antiracism and the Uses of Science in the Post-World War II: An Analysis of UNESCO's First Statements on Race (1950 and 1951)," *Vibrant: Virtual Brazilian Anthropology* 12, no. 2 (2015): 1–26; Provine, "Geneticists and the Biology"; Michelle Brattain, "Race, Racism, and Antiracism: UNESCO and the Politics of Presenting Science to the Postwar Public," *American Historical Review* 112, no. 5 (2007): 1386–413, www.jstor.org/stable/40007100.

11 Montagu, "What Is Remarkable."

12 Ernst Mayr, "*Origin of the Human Races* by Carleton Coon" (review), *Science* (October 19, 1962): 420–22.

13 Dobzhansky, "Possibility that *Homo sapiens*."

14 Montagu, "What Is Remarkable."

15 Dobzhansky, "Possibility that *Homo sapiens*."

16 John P. Jackson, " 'In Ways Unacademical': The Reception of Carleton S. Coon's *The Origin of Races*," *Journal of the History of Biology* 34 (2001): 247–85; Dobzhansky, "Possibility that *Homo sapiens*."

17 Vincent M. Sarich and Allan C. Wilson, "Immunological Time Scale for Hominid Evolution," *Science* 158, no. 3805 (1967): 1200–1203.

18 John Tierney and Lynda Wright, "The Search for Adam and Eve," *Newsweek*, January 11, 1988.

19 Richard Lewontin, "The Apportionment of Human Diversity," *Evolutionary Biology* 6 (1972): 381–98.

20 Alan G. Thorne and Milford H. Wolpoff, "The Multiregional Evolution of Humans," *Scientific American*, April 1992; Marek Kohn, "All About Eve and Evolution," *Independent*, May 3, 1993.

21 Jun Z. Li et al., "Worldwide Human Relationships Inferred from Genome-Wide Patterns of Variation," *Science* 319, no. 5866 (2008): 1100–1104; Brenna M. Henn, L. Luca Cavalli-Sforza, and Marcus W. Feldman, "The Great Human Expansion," *Proceedings of the National Academy of Sciences* 109, no. 44 (2012): 17758–64.

22 Roberts, "How to Sample."

23 Sribala Subramanian, "The Story in Our Genes," Time, January 16, 1995; Amade M'charek, *The Human Genome Diversity Project: An Ethnography of Scientific Practice* (New York: Cambridge University Press, 2005).

24 Roberts, "How to Sample"; Marks, *Human Biodiversity*, 124.

25 Darwin, *Descent of Man*.

of Established Introduced Species," *Biological Invasions* 6, no. 2 (2004): 161–72; Desrochers and Hoffbauer, "Postwar Intellectual Roots."

49 Ehrlich and Holdren, "Impact of Population Growth"; Ramsden and Adams, "Escaping the Laboratory."

50 Normandin and Valles, "How a Network of Conservationists"; DeParle, "Anti-Immigration Crusader"; "Anne H. Ehrlich," Wikipedia, https://en.wikipedia.org/wiki/Anne_H._Ehrlich; Rohe, *Mary Lou and John Tanton*.

51 Tanton, "International Migration"; Social Contract, "Tribute to Tanton."

52 Normandin and Valles, "How a Network of Conservationists"; DeParle, "Anti-Immigration Crusader."

53 Leon Kolankiewicz, "Homage to Iconic Conservationist David Brower Omits Population," Californians for Population Stabilization, March 25, 2014, https://www.capsweb.org/blog/homage-iconic-conservationist-david-brower-omits-population.

54 Cécile Alduy, "What a 1973 French Novel Tells Us About Marine Le Pen, Steve Bannon, and the Rise of the Populist Right," Politico, April 23, 2017; Normandin and Valles, "How a Network of Conservationists"; K. C. McAlpin, " 'The Camp of the Saints' Revisited—Modern Critics Have Justified the Message of a 1973 Novel on Mass Immigration," *Social Contract Journal*, Summer 2017.

55 DeParle, "Anti-Immigration Crusader"; Normandin and Valles, "How a Network of Conservationists."

56 Allegra Kirkland, "Meet the Anti-Immigrant Crusader Trump Admin Tapped to Assist Immigrants," *Talking Points Memo*, May 1, 2017; Niraj Warikoo, "University of Michigan Blocks Release of Hot-Button Records of Anti-Immigrant Leader," *Detroit Free Press*, October 17, 2017; Eric Hananoki, "An Anti-Immigrant Hate Group Lobbying Director Is Now a Senior Adviser at US Citizenship and Immigration Services," *Media Matters for America*, March 7, 2018.

57 "NumbersUSA endorses Sen. Jeff Sessions for Attorney General," NumbersUSA, January 3, 2017, https://www.numbersusa.com/news/numbersusa-endorses-sen-jeff-sessions-attorney-general; Gaby Orr and Andrew Restuccia, "How Stephen Miller Made Immigration Personal," *Politico*, April 22, 2019. See also Leah Nelson, "NumbersUSA Denies Bigotry But Promotes Holocaust Denier," Southern Poverty Law Center, May 25, 2011, https://www.splcenter.org/hatewatch/2011/05/25/numbersusa-denies-bigotry-promotes-holocaust-denier.

58 D'Antonio, "Trump's Move."

59 "I don't believe in this doctrine of racial equality" Liam Stack, "Holocaust Denier Is Likely GOP Nominee in Illinois," *New York Times*, February 8, 2018.

60 They implied that mixing biologically distinct peoples Gavin Evans, "The Unwelcome Revival of 'Race Science,' " *Guardian*, March 2, 2018; Nicole Hemmer, " 'Scientific Racism' Is on the Rise on the Right. But It's Been Lurking There for Years," Vox, March 28, 2017; D'Antonio, "Trump's Move."

61 Alexander C. Kaufman, "El Paso Terrorism Suspect's Alleged Manifesto Highlights Eco-Fascism's Revival," *HuffPost*, August 4, 2019.

62 Adam Nossiter, " 'Let Them Call You Racists': Bannon's Pep Talk to National Front," *New York Times*, March 10, 2018.

第7章　移動する人々——ホモ・ミグラティオ

1 Doug Herman, "How the Voyage of the Kon-Tiki Misled the World About Navigating the Pacific," *Smithsonian*, September 4, 2014; Finney, "Myth, Experiment."

Malthusian Moment.

29 Matthew Connelly, "Population Control in India: Prologue to the Emergency Period," *Population and Development Review* 32, no. 4 (2006): 629–67.

30 Gutiérrez, *Fertile Matters*; Charles Panati and Mary Lord, "Population Implosion," *Newsweek*, December 6, 1976; Henry Kamm, "India State Is Leader in Forced Sterilization," *New York Times*, August 13, 1976.

31 Robertson, *Malthusian Moment*; "Dr. John Tanton—Founder of the Modern Immigration Network," John Tanton.org; Normandin and Valles, "How a Network of Conservationists"; Rohe, *Mary Lou and John Tanton*.

32 Robert W. Currie, "The Biology and Behaviour of Drones," *Bee World* 68, no. 3 (1987): 129–43, https://doi.org/10.1080/0005772X.1987.11098922; Elizabeth Anne Brown, "How Humans Are Messing Up Bee Sex," *National Geographic*, September 11, 2018; Social Contract, "Tribute to Tanton."

33 Garrett Hardin, "Commentary: Living on a Lifeboat," *BioScience* 24, no. 10 (1974): 561–68; Constance Holden, " 'Tragedy of the Commons' Author Dies," Science, September 26, 2003; Ehrlich and Holdren, "Impact of Population Growth."

34 Social Contract, "Tribute to Tanton"; Rohe, *Mary Lou and John Tanton*.

35 Robertson, *Malthusian Moment*; Normandin and Valles, "How a Network of Conservationists"; Miriam King and Steven Ruggles, "American Immigration, Fertility, and Race Suicide at the Turn of the Century," *Journal of Interdisciplinary History* (Winter 1990); Southern Poverty Law Center, "John Tanton," https://www.splcenter.org/fighting-hate/extremist-files/individual/john-tanton.

36 Social Contract, "Tribute to Tanton."

37 Michael Egan, *Barry Commoner and the Science of Survival: The Remaking of American Environmentalism* (Cambridge, MA: MIT Press, 2014); Ronald Bailey, "Real Environmental Racism," Reason.com, March 5, 2003.

38 Robertson, *Malthusian Moment*.

39 Tanton, "International Migration."

40 Lewis M. Simons, "Compulsory Sterilization Provokes Fear, Contempt," *Washington Post*, July 4, 1977; Henry Kamm, "India State Is Leader in Forced Sterilization," *New York Times*, August 13, 1976; C. Brian Smith, "In 1976, More Than 6 Million Men in India Were Coerced into Sterilization," *Mel*, undated, https://melmagazine.com/en-us/story/in-1976-more-than-6-million-men-in-india-were-coerced-into-sterilization.

41 Dennis Hodgson, "Orthodoxy and Revisionism in American Demography," *Population and Development Review* 14, no. 4 (1988): 541–69.

42 Robertson, *Malthusian Moment*.

43 Mark Malkoff, *The Carson Podcast with Guest Dr. Paul Ehrlich*, April 12, 2018.

44 Gutiérrez, *Fertile Matters*; Mikko Myrskylä, Hans-Peter Kohler, and Francesco C. Billari, "Advances in Development Reverse Fertility Declines," *Nature* 460, no. 7256 (2009): 741.

45 Anne Hendrixson, "Population Control in the Troubled Present: The '120 by 20' Target and Implant Access Program," *Development and Change* 50, no. 3 (2019): 786–804; Betsy Hartmann to author, July 26, 2019; Robertson, *Malthusian Moment*, 178.

46 Warder Clyde Allee, *The Social Life of Animals* (New York: W. W. Norton, 1938).

47 Franck Courchamp, Ludek Berec, and Joanna Gascoigne, *Allee Effects in Ecology and Conservation* (New York: Oxford University Press, 2008); Andrew T. Domondon, "A History of Altruism Focusing on Darwin, Allee and E. O. Wilson," *Endeavor*, June 2013.

48 Daniel Simberloff and Leah Gibbons, "Now You See Them, Now You Don't!—Population Crashes

Review 92, no. 2 (2002): 153–59; Friedrich Engels, "Outlines of a Critique of Political Economy," *Deutsch-Französische Jahrbücher* 1 (1844).

3 Paul R. Ehrlich and Ilkka Hanski, *On the Wings of Checkerspots: A Model System for Population Biology* (New York: Oxford University Press, 2004).

4 Ehrlich, *Population Bomb*.

5 Robertson, *Malthusian Moment*.

6 Mann, "Book That Incited"; Robertson, *Malthusian Moment*; Jennifer Crook, "War in Kashmir and Its Effect on the Environment," *Inventory of Conflict and Environment*, April 16, 1998, http://mandalaprojects.com/ice/ice-cases/kashmiri.htm.

7 Turner, "Vindication"; Ramsden, "Confronting the Stigma"; Gutiérrez, *Fertile Matters*; "History," California Air Resources Board, https://ww2.arb.ca.gov/about/history; Rian Dundon, "Photos: L.A.'s Mid-Century Smog Was So Bad, People Thought It Was a Gas Attack," Timeline, May 23, 2018, https://timeline.com/la-smog-pollution-4ca4bc0cc95d.

8 Ramsden and Adams, "Escaping the Laboratory."

9 Ramsden and Adams, "Escaping the Laboratory"; Ramsden, "Confronting the Stigma."

10 Desrochers and Hoffbauer, "Postwar Intellectual Roots."

11 Gabriel Chin and Rose Cuison Villazor, eds., *The Immigration and Nationality Act of 1965: Legislating a New America* (New York: Cambridge University Press, 2015).

12 Josh Zeitz, "The 1965 Law That Gave the Republican Party Its Race Problem," *Politico*, August 20, 2016; Paul R. Ehrlich and John P. Holdren, "Impact of Population Growth," *Science*, March 26, 1971.

13 "The Population Bomb?" *New York Times*, May 31, 2015; Turner, "Vindication"; Ehrlich, *Population Bomb*, 130, 151–52.

14 Ramsden, "Confronting the Stigma"; Edward B. Fiske, "Argument by Overkill," *New York Times*, October 1, 1977.

15 David Reznick, Michael J. Bryant, and Farrah Bashey, "r-and K-selection Revisited: The Role of Population Regulation in Life-History Evolution," *Ecology* 83, no. 6 (2002): 1509–20.

16 J. Philippe Rushton, "Race, Evolution, Behavior (abridged version)," Port Huron, MI: Charles Darwin Research Institute, 2000.

17 Ehrlich, *Population Bomb*, 80–84; Ehrlich, interview by WOI-TV.

18 Ehrlich, *Population Bomb*, 7.

19 Kingsley Davis, "The Migrations of Human Populations," *Scientific American*, September 1974; Ehrlich, *Population Bomb*; Horowitz, *Anxieties of Affluence*.

20 Ehrlich, *Population Bomb*, 151–52.

21 MediaVillage, "History's Moment in Media: Johnny Carson Became NBC's Late-Night Star," A+E Networks, May 22, 2018, https://www.mediavillage.com/article/HISTORYS-Moment-in-Media-Johnny-Carson-Became-NBCs-Late-Night-Star/; Mark Malkoff, *The Carson Podcast with Guest Dr. Paul Ehrlich*, April 12, 2018; "The Population Bomb?" *New York Times*, May 31, 2015; Robertson, *Malthusian Moment*.

22 Joyce Maynard quoted in Hartmann, *America Syndrome*.

23 *The Tonight Show Starring Johnny Carson*, June 7, 1977; Ehrlich, interview by WOI-TV.

24 Horowitz, *Anxieties of Affluence*; Hartmann, *America Syndrome*.

25 Normandin and Valles, "How a Network of Conservationists."

26 Robertson, *Malthusian Moment*, 181.

27 "The Population Bomb?" *New York Times*, May 31, 2015.

28 Wade Green, "The Militant Malthusians," *Saturday Review*, March 11, 1972; Robertson,

Chew, “Ending with Elton”; David Lack and G. C. Varley, “Detection of Birds by Radar,” *Nature*, October 13, 1945; “Messerschmitt Bf 109,” MilitaryFactory.com, https://www.militaryfactory.com/aircraft/detail.asp?aircraft_id=83; I. O. Buss, “Bird Detection by Radar,” *Auk* 63 (1946): 315–18; David Clarke, “Radar Angels,” *Fortean Times* 195 (2005), https://drdavidclarke.co.uk/secret-files/radar-angels

23 Thompson, *Where Do Camels Belong?*, 39.

24 Mark A. Davis, Ken Thompson, and J. Philip Grime, “Charles S. Elton and the Dissociation of Invasion Ecology from the Rest of Ecology,” *Diversity and Distributions* 7 (2001): 97–102; Gintarė Skyrienė and Algimantas Paulauskas, “Distribution of Invasive Muskrats (*Ondatra zibethicus*) and Impact on Ecosystem,” *Ekologija* 58, no. 3 (2012); Elton, *Ecology of Invasions*, 21–27; Harold A. Mooney and Elsa E. Cleland, “The Evolutionary Impact of Invasive Species,” *Proceedings of the National Academy of Sciences* 98, no. 10 (2001): 5446–51.

25 Chew, “Ending with Elton”; Thompson, *Where Do Camels Belong?* 39.

26 Daniel Simberloff, foreword to Elton, *Ecology of Invasions*, xiii; Thompson, *Where Do Camels Belong?* 39.

27 Mark A. Davis et al., “Don’t Judge Species on Their Origins,” *Nature* 474, no. 7350 (2011): 153–54; Matthew K. Chew, “Indigene Versus Alien in the Arab Spring: A View Through the Lens of Invasion Biology,” in Uzi Rabi and Abdelilah Bouasria, eds., *Lost in Translation: New Paradigms for the Arab Spring* (Eastbourne, UK: Sussex Academic Press, 2017).

28 Matthew K. Chew, “A Picture Worth Forty-One Words: Charles Elton, Introduced Species and the 1936 Admiralty Map of British Empire Shipping,” *Journal of Transport History* 35, no. 2 (2014): 225–35.

29 David Quammen, back cover blurb to Elton, *Ecology of Invasions*.

30 Jack Jungmeyer, “Filming a ‘Wilderness,’ ” *New York Times*, August 3, 1958; *Cruel Camera: Animals in Movies*, documentary film, Fifth Estate program, CBC Television, May 5, 1982.

31 Richard Southwood and J. R. Clarke, “Charles Sutherland Elton: 29 March 1900–1 May,” *Biographical Memoirs of Fellow of the Royal Society*, November 1, 1999; Chitty, *Do Lemmings Commit Suicide?*

32 Tim Coulson and Aurelio Malo, “Case of the Absent Lemmings,” *Nature*, November 2008; Chitty, *Do Lemmings Commit Suicide?*; Nils Christian Stenseth, interview by author, February 9, 2018.

33 Nicholls, “Truth About Norwegian Lemmings.”

34 Anker, *Imperial Ecology*.

35 *Cruel Camera: Animals in Movies*, documentary film, Fifth Estate program, CBC Television May 5, 1982; Nicholls, “Truth About Norwegian Lemmings.”

36 Jim Korkis, “Walt and the True-Life Adventures,” Walt Disney Family Museum, February 9, 2012.

37 Stenseth and Ims, *Biology of Lemmings; Columbia Anthology of British Poetry* (New York: Columbia University Press, 2010), 808.

38 Ramsden and Wilson, “Suicidal Animal”; Robertson, *Malthusian Moment*.

第6章　人口増加を抑制せよ

1 Frederick Andrew Ford, *Modeling the Environment*, 2nd ed. (Washington, D.C.: Island Press, 2009), 267–72; D. R. Klein, “The Introduction, Increase, and Crash of Reindeer on St. Matthew Island,” *Journal of Wildlife Management* 32 (1968): 3S0367; Ned Rozell, “When Reindeer Paradise Turned to Purgatory,” University of Alaska Fairbanks Geophysical Institute, August 9, 2012.

2 Jeremy Greenwood and Ananth Seshadri, “The US Demographic Transition,” *American Economic*

54 Dara Lind, "How America's Rejection of Jews Fleeing Nazi Germany Haunts Our Refugee Policy Today," *Vox*, January 27, 2017; Ishaan Tharoor, "What Americans Thought of Jewish Refugees on the Eve of World War II," *Washington Post*, November 17, 2015.

第5章　自然界の個体数調整

1 Crowcroft, *Elton's Ecologists*, 4.

2 Anker, *Imperial Ecology*; Nils Christian Stenseth, "On Evolutionary Ecology and the Red Queen," YouTube, January 12, 2017, https://www.youtube.com/watch?v=Rwc9WI_a2Nw.

3 Mark A. Hixon et al., "Population Regulation: Historical Context and Contemporary Challenges of Open vs. Closed Systems," *Ecology* 83, no. 6 (2002): 1490–508; Chitty, *Do Lemmings Commit Suicide?*; Anker, *Imperial Ecology*.

4 Duppa Crotch, "The Migration of the Lemming," *Nature* 45, no. 1157 (1891); Crotch, "Further Remarks on the Lemming."

5 Stenseth and Ims, *Biology of Lemmings*; Chitty, *Do Lemmings Commit Suicide?*; Anker, *Imperial Ecology*; Crotch, "Further Remarks on the Lemming."

6 Crowcroft, *Elton's Ecologists*, 4; Bashford, *Global Population*.

7 Lindström, "From Arctic Lemmings"; Peder Anker, interview by author, February 7, 2018; Elton, "Periodic Fluctuations."

8 Elton, "Periodic Fluctuations."

9 Lindström, "From Arctic Lemmings."

10 Marston Bates, *The Nature of Natural History*, vol. 1138 (Princeton, NJ: Princeton University Press, 2014); Ramsden and Wilson, "Suicidal Animal."

11 Chew, "Ending with Elton"; Charles S. Elton, *Animal Ecology* (Chicago: University of Chicago Press, 2001).

12 Chew, "Ending with Elton."

13 Georgii Frantsevich Gause, "Experimental Studies on the Struggle for Existence: I. Mixed Population of Two Species of Yeast," *Journal of Experimental Biology* 9, no. 4 (1932): 389–402.

14 Garrett Hardin, "The Competitive Exclusion Principle," *Science* 131, no. 3409 (1960): 1292–97.

15 Chew, "Ending with Elton"; Peter Coates, *American Perceptions of Immigrant and Invasive Species: Strangers on the Land* (Berkeley: University of California Press, 2007).

16 Joachim Wolschke-Bulmahn and Gert Groening, "The Ideology of the Nature Garden: Nationalistic Trends in Garden Design in Germany During the Early Twentieth Century," *Journal of Garden History* 12, no. 1 (1992): 73–78; Daniel Simberloff, "Confronting Introduced Species: A Form of Xenophobia?" *Biological Invasions* 5 (2003): 179–92; Spiro, *Defending the Master Race*, 379.

17 Thomas Robertson, "Total War and the Total Environment: Fairfield Osborn, William Vogt, and the Birth of Global Ecology," *Environmental History* 17, no. 2 (April 2012): 336–64; Ramsden and Wilson, "Suicidal Animal"; Anker, *Imperial Ecology*.

18 Chew, "Ending with Elton."

19 Pierpont, "Measure of America."

20 Chew, "Ending with Elton."

21 Dingle, *Migration*, 48; Kessler, "Most Extreme Migration?"; L. R. Taylor, "The Four Kinds of Migration," in W. Danthanarayana, ed., *Insect Flight: Proceedings in Life Sciences* (Berlin: Springer, 1986): 265–80.

22 Ted R. Anderson, *The Life of David Lack: Father of Evolutionary Ecology* (New York: Oxford University Press, 2013); "Radar 'Bugs' Found to Be—Just Bugs," *New York Times*, April 4, 1949;

Kamin, *The Science and Politics of IQ* (Mahwah, NJ: Lawrence Erlbaum Associates, Psychology Press, 1974), 15–32.
33 Zenderland, *Measuring Minds*, 286.
34 Allan V. Horwitz and Gerald N. Grob, "The Checkered History of American Psychiatric Epidemiology," *Milbank Quarterly*, December 2011.
35 Franz Boas, "The Half-Blood Indian: An Anthropometric Study," *Popular Science Monthly*, October 1894; Massin, "From Virchow to Fischer"; Herman Lundborg, "Hybrid Types of the Human Race," *Journal of Heredity* (June 1921).
36 Charles B. Davenport, "The Effects of Race Intermingling," *Proceedings of the American Philosophical Society* 56, no. 4 (1917): 364–68; Nancy Stepan, "Biological Degeneration: Races and Proper Places," in Chamberlin and Gilman, *Degeneration*; Black, *War Against the Weak*.
37 Anderson, "Racial Hybridity, Physical Anthropology"; Anderson, "Hybridity, Race, and Science"; Frederick Hoffman, "Race Amalgamation in Hawaii," in Davenport et al., *Eugenics in Race and State*, 90–108; "Museum History: A Timeline," American Museum of Natural History, https://www.amnh.org/about/timeline-history.
38 Osborn, "Poor Nordic!"; "Tracing Parentage by Eugenic Tests," *New York Times*, September 23, 1921.
39 Gelb, Allen, Futterman, and Mehler, "Rewriting Mental Testing"; Spiro, *Defending the Master Race*.
40 Leonard Darwin, "The Field of Eugenic Reform," in Davenport et al., *Eugenics in Race and State*; "Tracing Parentage by Eugenic Tests," *New York Times*, September 23, 1921.
41 Anderson, "Racial Hybridity, Physical Anthropology"; Laughlin, *Second International Exhibition of Eugenics*.
42 L. C. Dunn, "Some Results of Race Mixture in Hawaii," and Maurice Fishberg, "Intermarriage Between Jews and Christians," both in Davenport et al., *Eugenics in Race and State*, 109–24.
43 Jon Alfred Mjøen, "Harmonic and Disharmonic Racecrossings," in *Scientific Papers of the Second International Congress of Eugenics Held at the American Museum of Natural History, New York, September 22–28, 1921* (Baltimore: Williams & Wilkins, 1923), vol. 2.
44 Gelb et al., "Rewriting Mental Testing History."
45 Spiro, *Defending the Master Race*, 216, 221, 225; Gelb et al., "Rewriting Mental Testing History"; "1890 Census Urged as Immigrant Base," *New York Times*, January 7, 1924; Kenneth M. Ludmerer, *Genetics and American Society: A Historical Appraisal* (Baltimore: Johns Hopkins University Press, 1972).
46 Anderson, "Racial Hybridity, Physical Anthropology"; Anderson, "Hybridity, Race, and Science."
47 Shapiro, *Pitcairn Islanders*; "Dr. Harry L. Shapiro, Anthropologist, Dies at 87," *New York Times*, January 9, 1990.
48 Provine, "Geneticists and the Biology."
49 Jonathan Marks, interview by author, September 5, 2017; Anderson, "Racial Hybridity, Physical Anthropology."
50 Frank Spencer, "Harry Lionel Shapiro: March 19, 1902–January 7, 1990," in National Academy of Sciences, *Biographical Memoirs* (Washington, D.C.: National Academies Press, 1996), vol. 70, https://doi.org/10.17226/5406.
51 Mavroudi and Nagel, *Global Migration*; Benton-Cohen, *Inventing the Immigration Problem*; Zeidel, *Immigrants, Progressives*, 146.
52 Spiro, *Defending the Master Race*, 357.
53 Spiro, *Defending the Master Race*, 370.

9, no. 2 (1995): 39–61.

7 Marks, *Human Biodiversity*, 125; Davenport et al., *Eugenics in Race and State*.

8 Massin, "From Virchow to Fischer."

9 E. J. Browne, *Charles Darwin: The Power of Place* (New York: Knopf, 2002), 42; Edward Lurie, "Louis Agassiz and the Idea of Evolution," *Victorian Studies* 3, no. 1 (1959): 87–108.

10 Darwin, *Descent of Man*, 202–3.

11 Darwin, *Descent of Man*, xxxviii.

12 Massin, "From Virchow to Fischer"; Darwin, *Descent of Man*, xxxiv; Peter J. Bowler, *Evolution: The History of an Idea* (Berkeley: University of California Press, 2003), 224–25.

13 Darwin, *Descent of Man*, lv.

14 Spiro, *Defending the Master Race*, 46; Mitch Keller, "The Scandal at the Zoo," *New York Times*, August 6, 2006; Pierpont, "Measure of America."

15 Sussman, *Myth of Race*; Herbert Eugene Walter, *Genetics: An Introduction to the Study of Heredity* (New York: Macmillan, 1913); Daniel J. Kevles, *In the Name of Eugenics: Genetics and the Uses of Human Heredity* (New York: Knopf, 1985); Davenport, *Heredity in Relation*, 24; Nathaniel Comfort, *The Science of Human Perfection: How Genes Became the Heart of American Medicine* (New Haven, CT: Yale University Press, 2012), 44; Mukherjee, *Gene*, 64.

16 Osborn, "Poor Nordic!"

17 Spiro, *Defending the Master Race*, 92–94; Provine, "Geneticists and the Biology"; Nancy Stepan, "Biological Degeneration: Races and Proper Places," in Chamberlin and Gilman, *Degeneration*.

18 Charles B. Davenport, "The Effects of Race Intermingling," *Proceedings of the American Philosophical Society* 56, no. 4 (1917): 364–68; Spiro, *Defending the Master Race*, 95.

19 Davenport, *Heredity in Relation*, 219.

20 Black, *War Against the Weak*.

21 Spiro, *Defending the Master Race*, 152.

22 Zeidel, *Immigrants, Progressives*, 113; Spiro, *Defending the Master Race*, 46; Sussman, *Myth of Race*, 61.

23 Howard Markel and Alexandra Minna Stern, "The Foreignness of Germs: The Persistent Association of Immigrants and Disease in American Society," *Milbank Quarterly* 80, no. 4 (2002): 757–88; Harvey Levenstein, "The American Response to Italian Food, 1880–1930," *Food and Foodways* 1, nos. 1–2 (1985): 1–23.

24 Charles Hirschman, "America's Melting Pot Reconsidered," *Annual Review of Sociology* 9, no. 1 (1983): 397–423; "President Sees New Play," *New York Times*, October 6, 1908; "Roosevelt Criticises Play," *New York Times*, October 10, 1908.

25 Zeidel, *Immigrants, Progressives*, 35.

26 Benton-Cohen, *Inventing the Immigration Problem; Zeidel, Immigrants, Progressives*, 71–78, 100.

27 Spiro, *Defending the Master Race*, 199.

28 Zeidel, *Immigrants, Progressives*, 125.

29 Tamsen Wolff, *Mendel's Theatre: Heredity, Eugenics, and Early Twentieth-Century American Drama* (New York: Palgrave, 2009)

30 Spiro, *Defending the Master Race*, 174.

31 Sussman, *Myth of Race; Black, War Against the Weak*.

32 Zenderland, *Measuring Minds*, 276; Harry H. Laughlin, "Nativity of Institutional Inmates," in Davenport et al., Eugenics in Race and State; "Says Insane Aliens Stream in Steadily," *New York Times*, June 5, 1924; Edwin Fuller Torrey and Judy Miller, *The Invisible Plague: The Rise of Mental Illness from 1750 to the Present* (New Brunswick, NJ: Rutgers University Press, 2001); Leon

(Philadelphia: University of Pennsylvania Press, 2011).
32 Dingle, *Migration*; Ron Cherry, "Insects and Divine Intervention," *American Entomologist* 61, no. 2 (2015): 81–84, https://doi.org/10.1093/ae/tmv001.
33 Jorge Crisci et al., *Historical Biogeography: An Introduction* (Cambridge, MA: Harvard University Press, 2009), 30; Bendyshe, "History of Anthropology."
34 Lisbet Koerner, "Purposes of Linnaean Travel: A Preliminary Research Report," in David Philip Miller and Peter Hanns Reill, eds., *Visions of Empire: Voyages, Botany, and Representations of Nature* (New York: Cambridge University Press, 2011), 119.
35 Koerner, *Linnaeus*, 28; Richard Conniff, "Forgotten, Yes. But Happy Birthday Anyway," *New York Times*, December 30, 2007.
36 Smethurst, *Travel Writing and Natural World*.
37 Curran, *Anatomy of Blackness*.
38 Jonathan Marks, interview by author, September 5, 2017; Blunt, *Linnaeus*.
39 Schiebinger, Nature's Body, 170.
40 Rachel Holmes, *African Queen: The Real Life of the Hottentot Venus* (New York: Random House, 2009); Curran, *Anatomy of Blackness*, 109; Switek, "Tragedy of Baartman."
41 Koerner, *Linnaeus*, 57; Bendyshe, "History of Anthropology."
42 「思考を飛躍させれば、どこかの女がトログロダイトと交わってコイ人が生じたと考えることもできる」とリンネは書いた。Broberg, "Anthropomorpha," 95; Marks, *Human Biodiversity*, 50.
43 Gould, *Flamingo's Smile*.
44 Phillip R. Sloan, "The Buffon-Linnaeus Controversy," *Isis* 67, no. 3 (1976): 356–75; Curran, *Anatomy of Blackness*, 169.
45 Blunt, *Linnaeus*.
46 Blunt, *Linnaeus*; Broberg, "*Homo sapiens*," 178.
47 Broberg, "*Homo sapiens*," 185–86.
48 Gould, *Flamingo's Smile*; Schiebinger, "Taxonomy for Human Beings."
49 Switek, "Tragedy of Baartman."
50 Schiebinger, *Nature's Body*, 170; Schiebinger, "Taxonomy for Human Beings."
51 Gould, *Flamingo's Smile*.
52 Gould, *Flamingo's Smile*; Schiebinger, "Taxonomy for Human Beings"; Clifton C. Crais and Pamela Scully, *Sara Baartman and the Hottentot Venus: A Ghost Story and a Biography* (Princeton, NJ: Princeton University Press, 2009).
53 Koerner, *Linnaeus*; Broberg, "Anthropomorpha," 95.
54 William B. Cohen, *The French Encounter with Africans: White Response to Blacks, 1530–1880* (Bloomington: Indiana University Press, 2003), 86.

第４章　異種交雑は命取り

1 Zeidel, *Immigrants, Progressives*.
2 Tyler Anbinder, *Five Points: The 19th-Century New York City Neighborhood That Invented Tap Dance, Stole Elections, and Became the World's Most Notorious Slum* (New York: Plume, 2001), 43.
3 Sussman, *Myth of Race*.
4 Spiro, *Defending the Master Race*, 25.
5 James Lander, *Lincoln and Darwin: Shared Visions of Race, Science, and Religion* (Carbondale: Southern Illinois University Press, 2010), 81.
6 Brian Wallis, "Black Bodies, White Science: Louis Agassiz's Slave Daguerreotypes," *American Art*

August 2, 2018; Brian Handwerk, "Saint Nicholas to Santa: The Surprising Origins of Mr. Claus," *National Geographic*, November 29, 2017.

8 Jablonski, *Living Color*; Fausto-Sterling, "Gender, Race, and Nation"; Schmidt, *Inventing Exoticism*, 1–33.

9 Sussman, *Myth of Race*.

10 Schmidt, *Inventing Exoticism*, 1–33; Blunt, *Linnaeus*; Fausto-Sterling, "Gender, Race, and Nation."

11 Sloan, "Gaze of Natural History."

12 Blunt, *Linnaeus*; Koerner, *Linnaeus*, 57.

13 Blunt, *Linnaeus*, 96–99; Koerner, *Linnaeus*, 16.

14 Jonathan Marks, "Long Shadow of Linnaeus's Human Taxonomy," *Nature*, May 3, 2007.

15 Bendyshe, "History of Anthropology."

16 Schiebinger, *Nature's Body*, 21.

17 Blunt, *Linnaeus*, 33.

18 Blunt, *Linnaeus*, 121.

19 Richard Conniff, "Buffon: Forgotten, Yes. But Happy Birthday Anyway," *New York Times*, January 2, 2008.

20 Paul L. Farber, "Buffon and the Concept of Species," *Journal of the History of Biology* 5, no. 2 (1972): 259–84, www.jstor.org/stable/4330577; "Heraclitus," *Stanford Encyclopedia of Philosophy*, June 23, 2015, https://plato.stanford.edu/entries/heraclitus/.

21 Marks, *Human Biodiversity*, 120; Curran, *Anatomy of Blackness*, 88, 106.

22 Sloan, "Gaze of Natural History."

23 Frederick Foster and Mark Collard, "A Reassessment of Bergmann's Rule in Modern Humans," *PLOS One* 8, no. 8 (2013): e72269; Ann Gibbons, "How Europeans Evolved White Skin," *Science*, April 2, 2015; Angela M. Hancock et al., "Adaptations to Climate in Candidate Genes for Common Metabolic Disorders," *PLOS Genetics* 4, no. 2 (2008): e32; Maria A. Serrat, Donna King, and C. Owen Lovejoy, "Temperature Regulates Limb Length in Homeotherms by Directly Modulating Cartilage Growth," *Proceedings of the National Academy of Sciences* 105, no. 49 (2008): 19348–53.

24 Sloan, "Gaze of Natural History."

25 Jablonski, *Living Color*; Lee Alan Dugatkin, "Thomas Jefferson Defends America with a Moose," *Slate*, September 12, 2012; Ernst Mayr, *The Growth of Biological Thought* (Cambridge, MA: Harvard University Press, 1981), 330; "Buffon, Georges-Louis Leclerc, Comte De," *Complete Dictionary of Scientific Biography* (New York: Charles Scribner's Sons, 2008), https://www.encyclopedia.com/people/science-and-technology/geology-and-oceanography-biographies/georges-louis-leclerc-buffon-comte-de.

26 Koerner, *Linnaeus*, 28.

27 Broberg, "Anthropomorpha," 95; Bendyshe, "History of Anthropology."

28 Anne Fadiman, *At Large and at Small: Familiar Essays* (New York: Farrar, Straus and Giroux, 2008), 19; Richard Holmes, *The Age of Wonder: How the Romantic Generation Discovered the Beauty and Terror of Science* (New York: Knopf, 2009), 49

29 Smethurst, *Travel Writing and Natural World*; Blunt, *Linnaeus*, 153–58.

30 Nancy J. Jacobs, "Africa, Europe, and the Birds Between Them," in James Beattie, Edward Melillo, and Emily O'Gorman, *Eco-cultural Networks and the British Empire: New Views on Environmental History* (New York: Bloomsbury Academic, 2015).

31 See, e.g., Andrew J. Lewis, *A Democracy of Facts: Natural History in the Early Republic*

Study of Illegal Immigrant Crime in Arizona," Cato Institute, February 5, 2018; John R. Lott, "Undocumented Immigrants, US Citizens, and Convicted Criminals in Arizona," 2018; Jonathan Hanen, Greater Towson Republican Club, Towson, Md., January 16, 2018. Biographical details from Jonathan Hanen's public profile are on LinkedIn at https://www.linkedin.com/in/jonathan-hanen-89a93715.

56 Reed, "Fear and Loathing in Homer."

57 Eduardo Porter and Karl Russell, "Immigration Myths and Global Realities," *New York Times*, June 20, 2018; Richard Wike, Bruce Stokes, and Katie Simmons, "Europeans Fear Wave of Refugees Will Mean More Terrorism, Fewer Jobs," Pew Research Center, July 11, 2016; Salvador Rizzo, "Questions Raised About Study That Links Undocumented Immigrants to Higher Crime," *Washington Post*, March 21, 2018.

58 W. Peters, "How Trump-fed Conspiracy Theories About Migrant Caravan Intersect with Deadly Hatred," *New York Times*, October 29, 2018.

59 The White House later denied the comments, but the *New York Times* stood by its reporting. Michael D. Shear and Julie Hirschfeld Davis, "Stoking Fears, Trump Defied Bureaucracy to Advance Immigration Agenda," *New York Times*, December 23, 2017; Josh Dawsey, "Trump Derides Protections for Immigrants from 'Shithole' Countries," *Washington Post*, January 12, 2018.

60 Emily Gogolak, "Haitian Migrants Turn Toward Brazil," *New Yorker*, August 20, 2014; Olivier Laurent, "These Haitian Refugees Are Stranded at the U.S.-Mexico Border," *Time*, February 20, 2017.

61 Rivas, "DHS Ignored Its Own."

62 Rhina Guidos, "Study Says Doing Away With Immigration Program Would Harm Economy," *National Catholic Reporter*, July 27, 2017.

63 "Emmanuel Louis," interview by author, October 24, 2017. エマニュエル・ルイスは本名ではない。

64 Gabeau interview.

65 "Jean-Pierre" interview.

66 Alicia A. Caldwell, "Haitians Under the Microscope," Associated Press, May 9, 2017.

67 Rivas, "DHS Ignored Its Own."

68 Haiti Travel Warning, September 12, 2017, U.S. Passports and International Travel, U.S. Department of State.

69 Samuel Granados et al., "Raising Barriers: A New Age of Walls: Episode 1," *Washington Post*, October 12, 2016.

第3章　生殖器官に基づくリンネの分類

1 Blunt, *Linnaeus*, 14.

2 Koerner, *Linnaeus*, 84.

3 Broberg, "*Homo sapiens*," 185–86, 191; Curran, *Anatomy of Blackness*, 106–9, 144.

4 Bendyshe, "History of Anthropology"; Schiebinger, "Taxonomy for Human Beings"; Fausto-Sterling, "Gender, Race, and Nation."

5 Schmidt, *Inventing Exoticism*, 55.

6 Cat Bohannon, "The Curious Case of the London Troglodyte," *Lapham's Quarterly*, June 15, 2013.

7 Christina Skott, "Linnaeus and the Troglodyte: Early European Encounters with the Malay World and the Natural History of Man," *Indonesia and the Malay World* 42, no. 123 (2014): 141–69; Maya Wei-Haas, "The Hunt for the Ancient 'Hobbit's' Modern Relatives," *National Geographic*,

41 2003年から2017年の間に、21,000人の国境監視員のうち40人が勤務中に非業の死を遂げた。ほとんどが事故や自然災害による死亡であり、移動者の攻撃によるものではない。40例の死亡のうち34例の原因は自動車事故か心臓発作か熱ストレスだった。"Border Patrol Overview," U.S. Customs and Border Protection, at https://www.cbp.gov/border-security/along-us-borders/overview; Nathan, "How the Border Patrol Faked." See also Lam, "Border Patrol Agent"; Moore, Bever, and Miroff, "Border Patrol Agent Is Dead"; Smith, "Bannon: Killing"; "In Memoriam to Those Who Died in the Line of Duty," U.S. Customs and Border Protection, https://www.cbp.gov/about/in-memoriam/memoriam-those-who-died-line-duty; Nowrasteh, "Deaths of Border Patrol Agents."

42 Aaronson, "Trump Administration Skews."

43 Dan Morse, "The 'Rockville Rape Case' Erupted as National News. It Quietly Ended Friday," *Washington Post*, October 21, 2017

44 Kai Kupferschmidt, "Refugee Crisis Brings New Health Challenges," *Science*, April 22, 2016; Kirkbride, "What Are the Public Health Benefits?"; Silvia Angeletti et al., "Unusual Microorganisms and Antimicrobial Resistances in a Group of Syrian Migrants: Sentinel Surveillance Data from an Asylum Seekers Centre in Italy," *Travel Medicine and Infectious Disease* 14, no. 2 (2016): 115–22; Rein Jan Piso et al., "A Cross-Sectional Study of Colonization Rates With Methicillin-Resistant Staphylococcus aureus (MRSA) and Extended-Spectrum Beta-Lactamase (ESBL) and Carbapenemase-Producing Enterobacteriaceae in Four Swiss Refugee Centres," *PLoS One* 12, no. 1 (2017): e0170251.

45 Matthew Brunwasser, "Bulgaria's Vigilante Migrant 'Hunter,' " BBC News, March 30, 2016; Kirkbride, "What Are the Public Health Benefits?"; "Thug Politics," produced by SBS (Australia), May 21, 2013. See also Helena Smith, "Golden Dawn Threatens Hospital Raids Against Immigrants in Greece," *Guardian*, June 12, 2012; Osman Dar, "Cholera in Syria: Is Europe at Risk?" *Independent*, November 2, 2015.

46 Philip Bump, "Donald Trump's Lengthy and Curious Defense of His Immigrant Comments, Annotated," *Washington Post*, July 6, 2015.

47 Aula Abbara, interview by author, May 16, 2016.

48 Martin Cetron, "Refugee Crisis: Healthy Resettlement and Health Security," European Congress of Clinical Microbiology and Infectious Diseases, Amsterdam, April 12, 2016; Kirkbride, "What Are the Public Health Benefits?"

49 David Frum, "The Great Immigration-Data Debate," *Atlantic*, January 19, 2016.

50 Ann Coulter, Facebook post, September 17, 2015.

51 "Confirmation hearing on the nomination of Hon. Jeff Sessions to be Attorney General of the United States," Committee on the Judiciary, U.S. Senate, January 10–11, 2017 (Washington, D.C.: U.S. Government Printing Office); "How Sessions and Miller Inflamed Anti-Immigrant Passions from the Fringe," *New York Times*, June 19, 2018; Philip Bump, "A Reporter Pressed the White House for Data. That's When Things Got Tense," *Washington Post*, August 2, 2017.

52 "Fact Check: Trump's First Address to Congress," *New York Times*, February 28, 2017.

53 Michael Clemens, "What the Mariel Boatlift of Cuban Refugees Can Teach Us About the Economics of Immigration," Center for Global Development, May 22, 2017.

54 Julie Hirschfield Davis and Somini Sengupta, "Trump Administration Rejects Study Showing Positive Impact of Refugees," *New York Times*, September 18, 2017; "Fact Check: Trump's First Address to Congress," *New York Times*, February 28, 2017.

55 Salvador Rizzo, "Questions Raised About Study That Links Undocumented Immigrants to Higher Crime," *Washington Post*, March 21, 2018; Alex Nowrasteh, "The Fatal Flaw in John R. Lott Jr.'s

22, 2018; Jennifer Rankin, " 'Do Not Come to Europe,' Donald Tusk Warns Economic Migrants," *Guardian*, March 3, 2016.

20 Eve Hartley, "Cologne Attacks: Our Response Must Be Against Sexual Violence, Not Race, Say Feminists," *HuffPost*, January 13, 2016; Lalami, "Who Is to Blame"; Reed, "Fear and Loathing in Homer."

21 Lalami, "Who Is to Blame."

22 Reed, "Fear and Loathing in Homer."

23 Reed, "Fear and Loathing in Homer"; Eileen Sullivan, "Trump Attacks Germany's Refugee Policy, Saying US Must Avoid Europe's Immigration Problems," *New York Times*, June 18, 2018.

24 Vikas Bajaj, "Are Immigrants Causing a Swedish Crime Wave?" *New York Times*, March 2, 2017.

25 Ritz and Bergdahl, "People in Sweden's Alleged 'No-Go Zones.' "

26 Ritz and Bergdahl, "People in Sweden's Alleged 'No-Go Zones"; Ami Horowitz, "Stockholm Syndrome," YouTube, December 12, 2016, https://www.youtube.com/watch?v=RqalgeQXQgl.

27 Lindkvist, "Swedish Police Featured"; Dan Merica, "Trump Gets What He Wants in Florida: Campaign-Level Adulation," CNN, February 18, 2017; Rick Noack, "Trump Asked People to 'Look at What's Happening ... in Sweden.' Here's What's Happening There," *Washington Post*, February 20, 2017.

28 Taylor, "Who Is Nils Bildt?"

29 Marina Koren, "The Growing Fallout from the Cologne Attacks," *Atlantic*, January 11, 2016.

30 "Lowest Number of Criminal Offences Since 1992," Federal Ministry of the Interior, Building, and Community, May 8, 2018

31 "German Police Quash Breitbart Story of Mob Setting Fire to Dortmund Church," Agence France-Presse, January 7, 2017; Reed, "Fear and Loathing in Homer."

32 Taylor, "Who Is Nils Bildt?"

33 Ritz and Bergdahl, "People in Sweden's Alleged 'No-go Zones.' "

34 Lindkvist, "Swedish Police Featured."

35 "Police Close Investigation into Australian TV Crew 'Attack,' " Radio Sweden, March 1, 2016.

36 Jeffrey S. Passel and D'Vera Cohn, "US Unauthorized Immigrant Total Dips to Lowest Level in a Decade," Pew Research Center, November 27, 2018; Nathan, "How the Border Patrol Faked"; U.S. Border Patrol Chief Mark Morgan and Deputy Chief Carla Provost, testimony to Senate Homeland Security and Governmental Affairs Committee, C-SPAN, November 30, 2016.

37 Lam, "Border Patrol Agent"; Moore, Bever, and Miroff, "Border Patrol Agent Is Dead"; Smith, "Bannon: Killing"; "In Memoriam to Those Who Died in the Line of Duty," U.S. Customs and Border Protection, https://www.cbp.gov/about/in-memoriam/memoriam-those-who-died-line-duty; Nowrasteh, "Deaths of Border Patrol Agents."

38 Aaronson, "Trump Administration Skews"; Michael Balsamo and Colleen Long, "Trump Immigrant Crime Hotline Still Faces Hurdles, Pushback," Associated Press, February 5, 2019.

39 "Inside ICE's Controversial Crackdown on MS-13," CBS News, November 16, 2017; "Statement from Wade on Horrific Rape in Montgomery County School," WadeKach.com, March 23, 2017, http://www.wadekach.com/blog/statement-from-wade-on-horrific-rape-in-montgomery-county-school; Zoe Chace, "Fear and Loathing in Homer and Rockville, Act Two: Loathing," *This American Life*, July 21, 2017.

40 Meagan Flynn, "ICE Spokesman Resigns, Citing Fabrications by Agency Chief, Sessions, About Calif. Immigrant Arrests," *Washington Post*, March 13, 2018; Mark Joseph Stern, "Trump Doesn't Need to Explain Which Immigrants He Thinks Are 'Animals,' " *Slate*, May 17, 2018; "Inside ICE's Controversial Crackdown on MS-13," CBS News, November 16, 2017.

27 “Global Animal Movements Based on Movebank Data (Map),” Movebank, YouTube, August 16, 2017, https://youtu.be/nUKh0fr1Od8.

第2章　あおられた難民パニック

1 “Revellers Rush on Hated Gates,” *Guardian*, November 10, 1989; “February 11, 1990: Freedom for Nelson Mandela,” *On This Day 1950–2005*, BBC News, http://news.bbc.co.uk/onthisday/hi/dates/stories/february/11/newsid_2539000/2539947.stm.

2 Robert D. Kaplan, “The Coming Anarchy,” *Atlantic*, February 1994.

3 McLeman, *Climate and Human Migration*

4 McLeman, *Climate and Human Migration*, 212.

5 Norman Myers, “Environmental Refugees,” *Population and Environment* 19, no. 2 (1997): 167.

6 “Water Is ‘Catalyst’ for Cooperation, Not Conflict, UN Chief Tells Security Council,” *UN News*, June 6, 2017; T. Mitchell Aide and H. Ricardo Grau, “Globalization, Migration, and Latin American Ecosystems,” *Science* 305, no. 5692 (2004): 1915–16.

7 McLeman, *Climate and Human Migration*, 160.

8 McLeman, *Climate and Human Migration*, 212.

9 Betsy Hartmann, “Rethinking Climate Refugees and Climate Conflict: Rhetoric, Reality, and the Politics of Policy Discourse,” *Journal of International Development* 22 (2010): 233–46.

10 McLeman, *Climate and Human Migration*, 212; “Climate Change Recognized as ‘Threat Multiplier,’ UN Security Council Debates Its Impact on Peace,” *UN News*, January 25, 2019.

11 Avi Asher-Schapiro, “The Young Men Who Started Syria’s Revolution Speak About Daraa, Where It All Began,” *Vice*, March 15, 2016; Michael Gunning, “Background to a Revolution,” *n+1*, August 26, 2011.

12 Zack Beauchamp, “The Syrian Refugee Crisis, Explained in One Map,” *Vox*, September 27, 2015.

13 Anna Triandafyllidou and Thanos Maroukis, *Migrant Smuggling: Irregular Migration from Asia and Africa to Europe* (London: Palgrave Macmillan, 2012); “Mixed Migration Trends in Libya: Changing Dynamics and Protection Challenges,” UNHCR, 2017.

14 “Mixed Migration Trends in Libya: Changing Dynamics and Protection Challenges,” UNHCR, 2017.

15 Lauren Said-Moorhouse, “9 Celebrities Doing Their Part for the Refugee Crisis,” CNN, December 28, 2015; Helena Smith, “Lesbos Hopes Pope’s Visit Will Shine Light on Island’s Refugee Role,” *Guardian*, April 9, 2016; Tessa Berenson, “Susan Sarandon Is Welcoming Refugees in Greece,” *Time*, December 18, 2015.

16 Myria Georgiou and Rafal Zaborowski, “Media Coverage of the ‘Refugee Crisis’: A Cross-European Perspective,” Council of Europe report, March 2017.

17 Yiannis Baboulias, “A Greek Tragedy Unfolds in Athens,” *Architectural Review*, July 3, 2015; “Labour Shortages Approach Critical Level in Hungary,” *Daily News Hungary*, August 15, 2016.

18 “Two Million: Germany Records Largest Influx of Immigrants in 2015,” DW, March 21, 2016; Annabelle Timsit, “ ‘Things Could Get Very Ugly’ Following Europe’s Refugee Crisis,” *Atlantic*, October 27, 2017; Remi Adekoya, “Why Poland’s Law and Justice Party Remains So Popular,” *Foreign Affairs*, November 3, 2017; “German Election: Merkel Vows to Win Back Right-Wing Voters,” BBC News, September 25, 2017; “Austrian Far-Right FPÖ Draws Ire Over Refugee Internment Plan,” DW, January 5, 2018; William A. Galston, “The Rise of European Populism and the Collapse of the Center-Left,” Brookings Institution, March 8, 2018; “Grillo Calls for Mass Deportations (2),” *Ansa en Politics*, December 23, 2016

19 Richard Gonzales, “America No Longer a ‘Nation of Immigrants,’ USCIS Says,” NPR, February

Productive Land," UN Convention to Combat Desertification; Robert J. Nicholls et al., "Sea-level Rise and Its Possible Impacts Given a 'Beyond 4 C World' in the Twenty-First Century," *Philosophical Transactions of the Royal Society A: Mathematical, Physical and Engineering Sciences* 369, no. 1934 (2011): 161–81.

11 Migration Policy Institute, "Mapping Fast-Changing Trends in Immigration Enforcement and Detention," Fourteenth Annual Immigration Law and Policy Conference, Georgetown University Law Center, September 25, 2017.

12 Chew, "Ending with Elton."

13 Ehrlich, *Population Bomb*, 133.

14 E. O. Wilson, *The Diversity of Life* (Cambridge, MA: Harvard University Press, 1992).

15 Census Organization of India, "Jain Religion Census 2011," Population Census 2011.

16 See, e.g., David Wright, Nathan Flis, and Mona Gupta, "The 'Brain Drain' of Physicians: Historical Antecedents to an Ethical Debate, c.1960–79," *Philosophy, Ethics, and Humanities in Medicine* 3, no. 1 (2008): 24; Steve Raymer, "Indian Doctors Help Fill US Health Care Needs," YaleGlobal Online, February 16, 2004; "President Lyndon B. Johnson's Remarks at the Signing of the Immigration Bill, Liberty Island, New York, October 3, 1965," Lyndon B. Johnson Presidential Library.

17 Roli Varma, "Changing Borders and Realities: Emigration of Indian Scientists and Engineers to the United States," *Perspectives on Global Development and Technology* 6, no. 4 (2007): 539–56.

18 Priyanka Boghani, "For Those Crossing the Mediterranean, a Higher Risk of Death," *Frontline*, October 27, 2016; Ismail Küpeli, "We Spoke to the Photographer Behind the Picture of the Drowned Syrian Boy," *Vice*, September 4, 2015; Ghulam Haqyar, interview by author, June 12, 2016.

19 "Amnesty International Report 2017/18: the state of the world's human rights," Amnesty International, 2018; Patrick Kingsley, "It's Not at War, But Up to 3% of Its People Have Fled. What Is Going on in Eritrea?" *Guardian*, July 22, 2015.

20 "Marium" and "Sophia," interviews by author, 2017. マリアムおよびソフィアは本名ではない。

21 Steven M. Stanley, *Earth System History*, 4th ed. (New York, Macmillan: 2015), 505–6.

22 Amado Araúz, "Trans-Darién Expedition 1960," Intraterra.com, archived October 27, 2009, web.archive.org/web/20091027124759/http://geocities.com/~landroverpty/trans.htm.

23 "Jean-Pierre" and "Mackenson," interviews by author, October 26, 201. ジャン＝ピエールおよびマッケンソンは本名ではない。See also Simon Nakonechny, "Pierre Recounts His Odyssey to Canada," CBC, September 26, 2017; Kate Linthicum, "Crossing the Darién Gap," *Los Angeles Times*, December 22, 2016; Lindsay Fendt, "With Olympics Over, Haitian Workers Are Leaving Brazil for the US in Big Numbers," PRI, October 4, 2016.

24 "The U.S.-Mexico Border," Migration Policy Institute, June 1, 2006, https://www.migrationpolicy.org/article/us-mexico-border. 内部での稼働中の検問所の正確な数は公的には不明だ。サイモン・ロメロは彼の"Border Patrol Takes a Rare Step in Shutting Down Inland Checkpoints," (*New York Times*, March 25, 2019) の中で170ヶ所を挙げている。ACLU, "The Constitution in the 100-Mile Border Zone,"も参照。https://www.aclu.org/other/constitution-100-mile-border-zone.

25 Cesar Cuevas, interview by author, March 6, 2018; Don White, interview by author, January 8, 2018; "Bodies Found on the Border," KVUE.com, November 7, 2016, https://www.kvue.com/video/news/local/texas-news/bodies-found-on-the-border/269-2416649.

26 Adele Peters, "Watch the Movements of Every Refugee on Earth Since the Year 2000," *Fast Company*, May 31, 2017.

原註

第1章　新天地へ向かう生物たち

1　Spring Strahm, interview by author, November 5, 2018.
2　Camille Parmesan, interview by author, January 7, 2018; "Full Interview with Camille Parmesan," University of Queensland and edX, UQx Denial 101x, YouTube, July 3, 2017; "Why I Became a Biologist: Camille Parmesan," University of Texas at Austin Environmental Science Institute, YouTube, March 6, 2007.
3　Camille Parmesan, "Climate and Species' Range," *Nature* 382, no. 6594 (1996): 765.
4　Camille Parmesan, "A Global Overview of Species Range Changes: Trends and Complexities; Resilience and Vulnerability," plenary speech to Species on the Move, Hobart, Tasmania, February 2016; Camille Parmesan and Mick E. Hanley, "Plants and Climate Change: Complexities and Surprises," *Annals of Botany* 116, no. 6 (2015): 849–64; Elvira S. Poloczanska et al., "Global Imprint of Climate Change on Marine Life," *Nature Climate Change* 3, no. 10 (2013): 919; I-Ching Chen et al., "Rapid Range Shifts of Species Associated with High Levels of Climate Warming," *Science* 333, no. 6045 (2011): 1024–26; Camille Parmesan, "Ecological and Evolutionary Responses to Recent Climate Change," *Annual Review of Ecology, Evolution, and Systematics* 37 (2006): 637–69; Tracie A. Seimon et al., "Upward Range Extension of Andean Anurans and Chytridiomycosis to Extreme Elevations in Response to Tropical Deglaciation," *Global Change Biology* 13, no. 1 (2007): 288–99; Craig Welch, "Half of All Species Are on the Move—And We're Feeling It," *National Geographic*, April 17, 2017.
5　Hiroya Yamano, Kaoru Sugihara, and Keiichi Nomura, "Rapid Poleward Range Expansion of Tropical Reef Corals in Response to Rising Sea Surface Temperatures," *Geophysical Research Letters* 38, no. 4 (2011).
6　Ecological Society of America, "In a Rapidly Changing North, New Diseases Travel on the Wings of Birds," *Science Daily*, December 2, 2014; Warren Richey, "Up to Cape Cod, Where No Manatee Has Gone Before," *Christian Science Monitor*, August 23, 2006.
7　生物学者が野生生物の移動を指すのに使う用語では、彼らが知覚した意図や結果に依存して移動の型を区別する。分布域変動（range shift）というのは、動物が普通に見られる場所が変わる移動のこと。分散（dispersal）とは成体期中に行う移動で、出生地からどこか別の場所へ移ること。個体群の分布や生息域に影響することもあればしないこともある。移動（migration）は目的を持って行ったり来たりする動きで、遠回りしたり無計画のものは含めない。本書で私は、意図や結果にかかわらずすべての動きを移動と呼ぶ。
8　Bhasha Dubey et al., "Upward Shift of Himalayan Pine in Western Himalaya, India," *Current Science*, October 2003; "Climate Change and Human Health in Tibet," *Voice of America*, September 12, 2015.
9　Seonaigh MacPherson et al., "Global Nomads: The Emergence of the Tibetan Diaspora (Part I)," Migration Policy Institute, September 2, 2008.
10　"Global Estimates 2015: People Displaced by Disasters," Norwegian Refugee Council and Internal Displacement Monitoring Centre, July 2015; "Global Migration Trends Factsheet," International Organization for Migration, accessed May 10, 2018; Mavroudi and Nagel, *Global Migration*; Edith M. Lederer, "UN Report: By 2030 Two-Thirds of World Will Live in Cities," Associated Press, May 18, 2016; "Over 110 Countries Join the Global Campaign to Save

【ヤ行】
野生動物の感受性　272
優生学　113, 150
ヨーロッパ　311
　—の探検家　72
　—の反移民運動　199
　—への移住者の人数　48
　移住者の—への流入　44

【ラ行】
ライク, デイヴィッド　221
ラック, デイヴィッド　152
ラット　172
ラフリン, ハリー　115, 123, 131, 177
ラマルク, ジャン＝バティスト　110
リビア　44
リプリー, ウィリアム・Z　114
リンネ, カール　71, 78〜102, 235
　—の分類学　101
ルーズヴェルト, セオドア　105, 116, 118, 120
レーウェンフック, アントニー・ファン　93
レーダー　152
冷戦　39
レユニオン島　250
レオポルド, アルド　149, 164
レミング　138〜146, 157
連邦侵略種審議会　241

【ワ行】
ワイスマン, アウグスト　111
ワイスマン説　111〜125
ワシントンポスト紙　53, 58, 188

チェッカースポット　7, 168, 243, 273, 337
地中海　44, 310
中国政府の迫害と仏教の僧侶と尼僧　15
蝶の移動　150, 247
デイヴィス, キングスレイ　171, 177
デニソワ人　225
天敵解放仮説　242
ドイツと反移民反応　49
頭長幅指数　107
トナカイ　165
ドブジャンスキー, テオドシウス　209
トムソン, ケン　261
トランプ, ドナルド　48, 50, 55, 66, 196
—政権　288, 319
鳥の移動　91, 151, 233, 253, 271
トルコ　25

【ナ行】

ナチ　149, 173, 288
ナンバーズUSA　194
南部貧困問題法律センター　195
難民　288
難民危機　43
ニッチ　140
ニューヨークタイムズ紙　61, 116, 121, 149, 152, 158, 195, 206, 220
ニューヨークタイムズ・マガジン誌　173
ニュルンベルク法　122
ネアンデルタール人　225

【ハ行】

ハーディン, ギャレット　150, 171, 194
ハート・セラー法　173
バートマン, サラ　99
ハーフムーンクラブ　114
パーメザン, カミーユ　8, 244
ハイランドタマリンド　250
ハイチ人難民　66, 321
ハクスリー, ジュリアン　139, 209
ハクヤール, グーラム　25, 311
バノン, スティーブ　196, 198
ハワイ島　245, 250
ハワイにおける人種間交雑の研究　124
ピアイルック, ピウス・マウ　230
ピトケアン島　133
ヒトゲノム・プロジェクト　218
非土着植物
—の追放　246
—の有益性　263
皮膚の色　73, 106
ビュフォン伯ジョルジュ＝ルイ・ルクレール　82, 90, 92
フォークト, ウイリアム　167
ブラウアー, デイヴィッド　174
ブランブルケイ・メロミス　307
ブリガム, カール　121
プレートテクトニクス説　238
分断分布　239, 252
ヘイエルダール, トール　204
米国市民権・移民局（USCIS）　48, 67
ヘイネン, ジョナサン　63
ヘラクレイトス　82, 91
ベンガ, オタ　110, 116
ボアズ, フランツ　118
ホークレア　230
ボージャス, ジョージ　61
貿易風　204
ホッテントット
—（コイ人）のエプロン　94
—のビーナス　99
哺乳類の移動　256
ホモ・エレクトス　208
ホモ・サピエンス　96, 208, 218, 282
ポリネシア　134, 202〜208, 230
ポリネシア航法　231
ホロウィッツ, アミ　50

【マ行】

マクレマン, ロバート　40, 42, 284
マラリア　59, 292, 327
マルサス, トマス・ロバート　166
マルピーギ層　93
ミツバチ　184
ミトコンドリアDNA　213
ミトコンドリア・イヴ　214
緑の回廊　277, 285, 334
ミョエン, ジョン・アルフレッド　129
ムーブバンク　258
メチル化　291
メンデル, グレゴール　111
モンゴロイド　211

キュビエ, ジョルジュ　95
ギリシャ　25, 314
クーリッジ, カルビン　131
グールド, スティーヴン・ジェイ　100
クーン, カールトン　208
9月11日のテロ攻撃　241
クック, ジェームズ　202
グラント, マディソン　104〜120, 131
クリ胴枯れ病　155
クリントン, ビル　40, 218, 241
結核　59
大緑地壁（グレート・グリーン・ウォール）299
コーカソイド　209
コーデル, スーザン　245, 262
ゴールトン協会　113
ゴールトン, フランシス　99, 112
コア　250
コイ人　75, 94
国際給水協定　41, 299
国際優生学会議　125
国土安全保障省　56
国連　208
—安全保障理事会　42
—グローバル・コンパクト　335
—難民機関　331
—難民条約　173, 288
個体数の周期的変化　141
国境　16, 267, 314
—監視　136
—の壁　182, 309
コレラ　292
コンゴイド　210
コンティキ・ヴィラコチャ　204
コンティキ号　205

【サ行】

サーミ人　78, 95
魚の移動　271
柵　308
座高指数　107
サツマイモ　205, 232, 252
「ザ・トゥナイト・ショー」　178
サリヴァン, ルイス　124, 128
サル　252
シエラクラブ　174, 177, 195
シカ　164
シヌス・プドリス　94, 98
シャピロ, ハリー　133
ジャン＝ピエール　29, 319
種子散布　273
出生国における自動的市民権　147
出生地主義　320
植民地政策　107
ジョンソン・リード法　136
ジョンソン, アルバート　131
ジョンソン, リンドン・B　174
シリア
—からの大量脱出　298
—での戦争　196
—内戦　44
「白い荒野」　158
人口ゼロ成長（ZPG）　181
人口転換説　190
『人口爆弾』　175
人種科学　105
人種間交雑　114
侵入生物学　155, 242
森林破壊　41
錐体骨　224
睡眠病　294
ストーンキング, マーク　213
ストックホルムシンドローム　51
性器の垂下物　94
『聖者たちのキャンプ』　196
生物地理学　72, 239
セッションズ, ジェフ　61, 197
絶滅　307
ゼロ・トレランス　317
セントマシュー島　165
ソーン, アラン・G　214

【タ行】

ダーウィン, チャールズ　108, 146, 201, 235
ダーウィン, レナード　125
大アメリカインターチェンジ　28
第二次大戦　166
タイムズ紙　221
大陸漂移　238
ダヴェンポート, チャールズ　112, 115, 125
ダリエンギャップ　28
タントン, ジョン　184, 194

索引

【A～Z】
GPS　249, 274, 308
ICARUS　259
jus soli　147, 320
r/K選択説　176
STRUCTURE　220
「The Black Stork（黒いコウノトリ）」　120
VDARE　222

【ア行】
「地球（アース）2100」　42
アガシー, ルイ　106
アフリカ
　―からの強制移民　114
　―系アメリカ人　103
　―連合　299
アボリジニ　209
アメリカ
　―移民改革連盟　194
　―自然史博物館　106, 125, 133
　―人　65
　―先住民　327
　―の反移民運動　194
　―への移民　104
　―優生学協会　113, 120
アメリカ―カナダ国境　268
アメリカ―メキシコ国境　33
アラブの春　43
アリー, ウォーダー・クライド　190
アリー効果　191
白皮病（アルビノ）　83, 98
「安全な第三国」協定　288, 321
イエローストーン・ユーコン・イニシアティヴ　333
イギリス　48, 60
移住者の旅　310
遺伝子と病気のリスクの関係　293
移動生態学　258
移動が破壊的な力だとする考え　20
移動による退化効果　88
移民研究センター　194
インドと人口転換説　166
ウィケルスキー, マーティン　253
ウィルソン, アラン　213
ウェゲナー, アルフレッド　238
ヴォルテール　73, 83
エーゲ海　25, 302
エーリック, アン　174, 194
エーリック, ポール　167, 247
エリス島　104, 121, 136
エリトリア　27, 330
エルトン, チャールズ・サザーランド　138, 241
オーデュボン, ジョン・ジェームズ　167, 247
オオカバマダラ　150, 247
オオカミ　274
オスタータグ, レベッカ　245, 262
オズボーン・ジュニア, ヘンリー・フェアフィールド　167
オズボーン, ヘンリー・フェアフィールド　104, 109～119, 124～132
オヒア　245

【カ行】
カー＝サンダース, アレクサンダー　139
カーソン, ジョニー　178
外国人恐怖症　323
カイバブ　164
外来種　243, 263
『外来種のウソ・ホントを科学する』　262
外来生物　241
カヴァッリ＝スフォルツァ, ルイジ・ルーカ　215
ガウゼの法則　148
カナダ　321
花粉　264
壁　308
環境破壊　297
環境保護論者　184, 187
気候変動　11, 284
　―とヒマラヤ　15
　―に関する政府間パネル　12

著者紹介

ソニア・シャー（Sonia Shah）

気鋭の科学ジャーナリストで、多くの優れた書を著しているほか、『ニューヨーク・タイムズ』紙、『ウォールストリート・ジャーナル』紙など一流紙に寄稿し、また大学やテレビでの講演活動も積極的に行っている。TEDでの講演「Three Reasons We Still Haven't Gotten Rid of Malaria」は世界中で100万人以上が視聴している。おもな著書に『「石油の呪縛」と人類』（原書房）、『人類五〇万年の闘い――マラリア全史』（太田出版）、『感染源――防御不能のパンデミックを追う』（集英社）などがあり、数々の賞を受賞している。メリーランド州ボルティモア在住。

訳者紹介

夏野徹也（なつの・てつや）

金沢大学大学院理学研究科修了。理学修士、医学博士。専門は細胞生物学、微生物学。日本歯科大学定年退職後に翻訳を始める。訳書にソニア・シャーの『人類五〇万年の闘い――マラリア全史』（太田出版）のほか、ポール・グリーンバーグ著『鮭鱸鱈鮪食べる魚の未来――最後に残った天然食料資源と養殖漁業への提言』（地人書館）、アダム・ロジャース著『酒の科学――酵母の進化から二日酔いまで』（白揚社）、ドナ・ジャクソン・ナカザワ著『脳の中の天使と刺客――心の健康を支配する免疫細胞』（白揚社）がある。

旅する地球の生き物たち

ヒト・動植物の移動史で読み解く遺伝・経済・多様性

2022年10月31日　初版発行

著者　ソニア・シャー
訳者　夏野徹也
発行者　土井二郎
発行所　築地書館株式会社
東京都中央区築地7-4-4-201　〒104-0045
TEL 03-3542-3731　FAX 03-3541-5799
http://www.tsukiji-shokan.co.jp/
振替 00110-5-19057
印刷・製本　シナノ印刷株式会社
装丁　吉野 愛

© 2022 Printed in Japan　ISBN 978-4-8067-1642-6